U0312053

南海科学考察历史资料整编丛书

南海及其邻近海域物理海洋气候态图集

刘钦燕 等 著

科 学 出 版 社

北 京

内 容 简 介

在全球气候变暖背景下，可持续性研究和关注边缘海物理海洋要素具有重要的科学意义，利用新的南海及其邻近海域物理海洋学数据绘制南海及其邻近海域物理海洋要素图集能够全面直观地展示南海及其邻近海域上层海洋基本状态，为南海及其邻近海域生活及科研活动等提供必要依据。本图集利用新的南海及其邻近海域物理海洋学数据，主要绘制了南海及其邻近海域上层海洋基本状态参数（温度、盐度和密度）与等深度面、等密度面的分布特征图，并给出了混合层、温跃层结构和位势涡度等诊断要素图。所用数据质量控制和插值方法较前人研究有所改进，能更好地分辨南海及其邻近海域中尺度海洋特征。

本图集可供从事海洋事业以及相关交叉学科的科研人员和研究生进行阅读和参考。

审图号：GS（2022）1139 号

图书在版编目（CIP）数据

南海及其邻近海域物理海洋气候态图集 / 刘钦燕等著. —北京：科学出版社，2022.3

（南海科学考察历史资料整编丛书）

ISBN 978-7-03-070810-6

Ⅰ. ①南… Ⅱ. ①刘… Ⅲ. ①南海－海洋物理学－气候图－图集 Ⅳ. ① P722.7 ② P469.182.7

中国版本图书馆 CIP 数据核字（2021）第 257059 号

责任编辑：朱 瑾 习慧丽 / 责任校对：严 娜

责任印制：吴兆东 / 封面设计：无极书装

科学出版社 出版

北京东黄城根北街 16 号

邮政编码：100717

http://www.sciencep.com

北京中科印刷有限公司 印刷

科学出版社发行 各地新华书店经销

*

2022 年 3 月第 一 版 开本：787×1092 1/16

2022 年 3 月第一次印刷 印张：14 1/4

字数：338 000

定价：298.00 元

（如有印装质量问题，我社负责调换）

“南海科学考察历史资料整编丛书”
专家顾问委员会

丛 书 序

南海及其岛礁构造复杂，环境独特，海洋现象丰富，是全球研究区域海洋学的天然实验室。南海是世界第二大的半封闭边缘海，既有宽阔的陆架海域，又有大尺度的深海盆，还有类大洋的动力环境和生态过程特征，形成了独特的低纬度热带海洋、深海特性和"准大洋"动力特征。南海及其邻近的西太平洋和印度洋"暖池"是影响我国气候系统的关键海域。南海地质构造复杂，岛礁众多，其形成与演变、沉积与古环境、岛礁的形成演变等是国际研究热点和难点问题。南海地处热带、亚热带海域，生态环境复杂多样，是世界上海洋生物多样性最高的海区之一。南海珊瑚礁、红树林、海草床等典型生态系统复杂的环境特性，以及长时间序列的季风环流驱动力与深海沉积记录等鲜明的区域特点和独特的演化规律，彰显了南海海洋科学研究的复杂性、特殊性及其全球意义，使得南海海洋学问题更有挑战性。因此，南海是地球动力学、全球变化等重大前沿科学研究的热点。

南海自然资源十分丰富，是巨大的资源宝库。南海拥有丰富的石油、天然气、可燃冰，以及铁、锰、铜、镍、钴、铅、锌、钛、锡等数十种金属和沸石、珊瑚贝壳灰岩等非金属矿产，其中锡储量占世界的 60%，石油总储量约 350 亿 t，天然气总储量约 10 万亿 m^3，可燃冰资源量约 700 亿 t 油当量，是全球少有的海上油气富集区之一；南海还蕴藏着丰富的生物资源，有海洋生物 2850 多种，其中海洋鱼类 1500 多种，是全球海洋生物多样性最丰富的区域之一，同时也是我国海洋渔产种类最多、面积最大的热带渔场。南海具有巨大的资源开发潜力，是中华民族可持续发展的重要疆域。

南海与南海诸岛地理位置特殊，战略地位十分重要。南海扼西太平洋至印度洋海上交通要冲，是通往非洲和欧洲的咽喉要道，世界一半以上的超级油轮经过该海域，我国约 60% 的外贸、88% 的能源进口运输、60% 的国际航班从南海经过，因此，南海是我国南部安全的重要屏障、战略防卫的要地，也是确保能源及贸易安全、航行安全的生命线。

南海及其岛礁具有重要的经济价值、战略价值和科学研究价值。系统掌握南海及其岛礁的环境、资源状况的精确资料，可提升海上长期立足和掌控管理的能力，有效维护国家权益，开发利用海洋资源，拓展海洋经济发展新空间。20 世纪 50 年代以来，我国先后组织了数十次大规模的、调查区域各异的南海及其岛礁海洋科学综合考察，如西沙群岛、中沙群岛及其附近海域综合调查，南海中部海区综合调查研究，南海东北部综合调查研究，南沙群岛及其邻近海域综合调查等，得到了海量的重要原始数据、图集、报告、样品等多种形式的科学考察史料。由于当时无电子化，归档标准不一，对获得的资料缺乏系统完整的整编与管理，加上历史久远、人员更替或离世等原因，这些历史资料显得更加弥足珍贵。

"南海科学考察历史资料整编丛书"是在对 20 世纪 50 年代以来南海科考史料进行收集、抢救、系统梳理和整编的基础上完成的，涵盖 400 个以上大小规模的南海科考航次的数据，涉及生物生态、渔业、地质、化学、水文气象等学科专业的科学数据、图集、研究报告及老专家访谈录等专业内容。通过近60年科考资料的比对、分析和研究，全面系统揭示了南海及其岛礁的资源、环境及变动状况，有望推进南海热带海洋环境演变、生物多样性与生态环境特征演替、边缘海地质演化过程等重要海洋科学前沿问题的解决，以及南海资源开发利用关键技术的深入研究和突破，促进热带海洋科学和区域海洋科学的创新跨越发展，促进南海资源开发和海洋经济的发展。早期的科学考察宝贵资料记录了我国对南海的管控和研究开发的历史，为国家在新时期、新形势下在南海维护权益、开发资源、防灾减灾、外交谈判、保障海上安全和国防安全等提供了科学的基础支撑，具有非常重要的学术参考价值和实际应用价值。

中国科学院院士

2021年12月26日

丛书前言

海洋是巨大的资源宝库，是强国建设的战略空间，海兴则国强民富。我国是一个海洋大国，党的十八大提出建设海洋强国的战略目标，党的十九大进一步提出“坚持陆海统筹，加快建设海洋强国”的战略部署，建设海洋强国是中国特色社会主义事业的重要组成部分。

南海是兼具深海和准大洋特征的世界第二大边缘海，是连接太平洋与印度洋的战略交通要道和全球海洋生物多样性最为丰富的三大中心之一；南海海域面积 350 万 km^2，我国管辖面积达 210 万 km^2，其间镶嵌着近 3000 个美丽岛礁，是我国最宝贵的蓝色国土。南海是我国的核心利益，进一步认识南海、开发南海、利用南海，是我国经略南海、维护海洋权益、发展海洋经济的重要基础。

自 20 世纪 50 年代起，为掌握南海及其诸岛的国土资源状况，提升海洋科技和开发利用水平，我国先后组织了数十次规模、区域大小各异的南海及其岛礁海洋科学综合考查，对国土、资源、生态、环境、权益等领域开展调查研究。例如，“南海中、西沙群岛及附近海域海洋综合调查”（1973 ～ 1977 年）共进行了 11 个航次的综合考察，足迹遍及西沙群岛各岛礁，多次穿越中沙群岛，一再登上黄岩岛，并穿过南沙群岛北侧，调查项目包括海洋地质、海底地貌、海洋沉积、海洋气象、海洋水文、海水化学、海洋生物和岛礁地貌等。又如，“南沙群岛及其邻近海域综合调查”国家专项（1984 ～ 2009 年），由国务院批准、中国科学院组织、南海海洋研究所牵头，联合国内十多个部委 43 个科研单位共同实施，持续 20 多年，共组织了 32 个航次，全国累计 400 多名科技人员参加过南沙科学考察和研究工作，取得了大批包括海洋地质地貌、地理、测绘、地球物理、地球化学、生物、生态、化学、物理、水文、气象等学科领域的实测数据和样品，获得了海量的第一手资料和重要原始数据，产出了丰硕的成果。这是以中国科学院南海海洋研究所为代表的一批又一批科研人员，从一条小舢板起步，想国家之所想、急国家之所急，努力做到“为国求知”，在极端艰苦的环境中奋勇拼搏，劈波斩浪，数十年探海巡礁的智慧结晶。这些数据和成果极大地丰富了对我国南海海洋资源与环境状况的认知，提升了我国海洋科学研究的实力，直接服务于国家政治、外交、军事、环境保护、资源开发及生产建设，支撑国家和政府决策，对我国开展南海海洋权益维护特别是南海岛礁建设发挥了关键性作用。

在开启中华民族伟大复兴第二个百年奋斗目标新征程、加快建设海洋强国之际，“南海科学考察历史资料整编丛书”如期付梓，我们感到非常欣慰。丛书在 2017 年度国家科技基础资源调查专项项目“南海及其附属岛礁海洋科学考察历史资料系统整编”的资助下，汇集了南海科学考察和研究历史悠久的 10 家科研院所及高校在海洋生物生态、渔业资源、地质、化学、物理及信息地理学等专业领域的科研骨干共同合作的研究成果，并聘请离退休老一辈科考人员协助指导，并做了“记忆恢复”访谈，保障丛书数据的权威性、丰富性、可靠性、真实性和准确性。

丛书也收录了自20世纪50年代起我国海洋科技工作者前赴后继，为祖国海洋科研事业奋斗终生的一个个感人的故事，以访谈的形式真实生动地再现于读者面前，催人奋进。这些老一辈科考人员中很多人都已经是80多岁，甚至90岁高龄，讲述的大多是大事件背后鲜为人知的平凡故事，如果他们自己不说，恐怕没有几个人会知道。这些平凡却伟大的事迹，折射出了老一辈科学家求真务实、报国为民、无私奉献的爱国情怀和高尚品格，弘扬了“锐意进取、攻坚克难、精诚团结、科学创新”的南海精神。是他们把论文写在碧波滚滚的南海上，将海洋科研事业拓展到深海大洋中，他们的经历或许不可复制，但精神却值得传承和发扬。

希望广大科技工作者从“南海科学考察历史资料整编丛书”中感受到我国海洋科技事业发展中老一辈科学家筚路蓝缕奋斗的精神，自觉担负起建设创新型国家和世界科技强国的光荣使命，勇挑时代重担，勇做创新先锋，在建设世界科技强国的征程中实现人生理想和价值。

谨以此书向参与南海科学考察的所有科技工作者、科考船员致以崇高的敬意！向所有关心、支持和帮助南海科学考察事业的各级领导和专家表示衷心的感谢！

“南海科学考察历史资料整编丛书”主编

2021年12月8日

前　言

物理海洋学研究的是海洋环境的物理过程。物理过程与人类赖以生存的气候和天气变化、海洋生物的生存和生活、海洋物质和热量的输送及海洋的交通运输和军事活动等都有密切的关系。利用美国国家海洋数据中心海洋气候实验室整编的气候平均温盐资料，王东晓等[1]绘制了《南海上层物理海洋学气候图集》，在展示南海上层海洋基本状态参数（温度、盐度和密度）与等深度面、等密度面水平垂直分布的基础上，给出温度、盐度、密度垂直梯度分布及位势涡度分布等诊断要素图，为南海物理海洋学研究提供了直观的参考依据。在全球气候变暖背景下，可持续性研究和关注边缘海物理海洋学要素具有重要的科学意义。因此，利用新的南海物理海洋学数据集（South China Sea Physical Oceanographic Dataset 2014，简称 SCSPOD14）绘制南海及其邻近海域物理海洋要素图集的必要性不言而喻。相对于王东晓等[1]所用的数据，SCSPOD14 数据集所用原始剖面数据显著增加，质量控制和插值方法有所改进，能更好地分辨南海及其邻近海域中尺度海洋特征。为更具对比性和参考价值，《南海及其邻近海域物理海洋气候态图集》要素的绘制方式与诊断方法同王东晓等[1]的相似。

感谢厦门大学庄伟教授和自然资源部第一海洋研究所宋振亚研究员对本书提出的宝贵意见。本书的撰写得到中国科学院南海海洋研究所曾丽丽研究员的帮助，图形绘制得到李汶莲、李普生等的帮助，在此一并致谢。

本书由科技基础资源调查专项项目课题（2017FY201402）、南方海洋科学与工程广东省实验室（广州，GML2019ZD0304）、国家自然科学基金面上项目（41876017，42176027）、热带海洋环境国家重点实验室自主研究项目（LTOZZ2101）共同资助。

刘钦燕

中国科学院南海海洋研究所热带海洋环境国家重点实验室

南方海洋科学与工程广东省实验室（广州）

2021 年 10 月 19 日

目　录

图集说明

一、资料来源

本图集绘制数据来源为中国科学院南海海洋研究所（South China Sea Institute of Oceanology，CAS）科研工作者整编的南海物理海洋学数据集（South China Sea Physical Oceanographic Dataset 2014，简称 SCSPOD14）的数据。该数据集在收集大量中国科学院南海海洋研究所的历史科考数据基础上，融合了 WOD（World Ocean Database）、Argo 浮标等开放数据，经多重严格的质量控制，汇集了 51 392 个温盐廓线（WOD09：1907 年 2 月至 2009 年 1 月共 33 198 个有效剖面。SCSIO：1971 年 9 月至 2014 年 9 月共 10 193 个有效剖面。Argo：2009 年 1 月至 2014 年 12 月共 8 001 个 WOD09 未包括的有效剖面）[2]。经过网格化处理及平滑处理等步骤，建立了南海及其邻近海域气候态平均温 - 盐和温跃层 / 混合层深度 / 障碍层厚度的格点化物理海洋学数据集。输出数据水平分辨率为 0.25°×0.25°，垂向为 57 个标准层（表 1.1）。该数据集的建立为分析南海及其邻近海域区域的热力学过程、水团的时空变化及南海海盆尺度和中尺度海洋结构特征提供了观测基础。

表 1.1　标准层及对应深度

层次	深度（m）	层次	深度（m）	层次	深度（m）
1	0	21	100	41	700
2	5	22	125	42	750
3	10	23	150	43	800
4	15	24	175	44	850
5	20	25	200	45	900
6	25	26	225	46	950
7	30	27	250	47	1000
8	35	28	275	48	1050
9	40	29	300	49	1100
10	45	30	325	50	1150
11	50	31	350	51	1200
12	55	32	375	52	1250
13	60	33	400	53	1300
14	65	34	425	54	1350
15	70	35	450	55	1400
16	75	36	475	56	1450
17	80	37	500	57	1500
18	85	38	550		
19	90	39	600		
20	95	40	650		

质量控制方法（见文献 [3]）

（1）去除经纬度、深度有明显错误的异常剖面。

（2）对每个剖面的观测数据进行月检验、季节检验和年检验，对每个剖面给一个 5°×5° 的搜索半径，去除那些偏离均值超过 3 倍标准偏差的剖面。

（3）去除观测深度小于 15m 的剖面。

（4）去除垂向分辨率过低的剖面（例如上 100m，如果相邻两个观测深度大于 50m，那么这个剖面剔除）。

（5）去除那些存在明显错误的剖面（如温度大于 35℃的剖面，水深 1000m 以下温度大于 8℃的剖面，水深 100m 以下盐度小于 30 的剖面）。

（6）通过温 - 盐曲线去除那些存在明显偏离的剖面。

网格化方法

首先对每个经过质量控制的剖面的温 - 盐数据进行垂向插值处理：对于原本已经是标准层的温 - 盐剖面利用三次样条插值方法将其插值到所需的新的各标准层深度上，对于垂向分辨率很高的 CTD① 数据利用线性插值的方法将每个剖面的温 - 盐数据插值到所需的新的各标准层深度上。

然后采用距离反比权重的方法将经过插值处理后的历史观测数据平均到 0.25°×0.25° 的格点上，考虑到某些格点周围的观测点和某些深度的观测点较少，在对历史观测数据进行网格化处理的过程中，我们采用了可变的搜索半径，搜索半径从 0.25° 逐渐增加，每次增加 0.1°，最大可增大到 4.5°，保证每个格点至少包含 5 个历史观测的温 - 盐剖面。在进行网格化的同时，对每个格点进行 3 倍标准偏差检验，即如果用来平均到这一格点的剖面的观测值偏离格点均值大于 3 倍标准偏差，则删除这一观测剖面重新计算这一格点的均值。

网格化结束以后，再对所得格点数据进行三次等权重 9 点平滑处理，从而得到各个深度的气候态年平均、季节平均及月平均温 - 盐数据。

二、海洋要素定义及计算方法和公式

1. 海水温度、盐度和密度

海水温度（sea water temperature）是表示海水热力状况的一个物理量，海洋学一般以摄氏度（℃）表示 [3, 4]。影响海水温度变化的因素可以分为大气热力（主要包括短波辐射、海面有效长波辐射、潜热和感热）和海洋动力（主要包括海洋平流、上升流 / 下沉流等）两个主要因素 [5]。海流对局部海区的海水温度也有明显的影响。海水温度是海洋水文状况中最重要的因子之一，常被作为研究水团性质、描述水团运动的基本指标。

海水盐度（sea water salinity）是海水含盐量的一个标度。海洋中发生的许多现象和过程常与盐度的分布和变化有关，在海洋科学中占有重要地位。海水盐度因海域所处纬度位置不同而有差异，主要受纬度、河流、入海径流、洋流等的影响。1966 年，JPOTS

① CTD 为温盐深仪

推荐将海水盐度定义为与比值 R_{15}（R_{15} 为一个标准大气压和 15℃条件下海水样品与 S=35.000 的标准海水电导率的比值）的多项式形式。

海水密度（sea water density）是指单位体积海水的质量，符号为 ρ，单位为 kg/m^3，它是海水温度、盐度和压力的函数 [6]。现场密度是根据现场温度 t、实用盐度 s 和压力 p 计算出的海水密度，用符号 $\rho_{s,t,p}$ 表示。海水从某一深度（压力为 p）绝热上升到海面（压力为标准大气压 Pa）时所具有的温度为位势温度（potential temperature），海水此时具有的密度为位势密度（potential density，一般用符号 ρ_σ 表示）。

2. 温跃层、盐跃层和密度跃层

将温度梯度大于 0.05℃/m 的水层定义为温跃层，温度梯度大于 0.08℃ /m 的水层为强温跃层 [7]。将较浅层的 0.05℃/m 等值线定义为温跃层的上界，较深层的 0.05℃ /m 等值线定义为温跃层的下界 [8]。温跃层上下界之间的深度差为温跃层厚度。

将盐度梯度大于 0.01 的水层定义为盐跃层，盐度梯度大于 0.012 的水层为强盐跃层 [8]。

将密度梯度大于 $0.015kg/m^4$ 的水层定义为密度跃层，将密度梯度大于 $0.025kg/m^4$ 的水层定义为强密度跃层 [8]。

3. 混合层和障碍层厚度

由参考深度上的盐度和比参考深度处温度低 0.5℃的温度计算得到的密度所在的深度为混合层深度（即查找 $\rho_{s,t-0.5,p}$ 值所处的深度）[9, 10]。参考深度设定为 10m 深度，首先计算 $\rho_{s10,t10-0.5,p10}$，寻找其密度值在 $\rho_{s,t,p}$ 所对应的深度位置，这个深度值即为混合层深度。

温跃层和盐跃层之间的水层为障碍层（barrier layer），之所以称为障碍层，是由于障碍层底部的温度变化对混合层热含量的影响机会为零，因此障碍层下海水混合所导致的冷却效应可以忽略不计。

4. 等密度分层和位势涡度

将气候态 1 ～ 12 个月平均的温 - 盐 - 密数据垂向插值成 1m 间隔的数据，垂直方向根据密度分为 15 层，分层标准为各密度层间的界面，定义如下：σ=22.00，22.50，23.00，23.50，23.75，24.00，24.50，25.00，25.50，26.00，26.25，26.50，26.75，27.00，27.25；在每一层密度层计算各层的平均温度、平均盐度和该层的厚度。

位势涡度（potential vorticity）简称“位涡”，在流体分层（如密度分层）条件下，每一层位势涡度的定义公式如下：

$$\eta = \frac{f}{\rho}\frac{\partial \rho}{\partial z}$$

其离散形式为

$$\eta^i = \frac{f}{h^i}\frac{\Delta\sigma^i}{1000+\sigma^i}$$

式中，f 为科氏参数；η^i、h^i、σ^i 分别为第 i 层位势涡度、第 i 层厚度和第 i 层密度（第 i 层密度取值为上下两界面的平均密度）；η^i 单位为 m/s。

5. 温度月增量和温度距平

温度月增量定义为该月与上一个月温度的差值，温度距平定义为该月温度与全年平均温度的差值。

南海及其邻近海域物理海洋气候态资料图

1～12 月 0m 温度

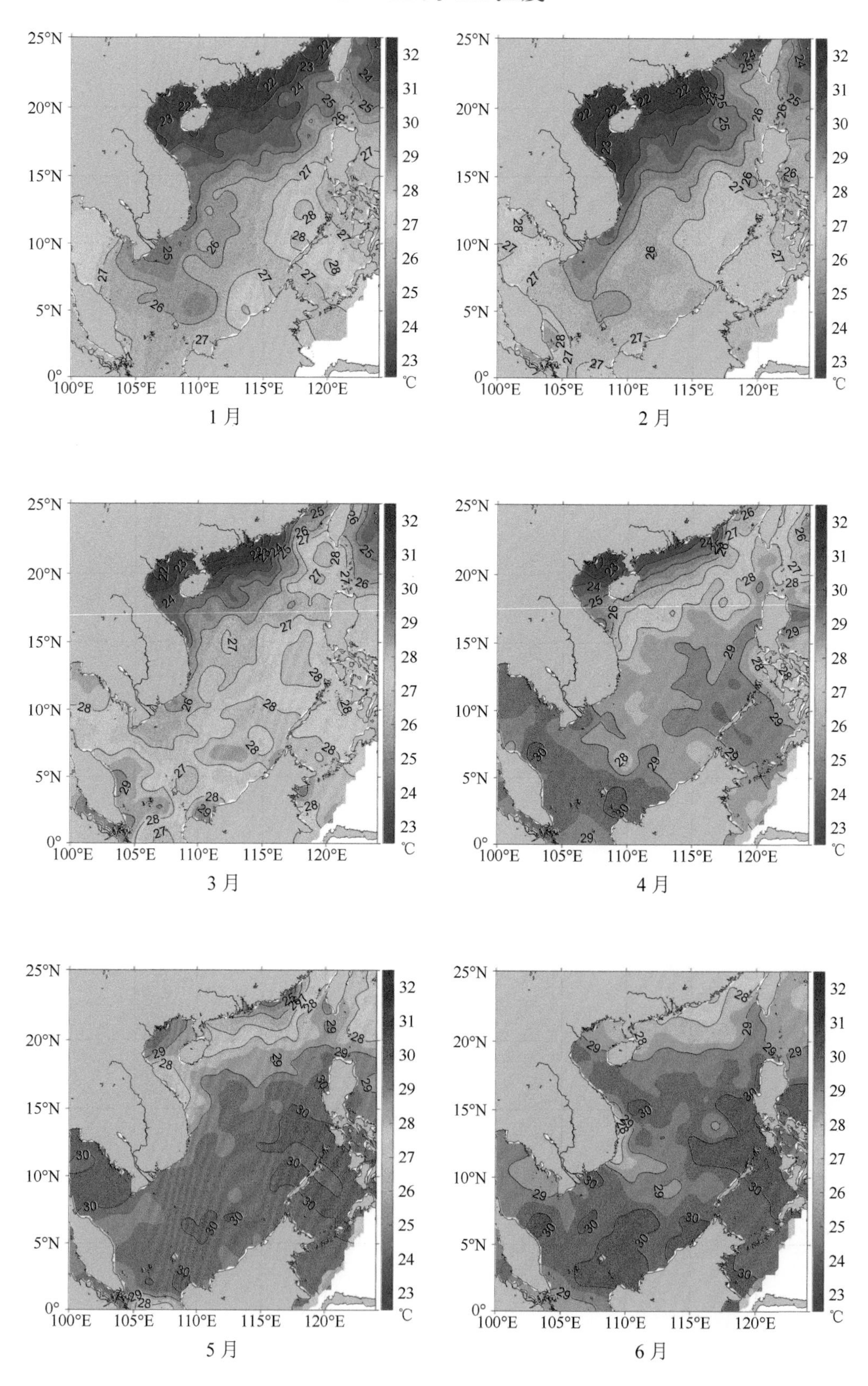

1 月

2 月

3 月

4 月

5 月

6 月

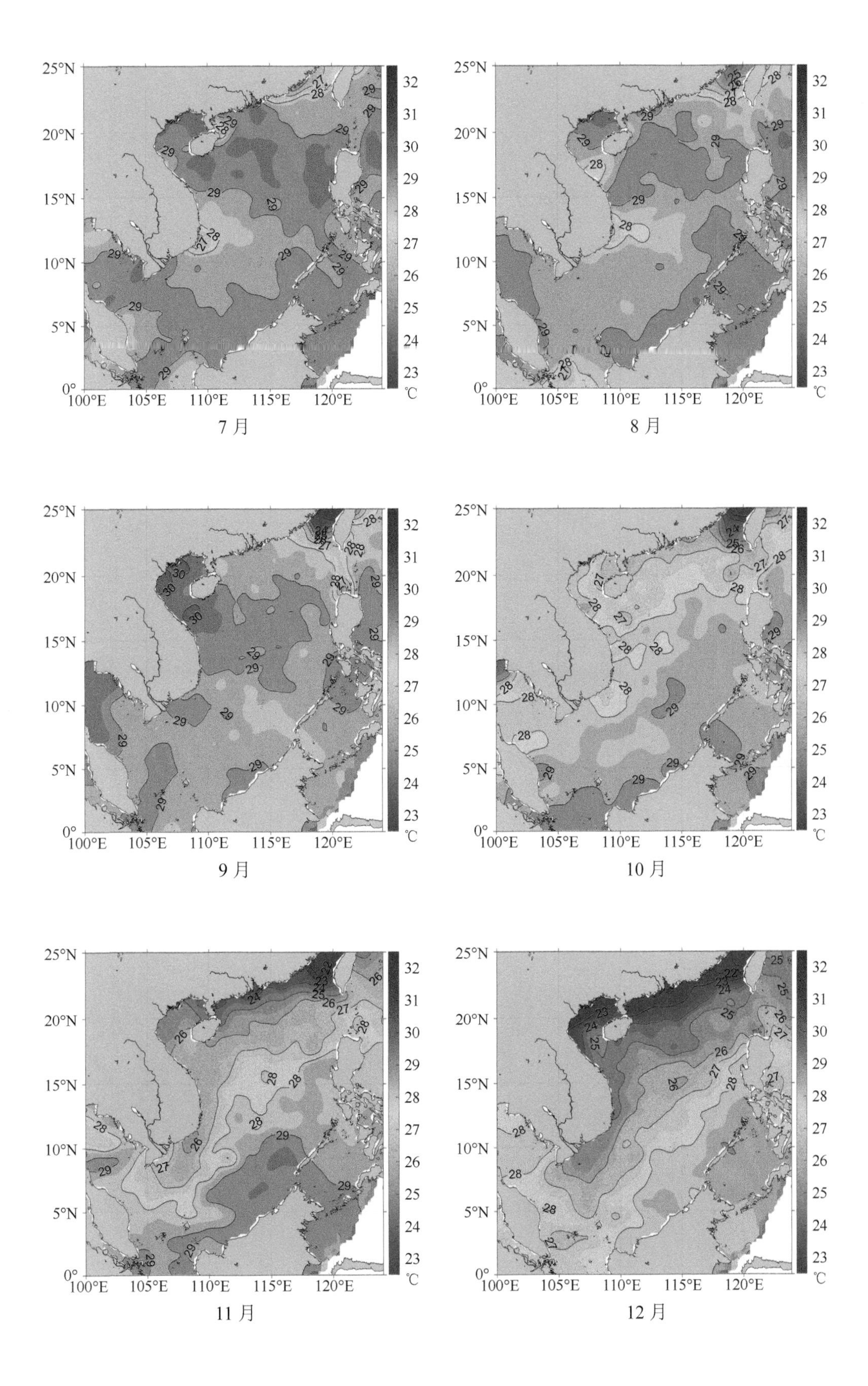

7 月

8 月

9 月

10 月

11 月

12 月

1～12 月 50m 温度

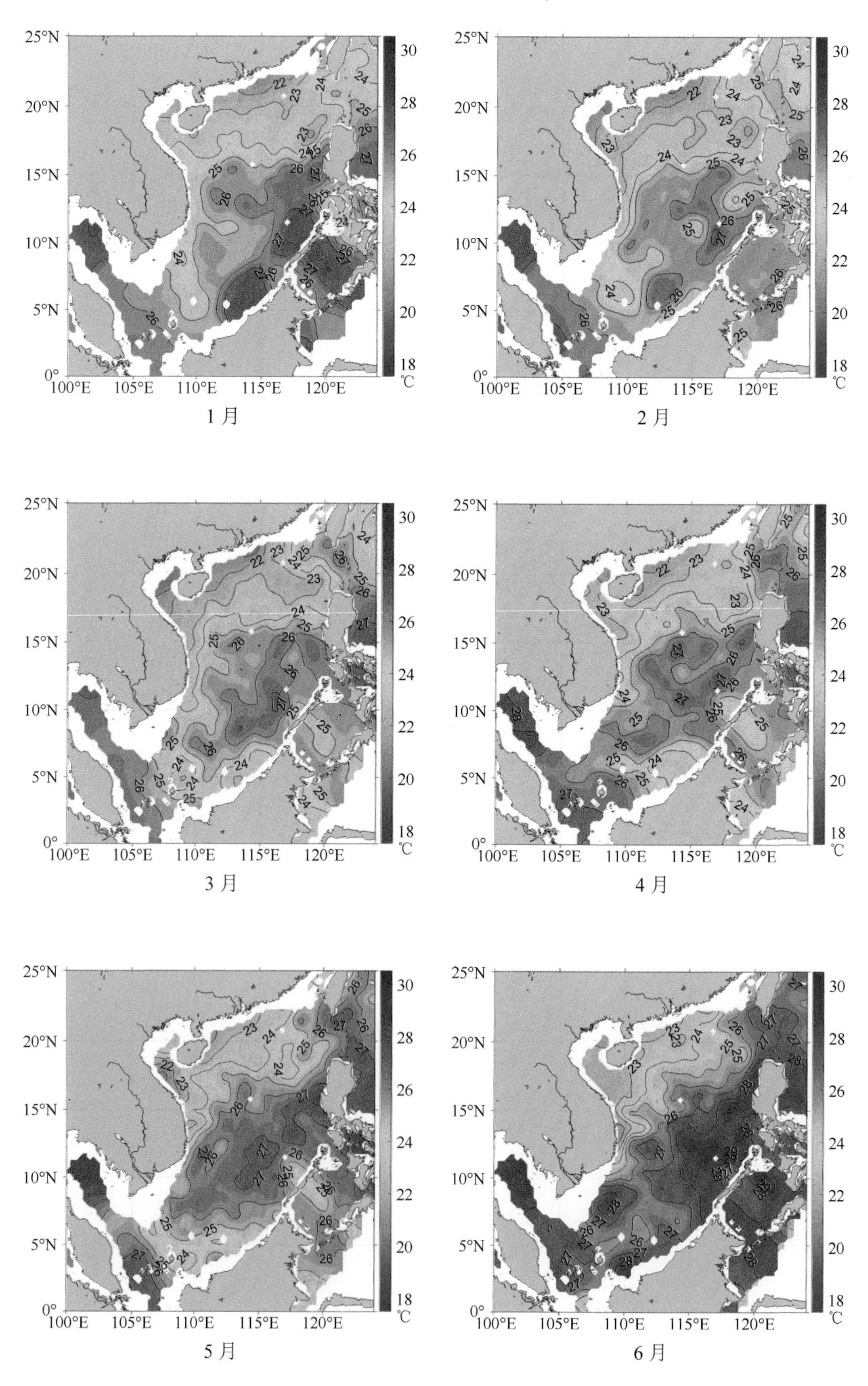

1 月

2 月

3 月

4 月

5 月

6 月

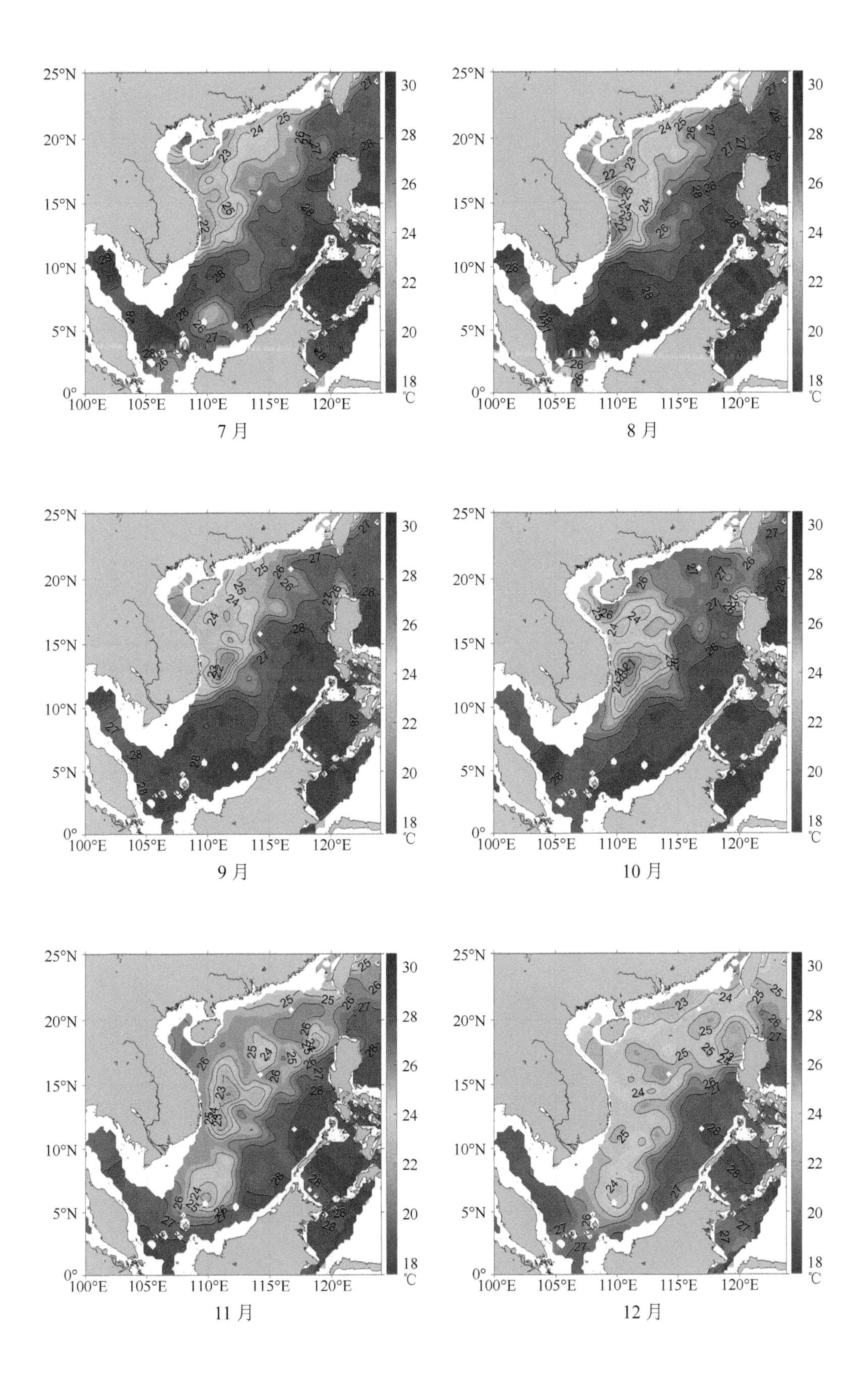

7 月

8 月

9 月

10 月

11 月

12 月

1～12月100m温度

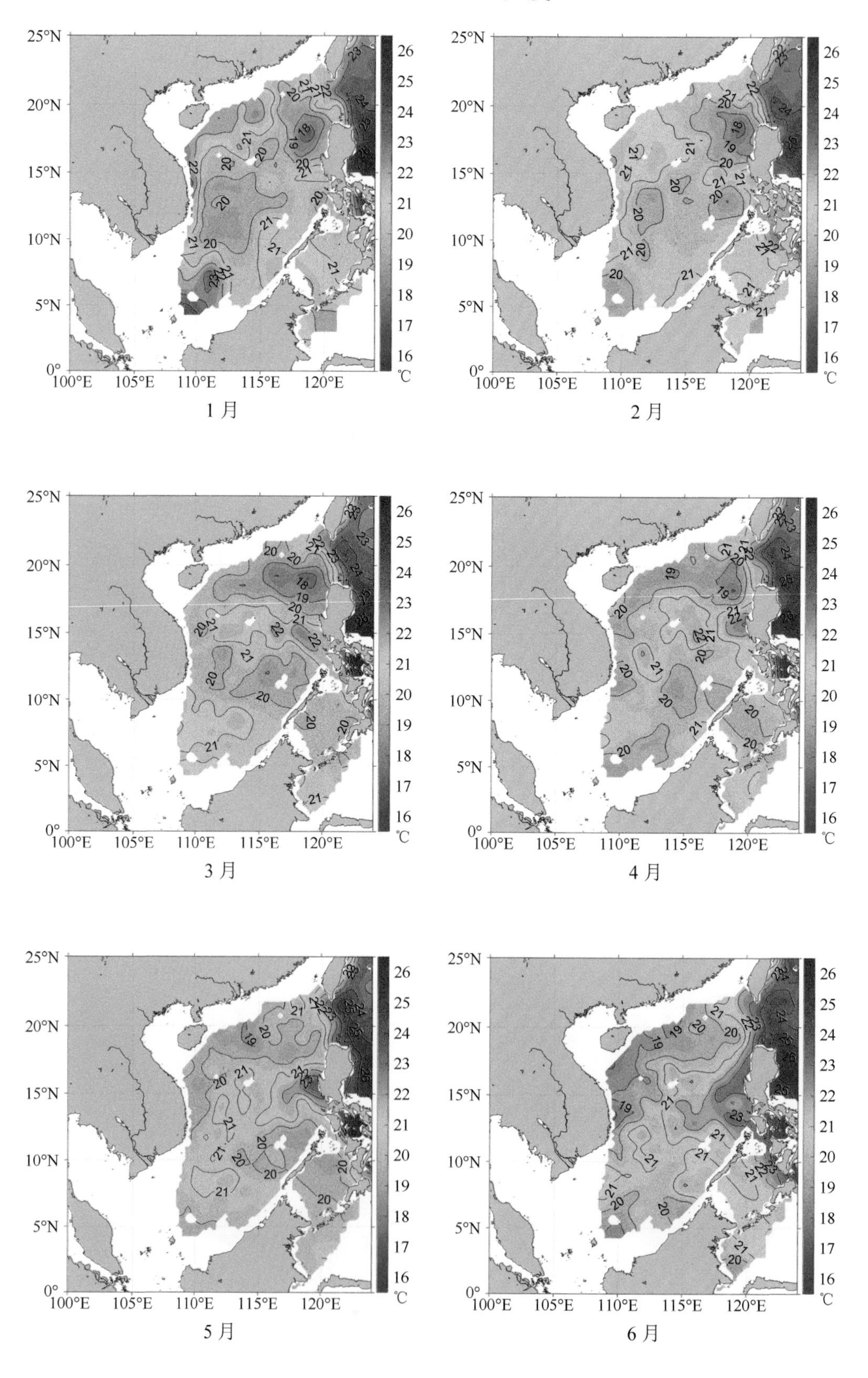

1月

2月

3月

4月

5月

6月

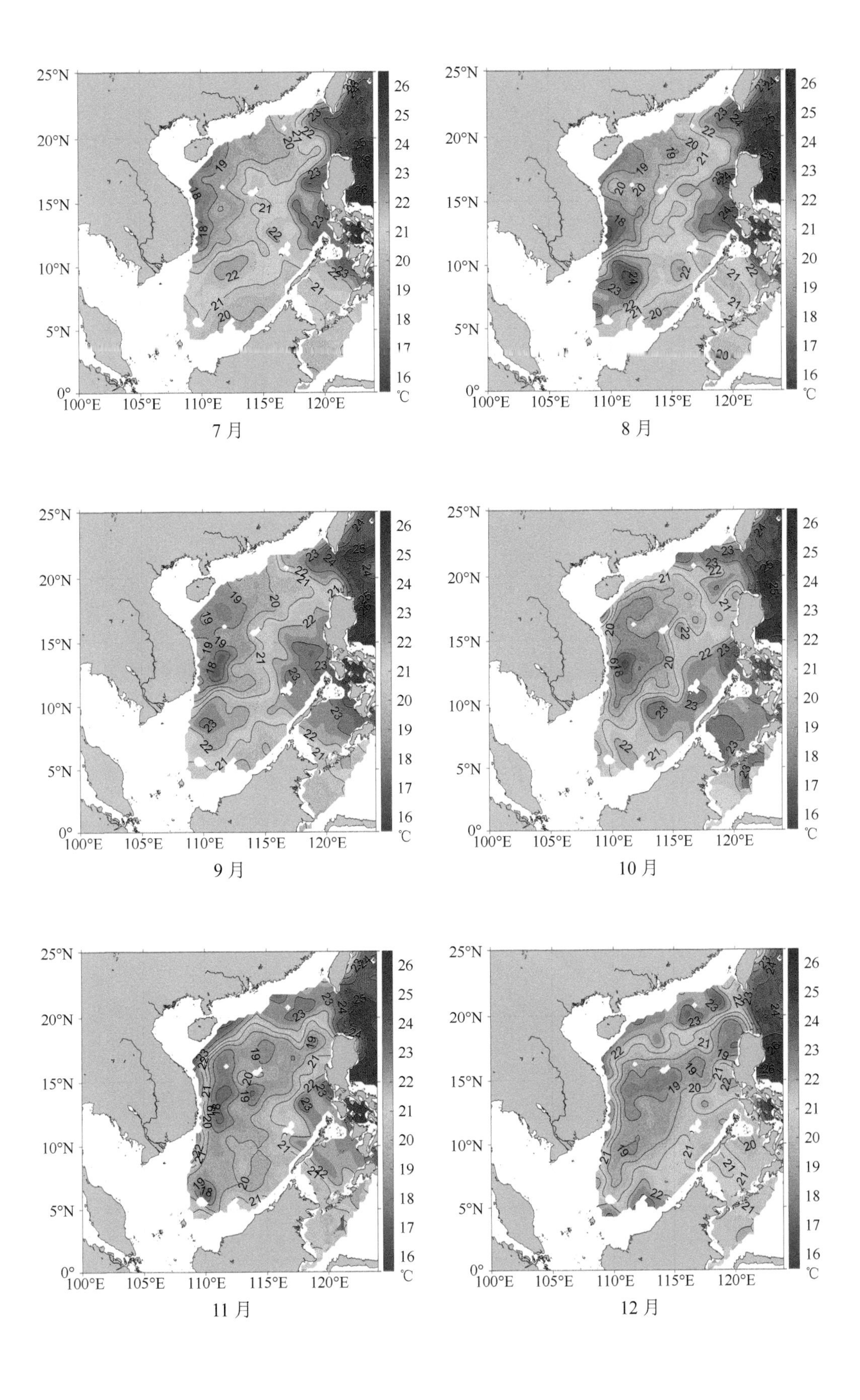
25°N
20°N
15°N
10°N
5°N
0°
100°E
105°E
110°E
115°E
120°E
26
25
24
23
22
21
20
19
18
17
16
℃
7月
8月
9月
10月
11月
12月

1～12月200m温度

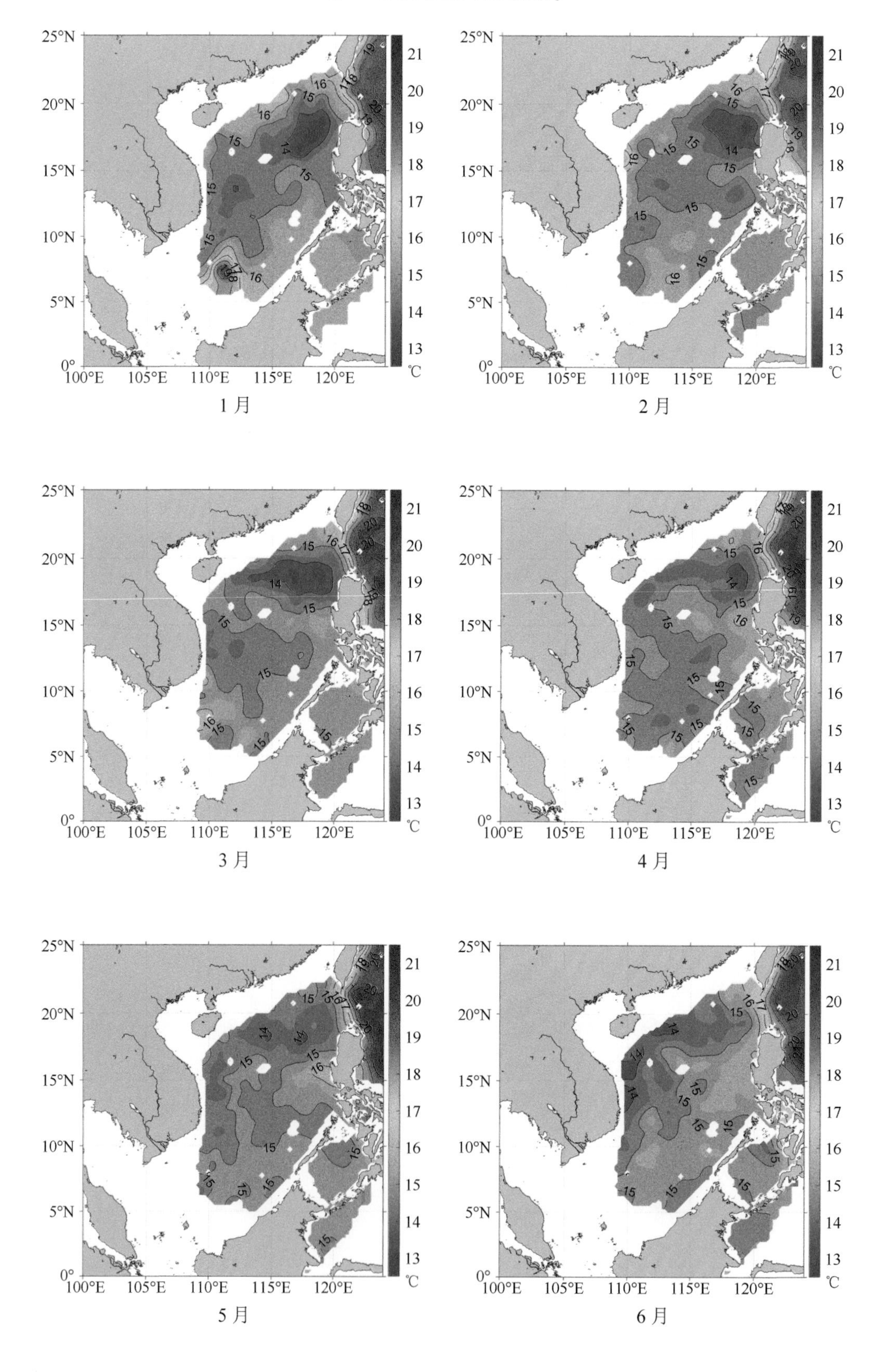

1月

2月

3月

4月

5月

6月

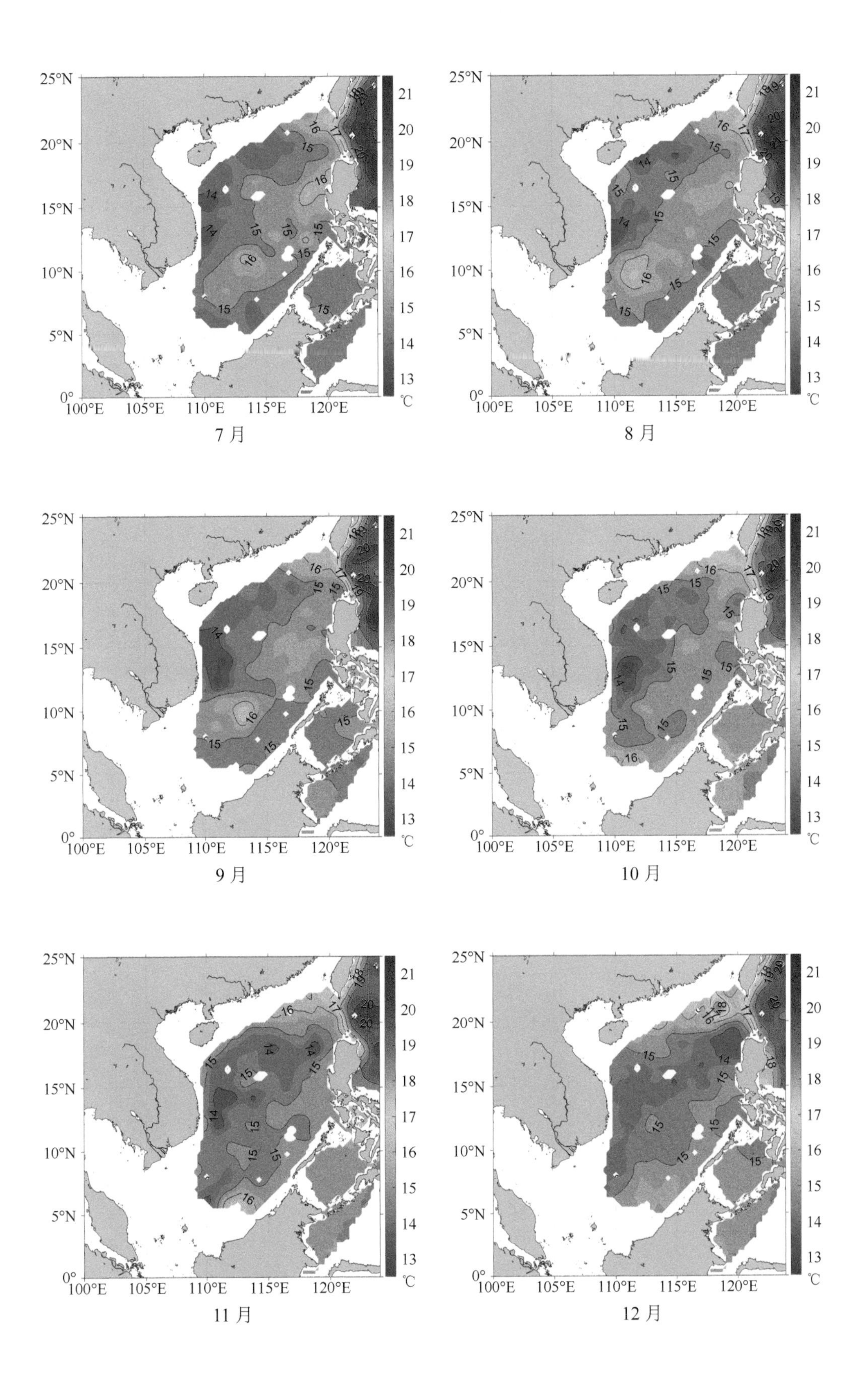

7 月

8 月

9 月

10 月

11 月

12 月

1～12 月 400m 温度

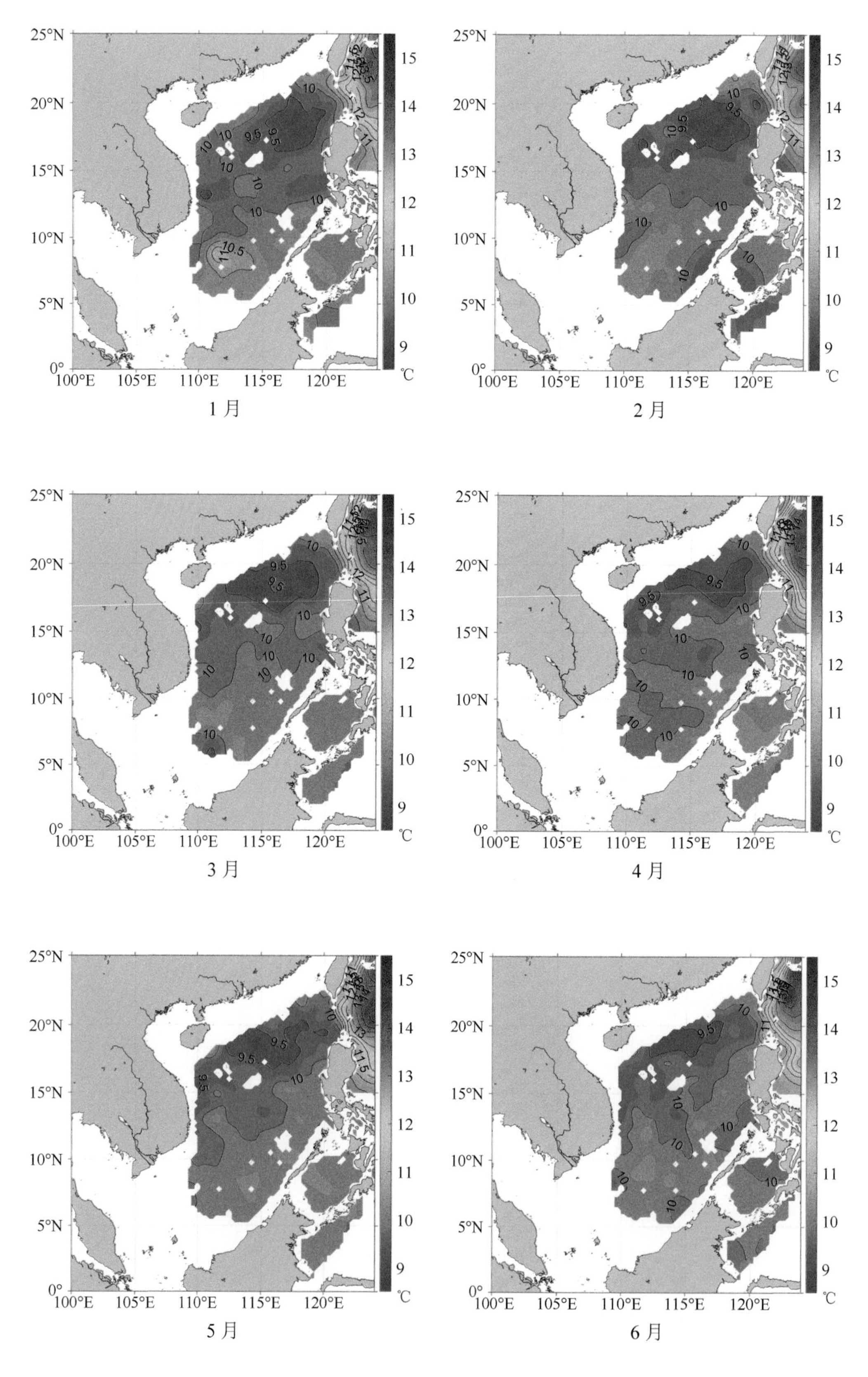
25°N
20°N
15°N
10°N
5°N
0°
100°E
105°E
110°E
115°E
120°E
15
14
13
12
11
10
9
℃
1 月
2 月
3 月
4 月
5 月
6 月

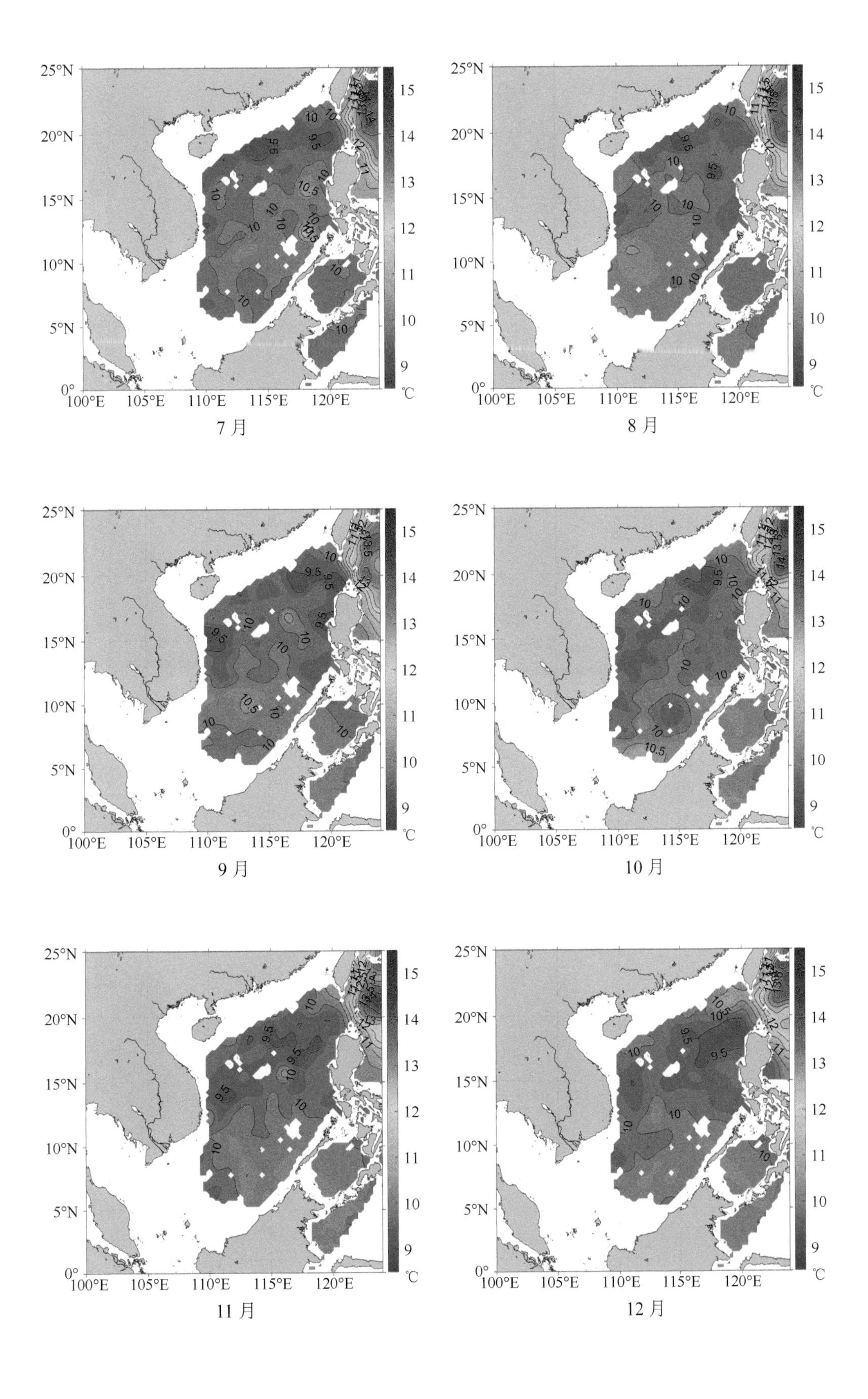
25°N
20°N
15°N
10°N
5°N
0°
100°E
105°E
110°E
115°E
120°E
15
14
13
12
11
10
9
℃
7 月
8 月
9 月
10 月
11 月
12 月

1～12月500m温度

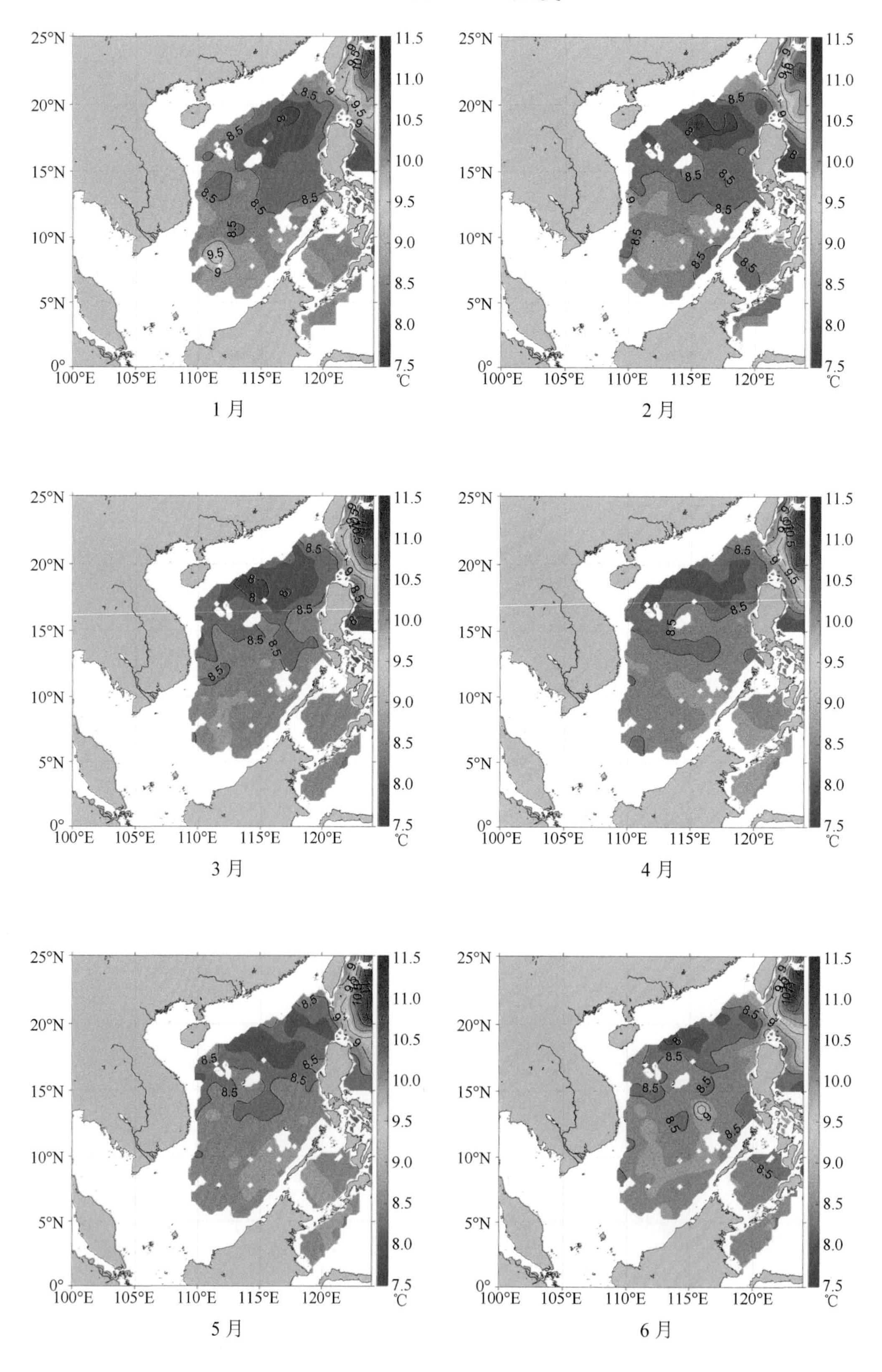
25°N
20°N
15°N
10°N
5°N
0°
100°E
105°E
110°E
115°E
120°E
11.5
11.0
10.5
10.0
9.5
9.0
8.5
8.0
7.5
℃
1月
2月
3月
4月
5月
6月

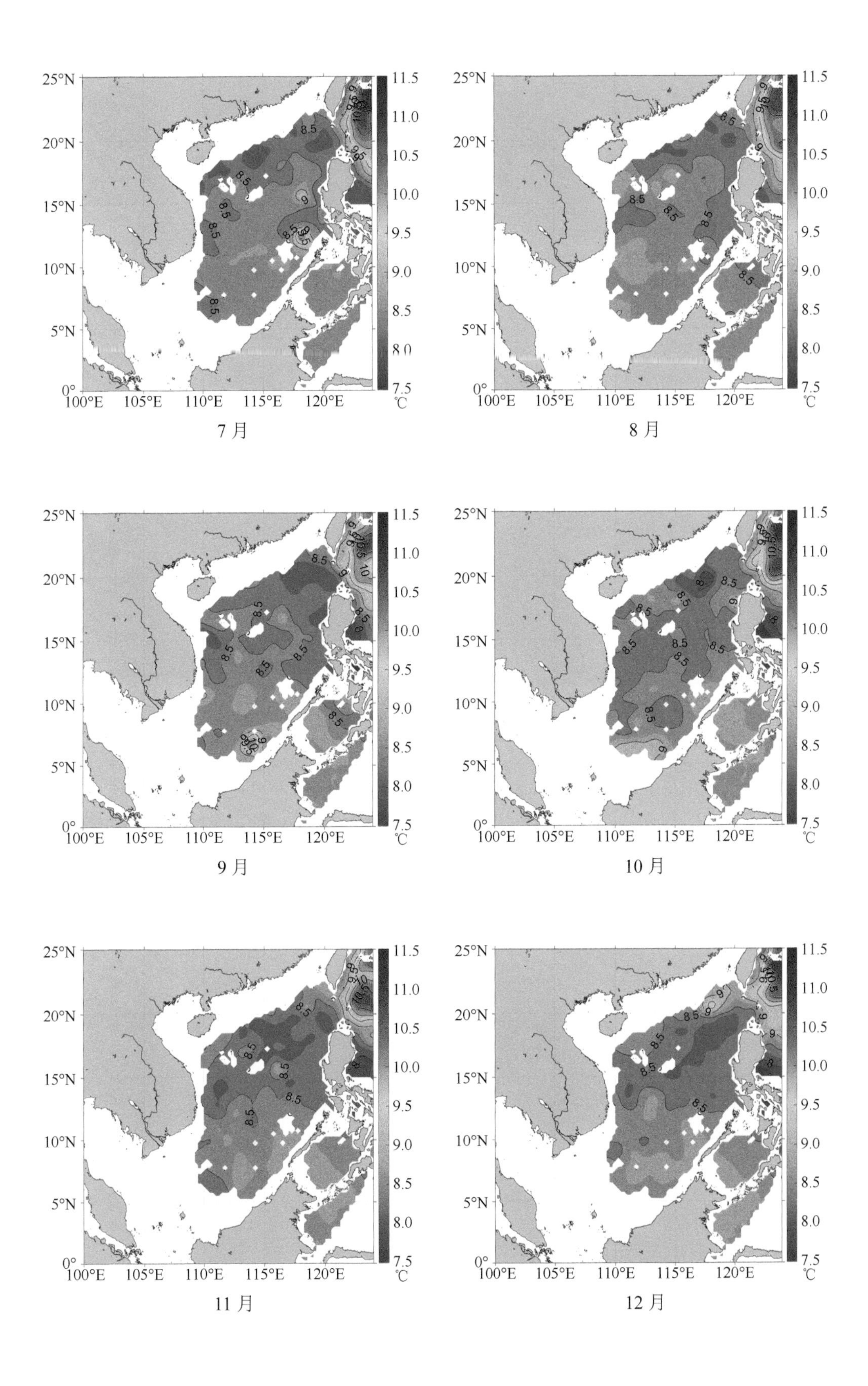

7 月

8 月

9 月

10 月

11 月

12 月

1～12 月 1000m 温度

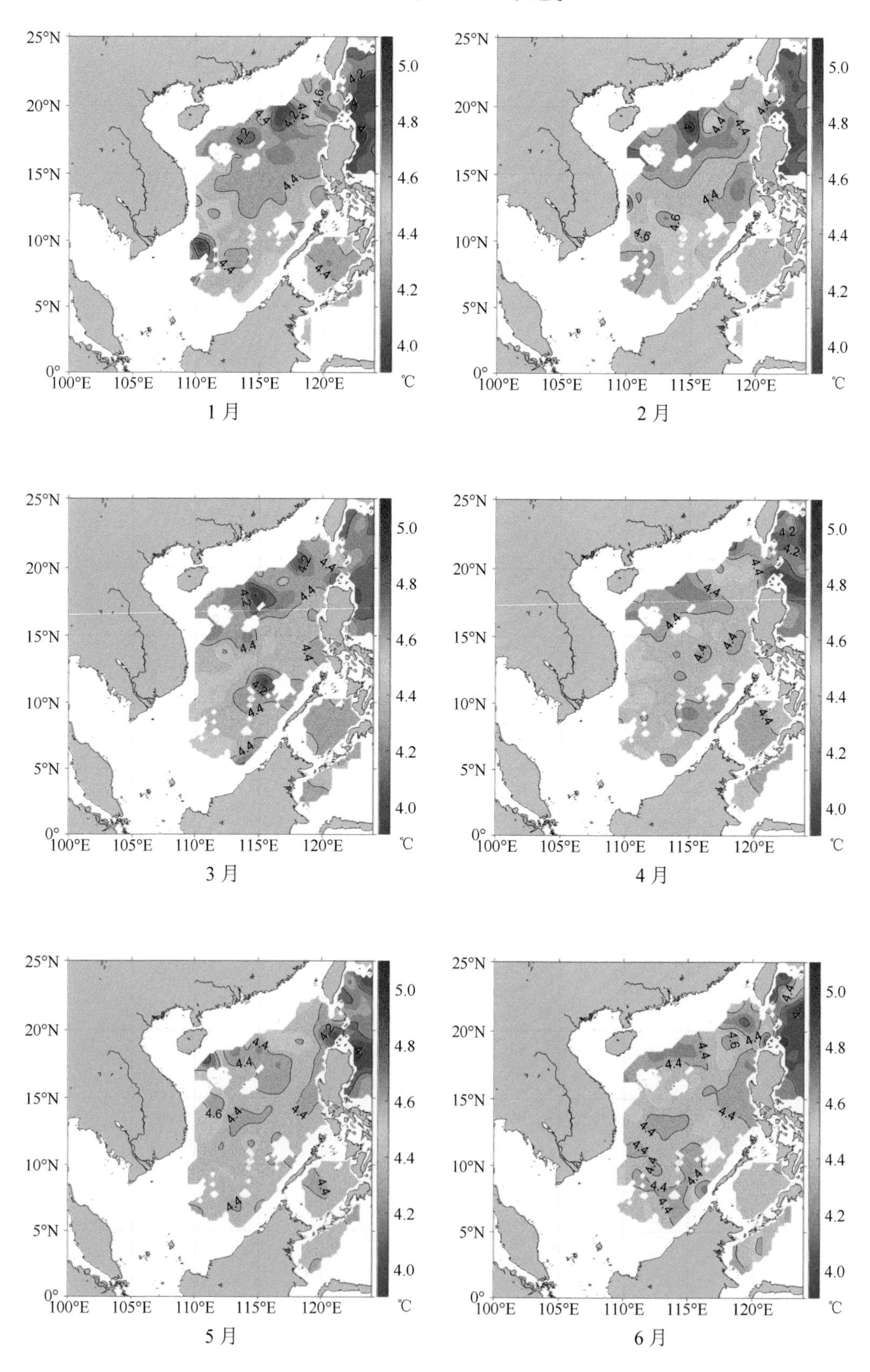

1 月

2 月

3 月

4 月

5 月

6 月

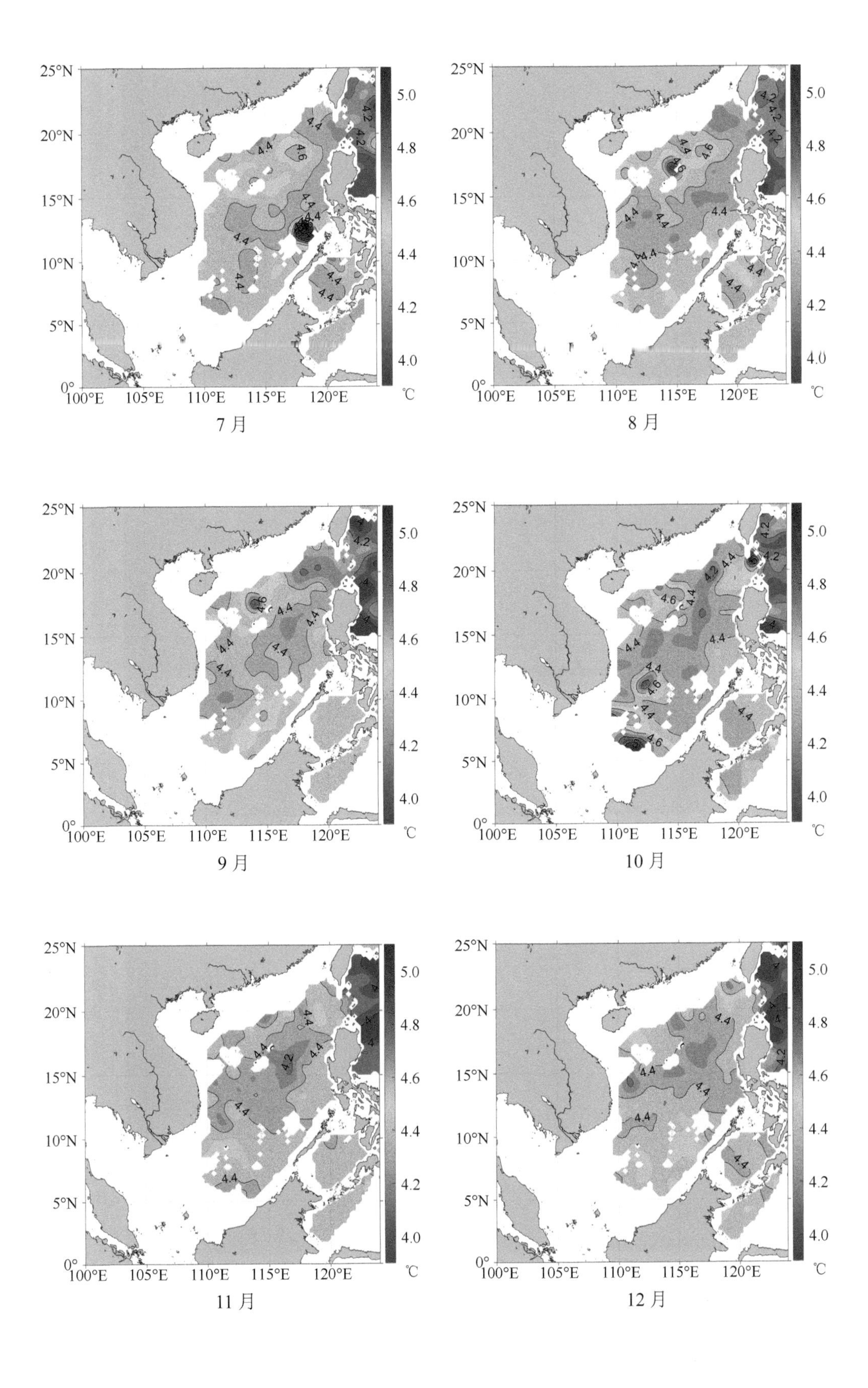

7 月

8 月

9 月

10 月

11 月

12 月

1～12 月 111°E 经向断面温度

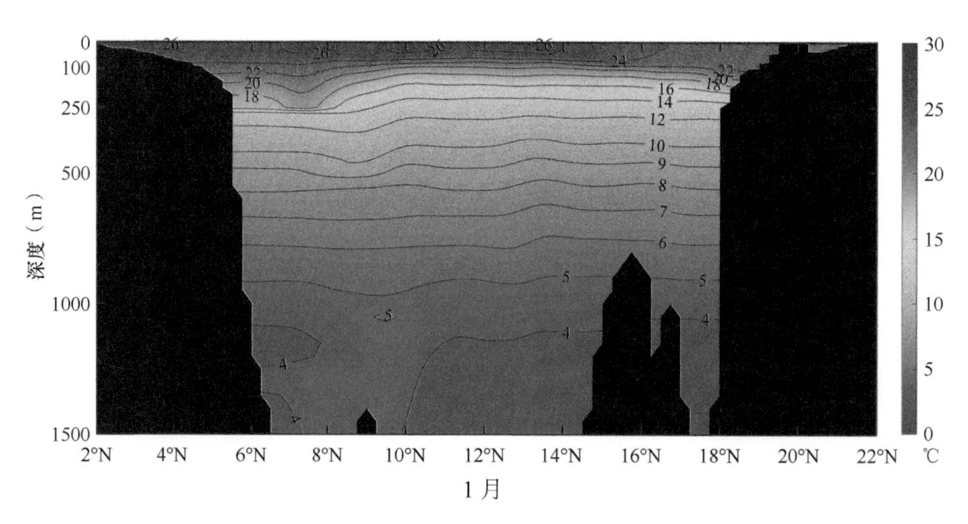

1 月

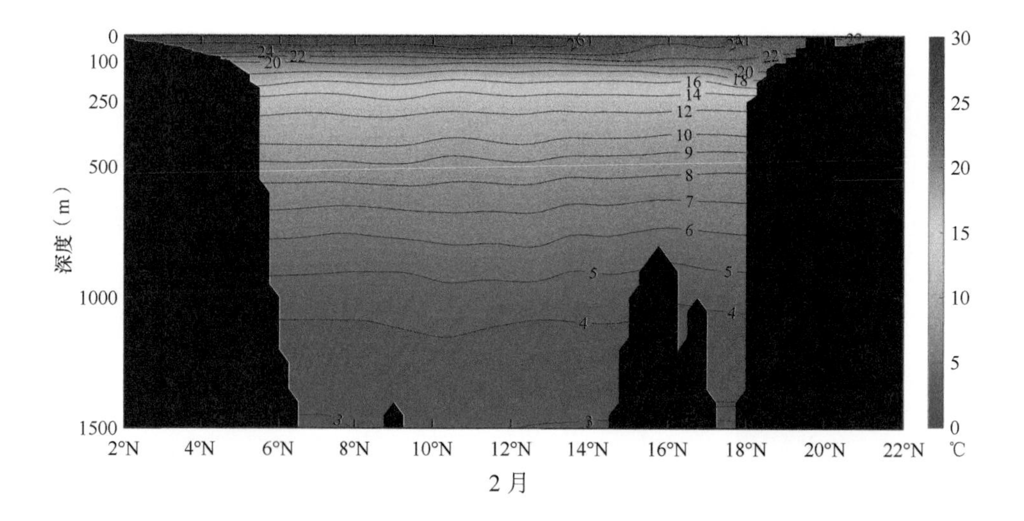

2 月

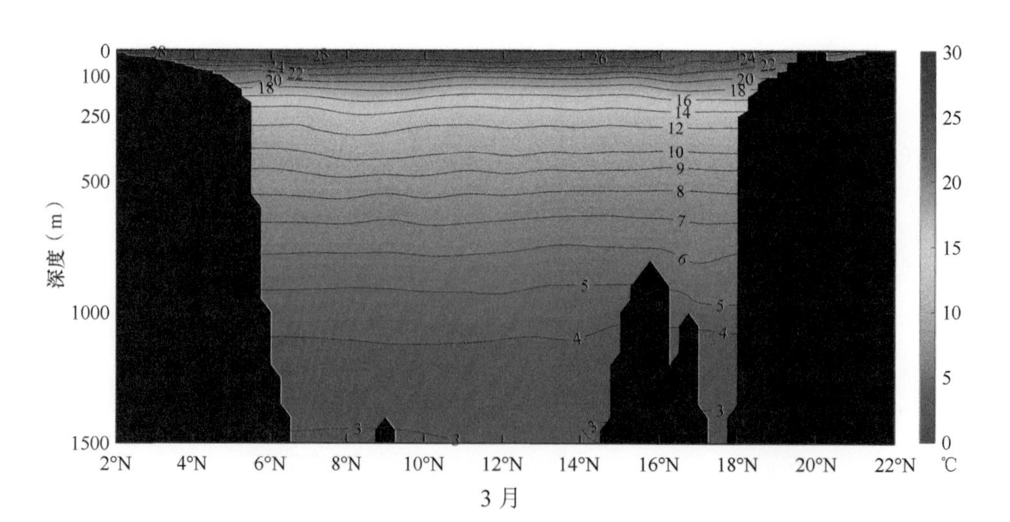

3 月

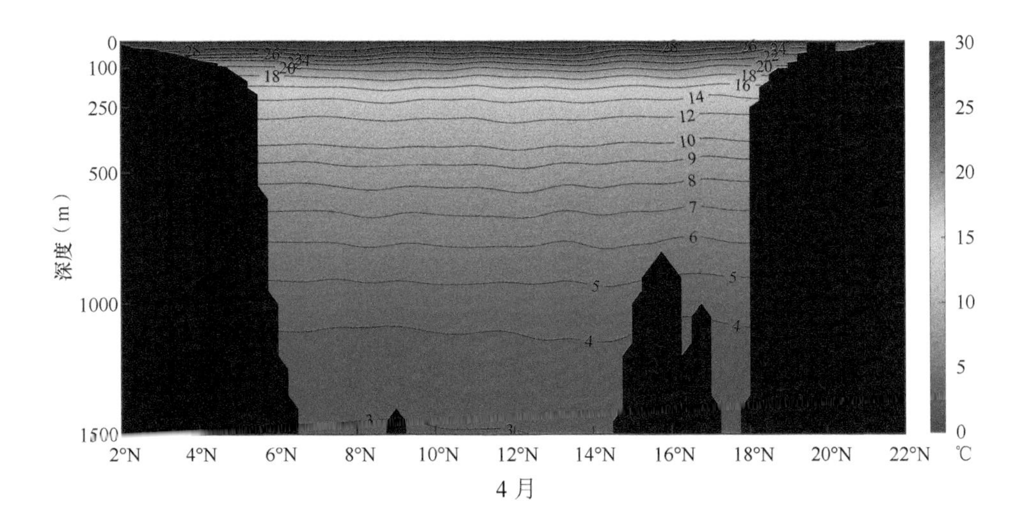
深度（m）
0
100
250
500
1000
1500
2°N
4°N
6°N
8°N
10°N
12°N
14°N
16°N
18°N
20°N
22°N
30
25
20
15
10
5
0
℃

4 月

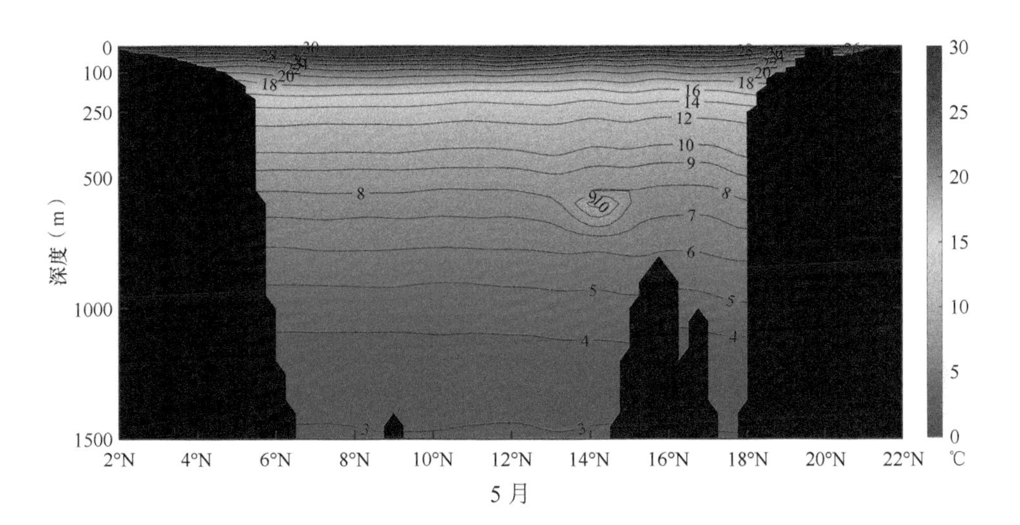
深度（m）
0
100
250
500
1000
1500
2°N
4°N
6°N
8°N
10°N
12°N
14°N
16°N
18°N
20°N
22°N
30
25
20
15
10
5
0
℃

5 月

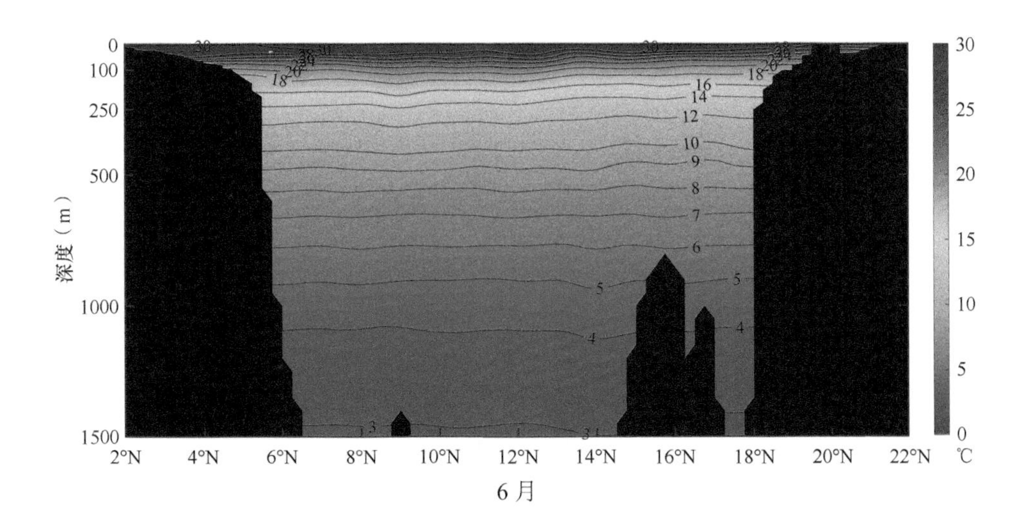
深度（m）
0
100
250
500
1000
1500
2°N
4°N
6°N
8°N
10°N
12°N
14°N
16°N
18°N
20°N
22°N
30
25
20
15
10
5
0
℃

6 月

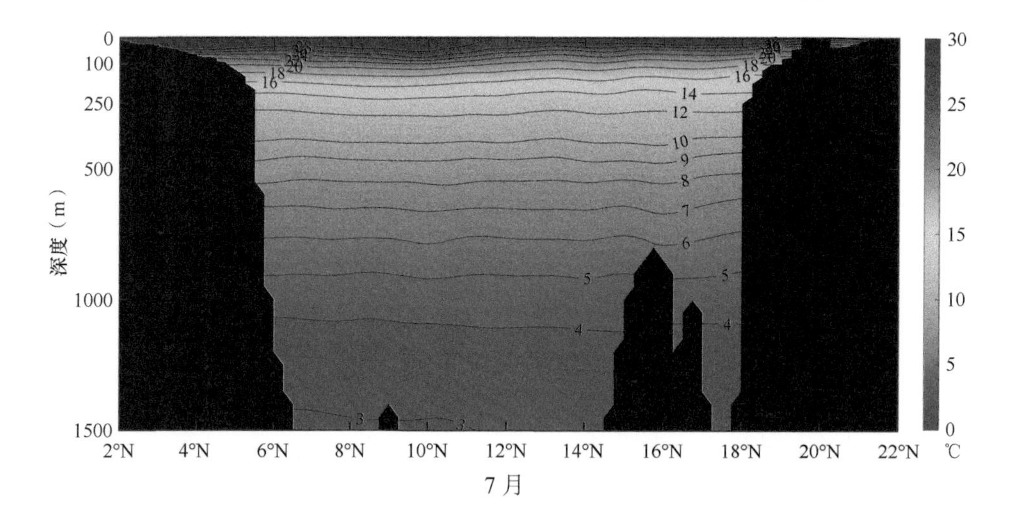
深度（m）
0
100
250
500
1000
1500
2°N
4°N
6°N
8°N
10°N
12°N
14°N
16°N
18°N
20°N
22°N
30
25
20
15
10
5
0
℃
7 月

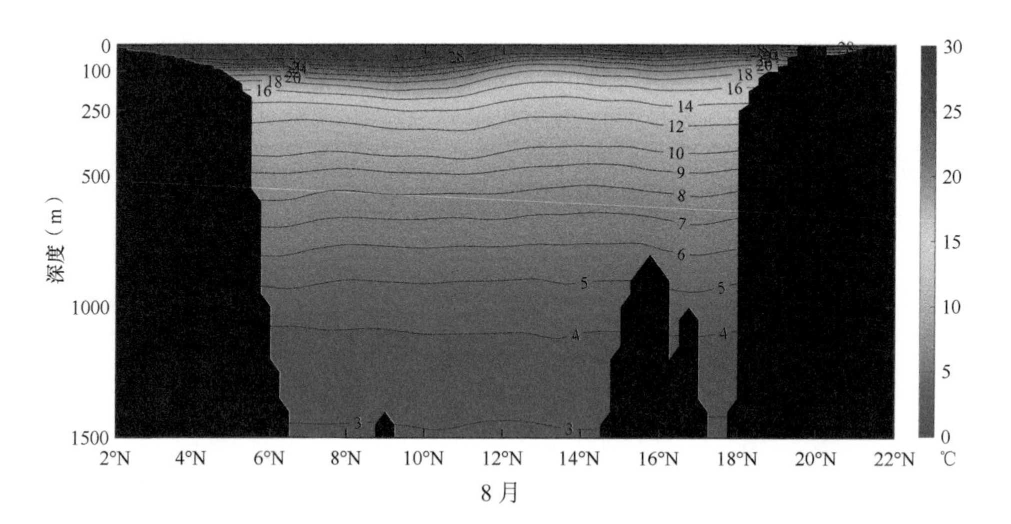
深度（m）
0
100
250
500
1000
1500
2°N
4°N
6°N
8°N
10°N
12°N
14°N
16°N
18°N
20°N
22°N
30
25
20
15
10
5
0
℃
8 月

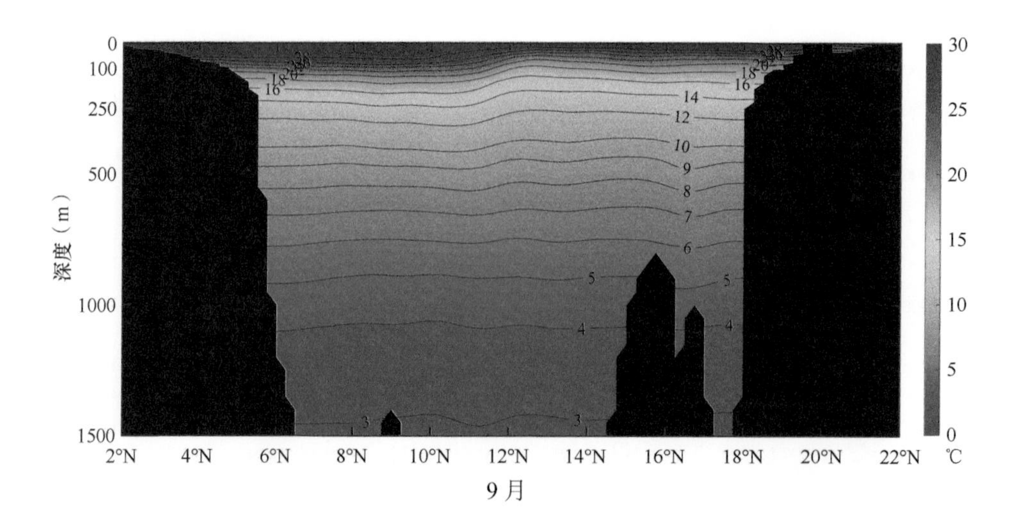
深度（m）
0
100
250
500
1000
1500
2°N
4°N
6°N
8°N
10°N
12°N
14°N
16°N
18°N
20°N
22°N
30
25
20
15
10
5
0
℃
9 月

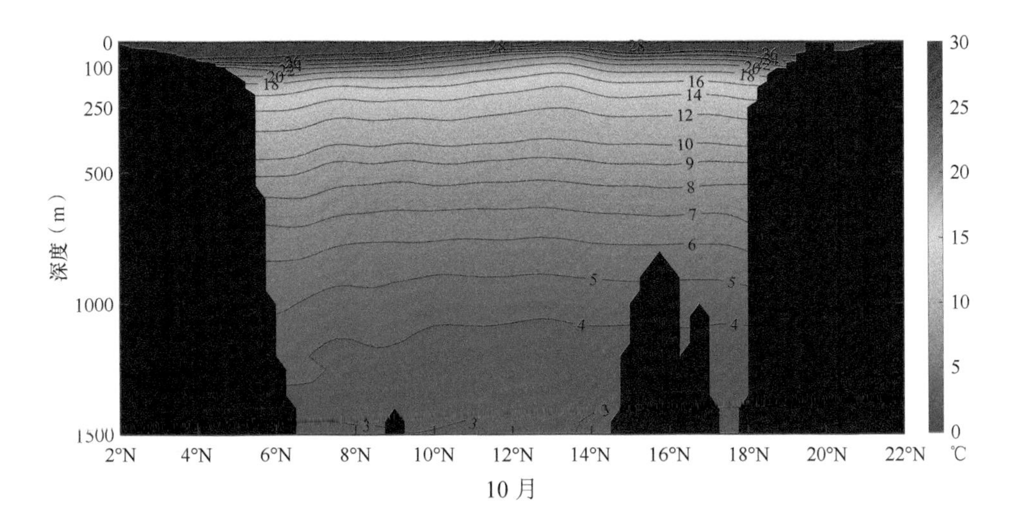
深度（m）
0
100
250
500
1000
1500
2°N
4°N
6°N
8°N
10°N
12°N
14°N
16°N
18°N
20°N
22°N
30
25
20
15
10
5
0
℃

10 月

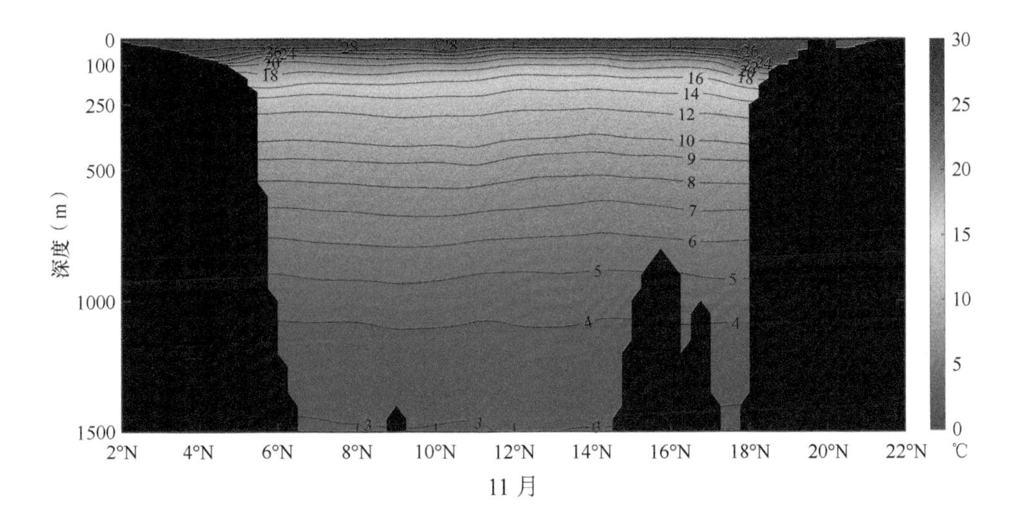
深度（m）
0
100
250
500
1000
1500
2°N
4°N
6°N
8°N
10°N
12°N
14°N
16°N
18°N
20°N
22°N
30
25
20
15
10
5
0
℃

11 月

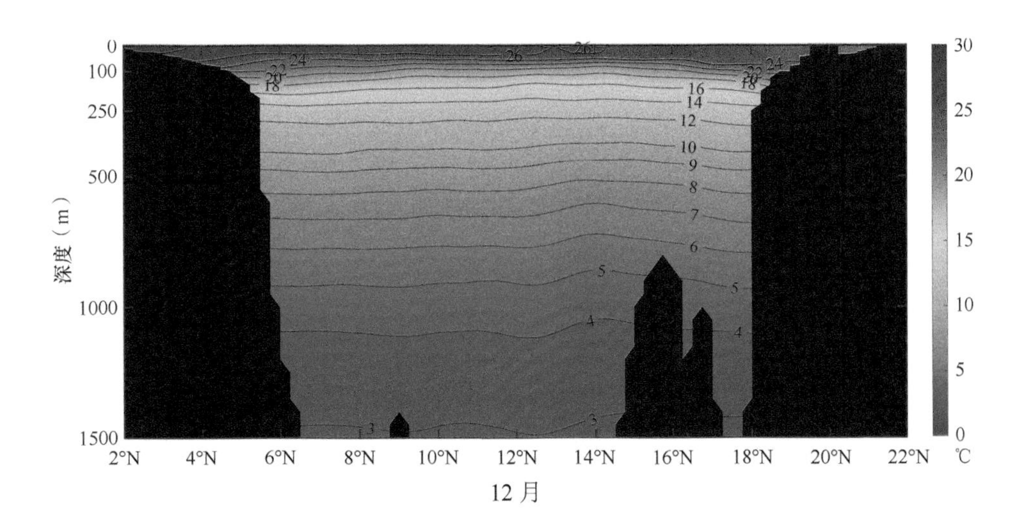
深度（m）
0
100
250
500
1000
1500
2°N
4°N
6°N
8°N
10°N
12°N
14°N
16°N
18°N
20°N
22°N
30
25
20
15
10
5
0
℃

12 月

1～12 月 115°E 经向断面温度

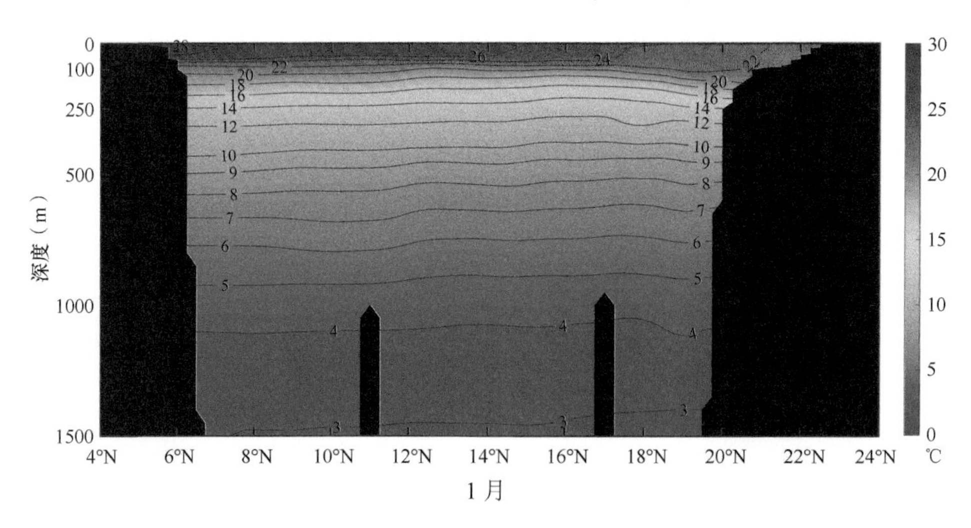

1 月

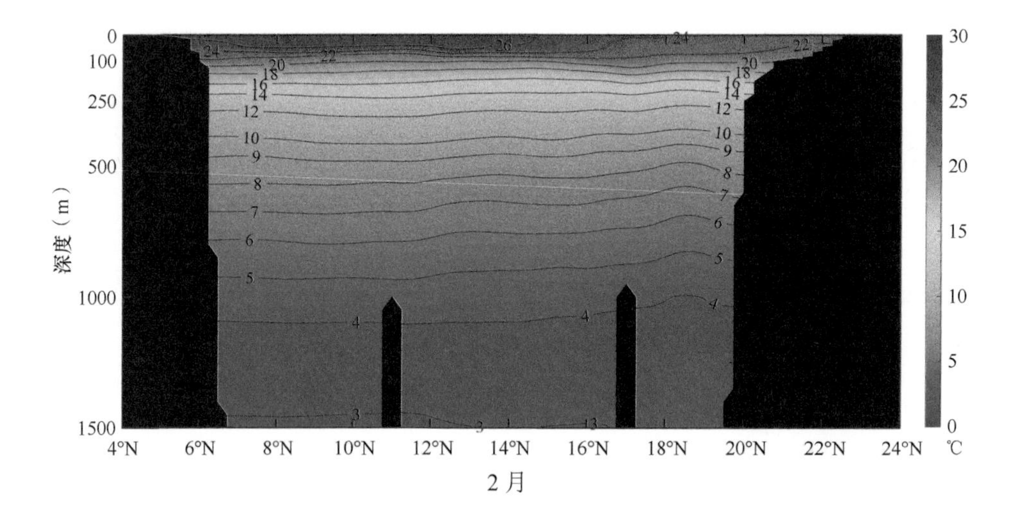

2 月

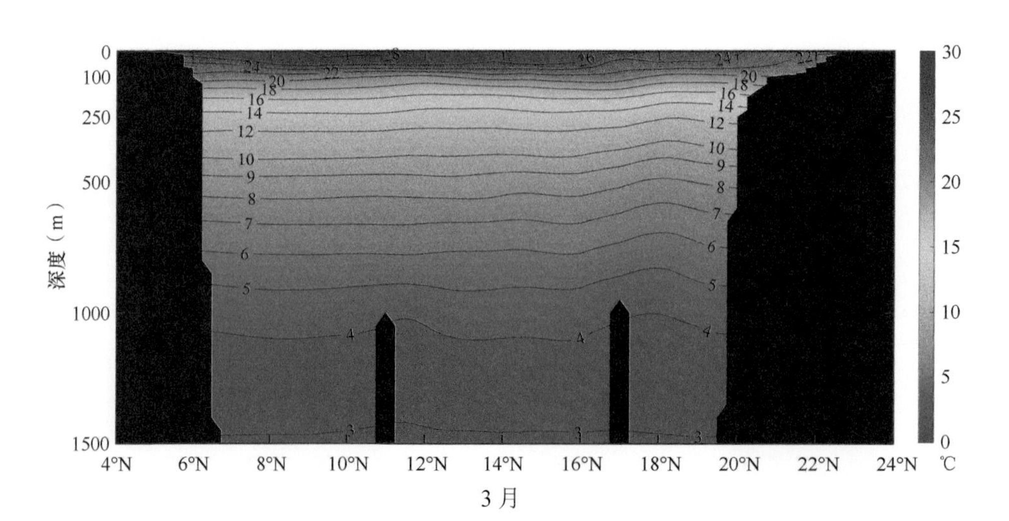

3 月

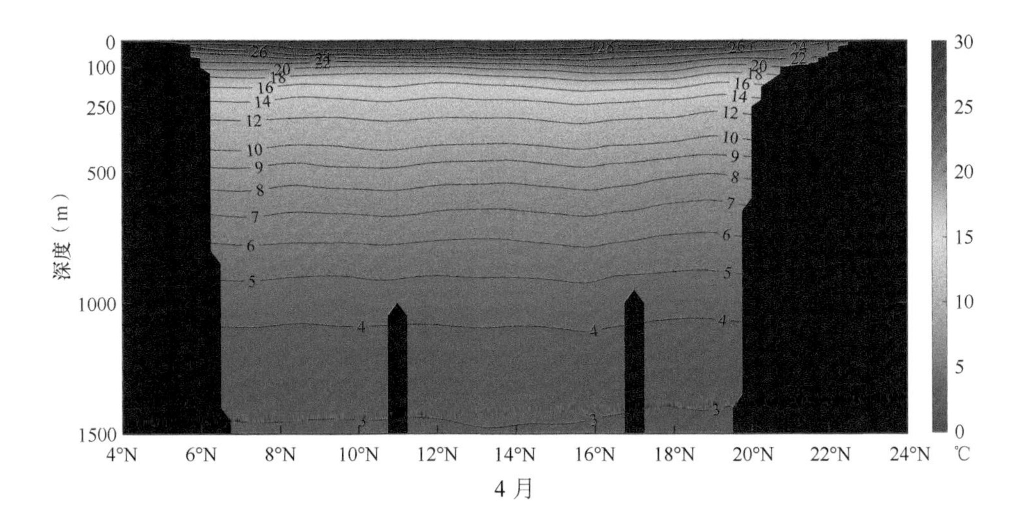
0
100
250
500
1000
1500
深度（m）
4°N
6°N
8°N
10°N
12°N
14°N
16°N
18°N
20°N
22°N
24°N
30
25
20
15
10
5
0
℃
4 月

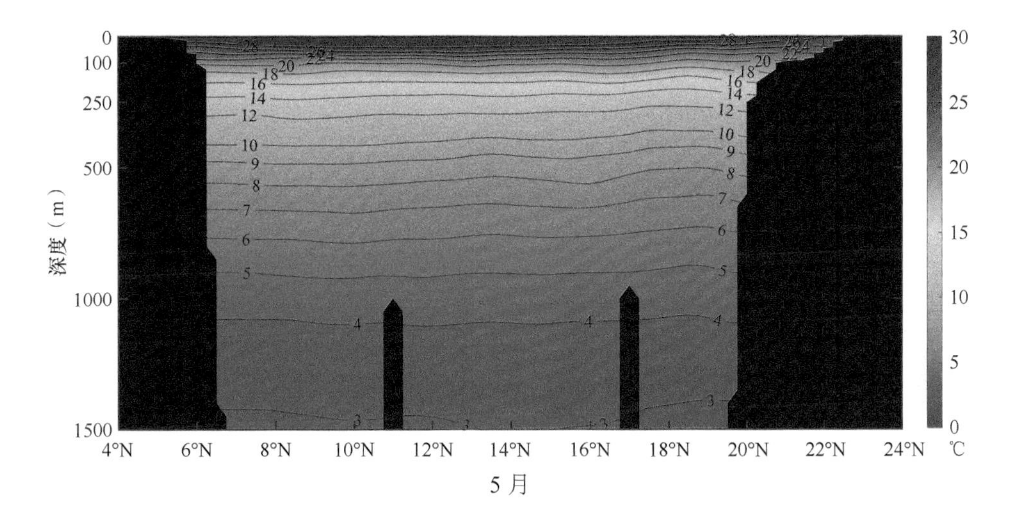
0
100
250
500
1000
1500
深度（m）
4°N
6°N
8°N
10°N
12°N
14°N
16°N
18°N
20°N
22°N
24°N
30
25
20
15
10
5
0
℃
5 月

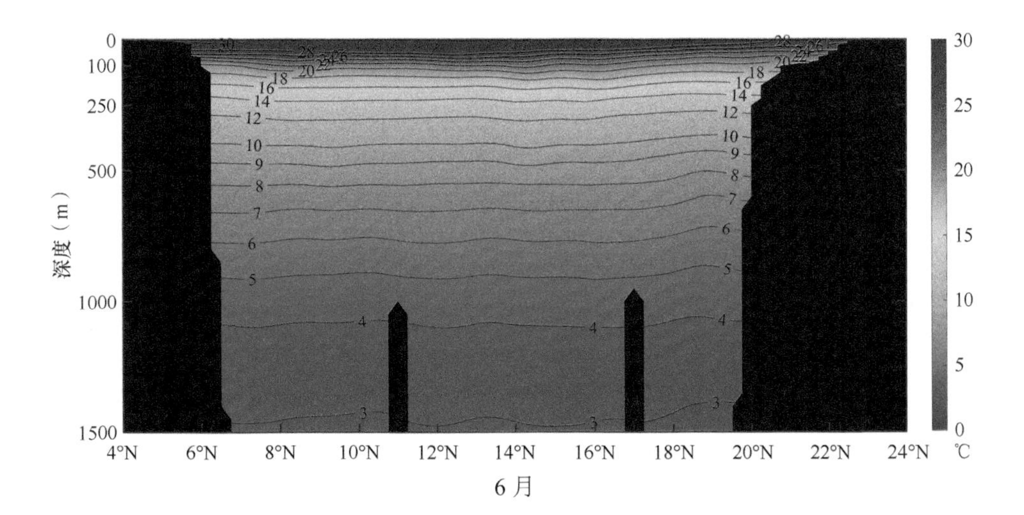
0
100
250
500
1000
1500
深度（m）
4°N
6°N
8°N
10°N
12°N
14°N
16°N
18°N
20°N
22°N
24°N
30
25
20
15
10
5
0
℃
6 月

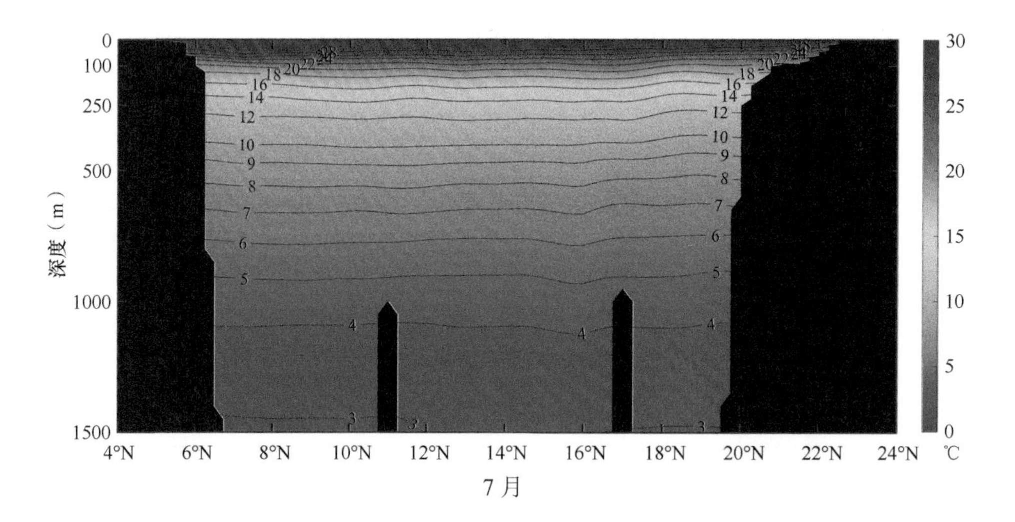
深度（m）
0
100
250
500
1000
1500
4°N
6°N
8°N
10°N
12°N
14°N
16°N
18°N
20°N
22°N
24°N
30
25
20
15
10
5
0
℃

7 月

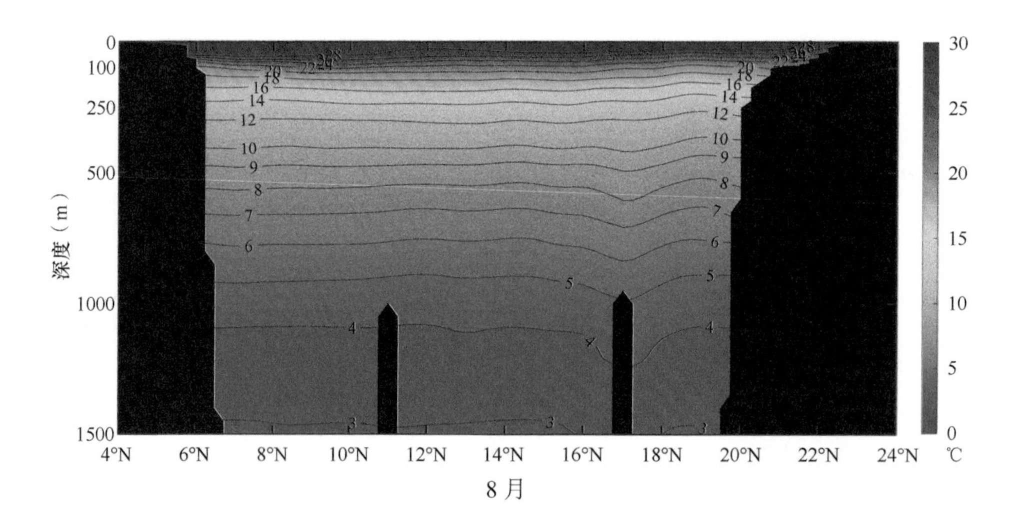
深度（m）
0
100
250
500
1000
1500
4°N
6°N
8°N
10°N
12°N
14°N
16°N
18°N
20°N
22°N
24°N
30
25
20
15
10
5
0
℃

8 月

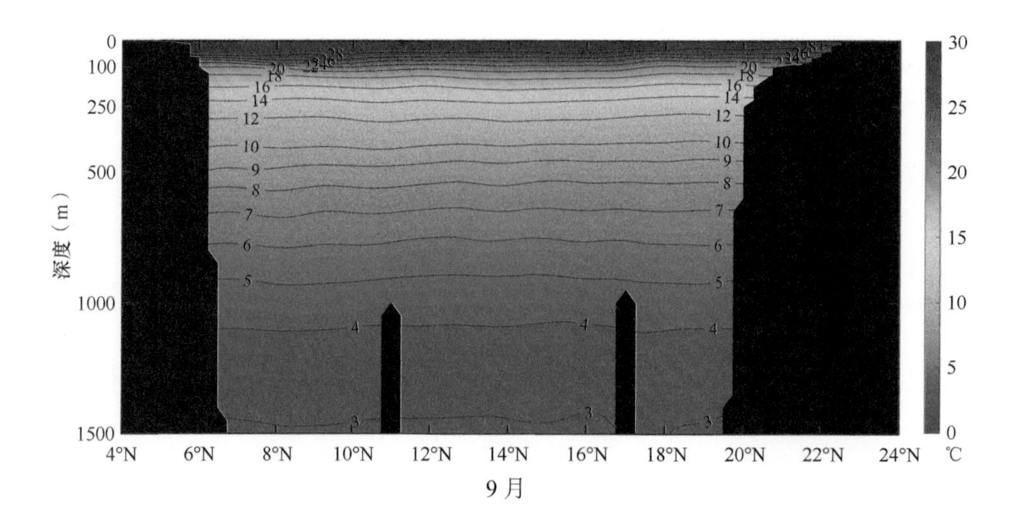
深度（m）
0
100
250
500
1000
1500
4°N
6°N
8°N
10°N
12°N
14°N
16°N
18°N
20°N
22°N
24°N
30
25
20
15
10
5
0
℃

9 月

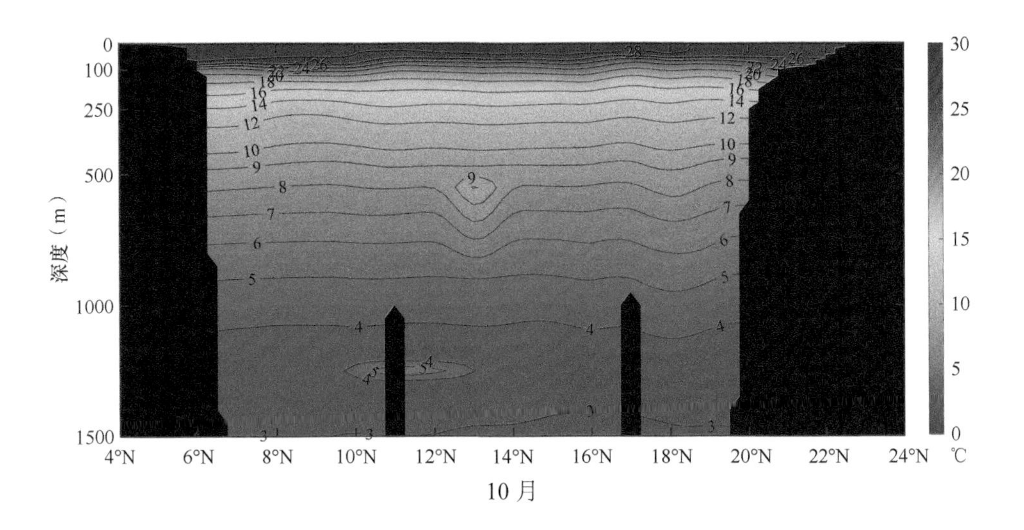
0
100
250
500
1000
1500
深度（m）
4°N
6°N
8°N
10°N
12°N
14°N
16°N
18°N
20°N
22°N
24°N
30
25
20
15
10
5
0
℃
10 月

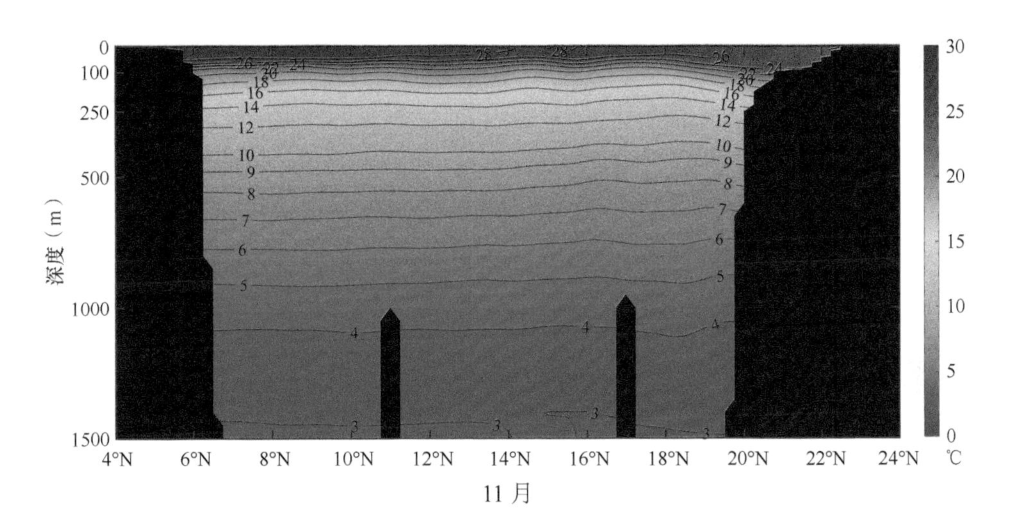
0
100
250
500
1000
1500
深度（m）
4°N
6°N
8°N
10°N
12°N
14°N
16°N
18°N
20°N
22°N
24°N
30
25
20
15
10
5
0
℃
11 月

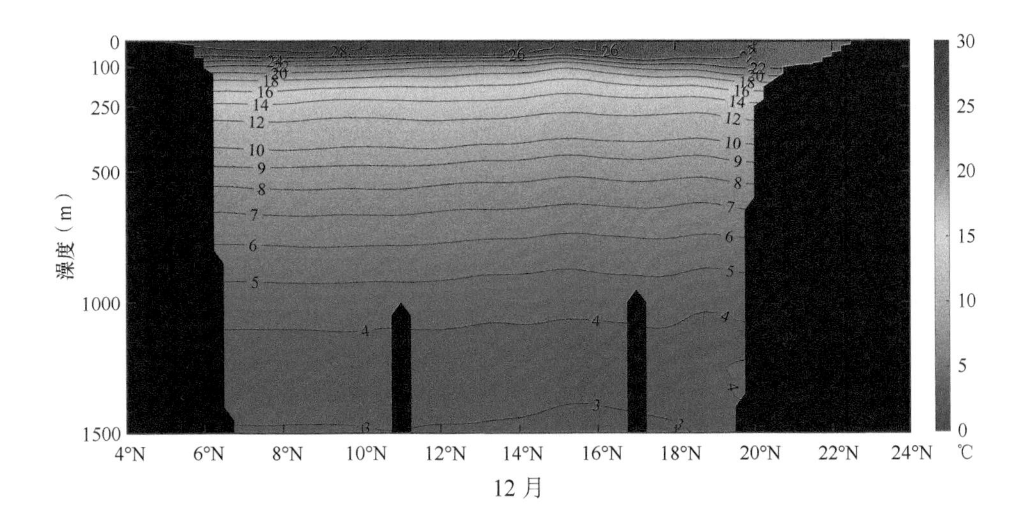
0
100
250
500
1000
1500
深度（m）
4°N
6°N
8°N
10°N
12°N
14°N
16°N
18°N
20°N
22°N
24°N
30
25
20
15
10
5
0
℃
12 月

1～12 月 119°E 经向断面温度

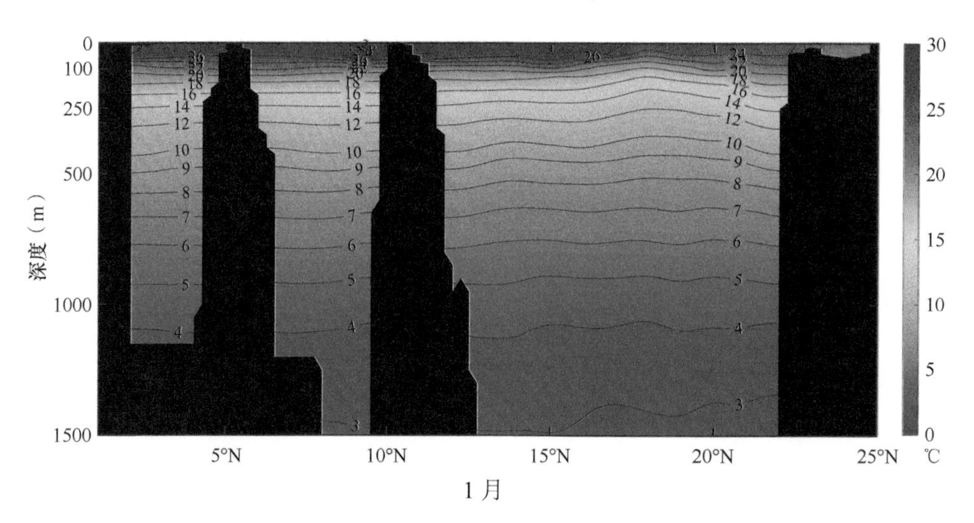

1 月

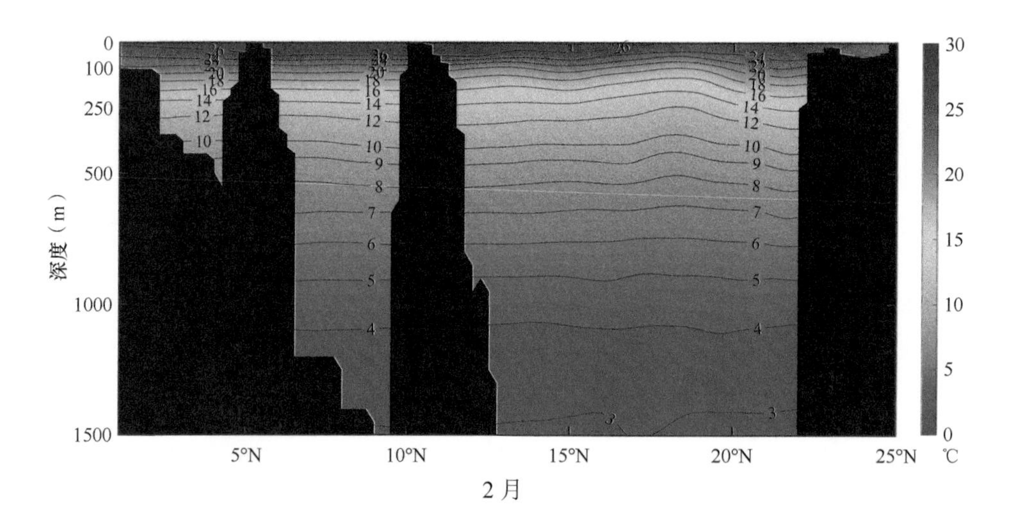

2 月

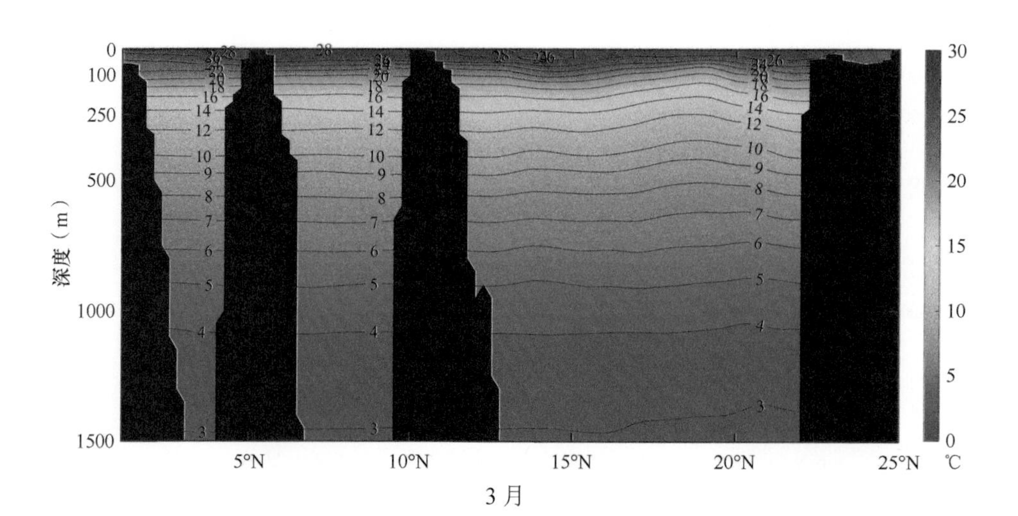

3 月

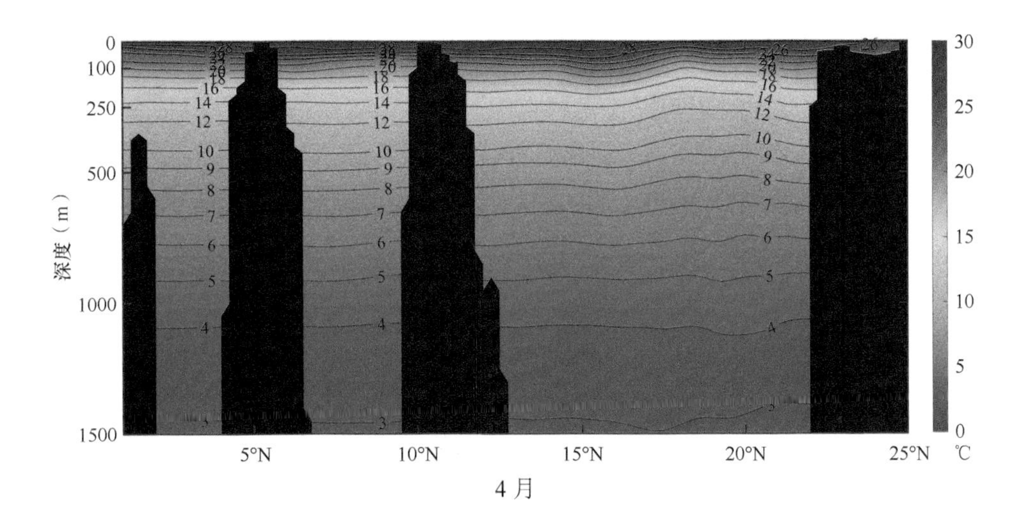

深度（m）
0
100
250
500
1000
1500
5°N
10°N
15°N
20°N
25°N
℃
30
25
20
15
10
5
0

4 月

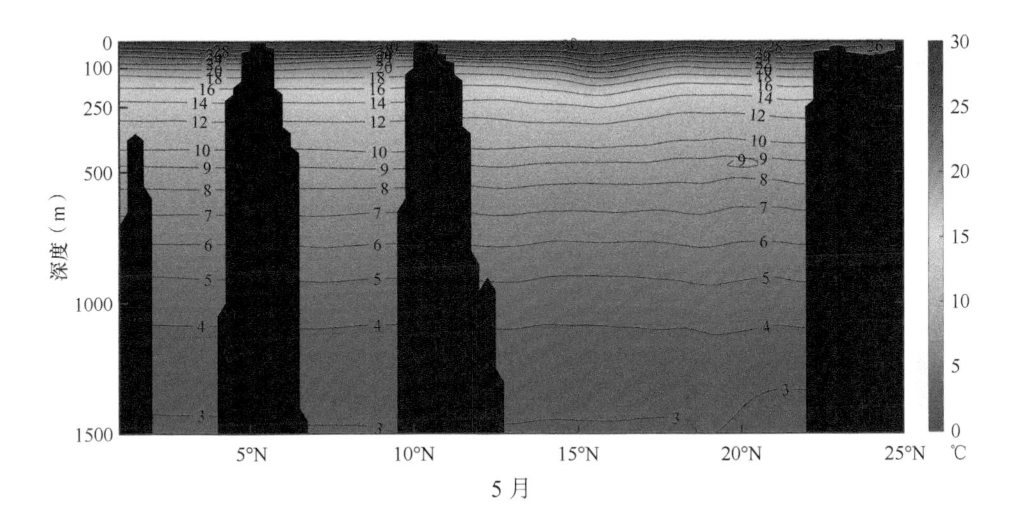

深度（m）
0
100
250
500
1000
1500
5°N
10°N
15°N
20°N
25°N
℃
30
25
20
15
10
5
0

5 月

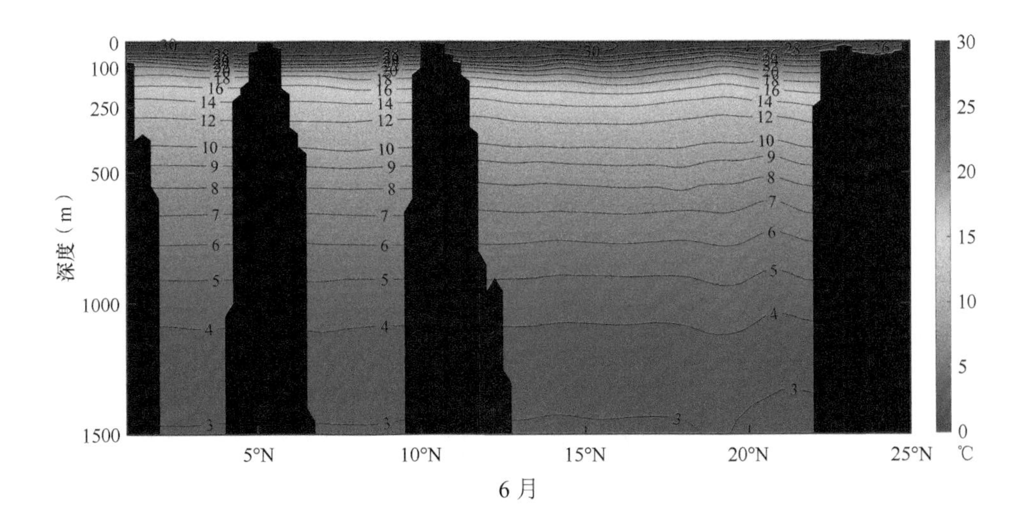

深度（m）
0
100
250
500
1000
1500
5°N
10°N
15°N
20°N
25°N
℃
30
25
20
15
10
5
0

6 月

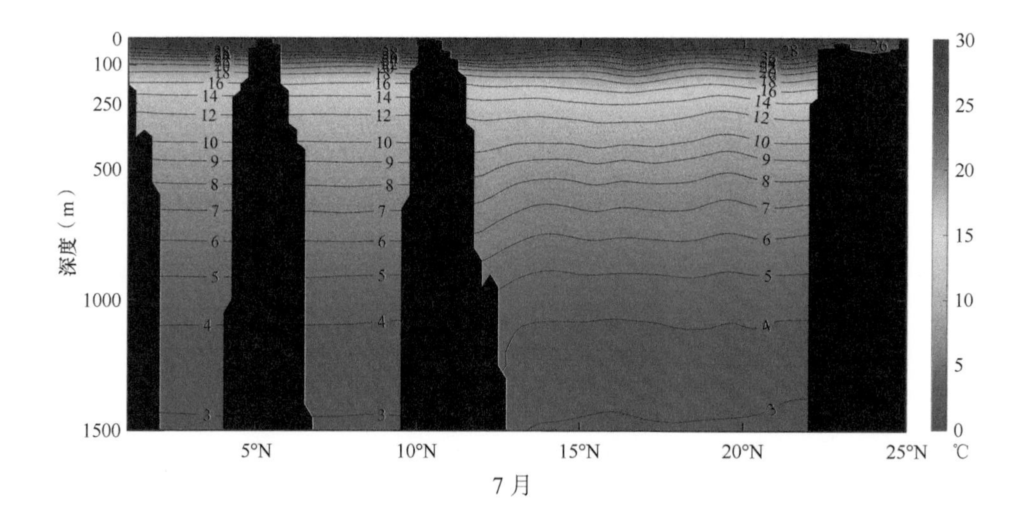
深度（m）
0
100
250
500
1000
1500
5°N
10°N
15°N
20°N
25°N
30
25
20
15
10
5
0
℃

7 月

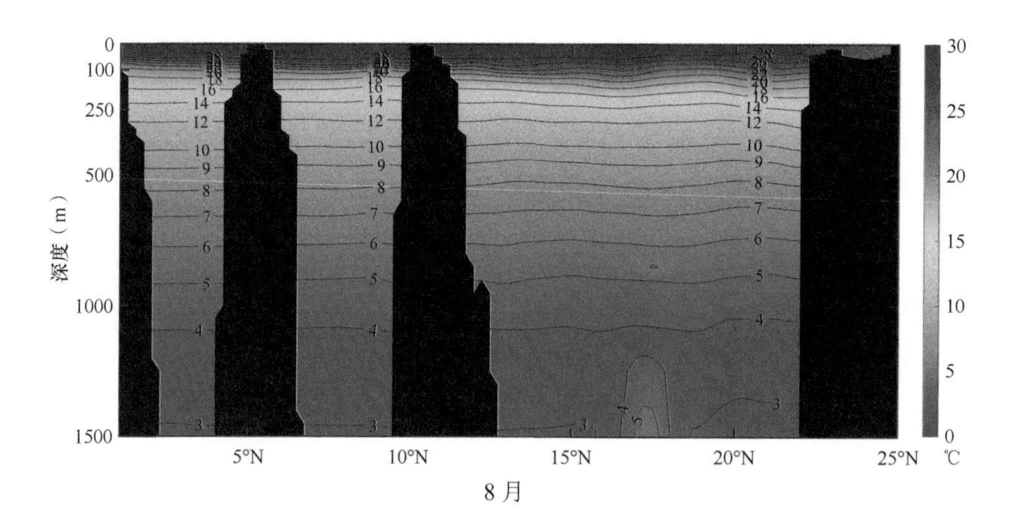
深度（m）
0
100
250
500
1000
1500
5°N
10°N
15°N
20°N
25°N
30
25
20
15
10
5
0
℃

8 月

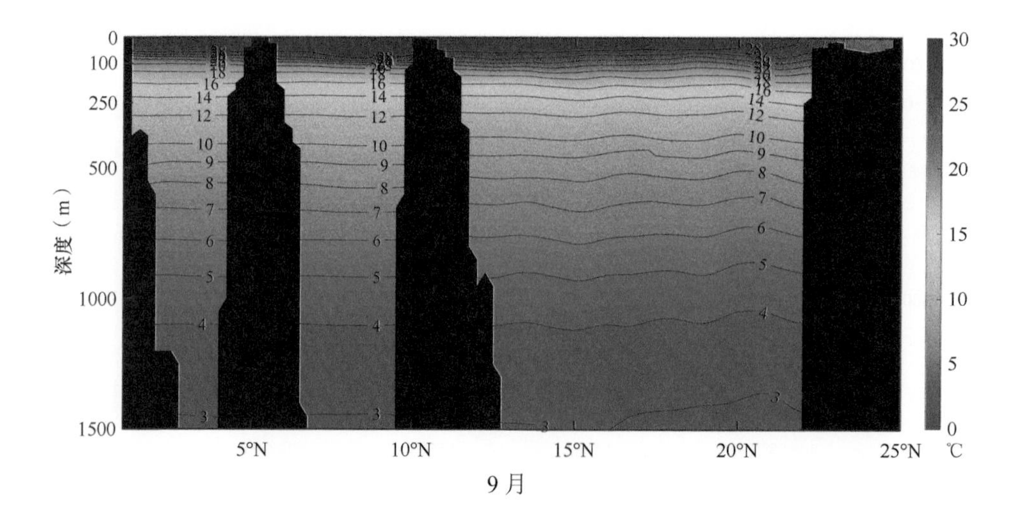
深度（m）
0
100
250
500
1000
1500
5°N
10°N
15°N
20°N
25°N
30
25
20
15
10
5
0
℃

9 月

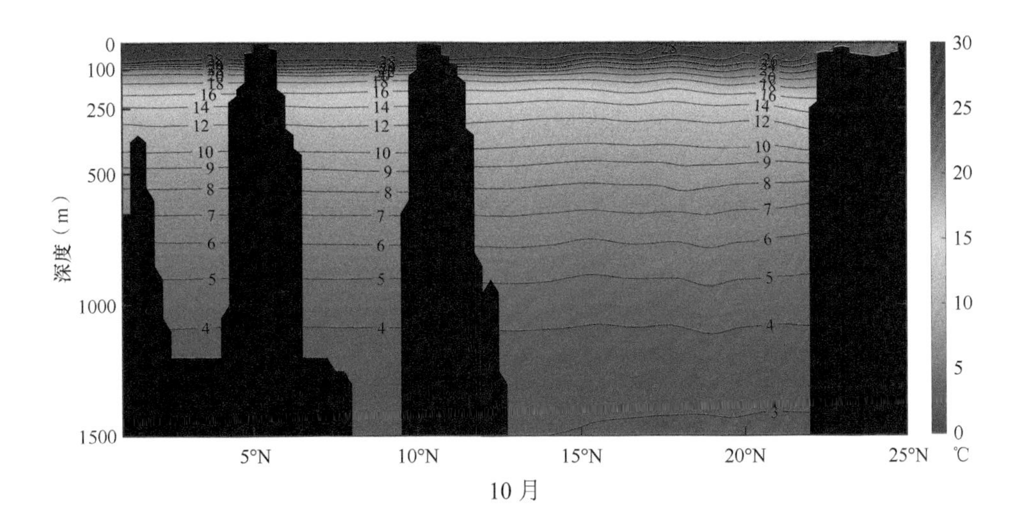

深度（m）
0
100
250
500
1000
1500
5°N
10°N
15°N
20°N
25°N
30
25
20
15
10
5
0
℃

10 月

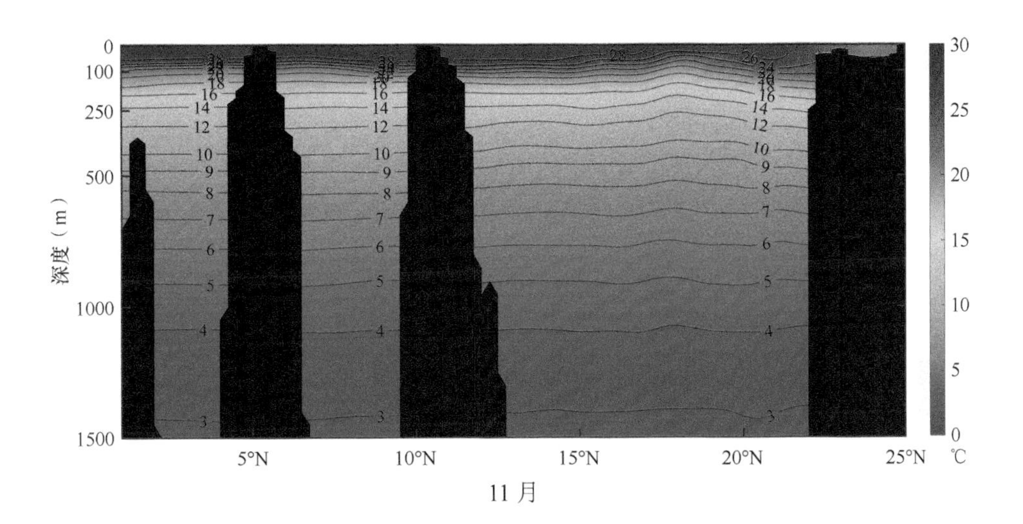

深度（m）
0
100
250
500
1000
1500
5°N
10°N
15°N
20°N
25°N
30
25
20
15
10
5
0
℃

11 月

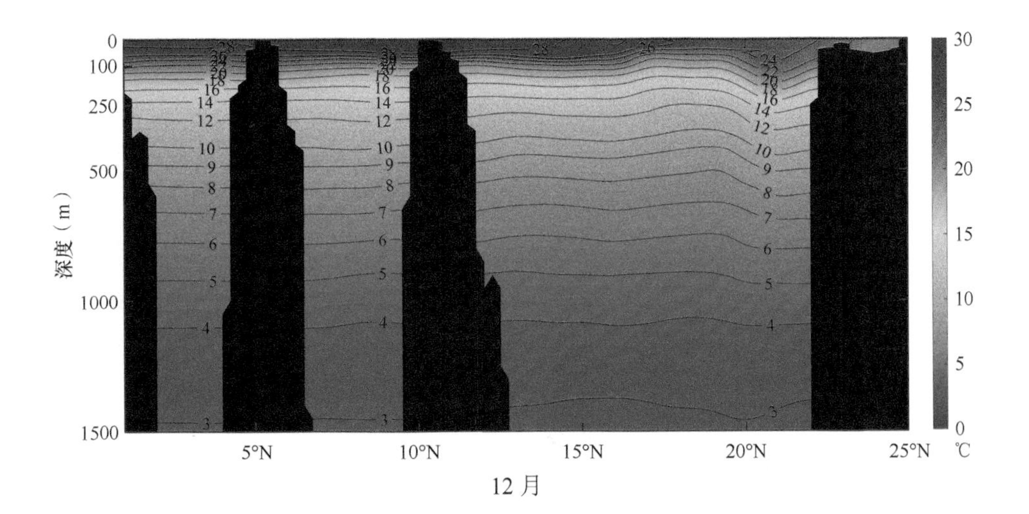

深度（m）
0
100
250
500
1000
1500
5°N
10°N
15°N
20°N
25°N
30
25
20
15
10
5
0
℃

12 月

1～12 月 9°N 纬向断面温度

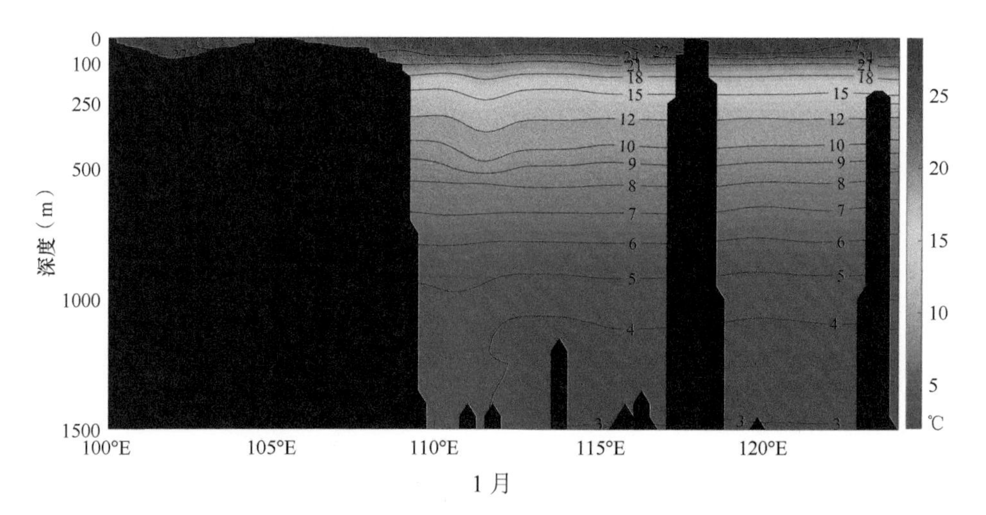

1 月

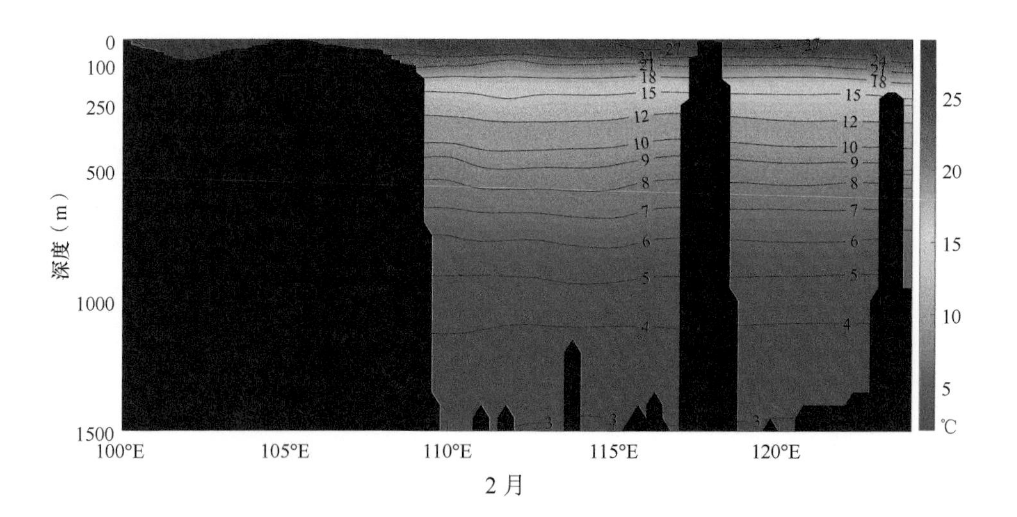

2 月

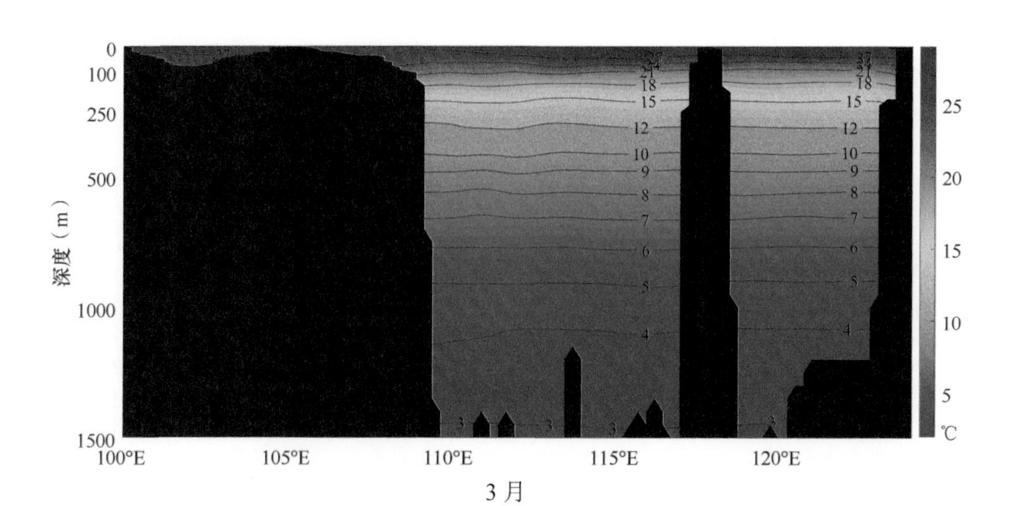

3 月

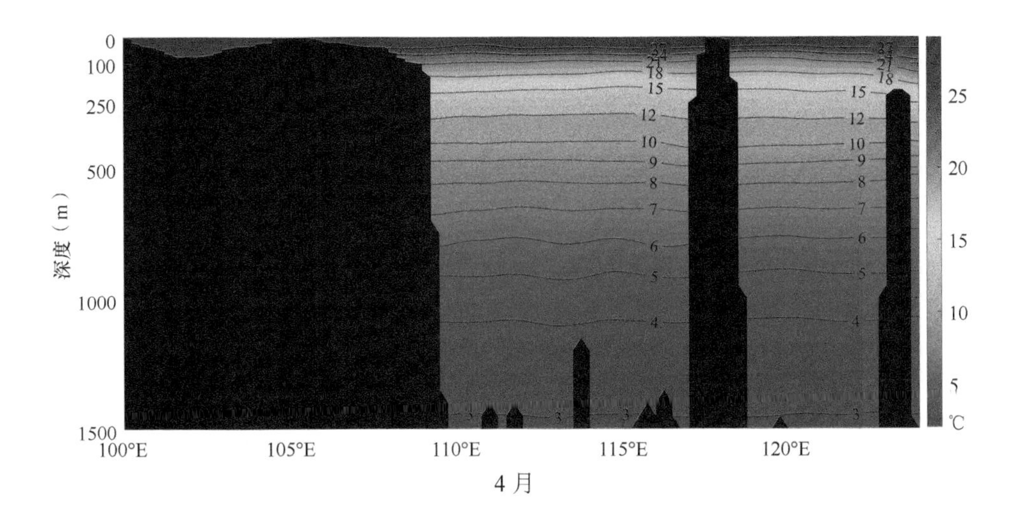
0
100
250
500
1000
1500
深度（m）
100°E
105°E
110°E
115°E
120°E
27
24
21
18
15
12
10
9
8
7
6
5
4
3
25
20
15
10
5
℃

4 月

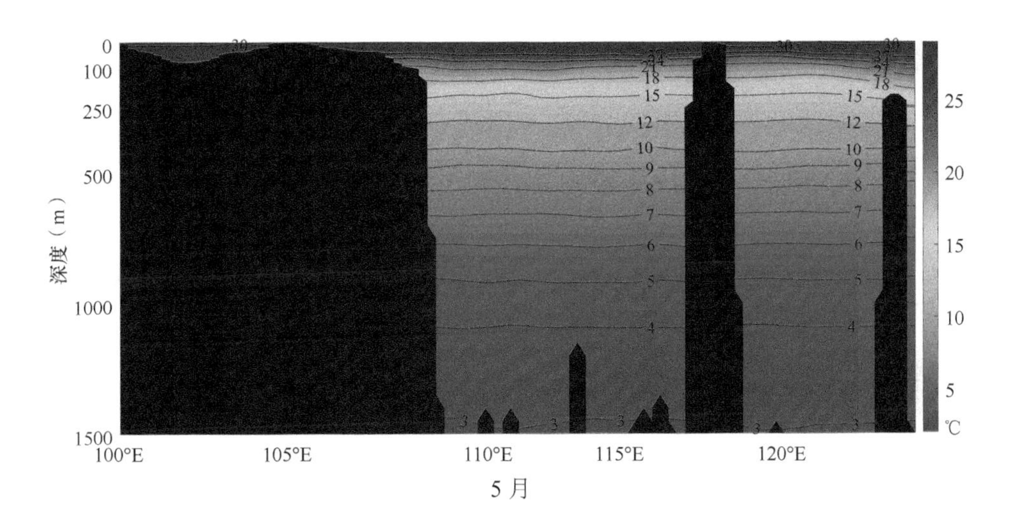
0
100
250
500
1000
1500
深度（m）
100°E
105°E
110°E
115°E
120°E
30
27
24
21
18
15
12
10
9
8
7
6
5
4
3
25
20
15
10
5
℃

5 月

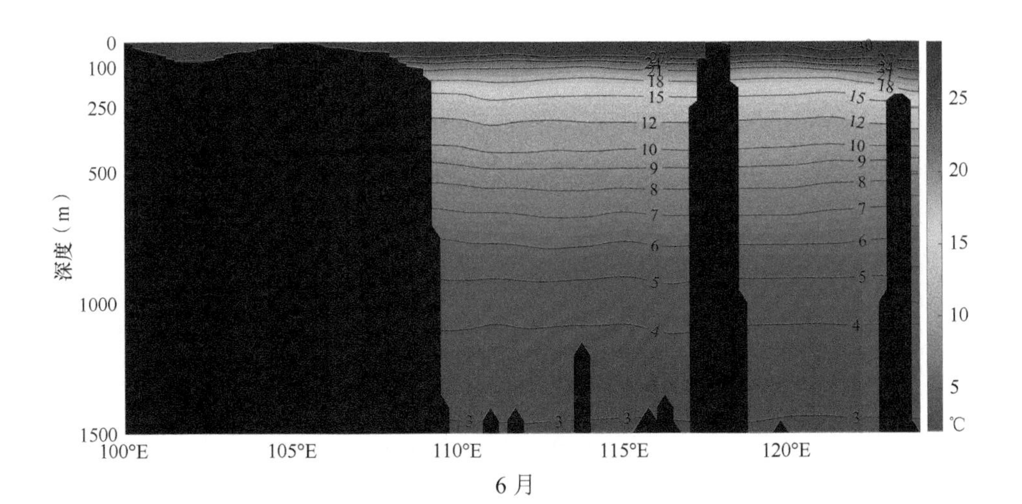
0
100
250
500
1000
1500
深度（m）
100°E
105°E
110°E
115°E
120°E
30
27
24
21
18
15
12
10
9
8
7
6
5
4
3
25
20
15
10
5
℃

6 月

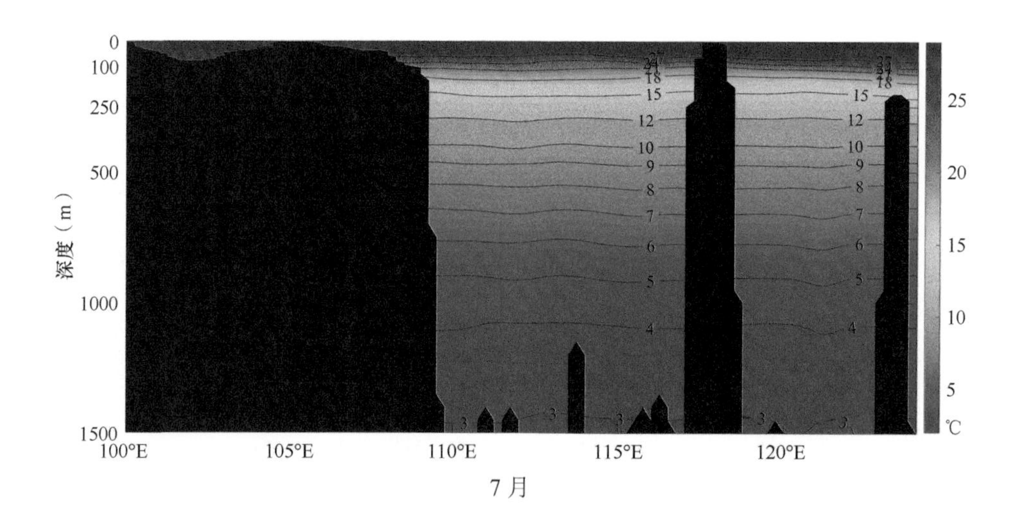

深度（m）
0
100
250
500
1000
1500
100°E
105°E
110°E
115°E
120°E
25
20
15
10
5
℃

7 月

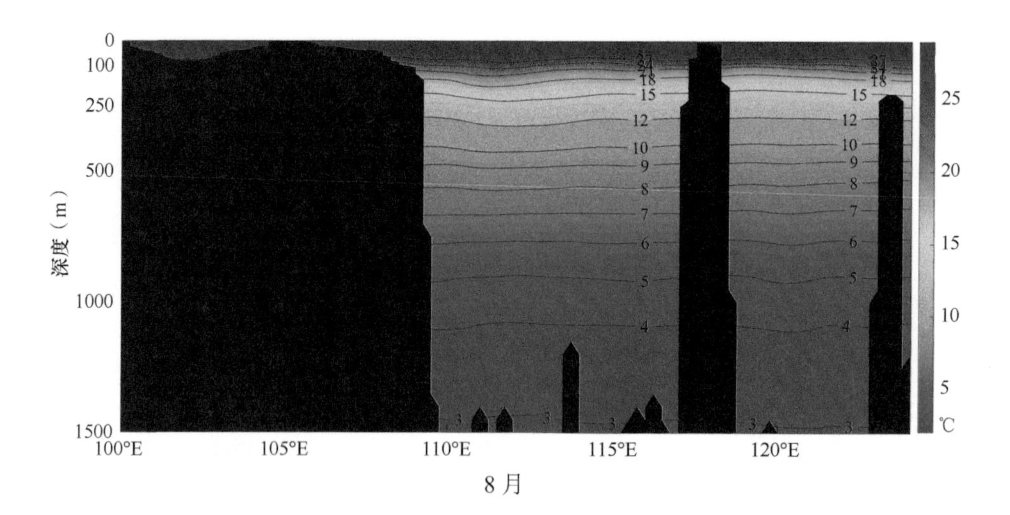

深度（m）
0
100
250
500
1000
1500
100°E
105°E
110°E
115°E
120°E
25
20
15
10
5
℃

8 月

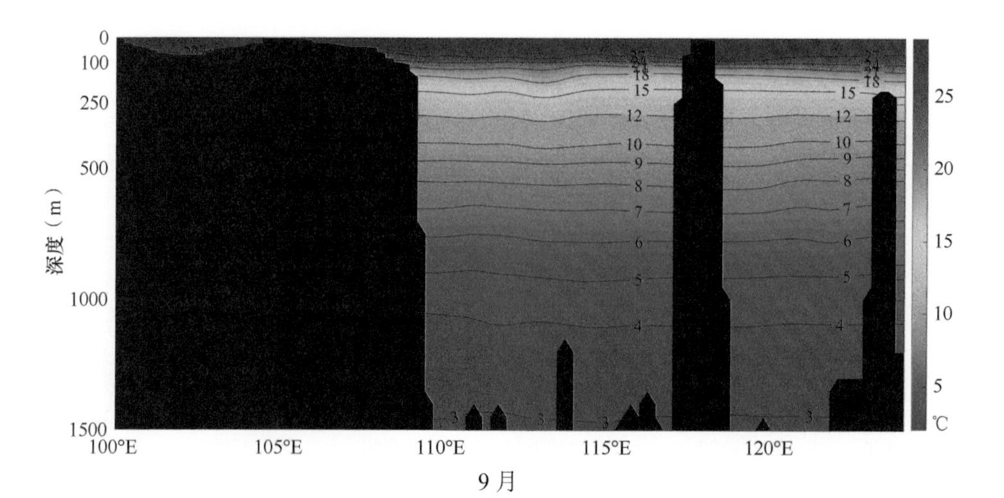

深度（m）
0
100
250
500
1000
1500
100°E
105°E
110°E
115°E
120°E
25
20
15
10
5
℃

9 月

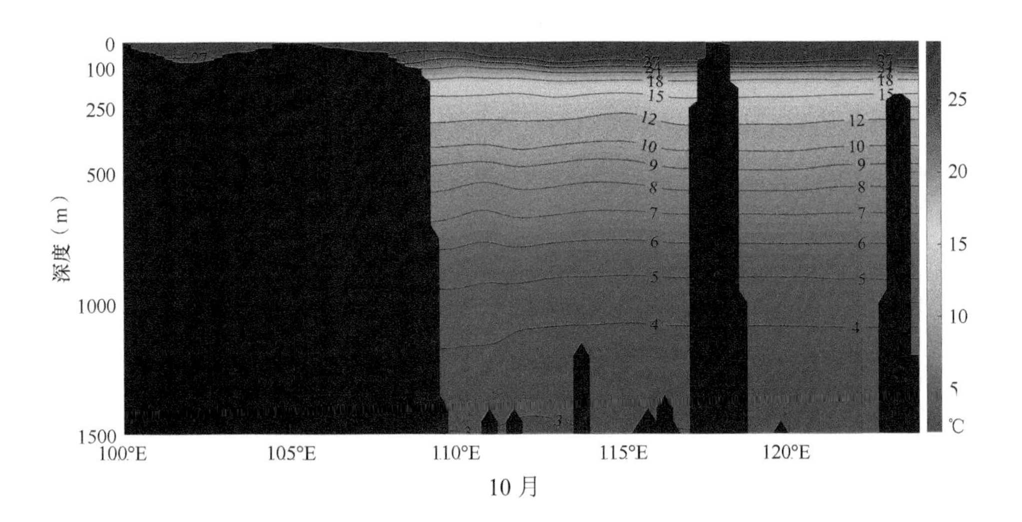
0
100
250
500
深度（m）
1000
1500
100°E
105°E
110°E
115°E
120°E
25
20
15
10
5
℃

10 月

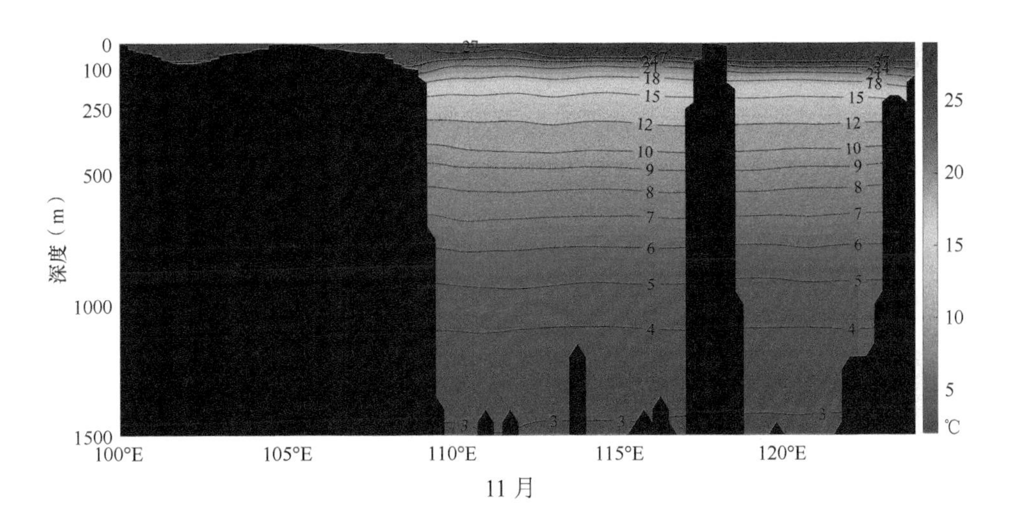
0
100
250
500
深度（m）
1000
1500
100°E
105°E
110°E
115°E
120°E
25
20
15
10
5
℃

11 月

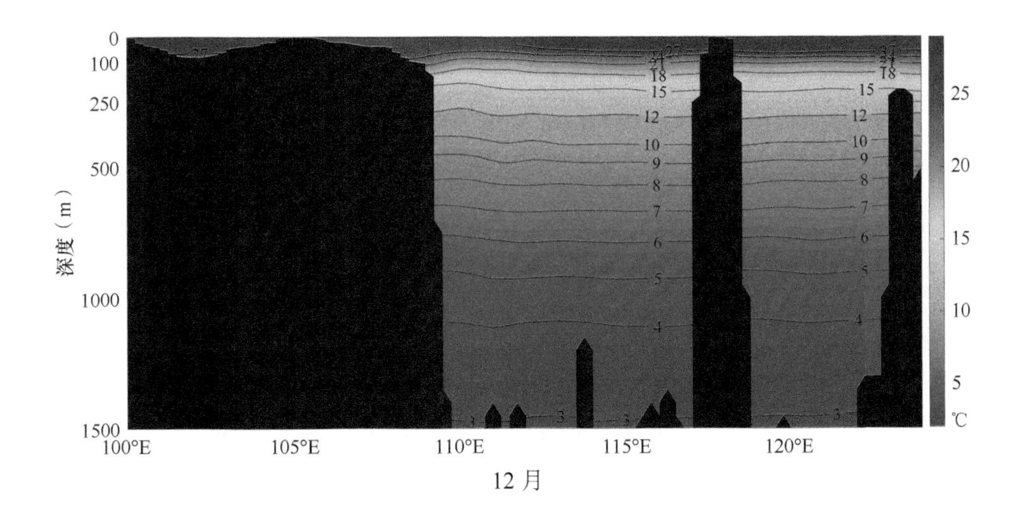
0
100
250
500
深度（m）
1000
1500
100°E
105°E
110°E
115°E
120°E
25
20
15
10
5
℃

12 月

1～12 月 15°N 纬向断面温度

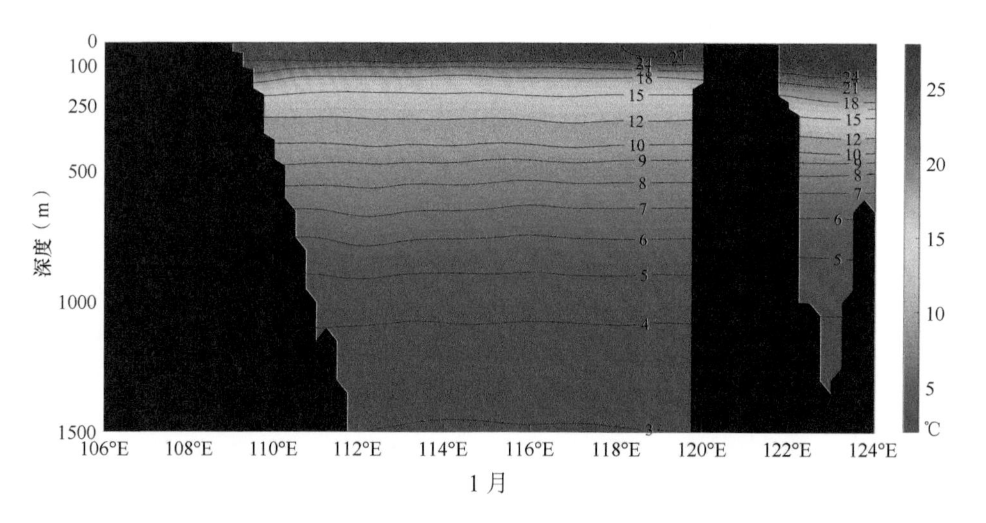

1 月

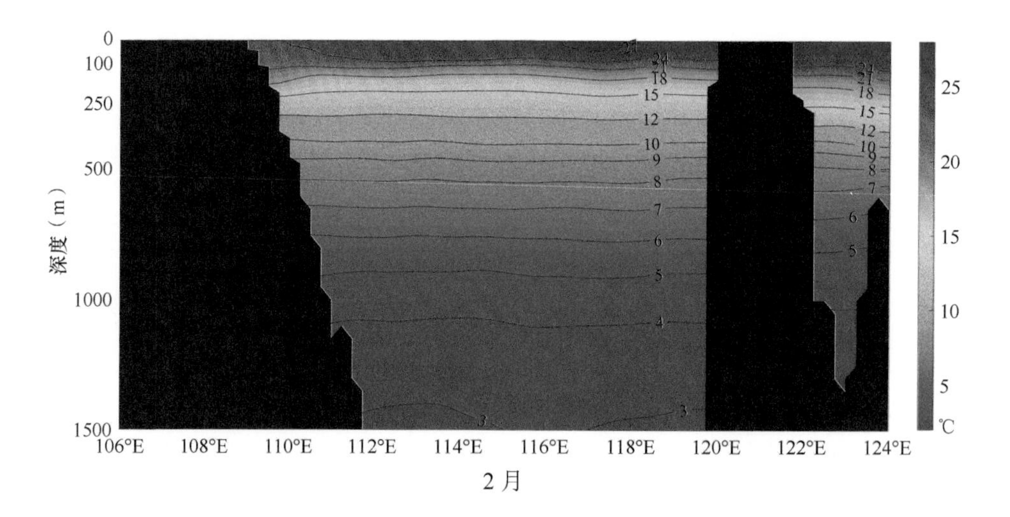

2 月

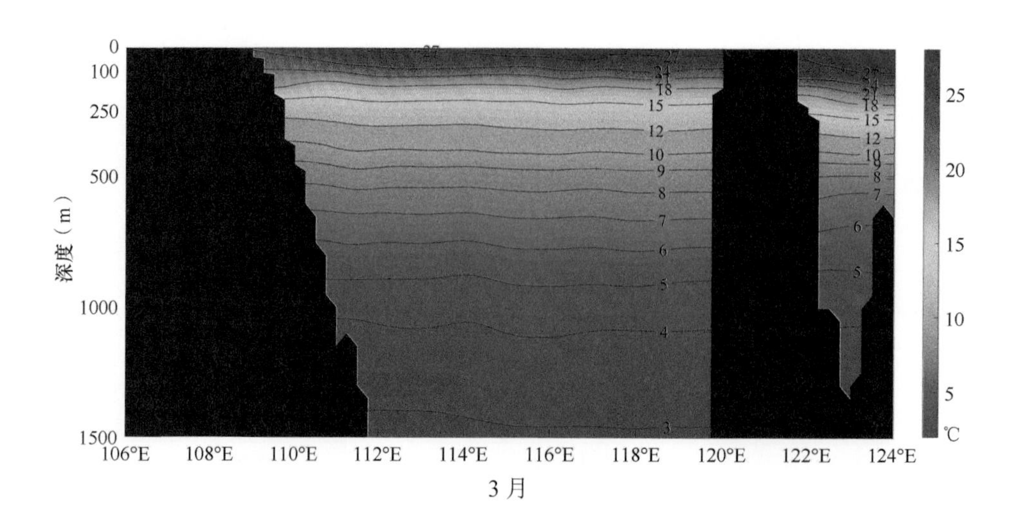

3 月

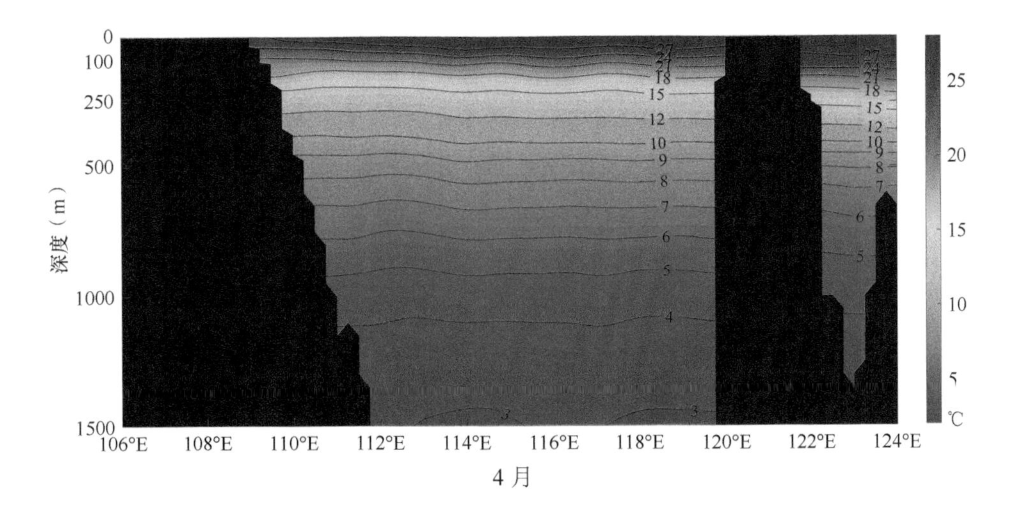
深度（m）
0
100
250
500
1000
1500
106°E
108°E
110°E
112°E
114°E
116°E
118°E
120°E
122°E
124°E
25
20
15
10
5
℃

4 月

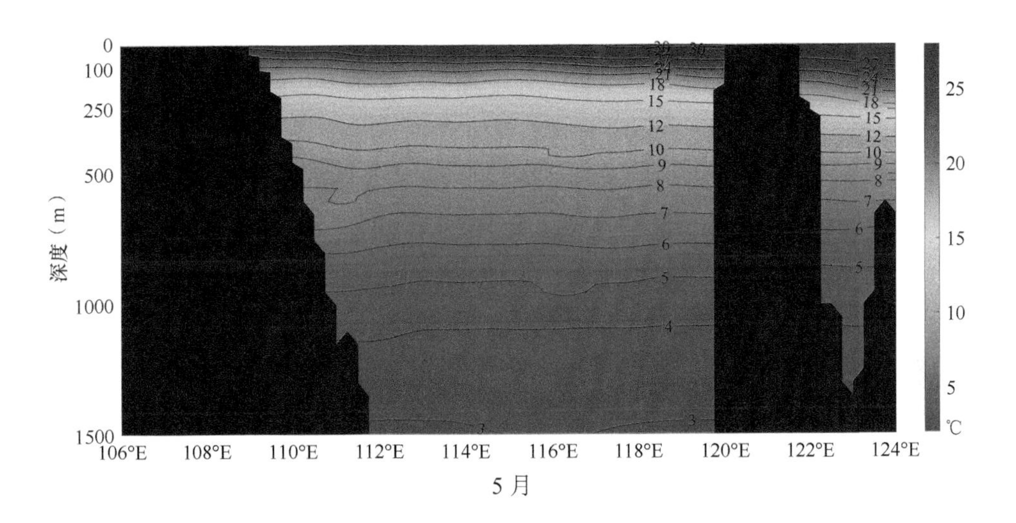
深度（m）
0
100
250
500
1000
1500
106°E
108°E
110°E
112°E
114°E
116°E
118°E
120°E
122°E
124°E
25
20
15
10
5
℃

5 月

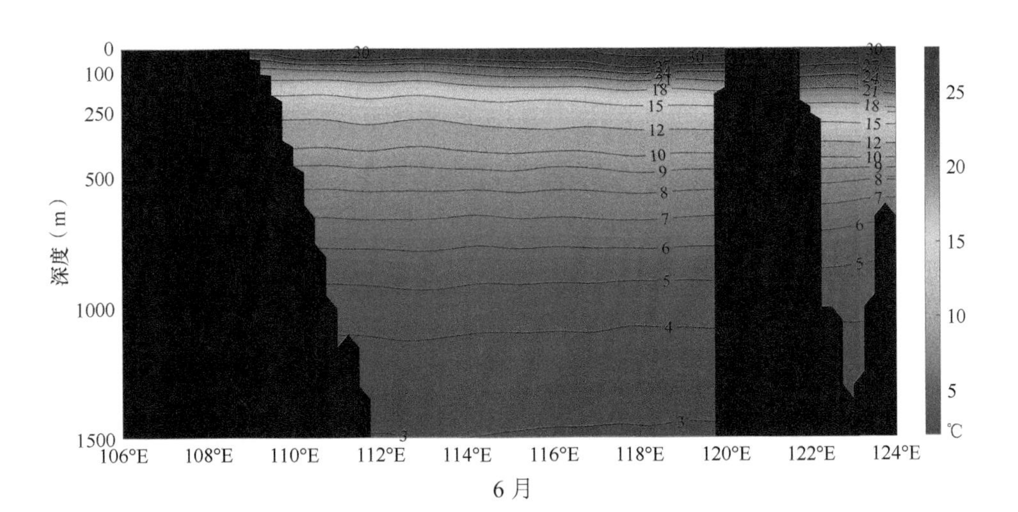
深度（m）
0
100
250
500
1000
1500
106°E
108°E
110°E
112°E
114°E
116°E
118°E
120°E
122°E
124°E
25
20
15
10
5
℃

6 月

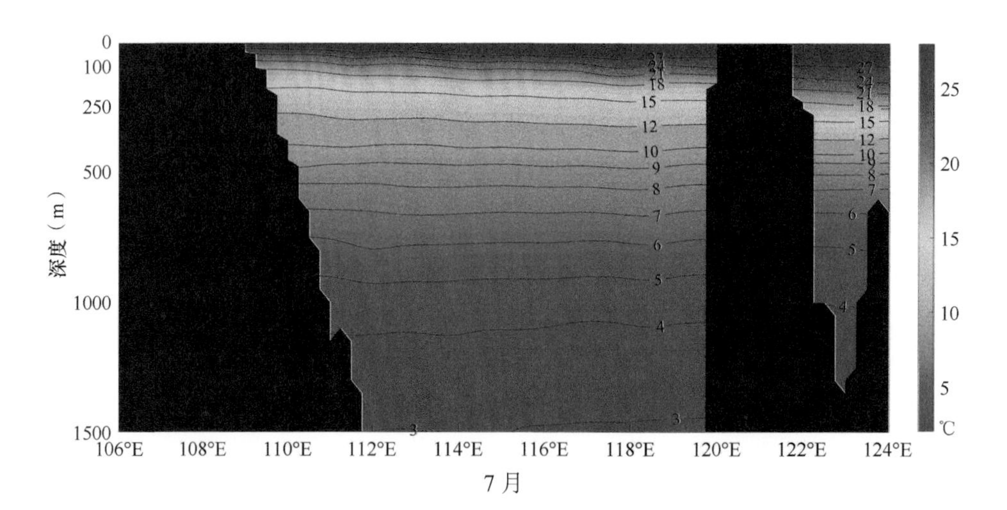
0
100
250
500
深度（m）
1000
1500
106°E
108°E
110°E
112°E
114°E
116°E
118°E
120°E
122°E
124°E
25
20
15
10
5
℃

7 月

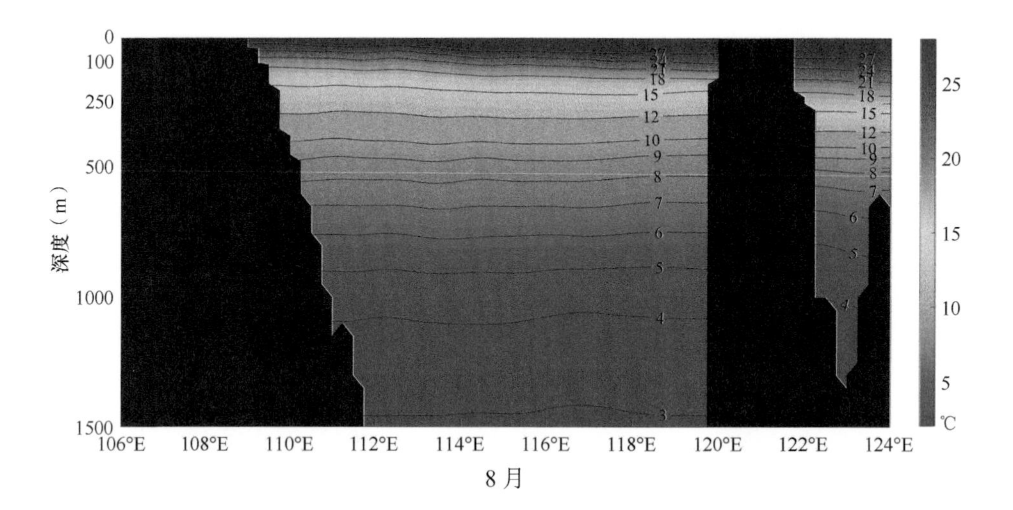
0
100
250
500
深度（m）
1000
1500
106°E
108°E
110°E
112°E
114°E
116°E
118°E
120°E
122°E
124°E
25
20
15
10
5
℃

8 月

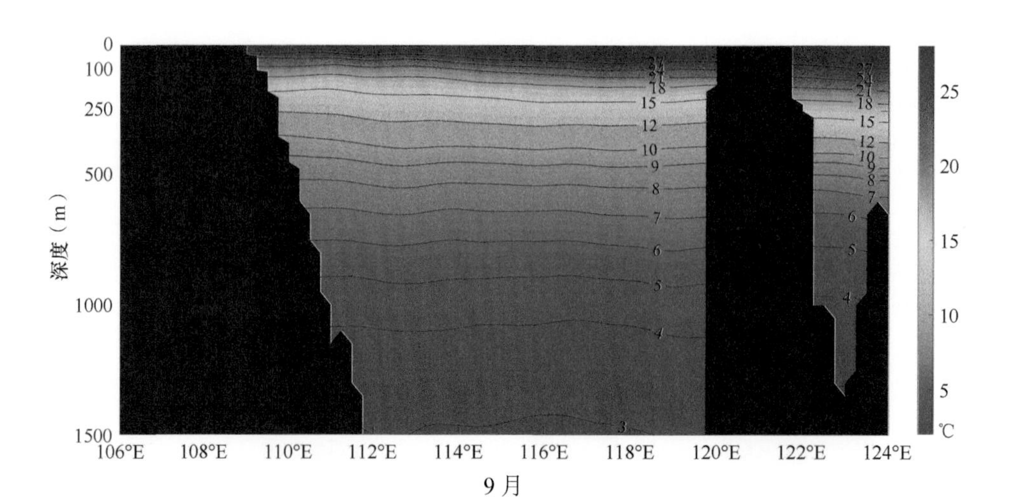
0
100
250
500
深度（m）
1000
1500
106°E
108°E
110°E
112°E
114°E
116°E
118°E
120°E
122°E
124°E
25
20
15
10
5
℃

9 月

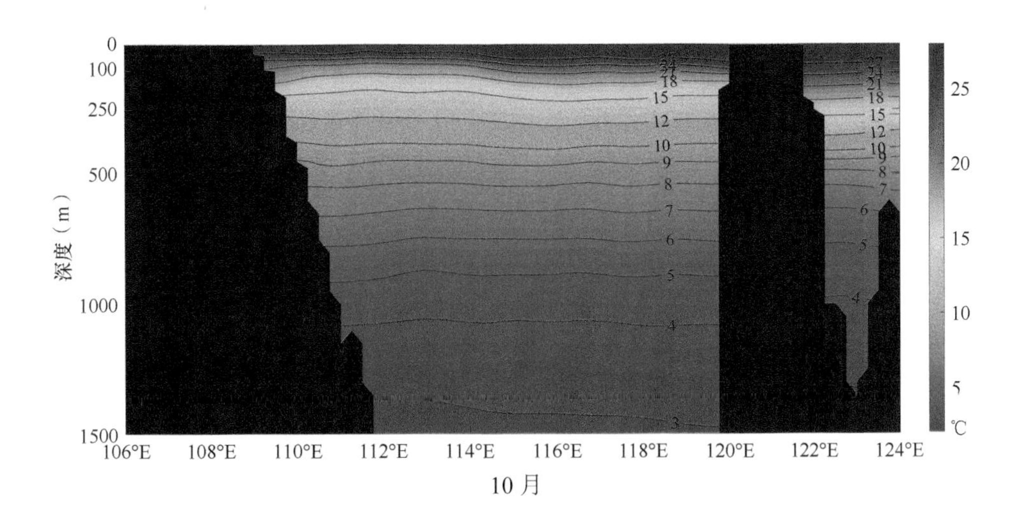

深度（m）
0
100
250
500
1000
1500
106°E
108°E
110°E
112°E
114°E
116°E
118°E
120°E
122°E
124°E
25
20
15
10
5
℃

10 月

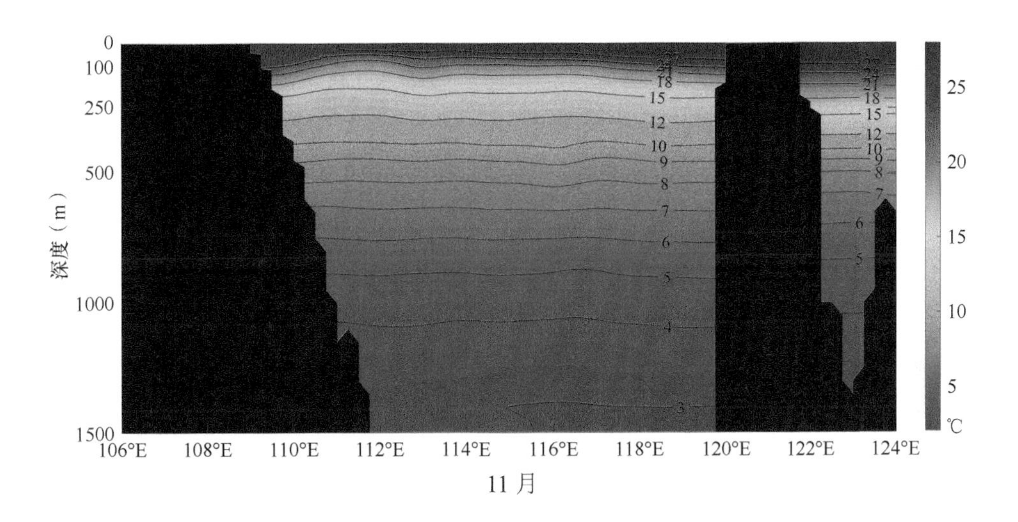

深度（m）
0
100
250
500
1000
1500
106°E
108°E
110°E
112°E
114°E
116°E
118°E
120°E
122°E
124°E
25
20
15
10
5
℃

11 月

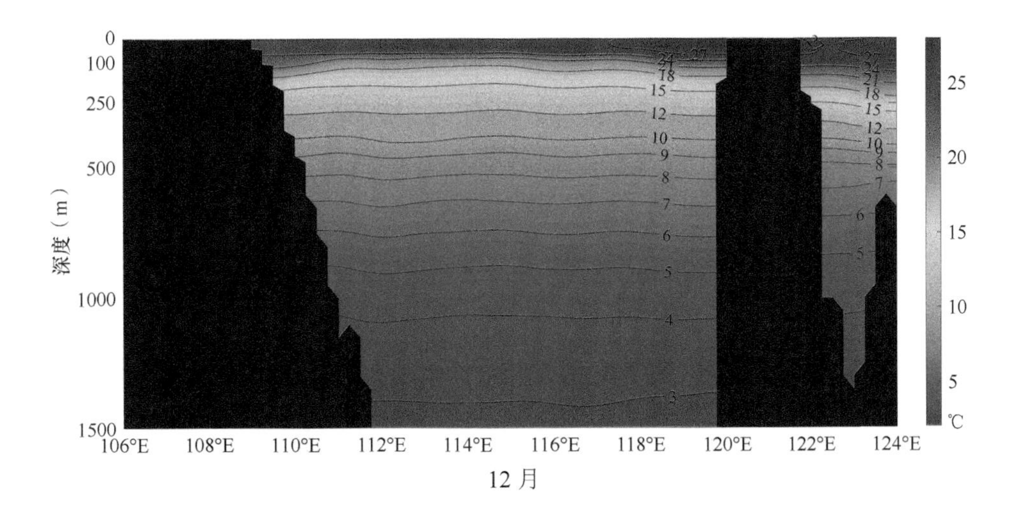

深度（m）
0
100
250
500
1000
1500
106°E
108°E
110°E
112°E
114°E
116°E
118°E
120°E
122°E
124°E
25
20
15
10
5
℃

12 月

1～12 月 18°N 纬向断面温度

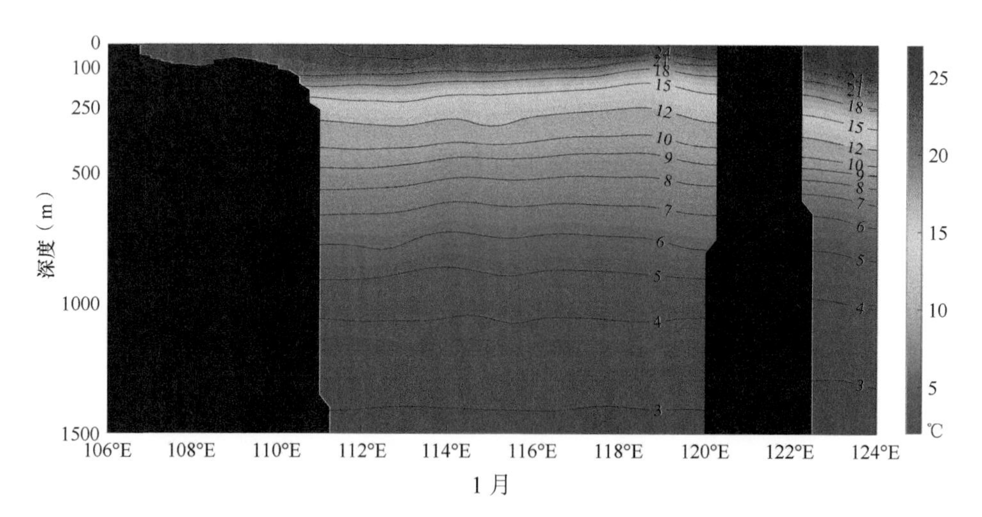

1 月

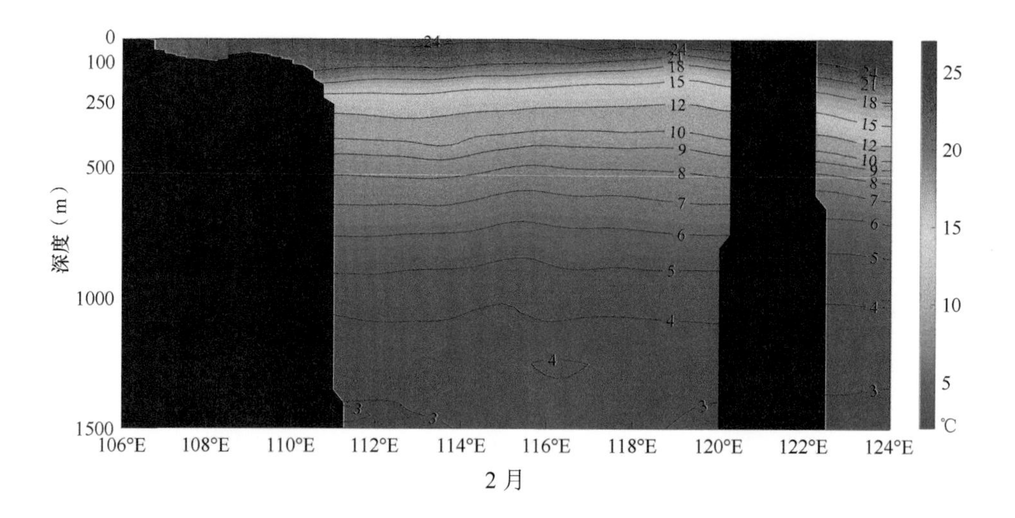

2 月

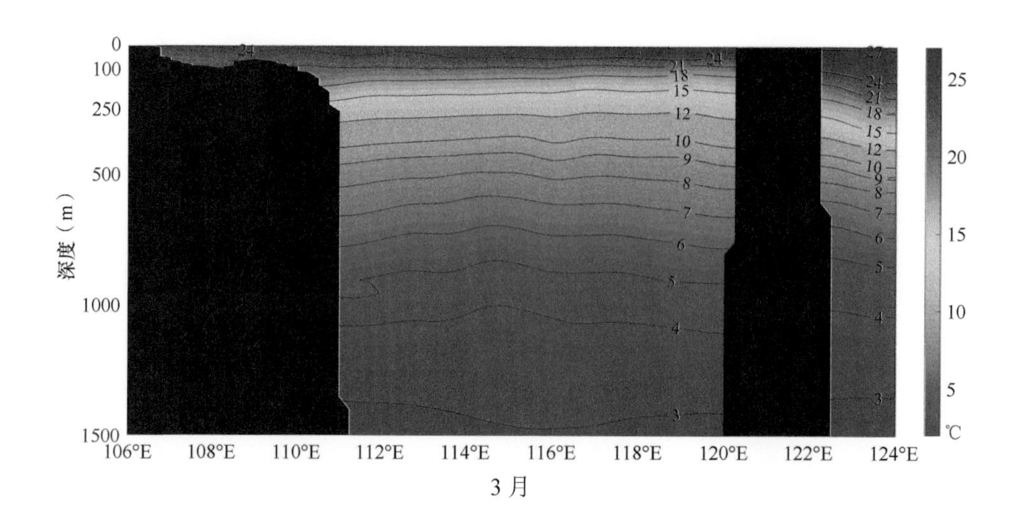

3 月

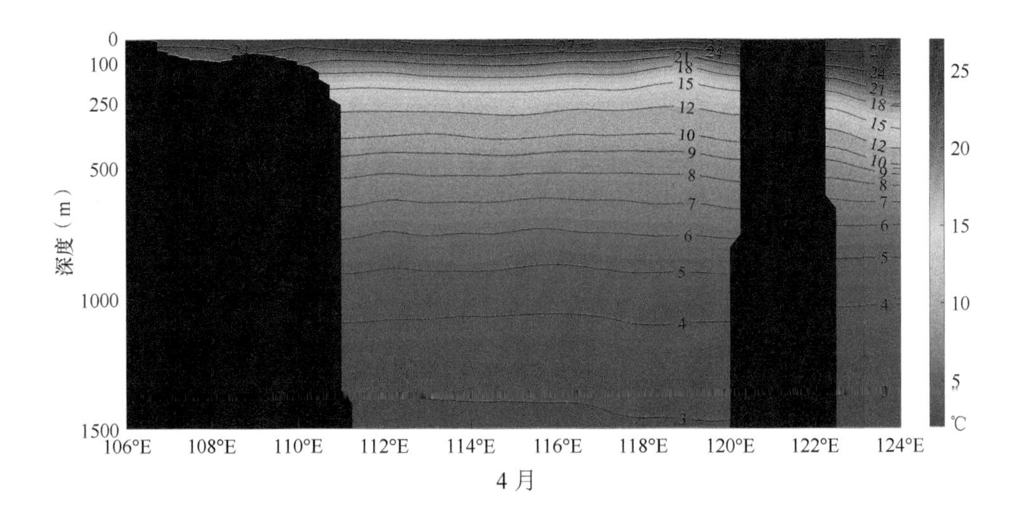
0
100
250
500
1000
1500
深度（m）
106°E
108°E
110°E
112°E
114°E
116°E
118°E
120°E
122°E
124°E
25
20
15
10
5
℃

4 月

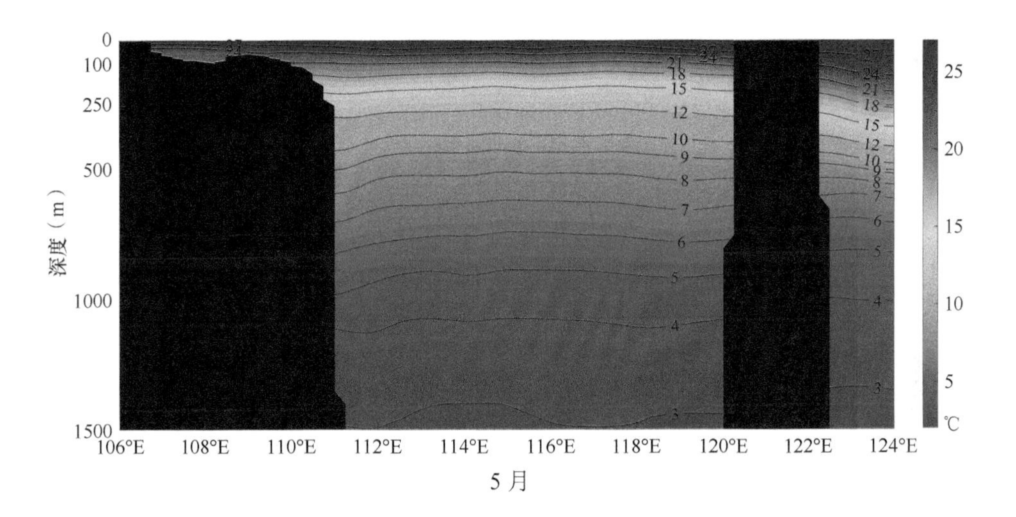
0
100
250
500
1000
1500
深度（m）
106°E
108°E
110°E
112°E
114°E
116°E
118°E
120°E
122°E
124°E
25
20
15
10
5
℃

5 月

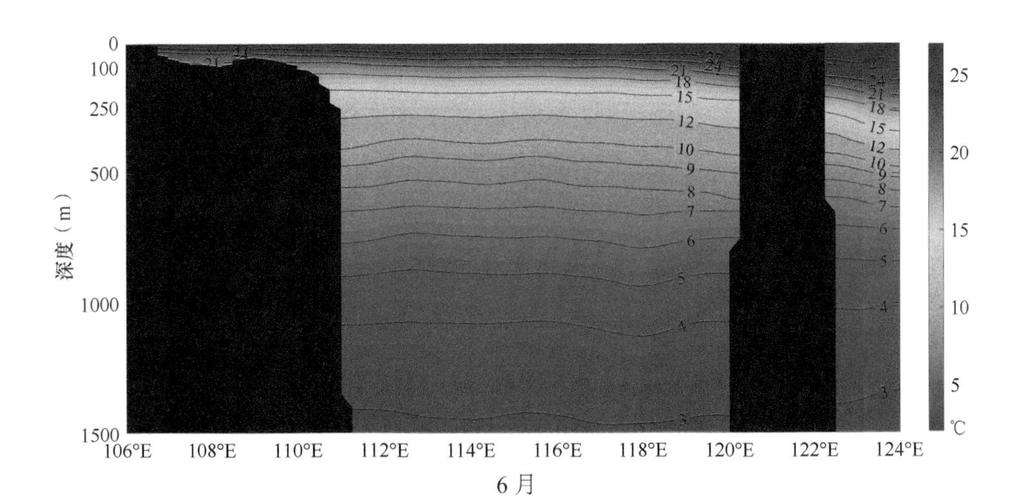
0
100
250
500
1000
1500
深度（m）
106°E
108°E
110°E
112°E
114°E
116°E
118°E
120°E
122°E
124°E
25
20
15
10
5
℃

6 月

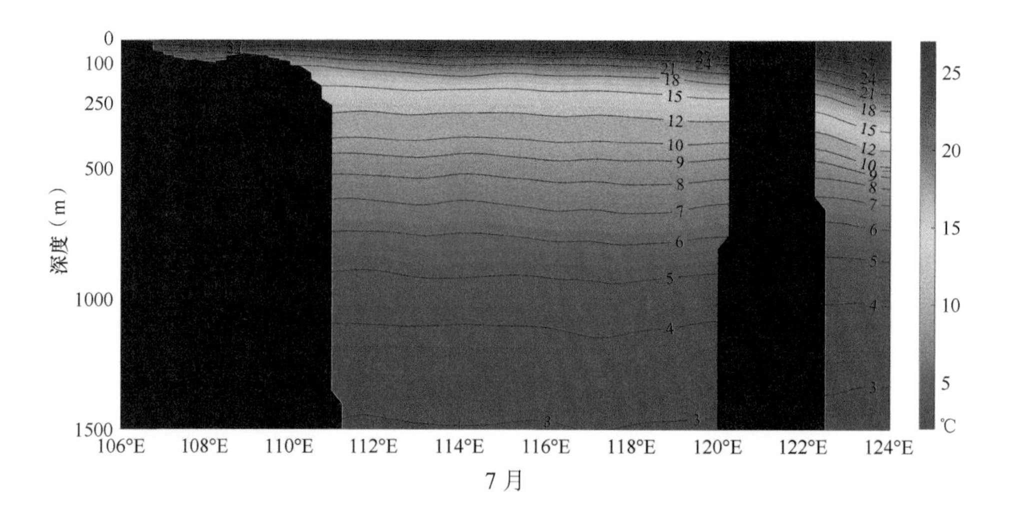

深度（m）
0
100
250
500
1000
1500
106°E
108°E
110°E
112°E
114°E
116°E
118°E
120°E
122°E
124°E
25
20
15
10
5
℃

7 月

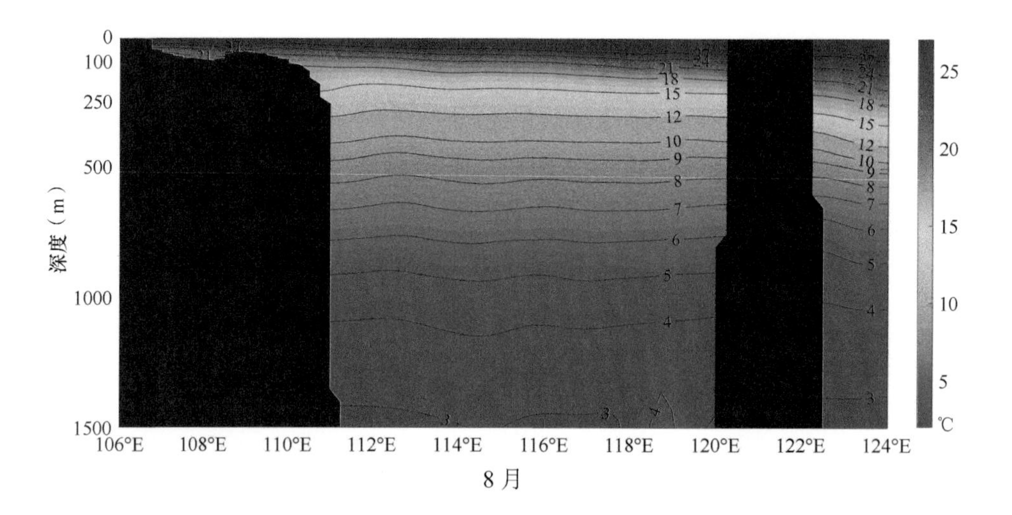

深度（m）
0
100
250
500
1000
1500
106°E
108°E
110°E
112°E
114°E
116°E
118°E
120°E
122°E
124°E
25
20
15
10
5
℃

8 月

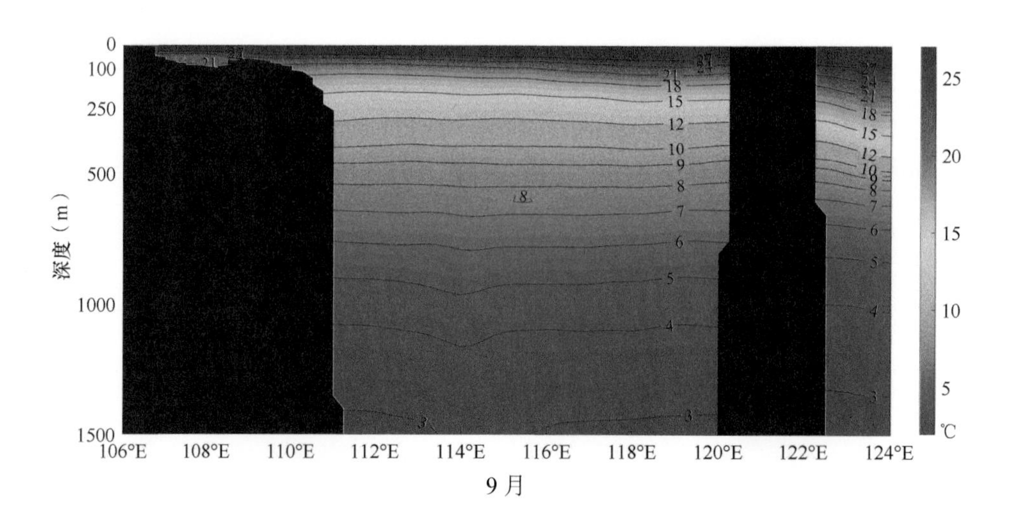

深度（m）
0
100
250
500
1000
1500
106°E
108°E
110°E
112°E
114°E
116°E
118°E
120°E
122°E
124°E
25
20
15
10
5
℃

9 月

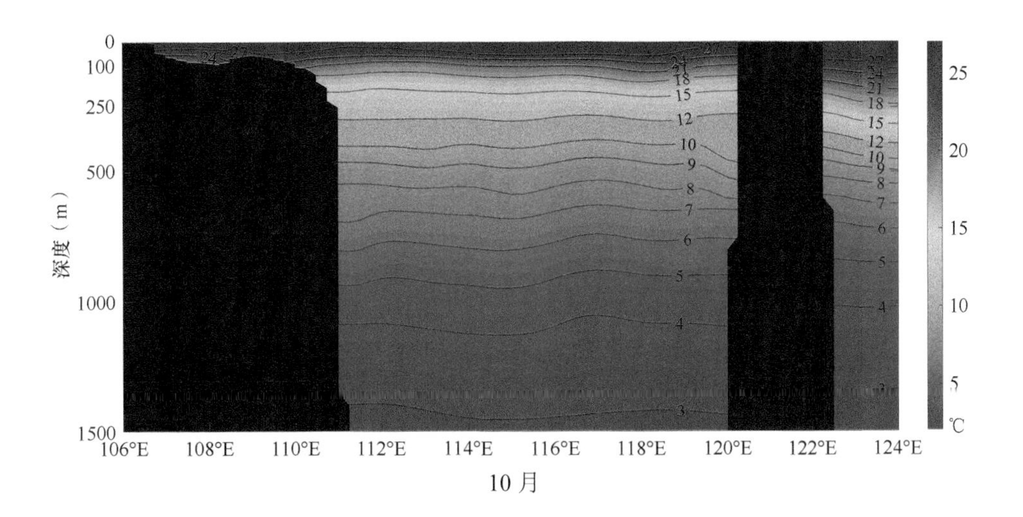

深度（m）
0
100
250
500
1000
1500
106°E
108°E
110°E
112°E
114°E
116°E
118°E
120°E
122°E
124°E
25
20
15
10
5
℃

10 月

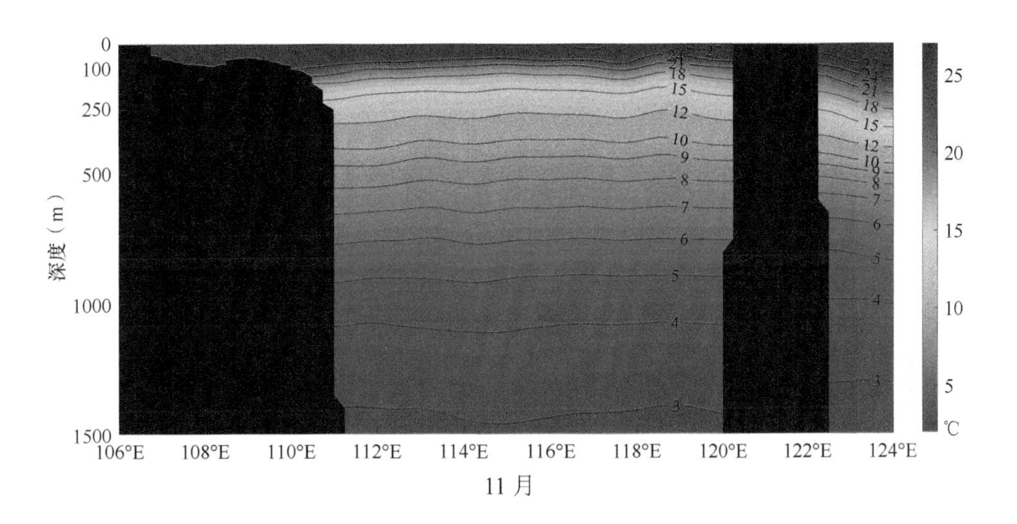

深度（m）
0
100
250
500
1000
1500
106°E
108°E
110°E
112°E
114°E
116°E
118°E
120°E
122°E
124°E
25
20
15
10
5
℃

11 月

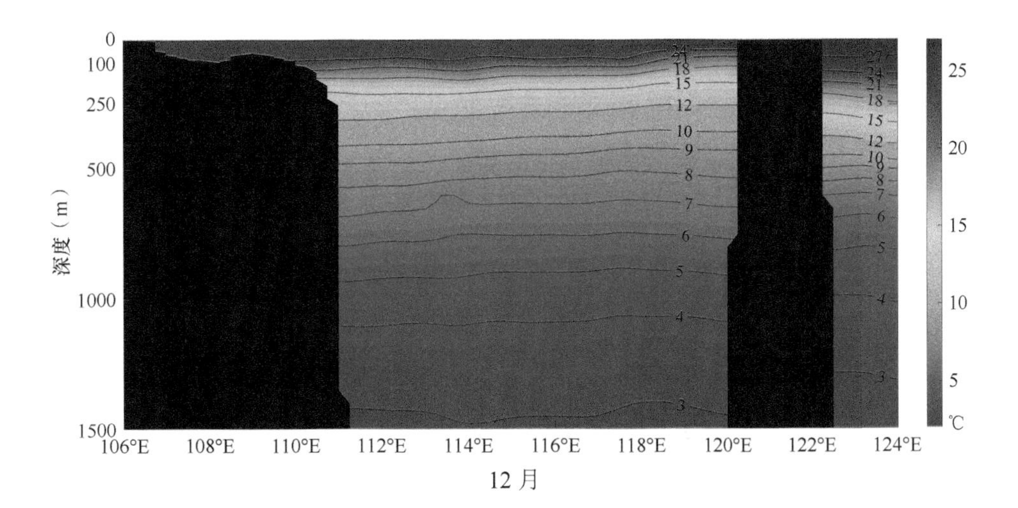

深度（m）
0
100
250
500
1000
1500
106°E
108°E
110°E
112°E
114°E
116°E
118°E
120°E
122°E
124°E
25
20
15
10
5
℃

12 月

1～12 月 21°N 纬向断面温度

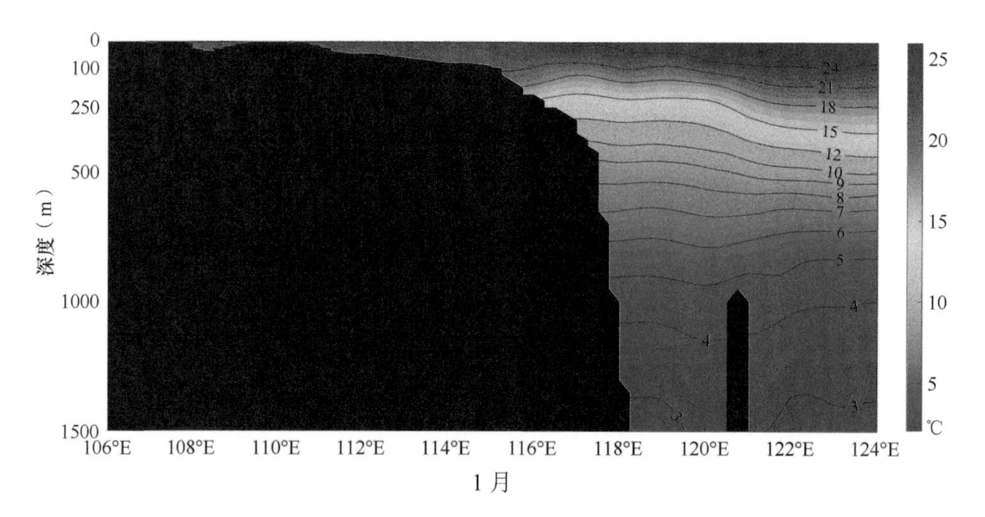

1 月

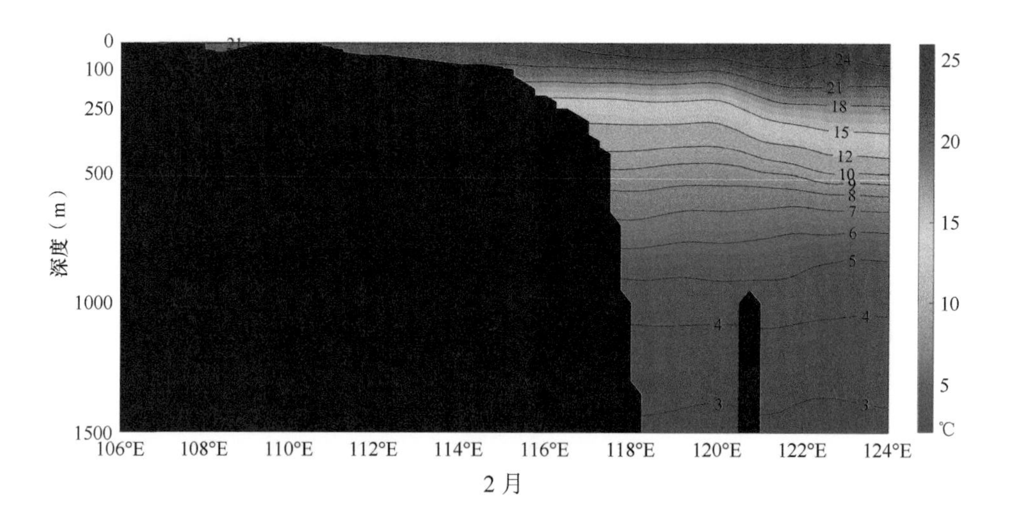

2 月

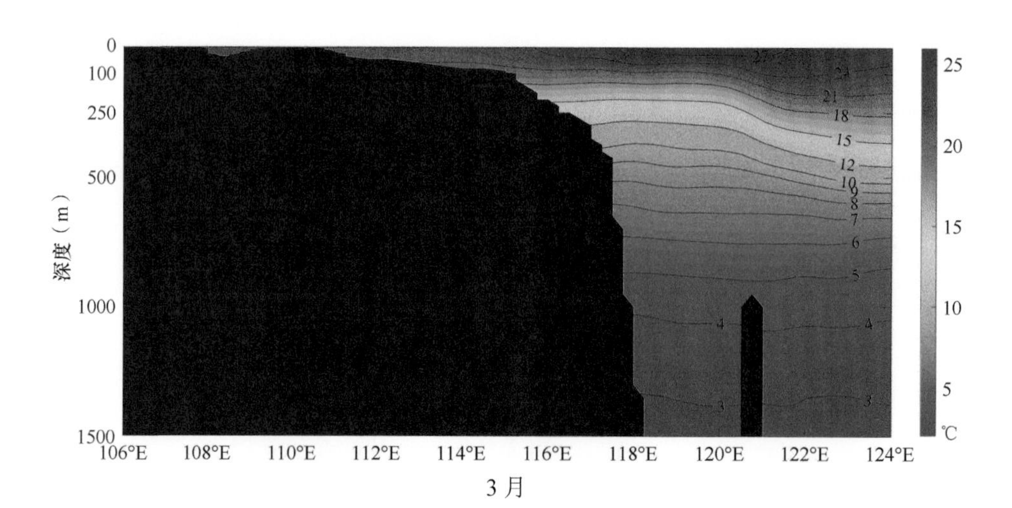

3 月

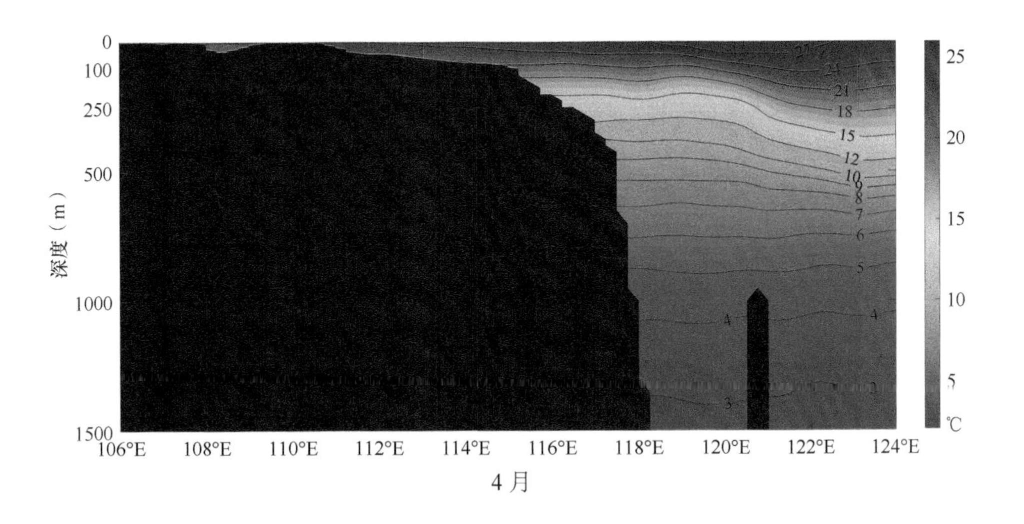
0
100
250
500
1000
1500
深度（m）
106°E
108°E
110°E
112°E
114°E
116°E
118°E
120°E
122°E
124°E
27
24
21
18
15
12
10
9
8
7
6
5
4
3
25
20
15
10
5
℃

4 月

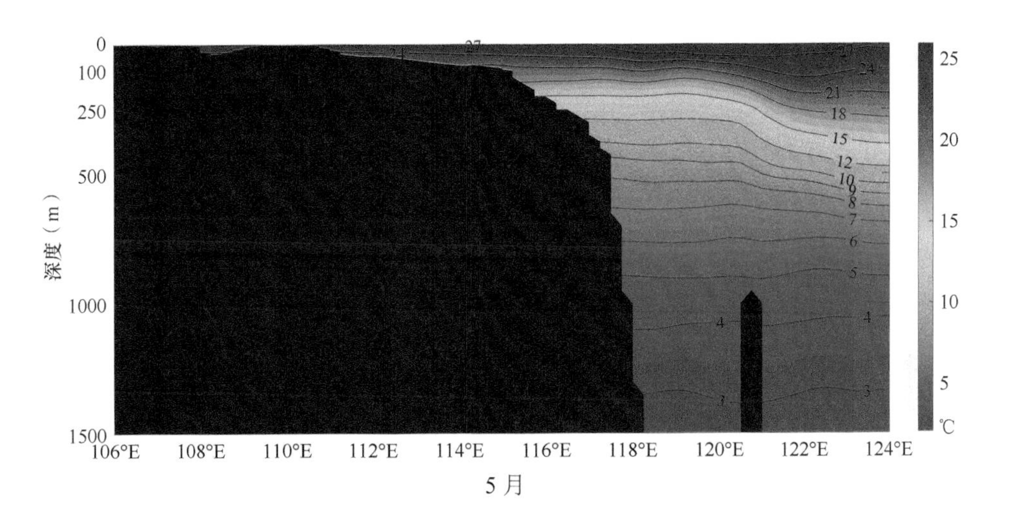
0
100
250
500
1000
1500
深度（m）
106°E
108°E
110°E
112°E
114°E
116°E
118°E
120°E
122°E
124°E
27
24
21
18
15
12
10
9
8
7
6
5
4
3
25
20
15
10
5
℃

5 月

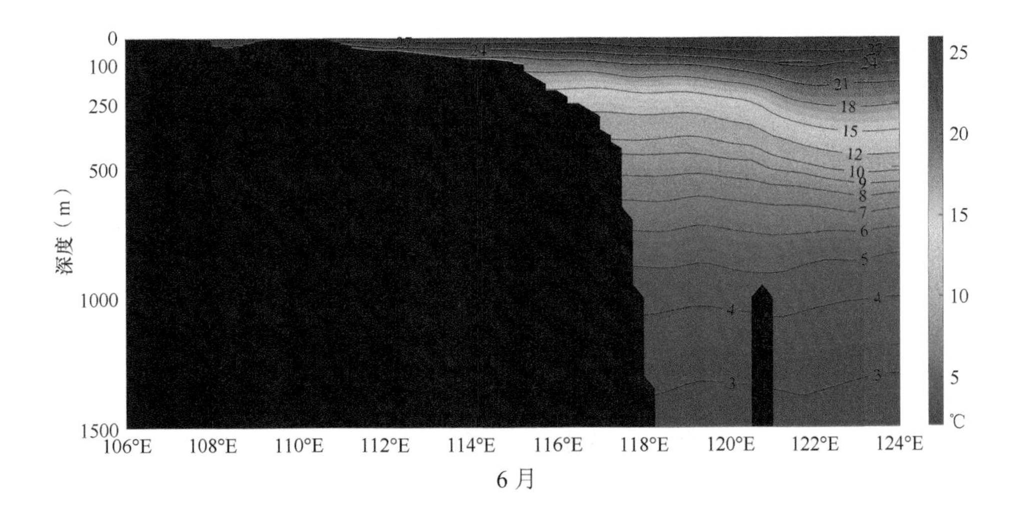
0
100
250
500
1000
1500
深度（m）
106°E
108°E
110°E
112°E
114°E
116°E
118°E
120°E
122°E
124°E
27
24
21
18
15
12
10
9
8
7
6
5
4
3
25
20
15
10
5
℃

6 月

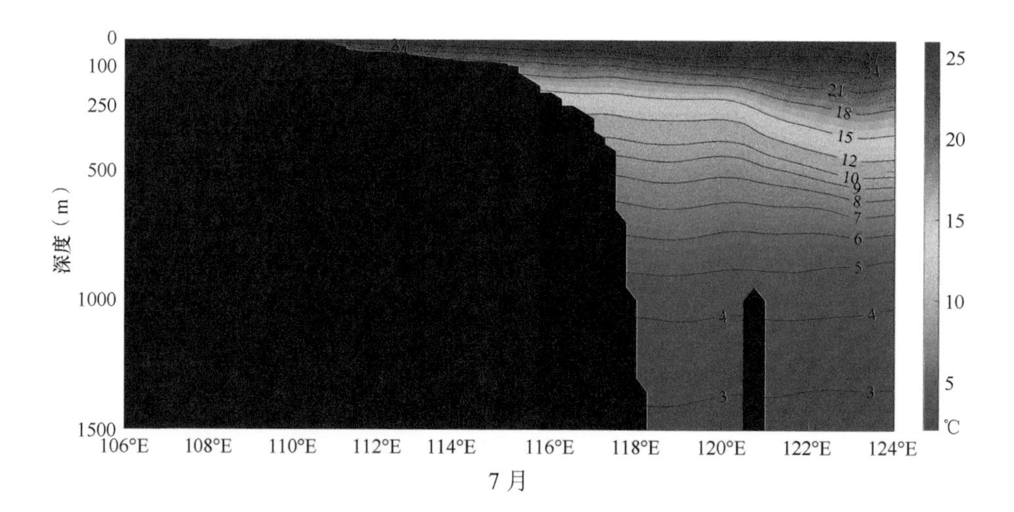
0
100
250
500
深度（m）
1000
1500
106°E
108°E
110°E
112°E
114°E
116°E
118°E
120°E
122°E
124°E
25
20
15
10
5
℃
27
24
21
18
15
12
10
9
8
7
6
5
4
3
7 月

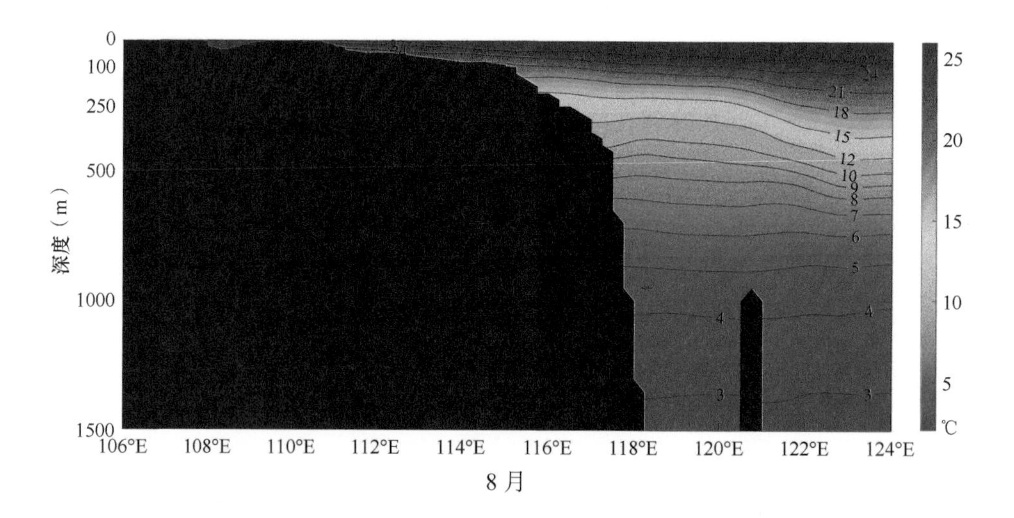
0
100
250
500
深度（m）
1000
1500
106°E
108°E
110°E
112°E
114°E
116°E
118°E
120°E
122°E
124°E
25
20
15
10
5
℃
27
24
21
18
15
12
10
9
8
7
6
5
4
3
8 月

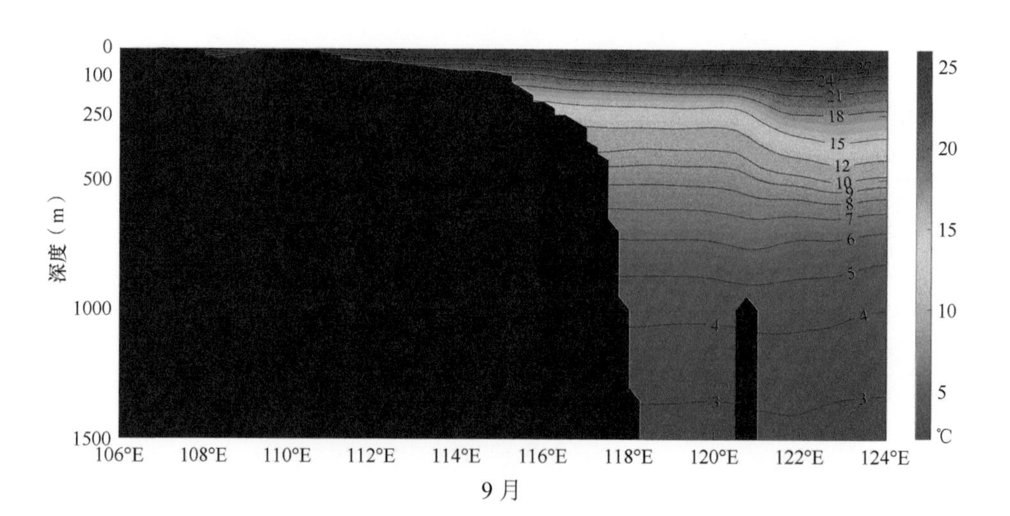
0
100
250
500
深度（m）
1000
1500
106°E
108°E
110°E
112°E
114°E
116°E
118°E
120°E
122°E
124°E
25
20
15
10
5
℃
27
24
21
18
15
12
10
9
8
7
6
5
4
3
9 月

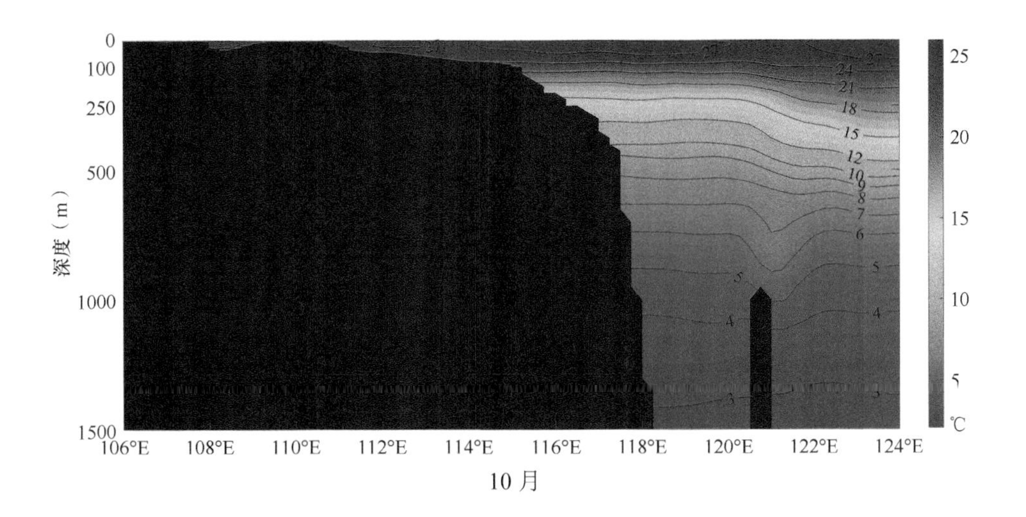

0
100
250
500
1000
1500
深度（m）
106°E
108°E
110°E
112°E
114°E
116°E
118°E
120°E
122°E
124°E
25
20
15
10
5
℃

10 月

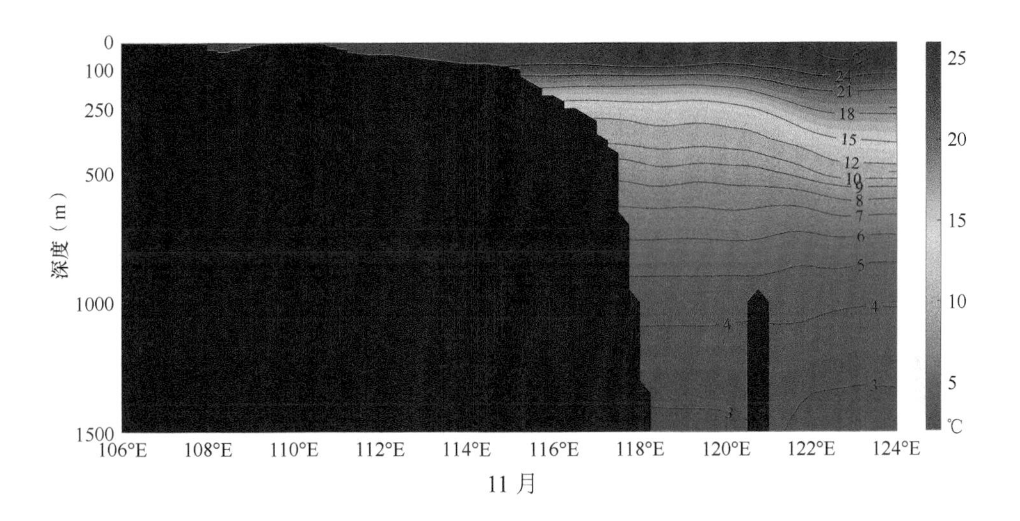

0
100
250
500
1000
1500
深度（m）
106°E
108°E
110°E
112°E
114°E
116°E
118°E
120°E
122°E
124°E
25
20
15
10
5
℃

11 月

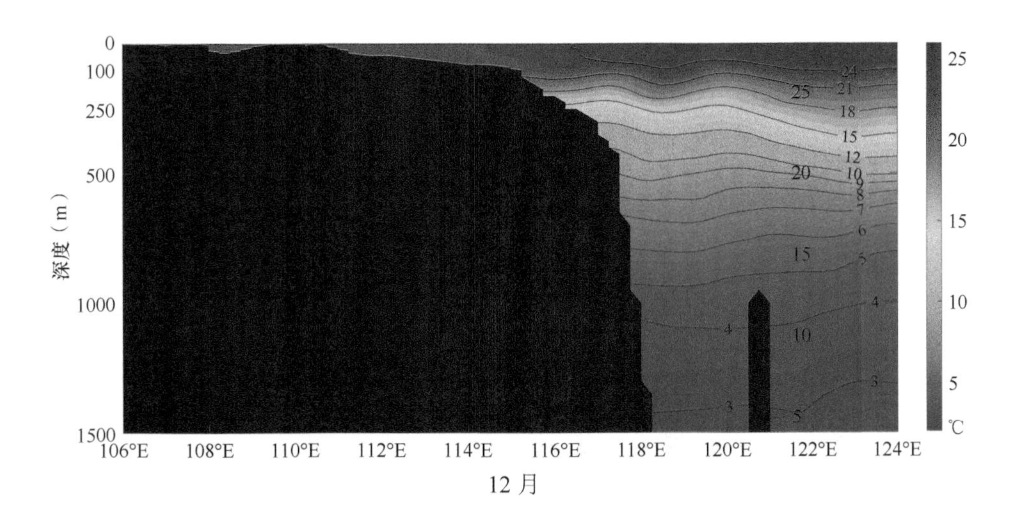

0
100
250
500
1000
1500
深度（m）
106°E
108°E
110°E
112°E
114°E
116°E
118°E
120°E
122°E
124°E
25
20
15
10
5
℃

12 月

1～12 月 0m 盐度

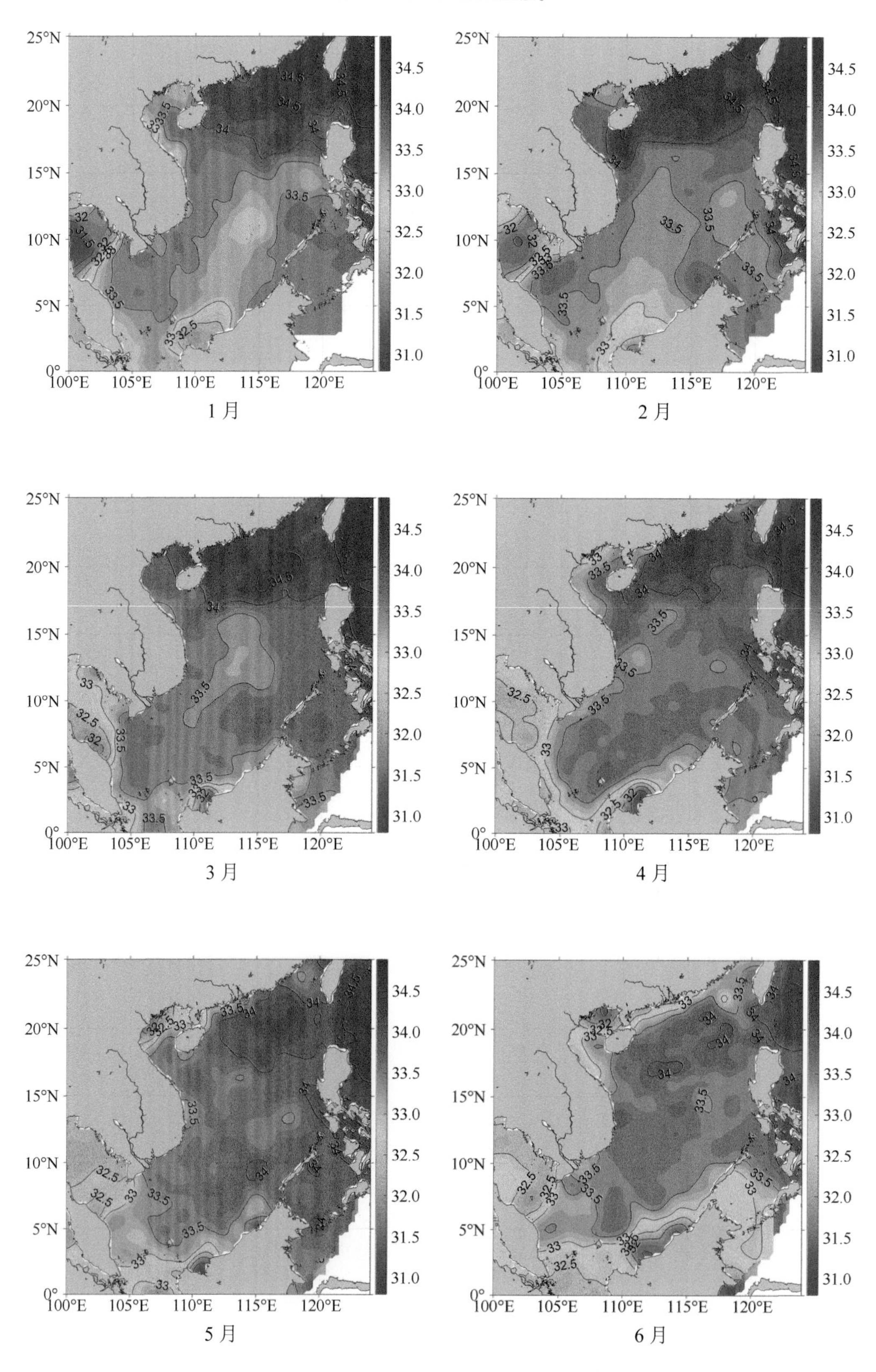
25°N
20°N
15°N
10°N
5°N
0°
100°E
105°E
110°E
115°E
120°E
34.5
34.0
33.5
33.0
32.5
32.0
31.5
31.0
1 月
2 月
3 月
4 月
5 月
6 月

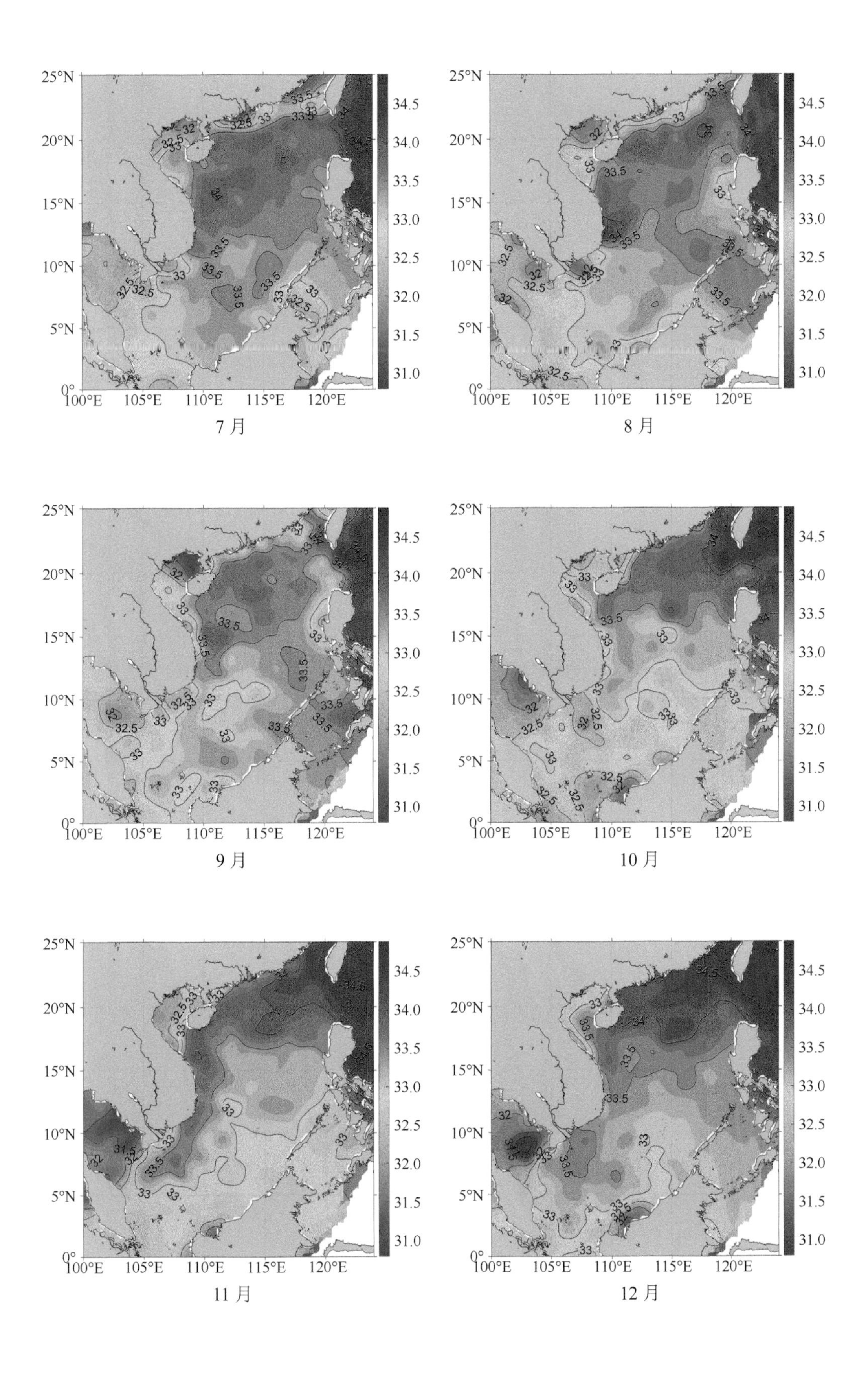

7 月

8 月

9 月

10 月

11 月

12 月

1～12 月 50m 盐度

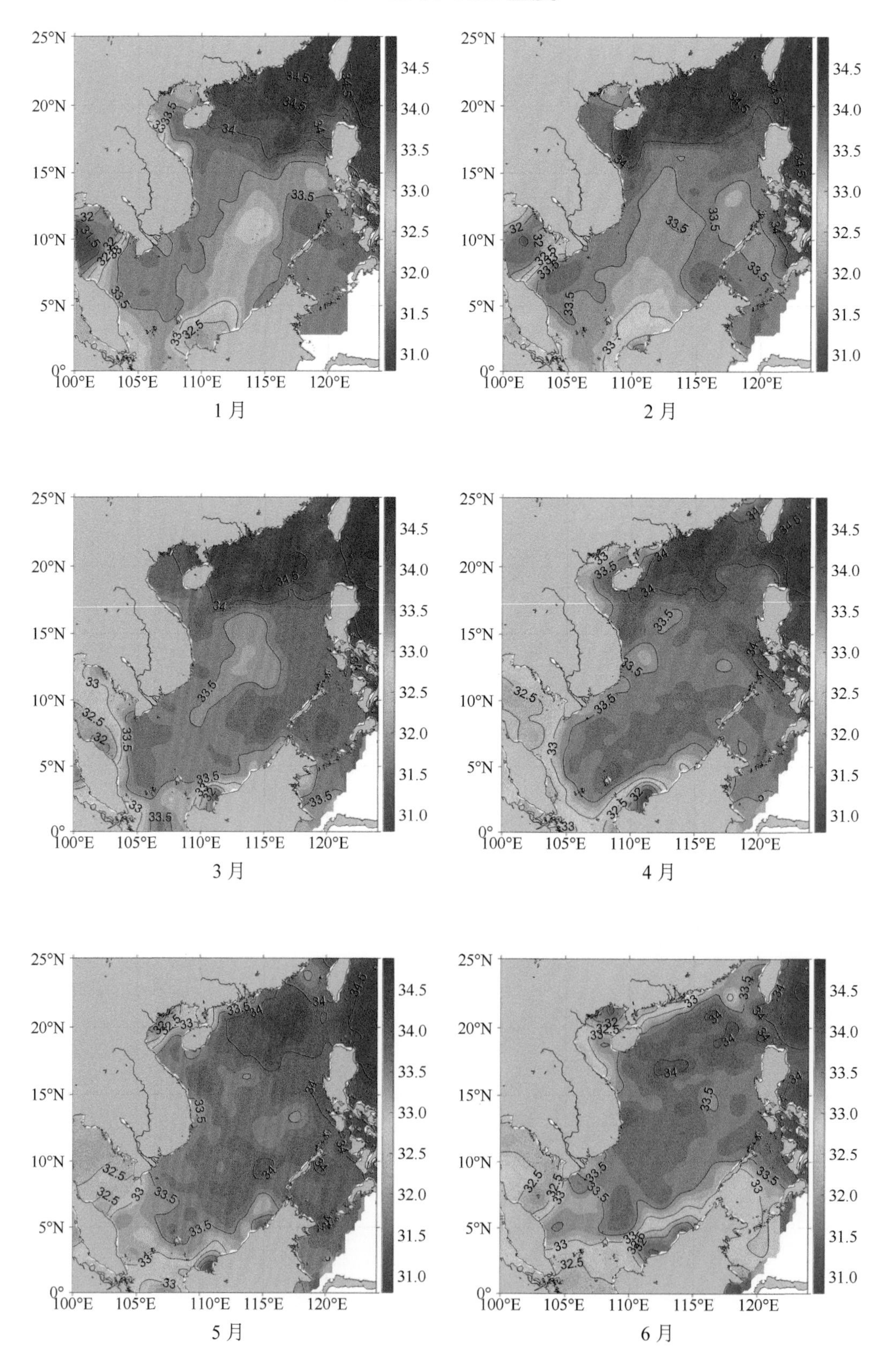

1 月

2 月

3 月

4 月

5 月

6 月

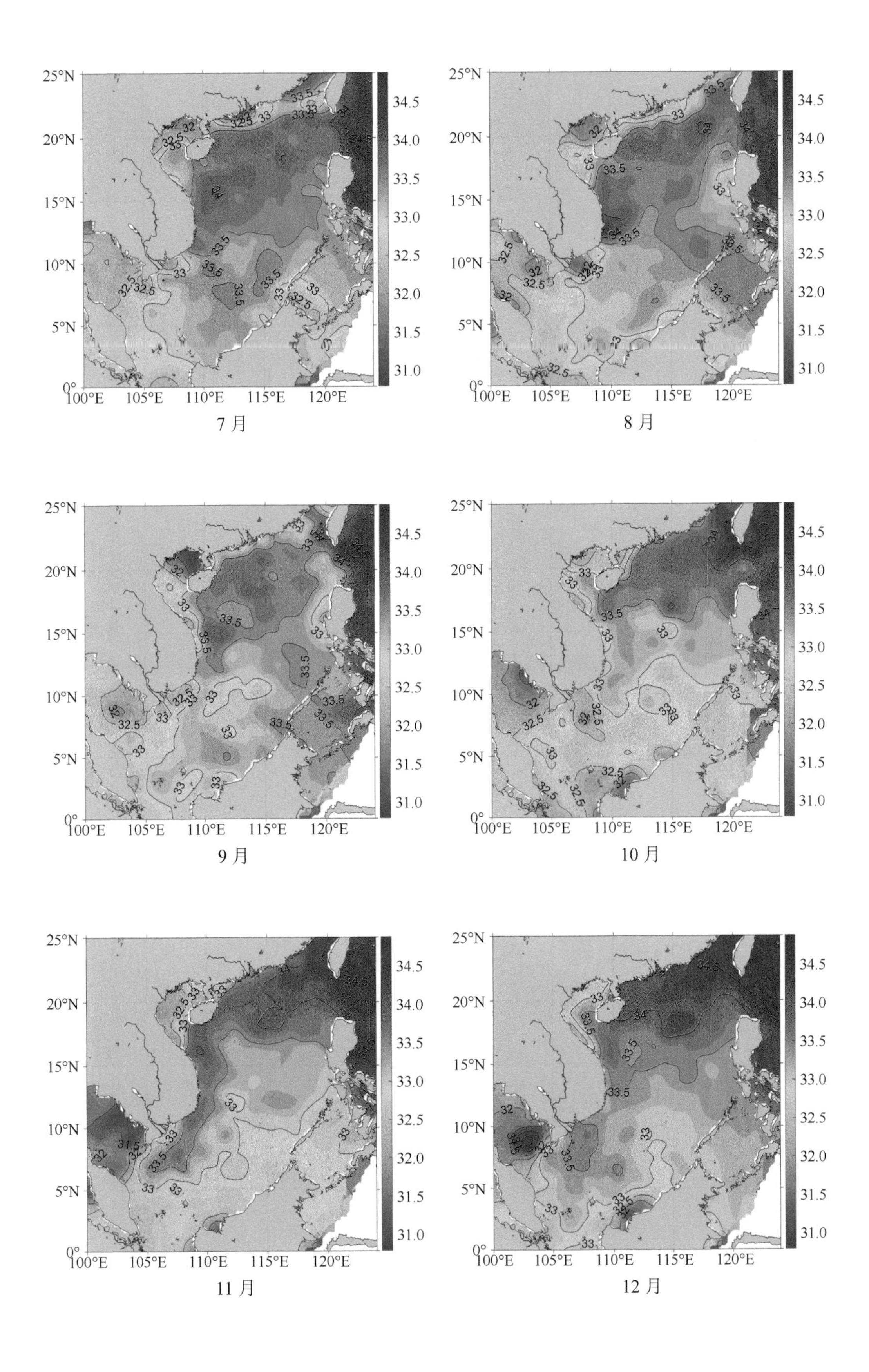

7 月

8 月

9 月

10 月

11 月

12 月

1～12 月 100m 盐度

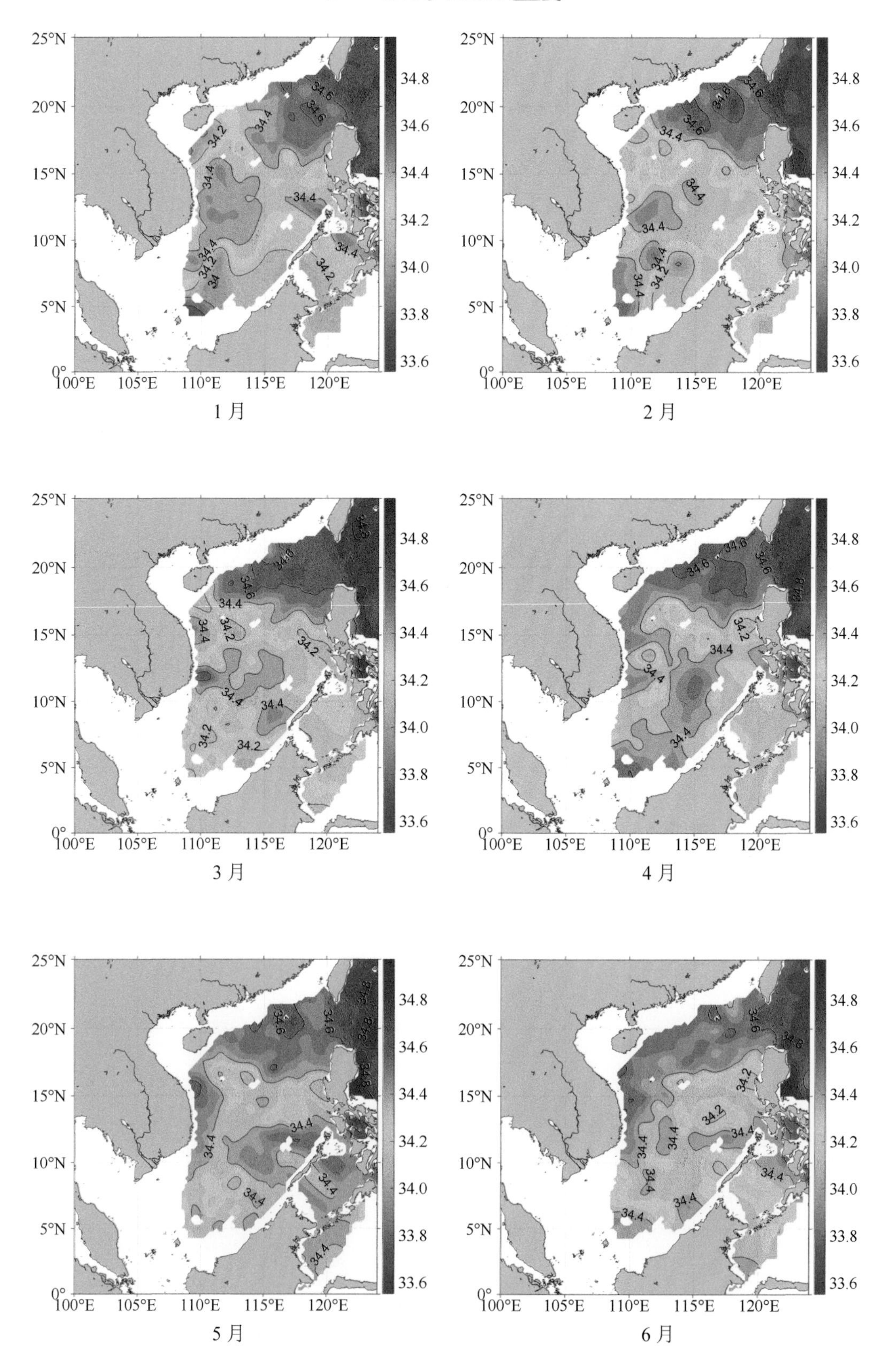

1 月

2 月

3 月

4 月

5 月

6 月

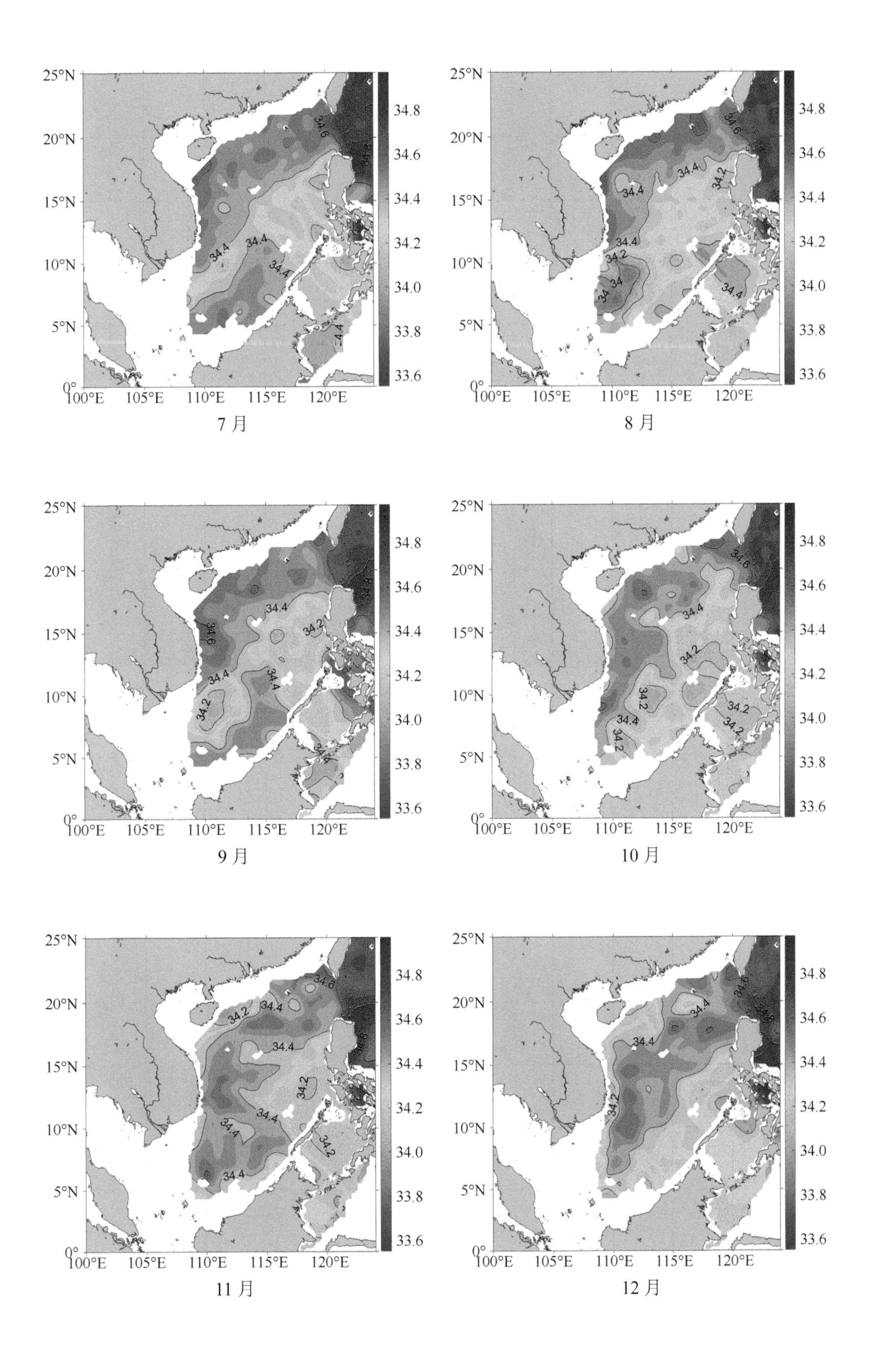
25°N
20°N
15°N
10°N
5°N
0°
100°E
105°E
110°E
115°E
120°E
34.8
34.6
34.4
34.2
34.0
33.8
33.6
7 月
8 月
9 月
10 月
11 月
12 月

1～12 月 200m 盐度

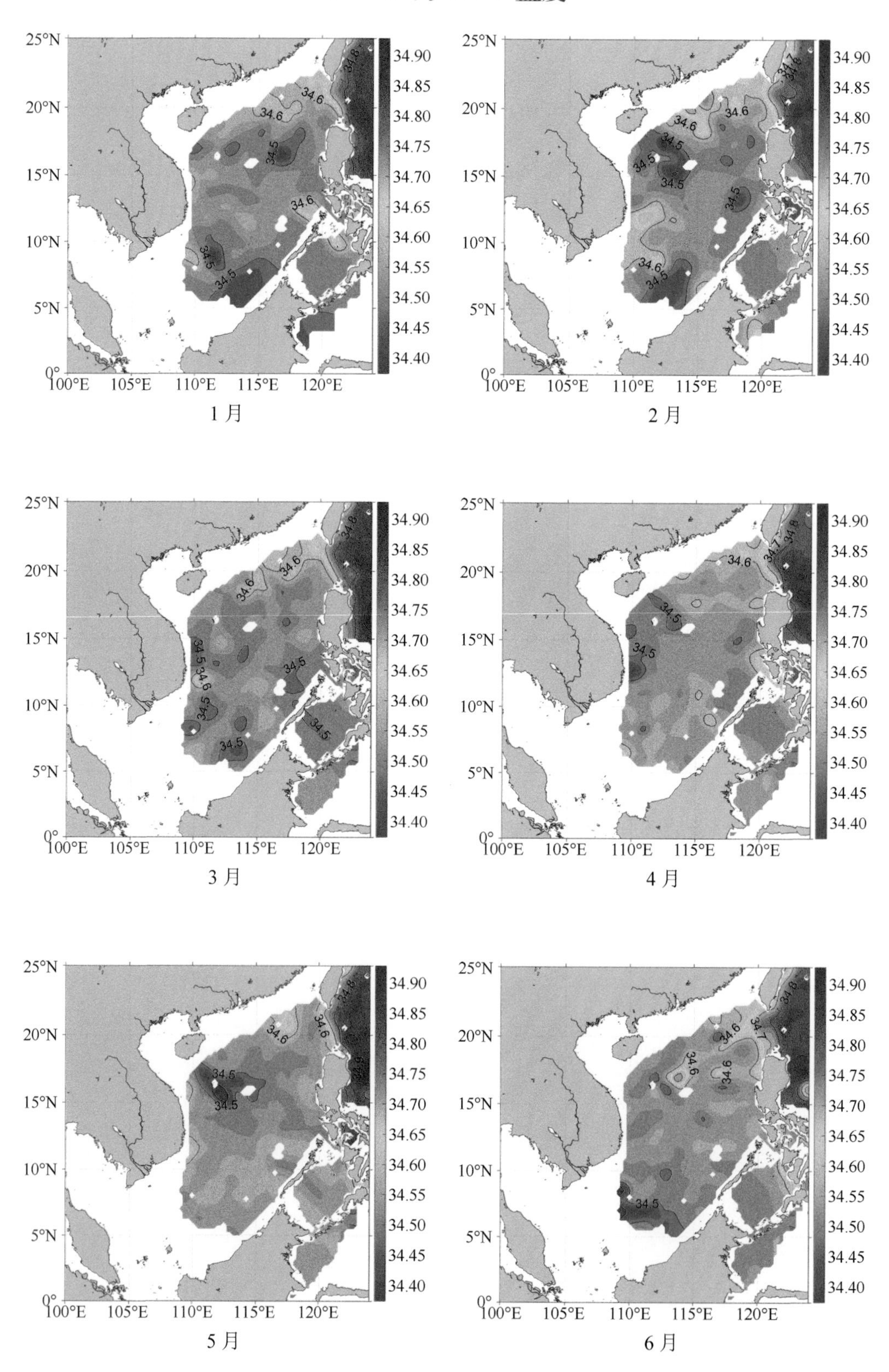

1 月

2 月

3 月

4 月

5 月

6 月

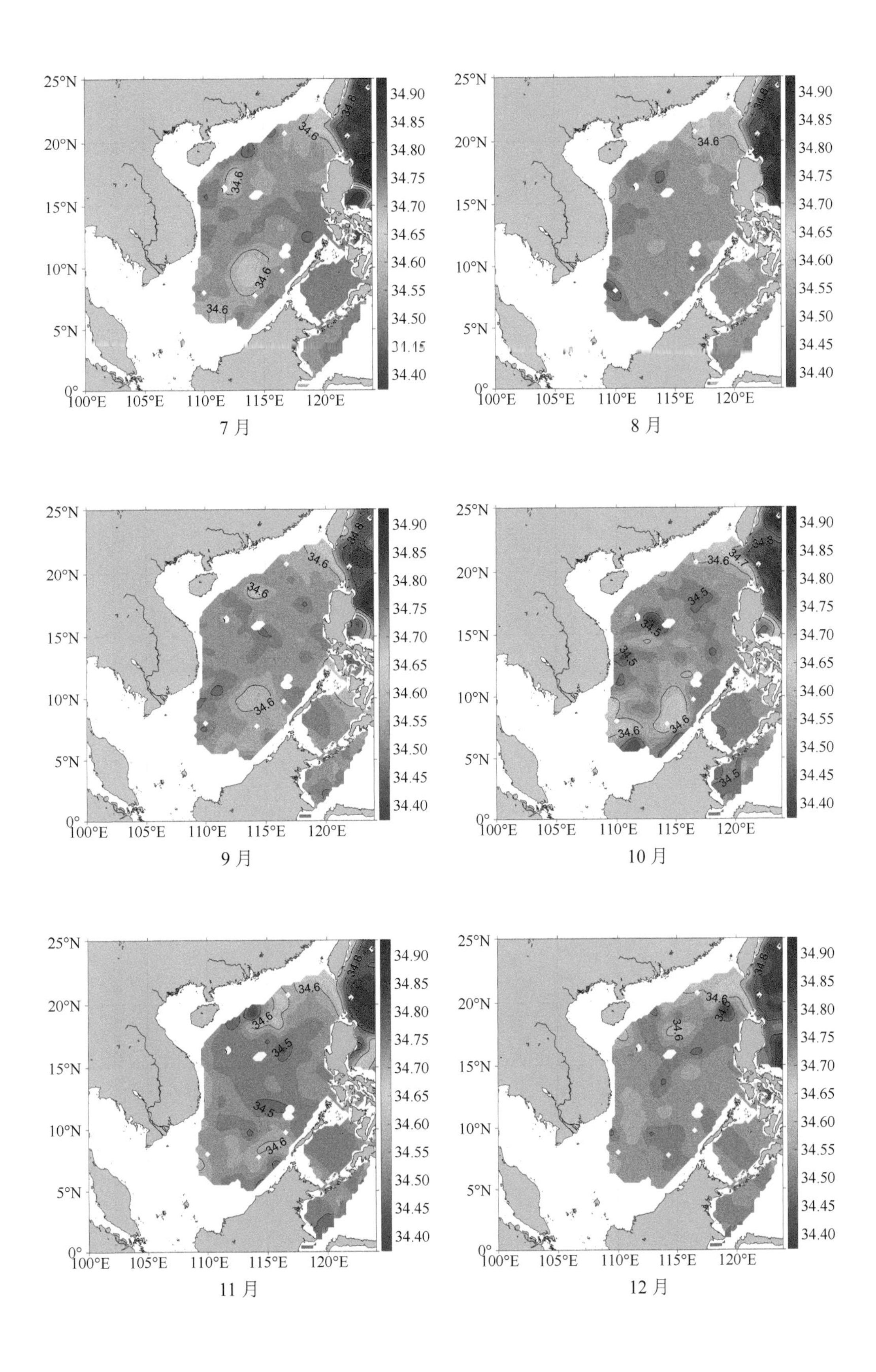

7 月

8 月

9 月

10 月

11 月

12 月

1～12 月 400m 盐度

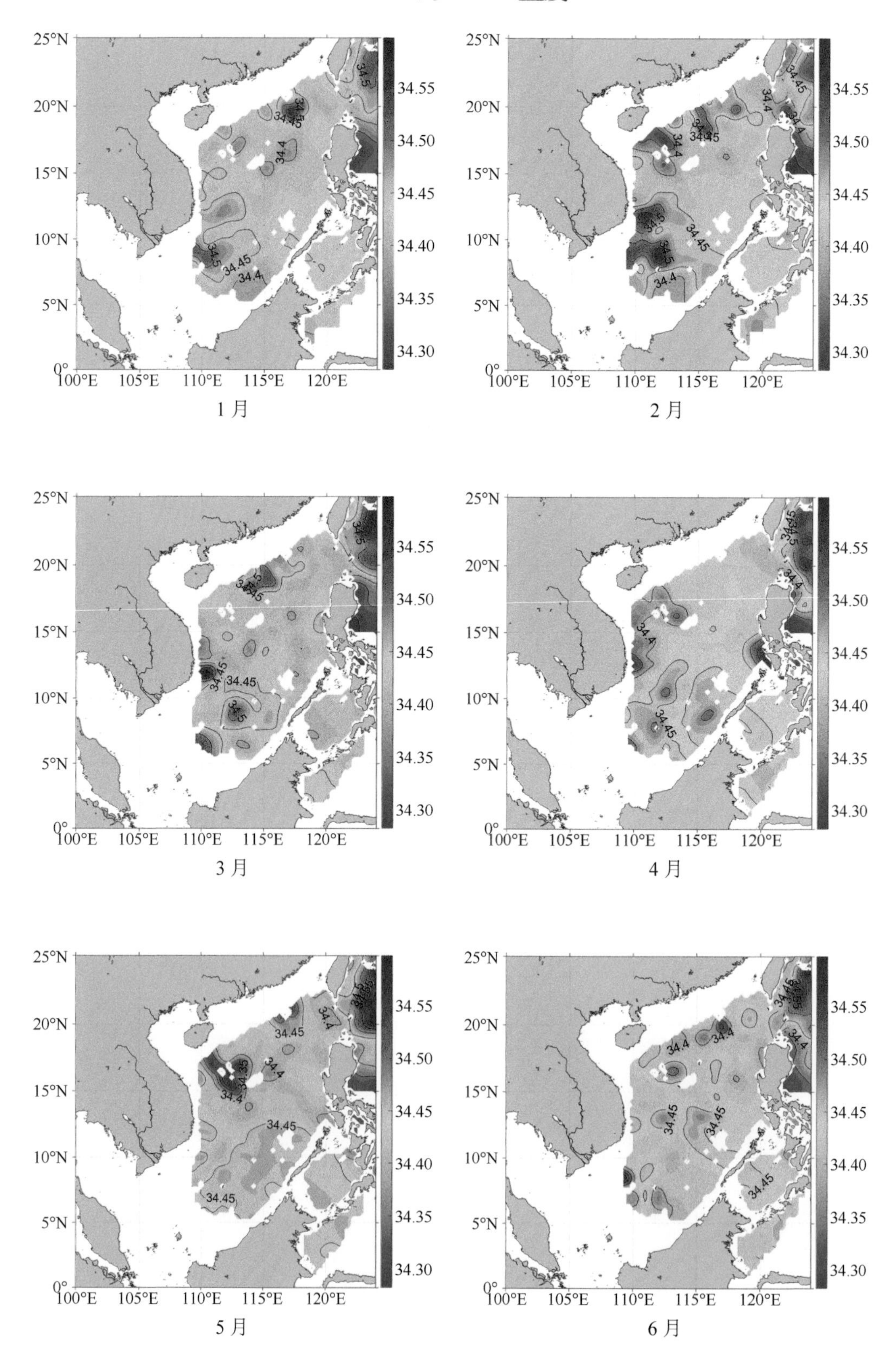

1 月

2 月

3 月

4 月

5 月

6 月

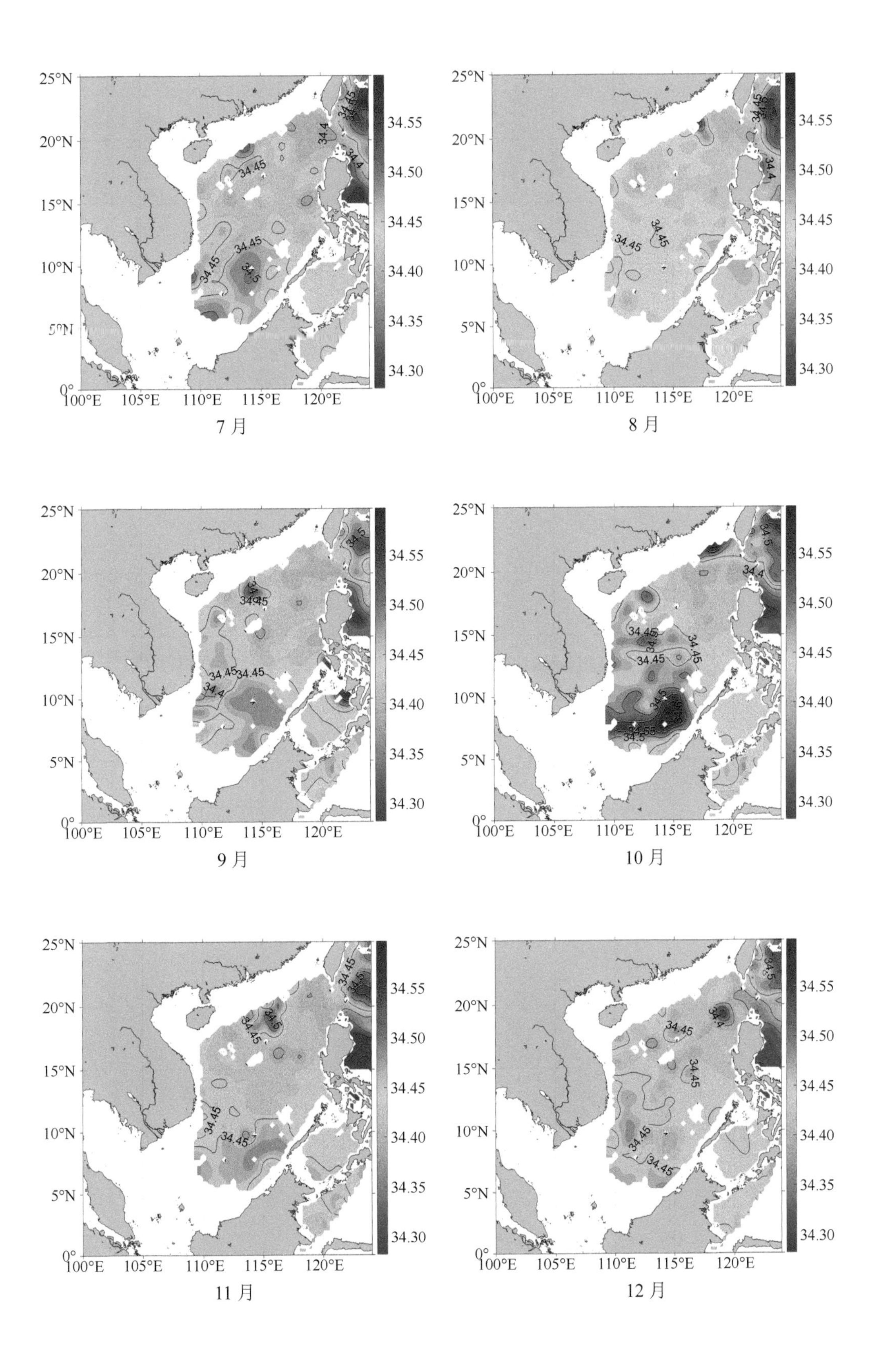
25°N
20°N
15°N
10°N
5°N
0°
100°E
105°E
110°E
115°E
120°E
34.55
34.50
34.45
34.40
34.35
34.30
7 月
8 月
9 月
10 月
11 月
12 月

1～12 月 500m 盐度

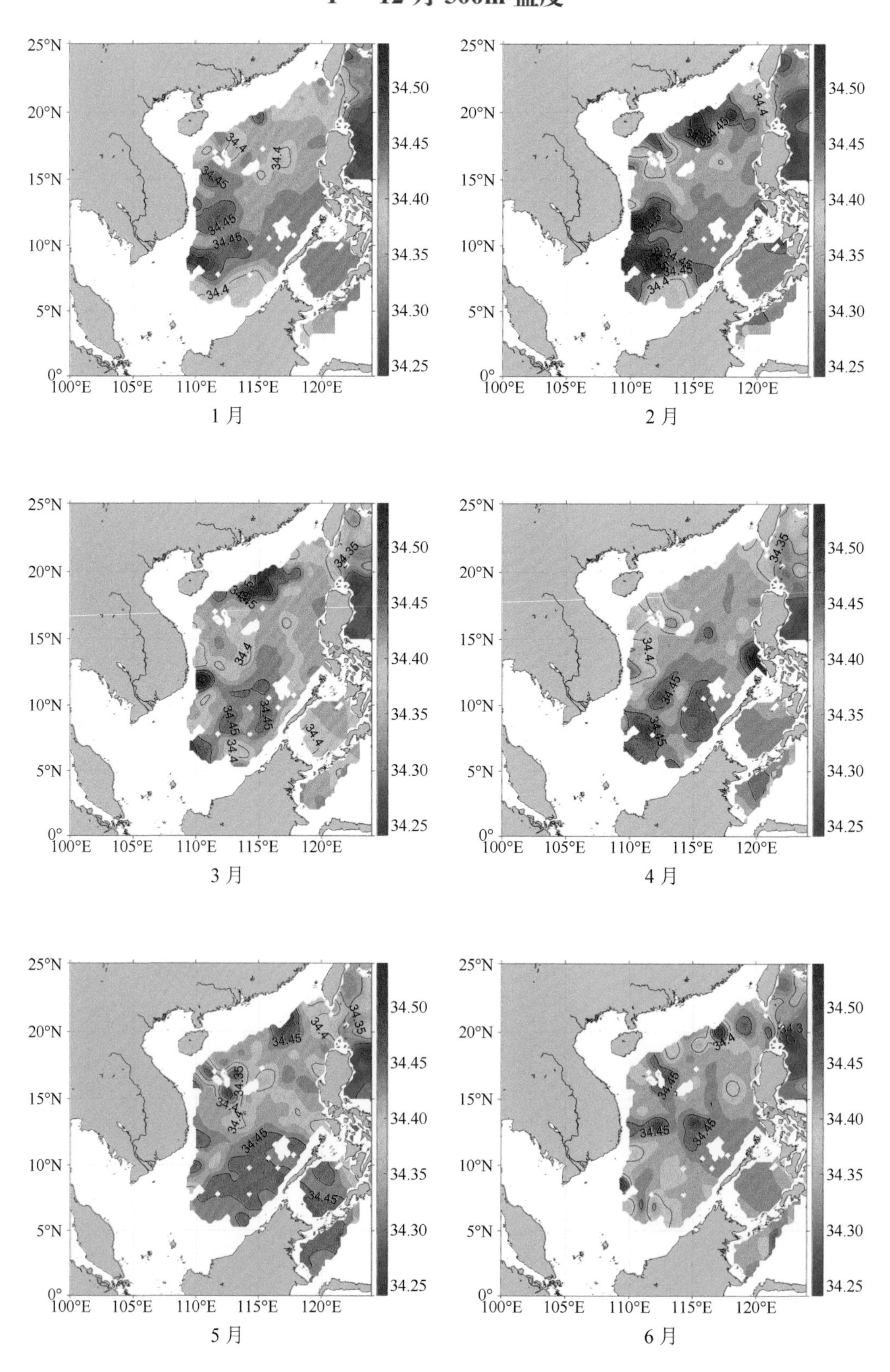

1 月

2 月

3 月

4 月

5 月

6 月

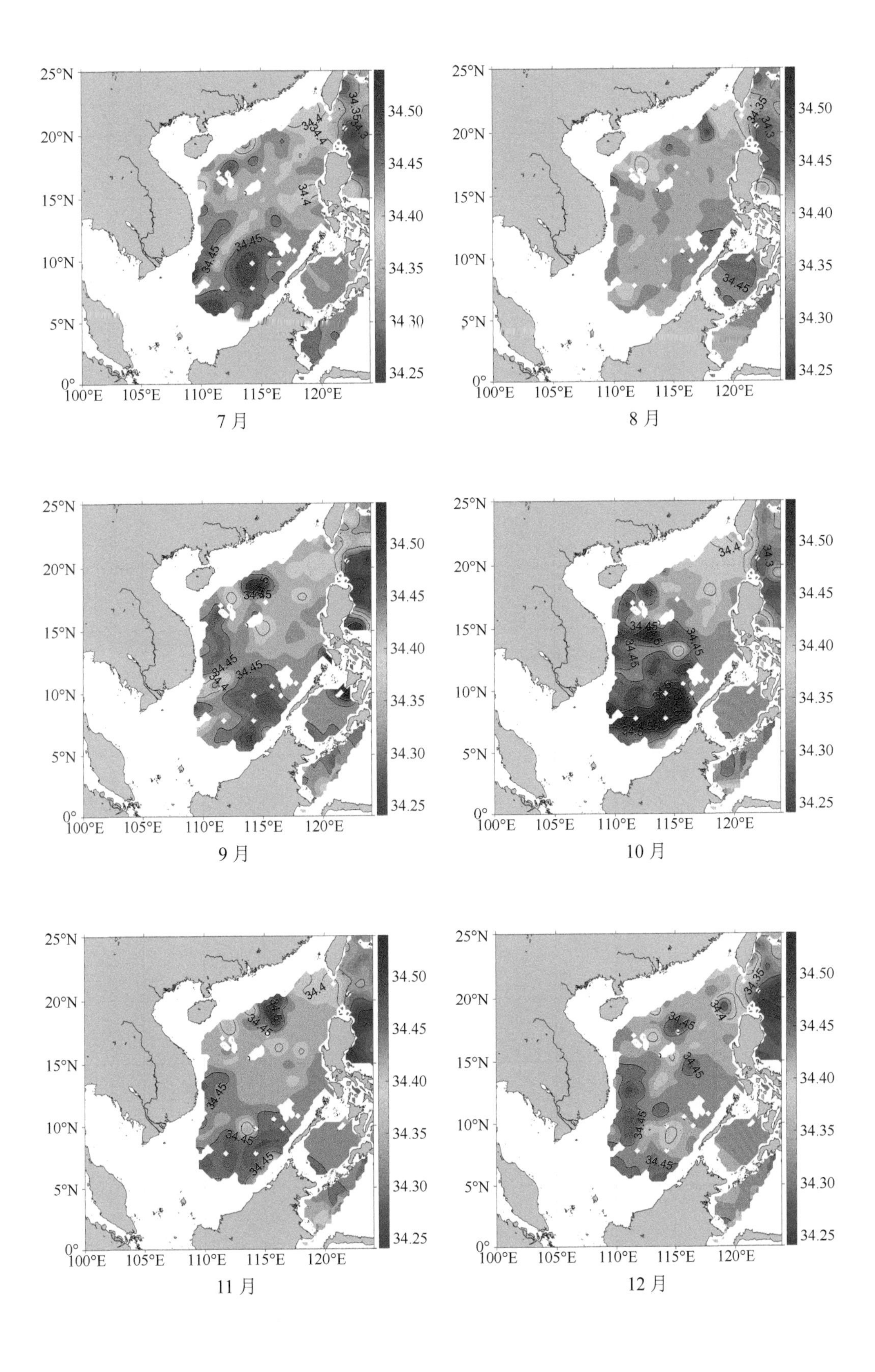
25°N
20°N
15°N
10°N
5°N
0°
100°E
105°E
110°E
115°E
120°E
34.50
34.45
34.40
34.35
34.30
34.25
7 月
8 月
9 月
10 月
11 月
12 月

1～12 月 1000m 盐度

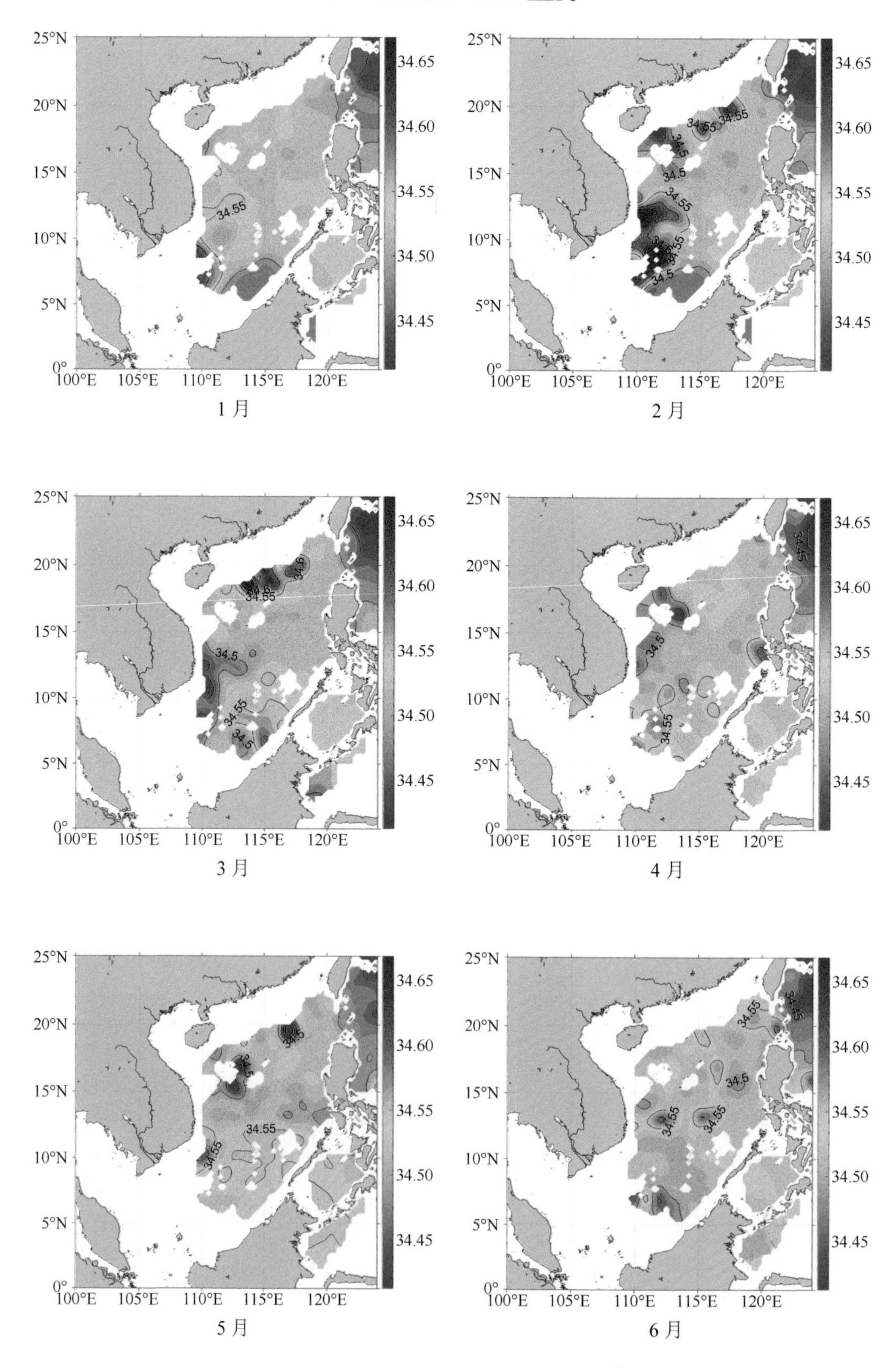

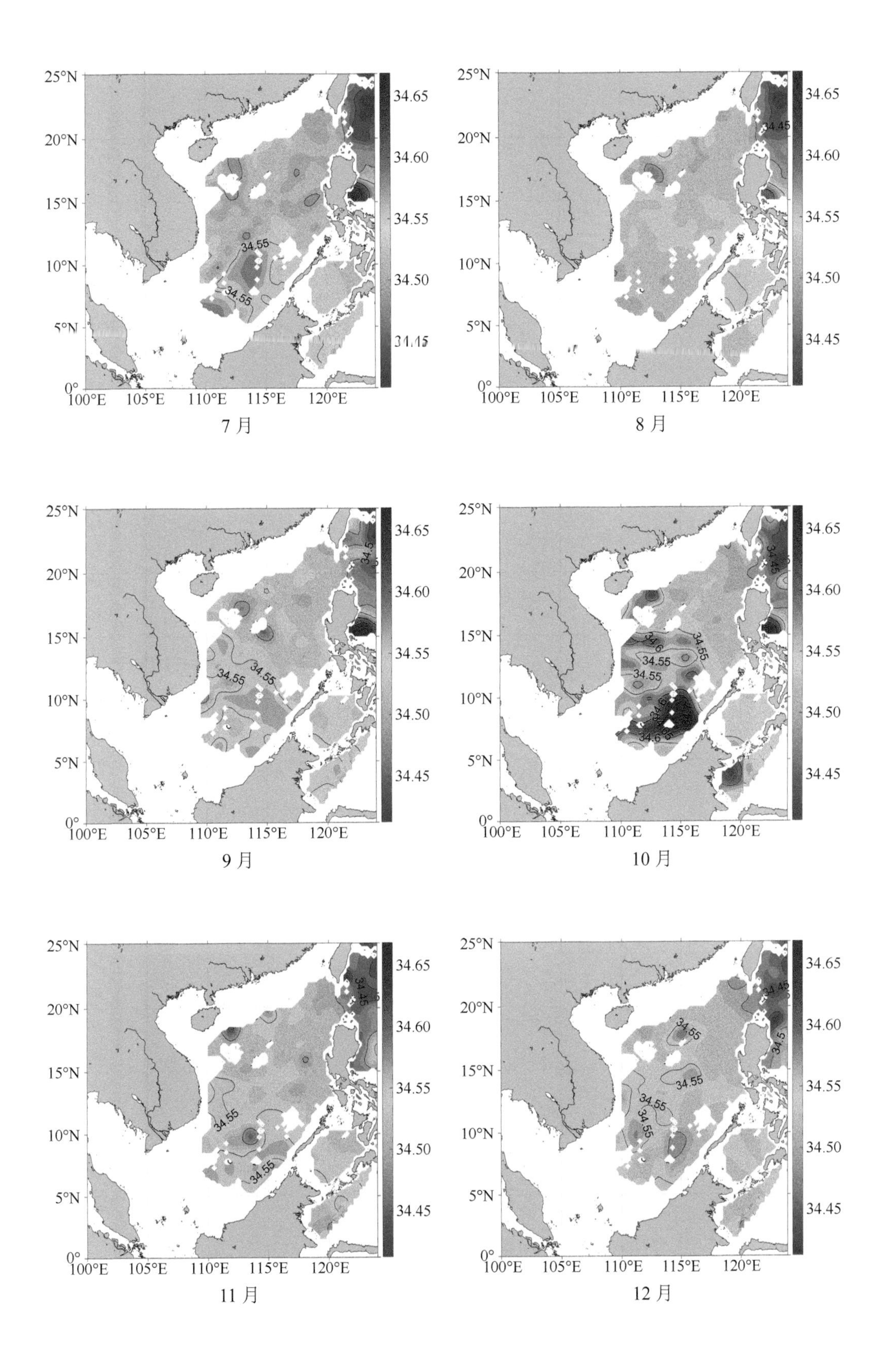
25°N
20°N
15°N
10°N
5°N
0°
100°E
105°E
110°E
115°E
120°E
34.65
34.60
34.55
34.50
34.45
34.5
7 月
8 月
9 月
10 月
11 月
12 月

1～12 月 111°E 经向断面盐度

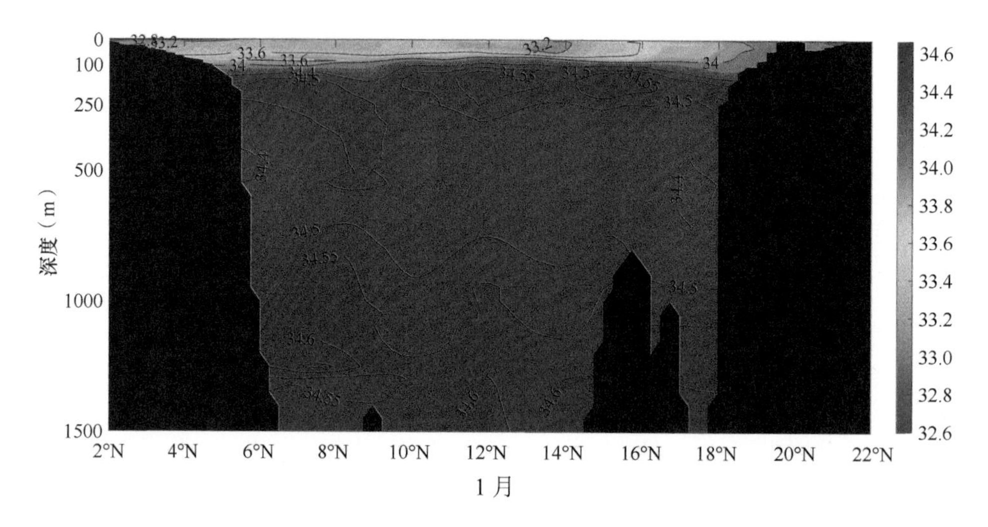

1 月

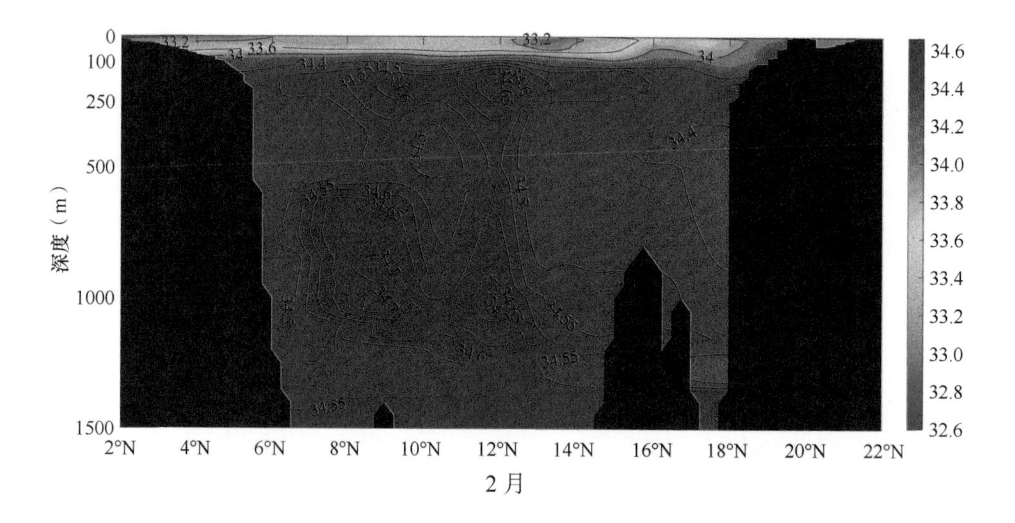

2 月

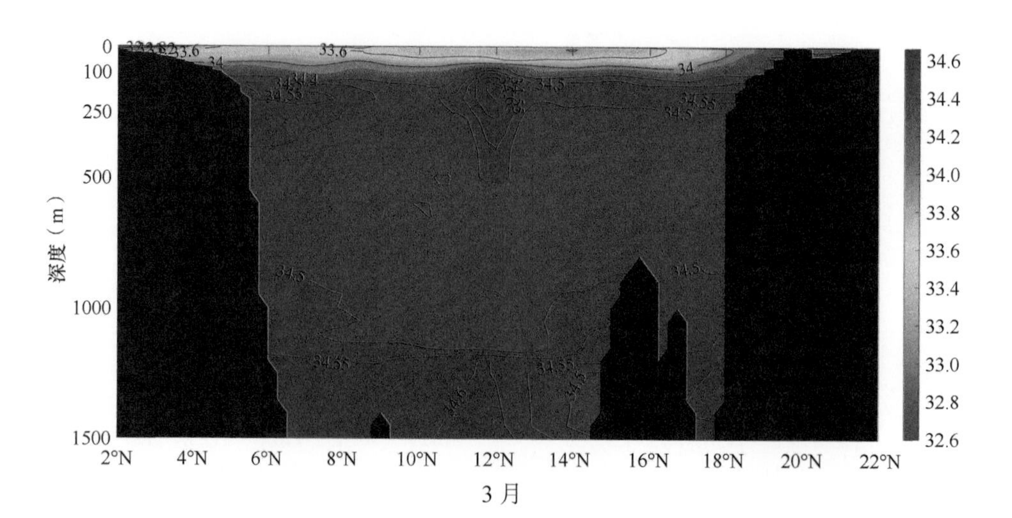

3 月

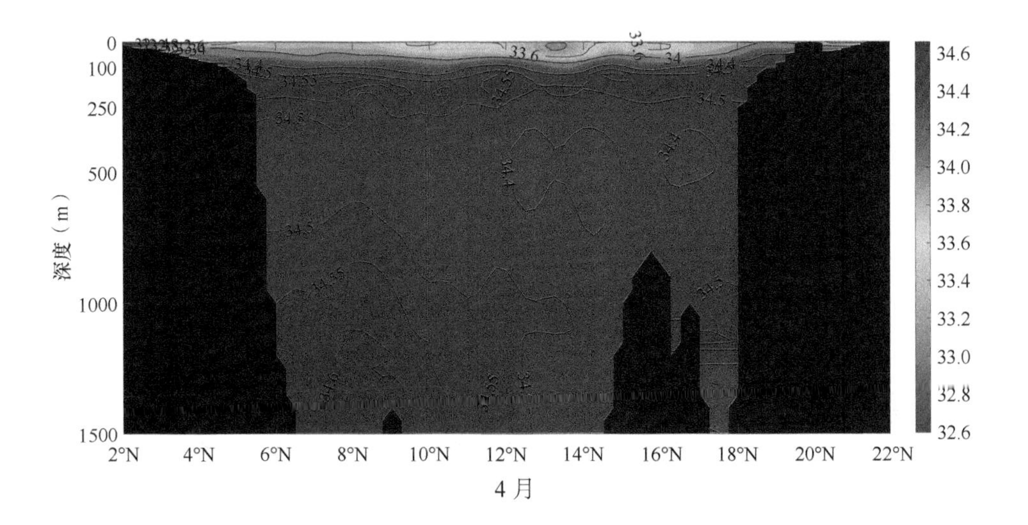

深度（m）
0
100
250
500
1000
1500
2°N
4°N
6°N
8°N
10°N
12°N
14°N
16°N
18°N
20°N
22°N
34.6
34.4
34.2
34.0
33.8
33.6
33.4
33.2
33.0
32.8
32.6

4 月

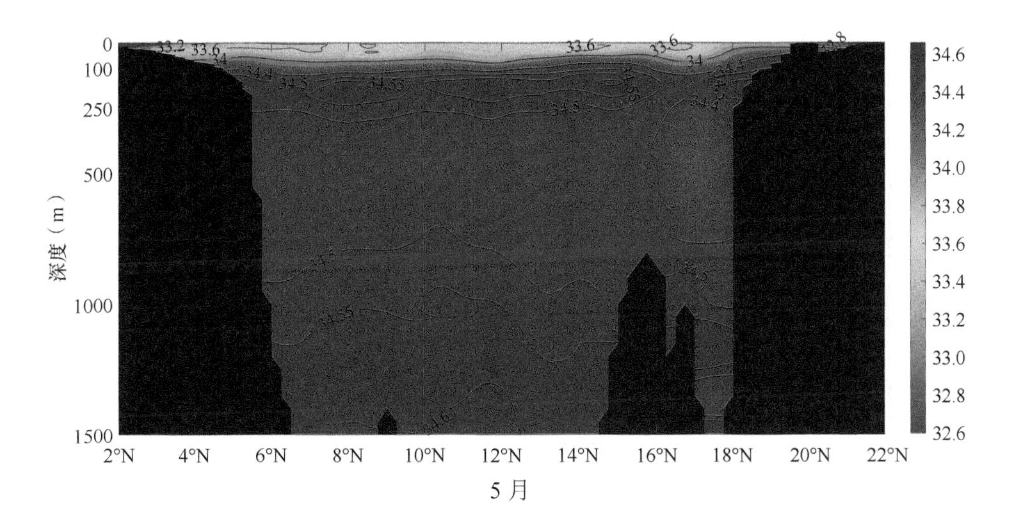

深度（m）
0
100
250
500
1000
1500
2°N
4°N
6°N
8°N
10°N
12°N
14°N
16°N
18°N
20°N
22°N
34.6
34.4
34.2
34.0
33.8
33.6
33.4
33.2
33.0
32.8
32.6

5 月

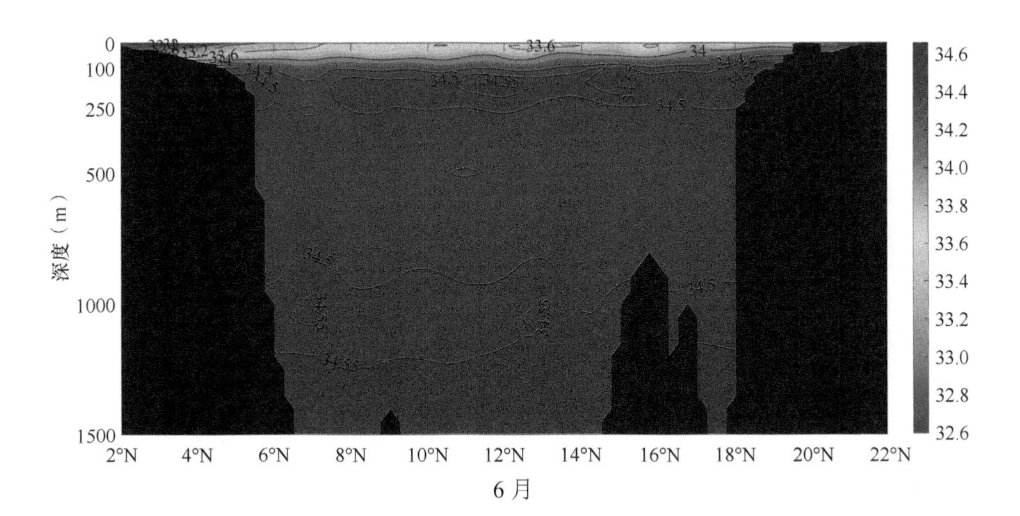

深度（m）
0
100
250
500
1000
1500
2°N
4°N
6°N
8°N
10°N
12°N
14°N
16°N
18°N
20°N
22°N
34.6
34.4
34.2
34.0
33.8
33.6
33.4
33.2
33.0
32.8
32.6

6 月

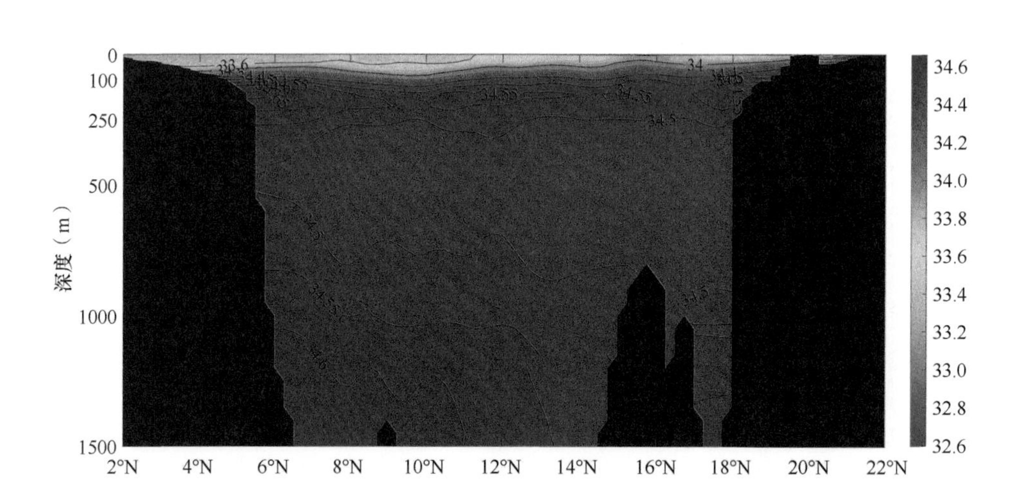
深度（m）
0
100
250
500
1000
1500
2°N
4°N
6°N
8°N
10°N
12°N
14°N
16°N
18°N
20°N
22°N
34.6
34.4
34.2
34.0
33.8
33.6
33.4
33.2
33.0
32.8
32.6

7 月

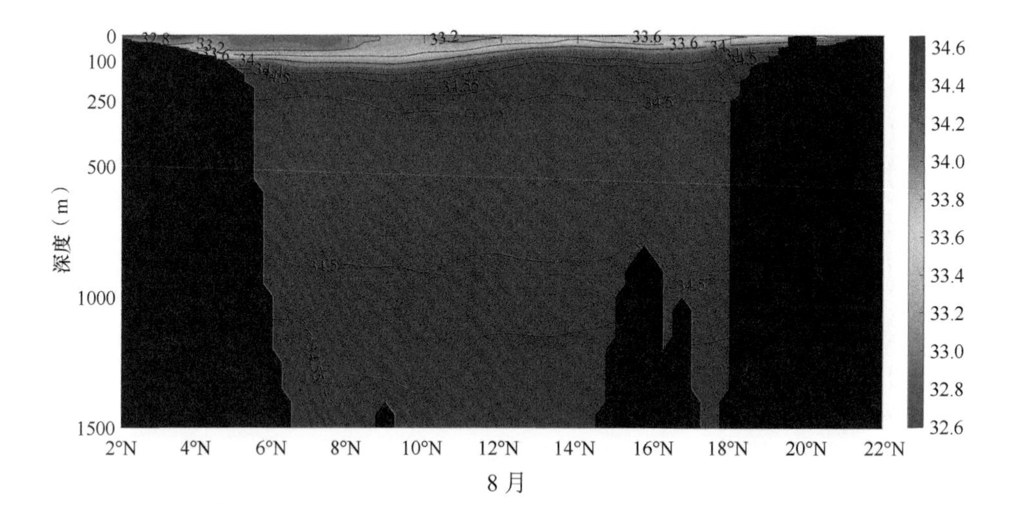
深度（m）
0
100
250
500
1000
1500
2°N
4°N
6°N
8°N
10°N
12°N
14°N
16°N
18°N
20°N
22°N
34.6
34.4
34.2
34.0
33.8
33.6
33.4
33.2
33.0
32.8
32.6

8 月

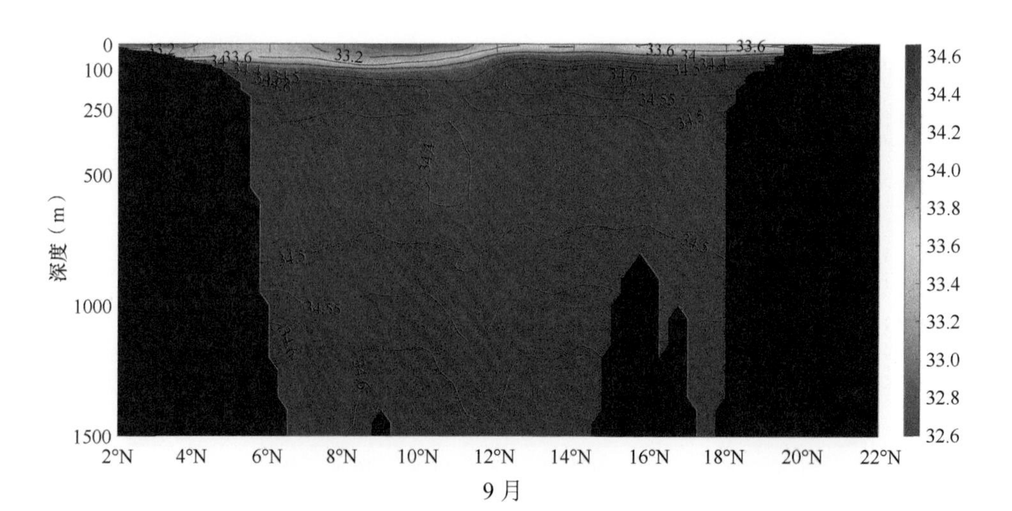
深度（m）
0
100
250
500
1000
1500
2°N
4°N
6°N
8°N
10°N
12°N
14°N
16°N
18°N
20°N
22°N
34.6
34.4
34.2
34.0
33.8
33.6
33.4
33.2
33.0
32.8
32.6

9 月

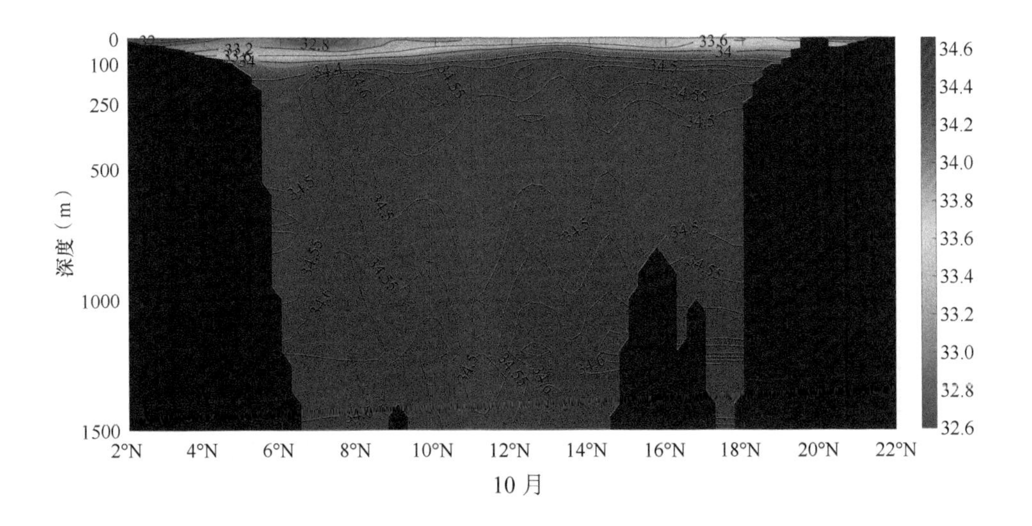
深度（m）
0
100
250
500
1000
1500
2°N
4°N
6°N
8°N
10°N
12°N
14°N
16°N
18°N
20°N
22°N
34.6
34.4
34.2
34.0
33.8
33.6
33.4
33.2
33.0
32.8
32.6

10 月

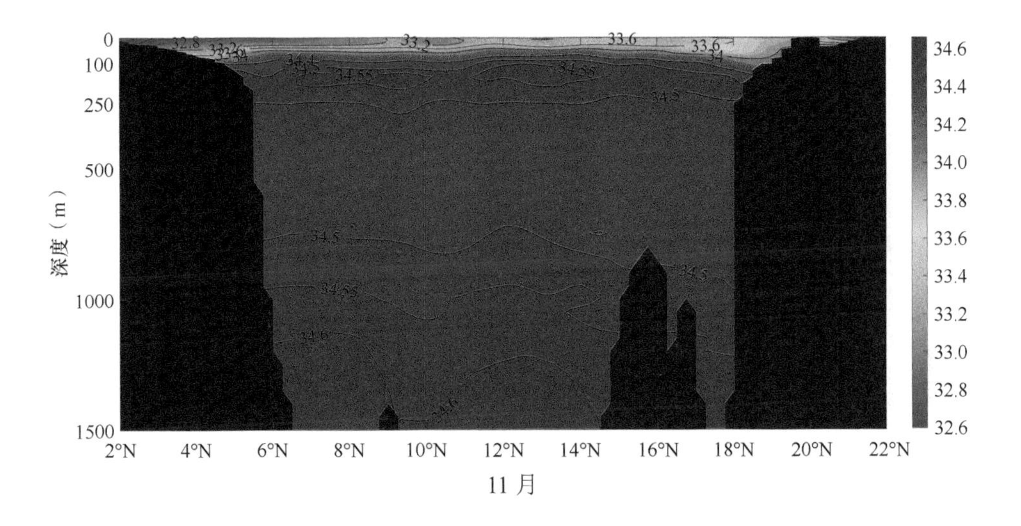
深度（m）
0
100
250
500
1000
1500
2°N
4°N
6°N
8°N
10°N
12°N
14°N
16°N
18°N
20°N
22°N
34.6
34.4
34.2
34.0
33.8
33.6
33.4
33.2
33.0
32.8
32.6

11 月

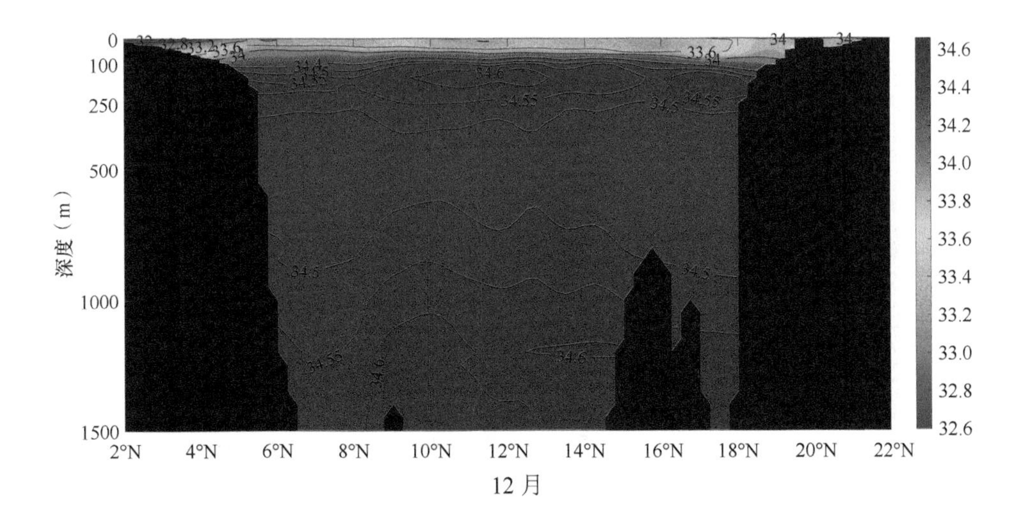
深度（m）
0
100
250
500
1000
1500
2°N
4°N
6°N
8°N
10°N
12°N
14°N
16°N
18°N
20°N
22°N
34.6
34.4
34.2
34.0
33.8
33.6
33.4
33.2
33.0
32.8
32.6

12 月

1～12 月 115°E 经向断面盐度

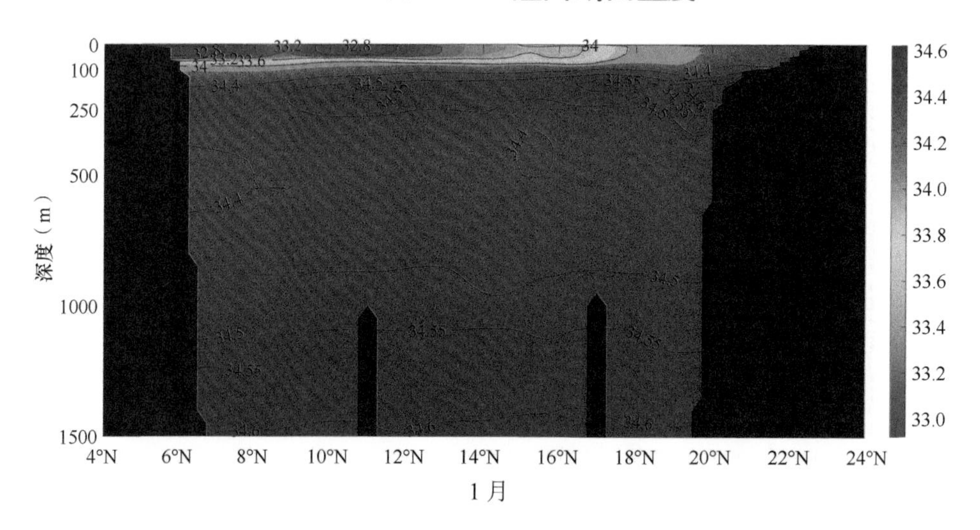

1 月

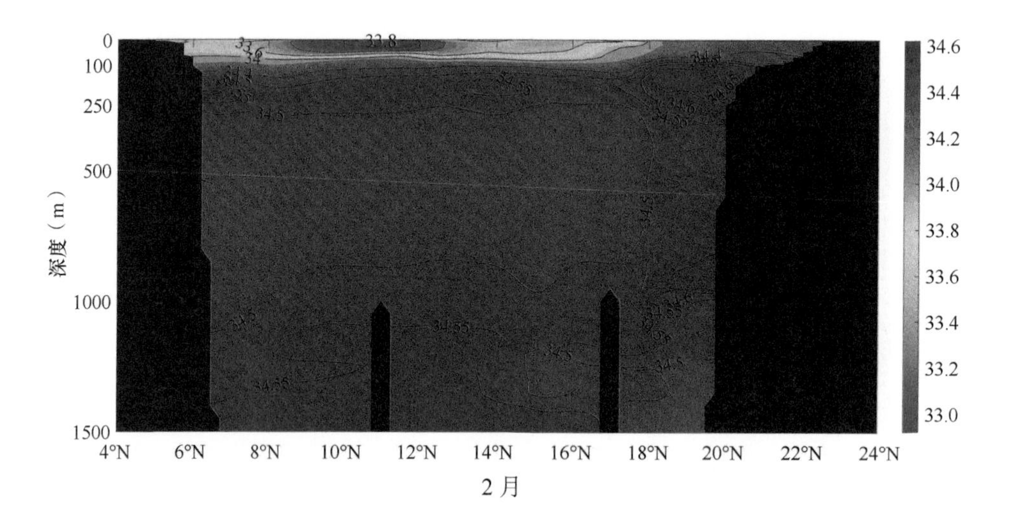

2 月

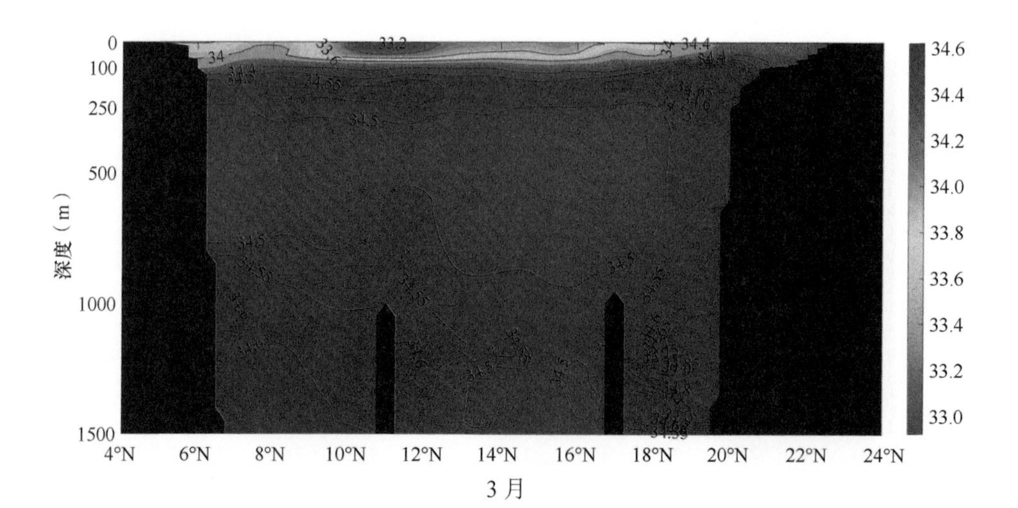

3 月

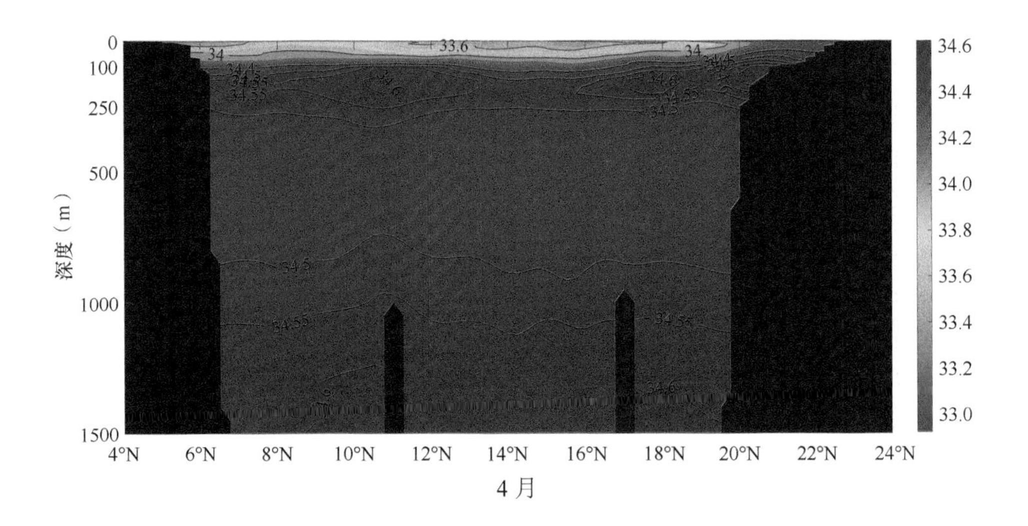
0
100
250
500
1000
1500
深度（m）
4°N
6°N
8°N
10°N
12°N
14°N
16°N
18°N
20°N
22°N
24°N
34.6
34.4
34.2
34.0
33.8
33.6
33.4
33.2
33.0

4 月

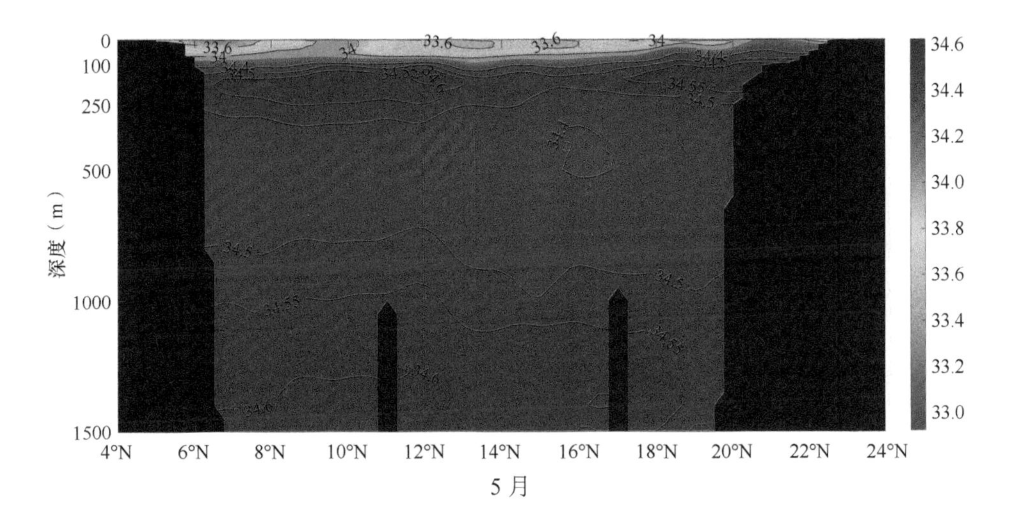
0
100
250
500
1000
1500
深度（m）
4°N
6°N
8°N
10°N
12°N
14°N
16°N
18°N
20°N
22°N
24°N
34.6
34.4
34.2
34.0
33.8
33.6
33.4
33.2
33.0

5 月

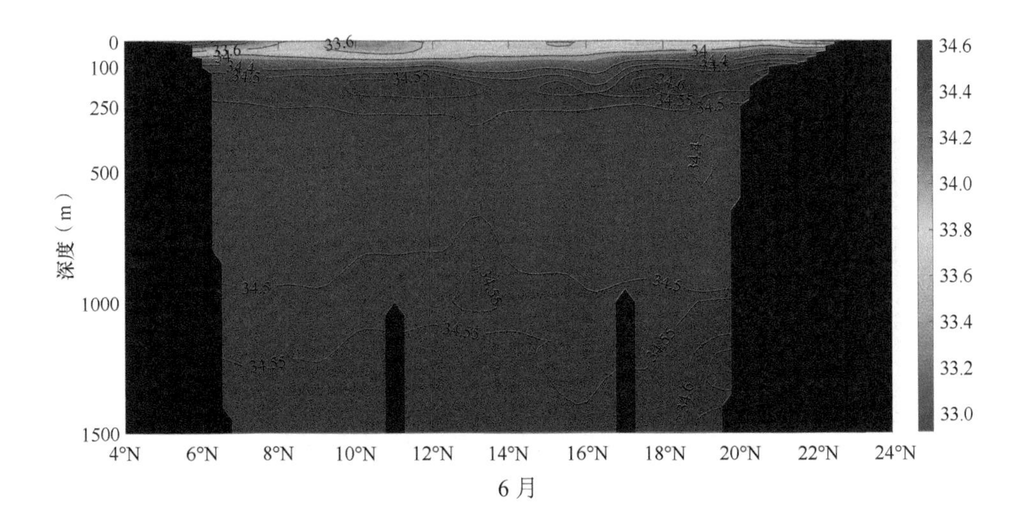
0
100
250
500
1000
1500
深度（m）
4°N
6°N
8°N
10°N
12°N
14°N
16°N
18°N
20°N
22°N
24°N
34.6
34.4
34.2
34.0
33.8
33.6
33.4
33.2
33.0

6 月

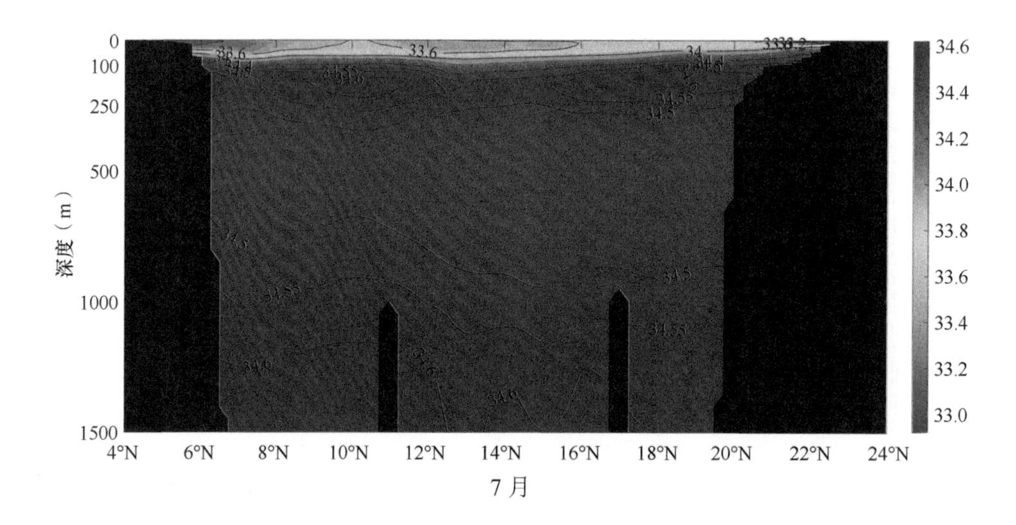

深度（m）
0
100
250
500
1000
1500
4°N
6°N
8°N
10°N
12°N
14°N
16°N
18°N
20°N
22°N
24°N
34.6
34.4
34.2
34.0
33.8
33.6
33.4
33.2
33.0

7 月

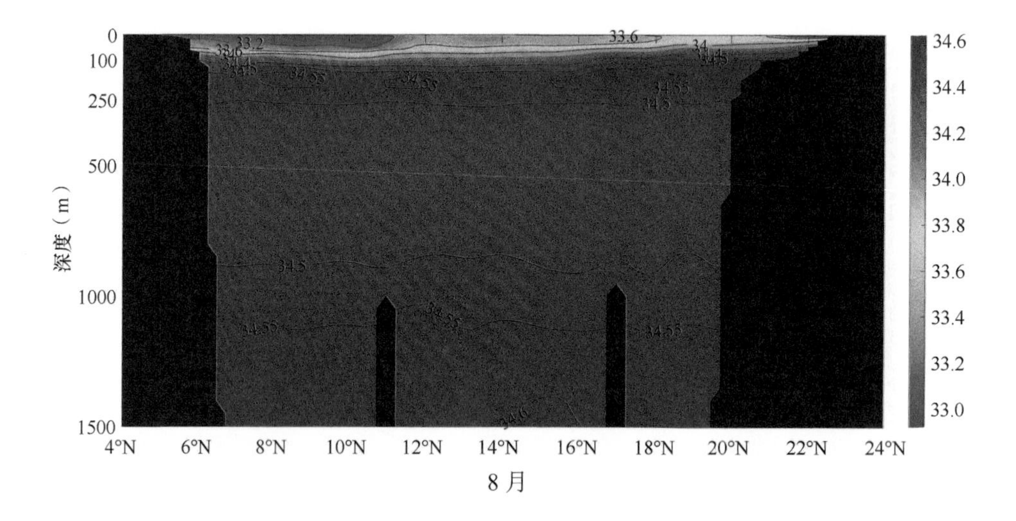

深度（m）
0
100
250
500
1000
1500
4°N
6°N
8°N
10°N
12°N
14°N
16°N
18°N
20°N
22°N
24°N
34.6
34.4
34.2
34.0
33.8
33.6
33.4
33.2
33.0

8 月

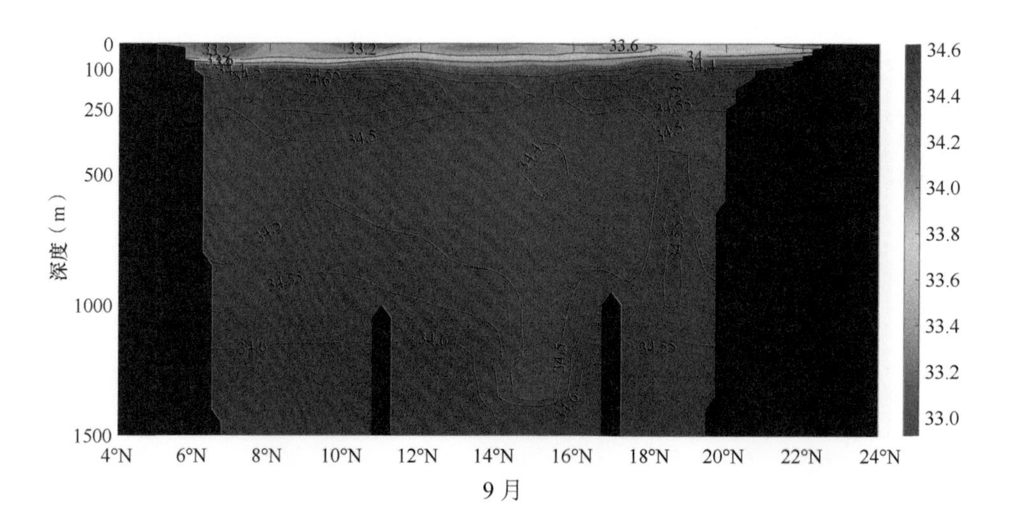

深度（m）
0
100
250
500
1000
1500
4°N
6°N
8°N
10°N
12°N
14°N
16°N
18°N
20°N
22°N
24°N
34.6
34.4
34.2
34.0
33.8
33.6
33.4
33.2
33.0

9 月

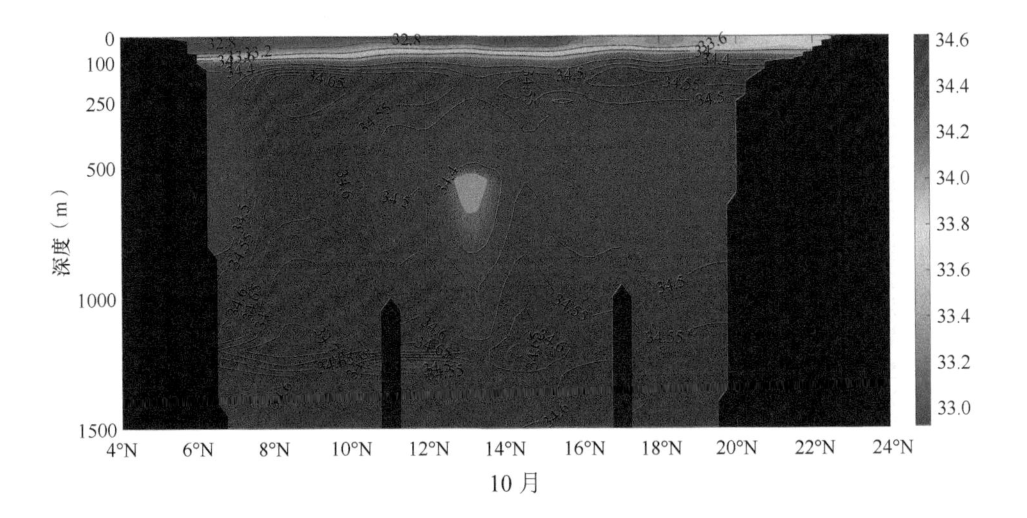
深度（m）
0
100
250
500
1000
1500
4°N 6°N 8°N 10°N 12°N 14°N 16°N 18°N 20°N 22°N 24°N
34.6
34.4
34.2
34.0
33.8
33.6
33.4
33.2
33.0

10 月

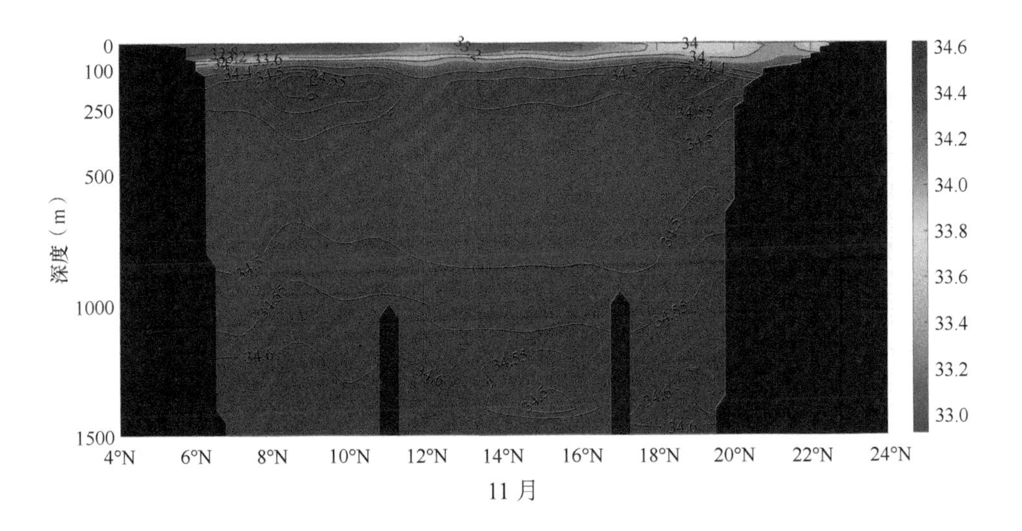
深度（m）
0
100
250
500
1000
1500
4°N 6°N 8°N 10°N 12°N 14°N 16°N 18°N 20°N 22°N 24°N
34.6
34.4
34.2
34.0
33.8
33.6
33.4
33.2
33.0

11 月

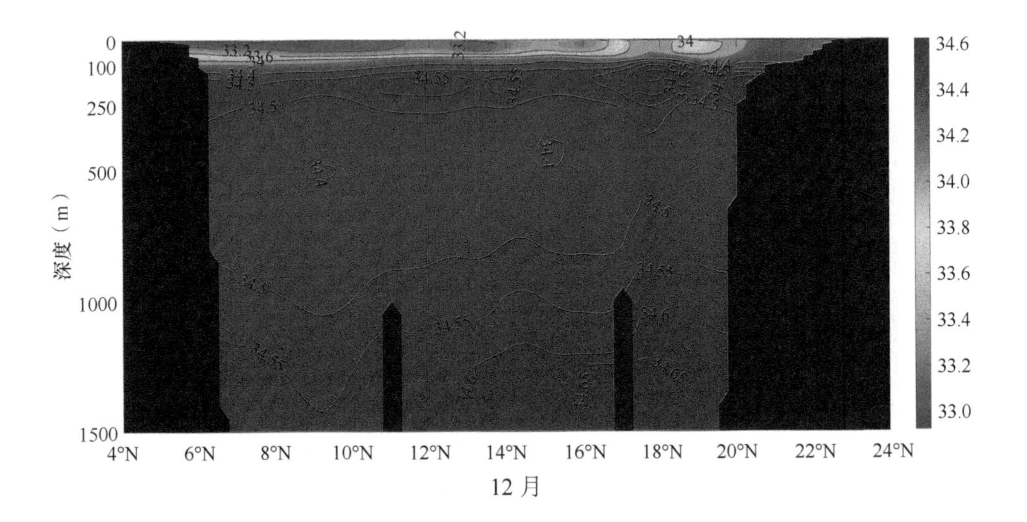
深度（m）
0
100
250
500
1000
1500
4°N 6°N 8°N 10°N 12°N 14°N 16°N 18°N 20°N 22°N 24°N
34.6
34.4
34.2
34.0
33.8
33.6
33.4
33.2
33.0

12 月

1～12 月 119°E 经向断面盐度

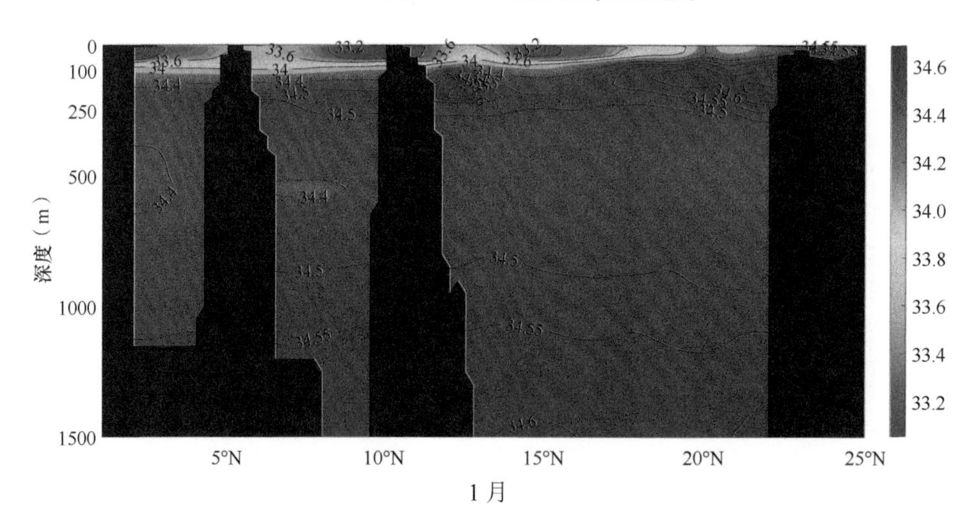

1 月

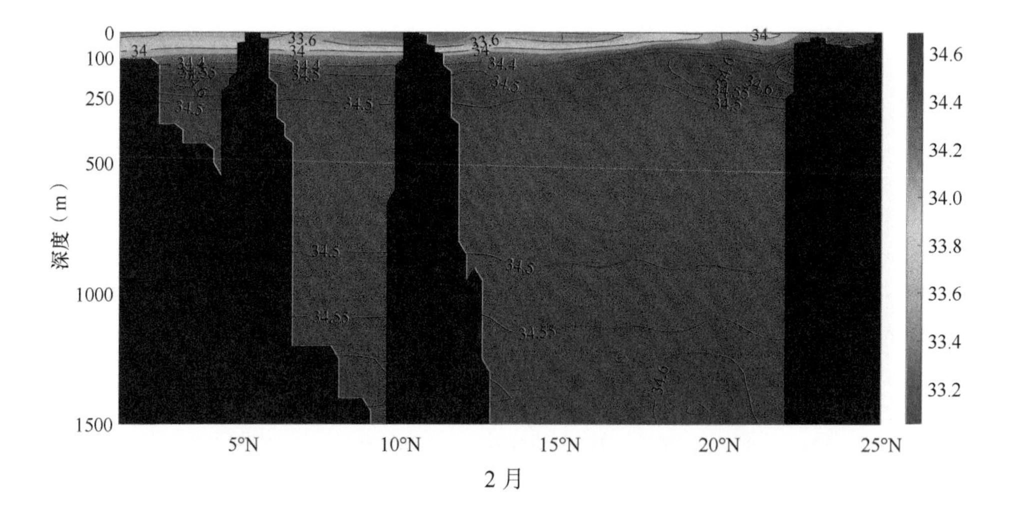

2 月

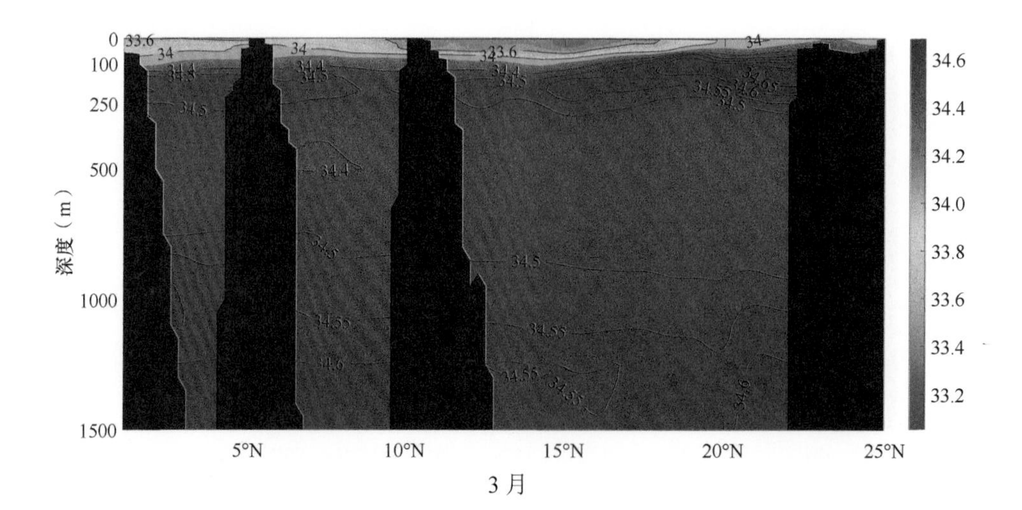

3 月

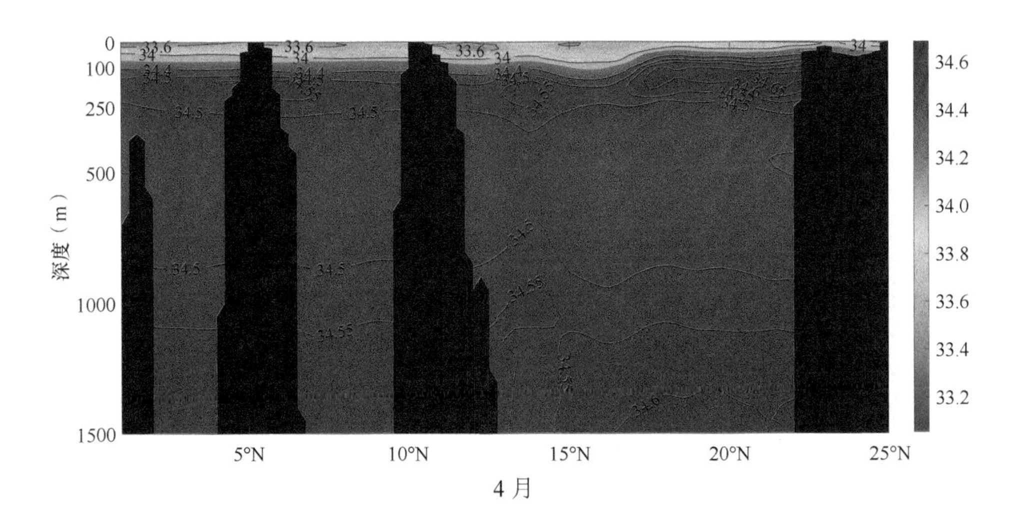
深度（m）
0
100
250
500
1000
1500
5°N
10°N
15°N
20°N
25°N
34.6
34.4
34.2
34.0
33.8
33.6
33.4
33.2

4 月

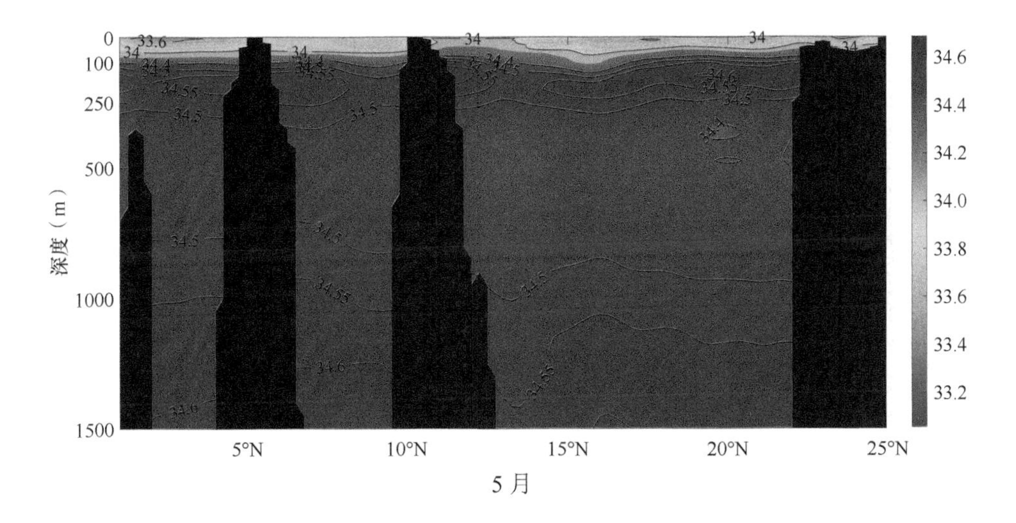
深度（m）
0
100
250
500
1000
1500
5°N
10°N
15°N
20°N
25°N
34.6
34.4
34.2
34.0
33.8
33.6
33.4
33.2

5 月

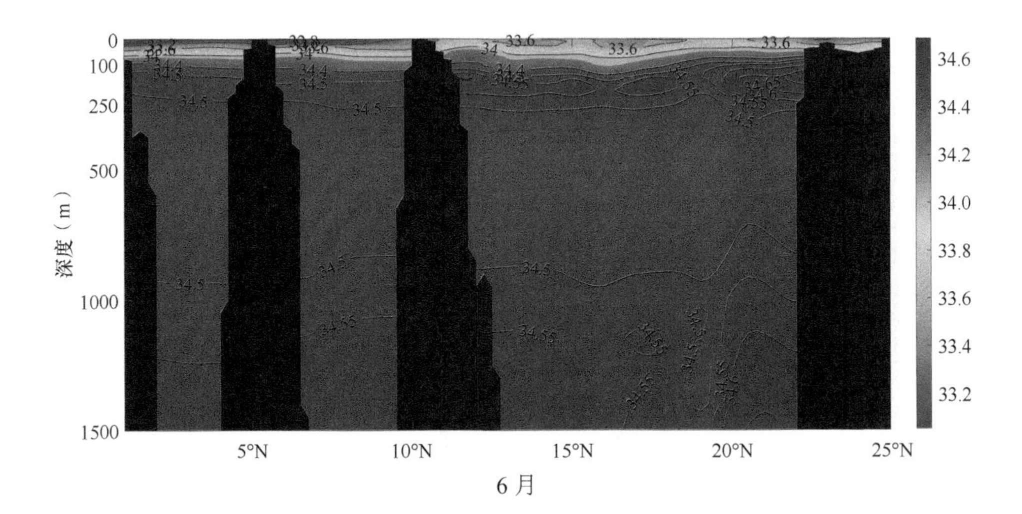
深度（m）
0
100
250
500
1000
1500
5°N
10°N
15°N
20°N
25°N
34.6
34.4
34.2
34.0
33.8
33.6
33.4
33.2

6 月

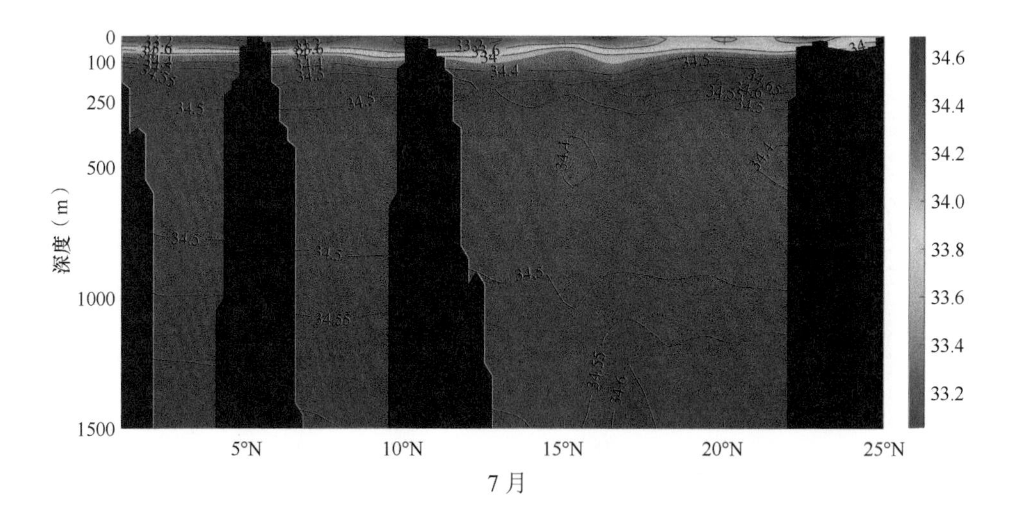
深度（m）
0
100
250
500
1000
1500
5°N
10°N
15°N
20°N
25°N
34.6
34.4
34.2
34.0
33.8
33.6
33.4
33.2

7 月

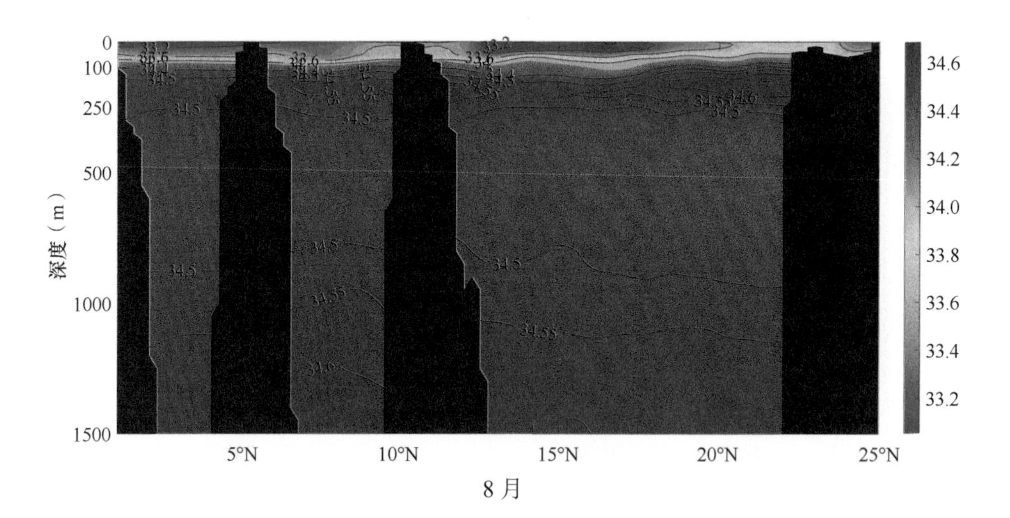
深度（m）
0
100
250
500
1000
1500
5°N
10°N
15°N
20°N
25°N
34.6
34.4
34.2
34.0
33.8
33.6
33.4
33.2

8 月

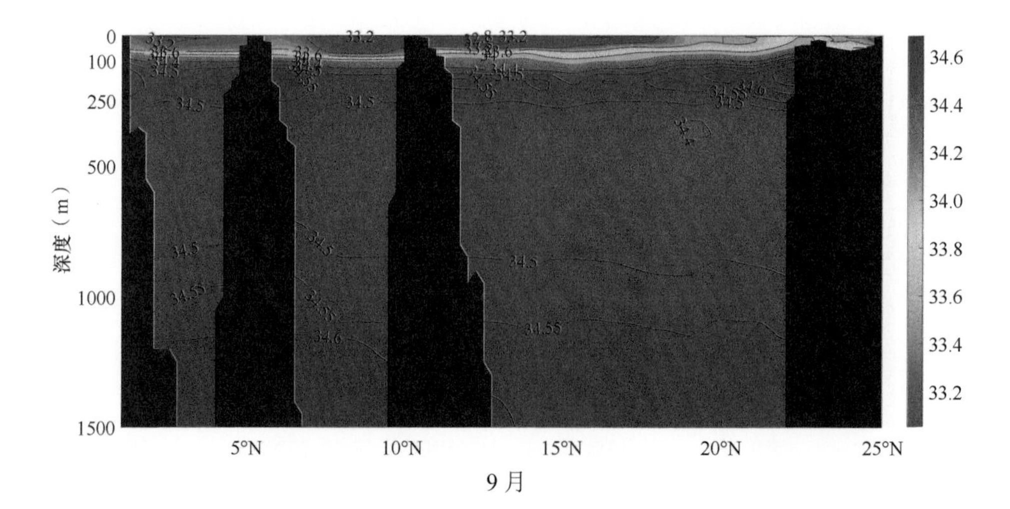
深度（m）
0
100
250
500
1000
1500
5°N
10°N
15°N
20°N
25°N
34.6
34.4
34.2
34.0
33.8
33.6
33.4
33.2

9 月

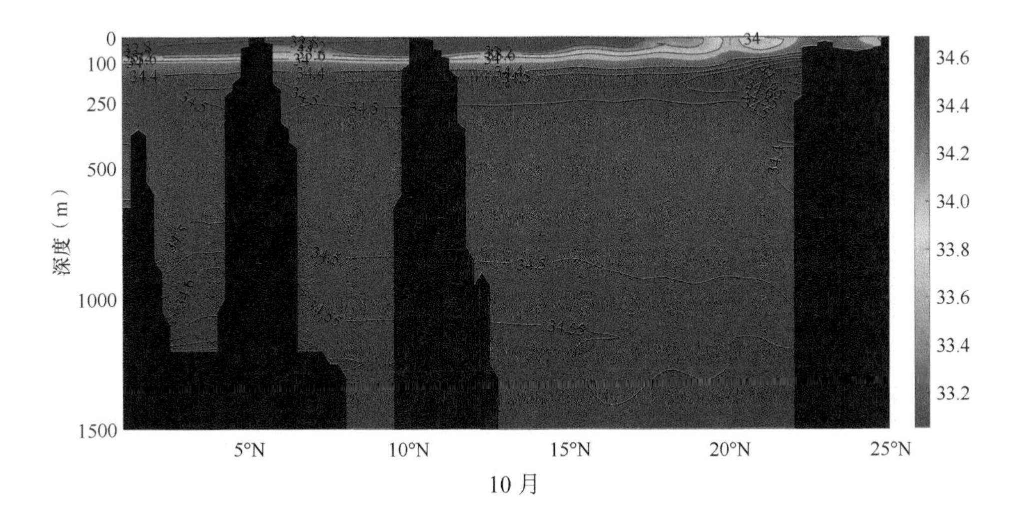
0
100
250
500
1000
1500
深度（m）
5°N
10°N
15°N
20°N
25°N
34.6
34.4
34.2
34.0
33.8
33.6
33.4
33.2

10 月

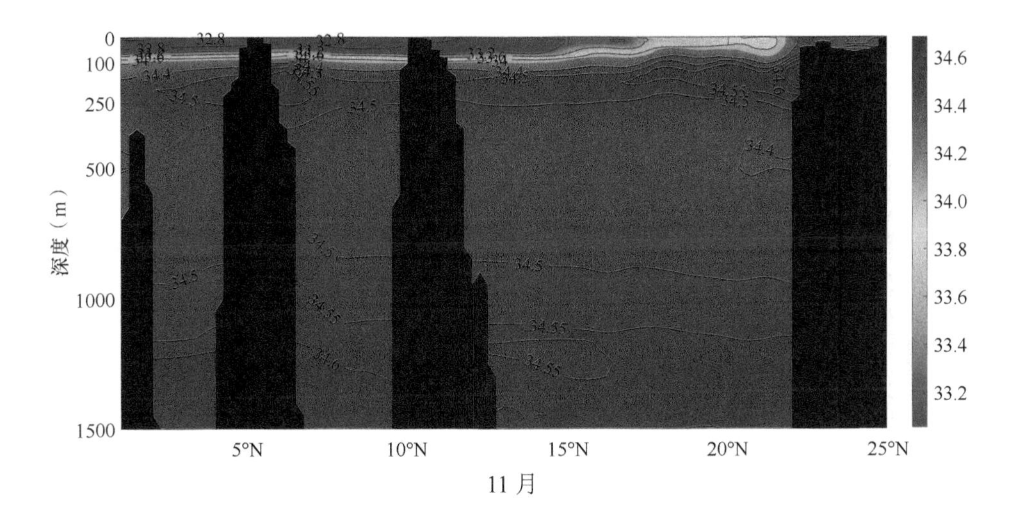
0
100
250
500
1000
1500
深度（m）
5°N
10°N
15°N
20°N
25°N
34.6
34.4
34.2
34.0
33.8
33.6
33.4
33.2

11 月

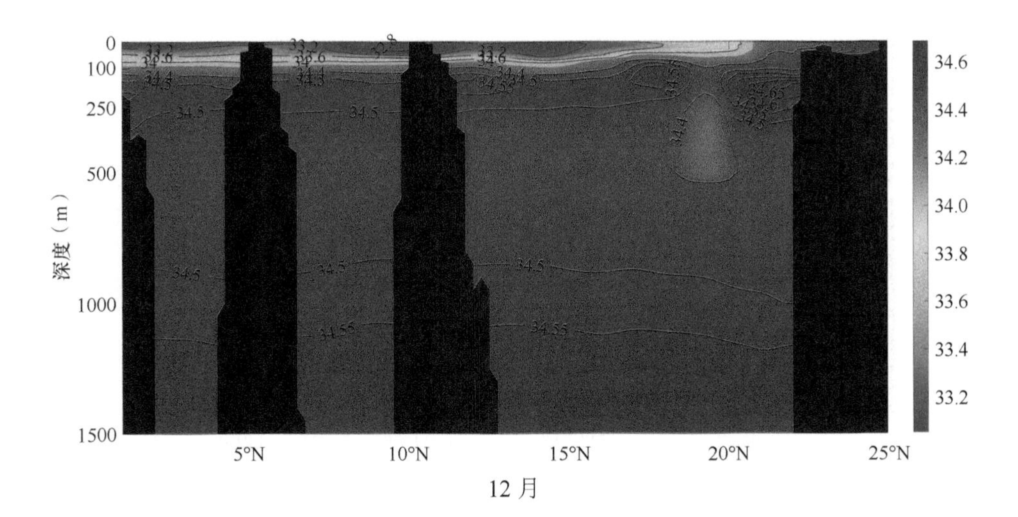
0
100
250
500
1000
1500
深度（m）
5°N
10°N
15°N
20°N
25°N
34.6
34.4
34.2
34.0
33.8
33.6
33.4
33.2

12 月

1～12 月 9°N 纬向断面盐度

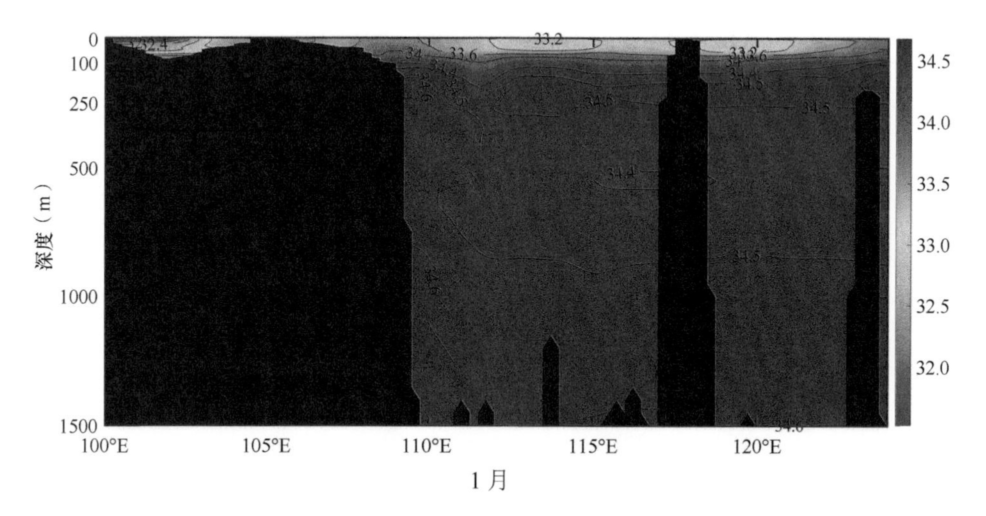

1 月

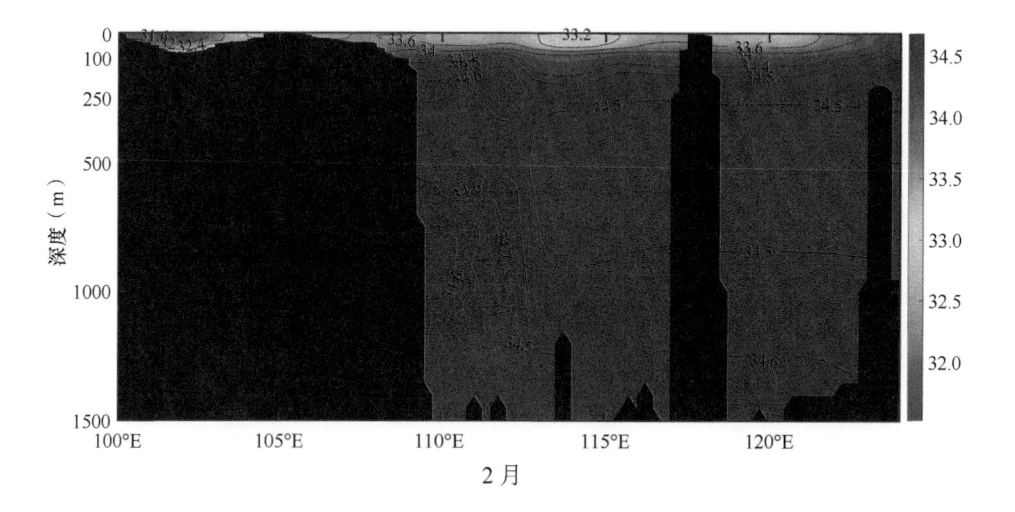

2 月

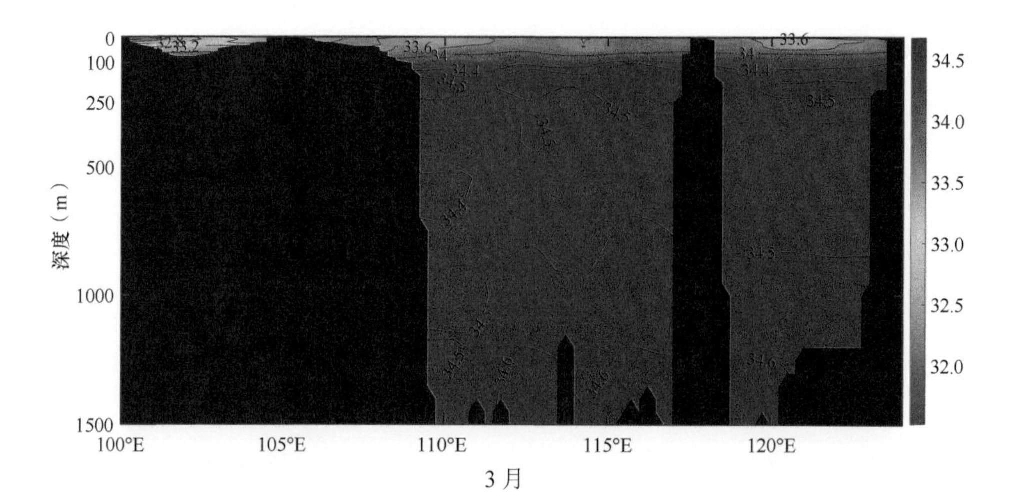

3 月

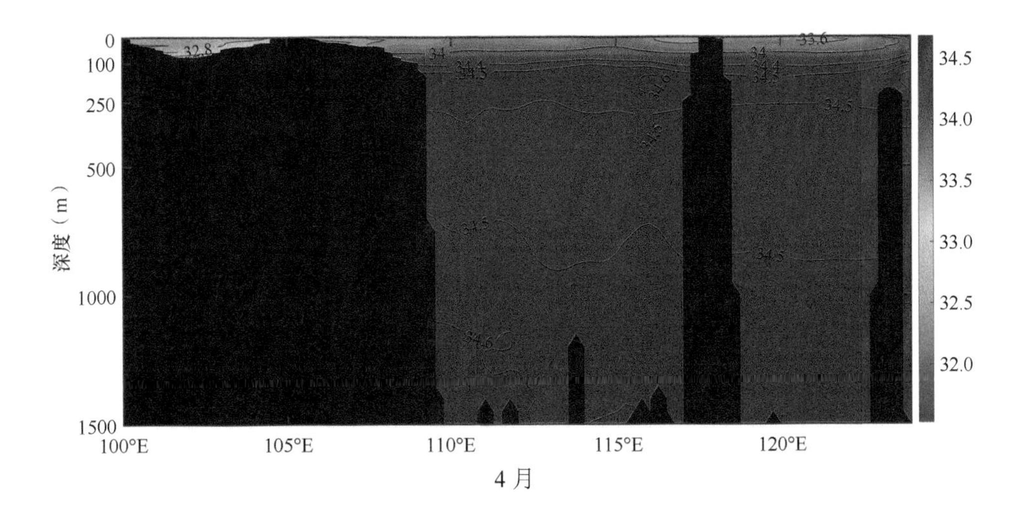
0
100
250
500
深度（m）
1000
1500
100°E
105°E
110°E
115°E
120°E
34.5
34.0
33.5
33.0
32.5
32.0
4 月

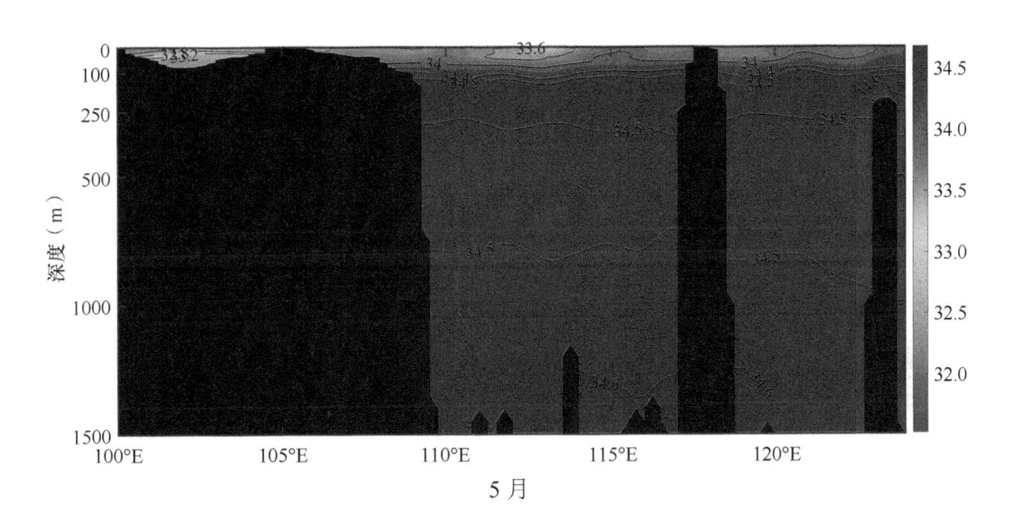
0
100
250
500
深度（m）
1000
1500
100°E
105°E
110°E
115°E
120°E
34.5
34.0
33.5
33.0
32.5
32.0
5 月

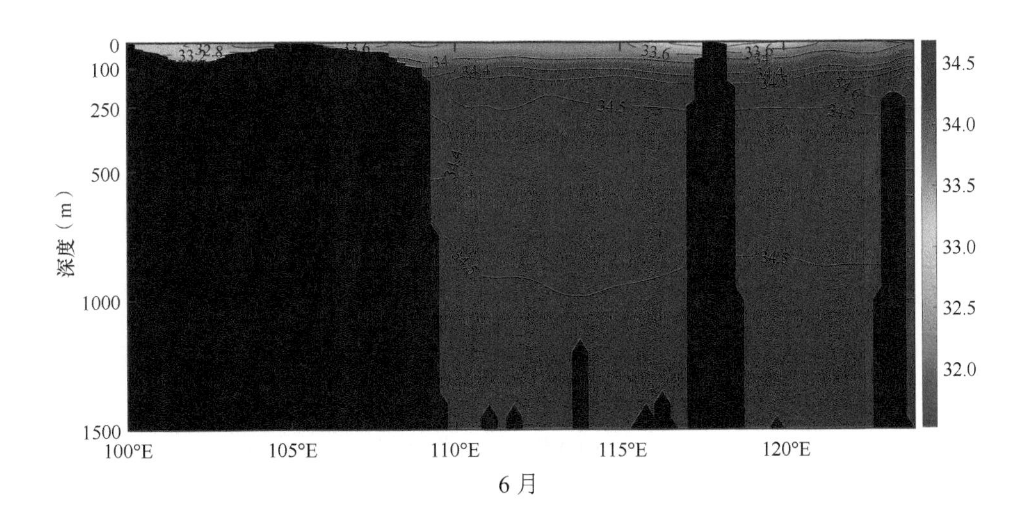
0
100
250
500
深度（m）
1000
1500
100°E
105°E
110°E
115°E
120°E
34.5
34.0
33.5
33.0
32.5
32.0
6 月

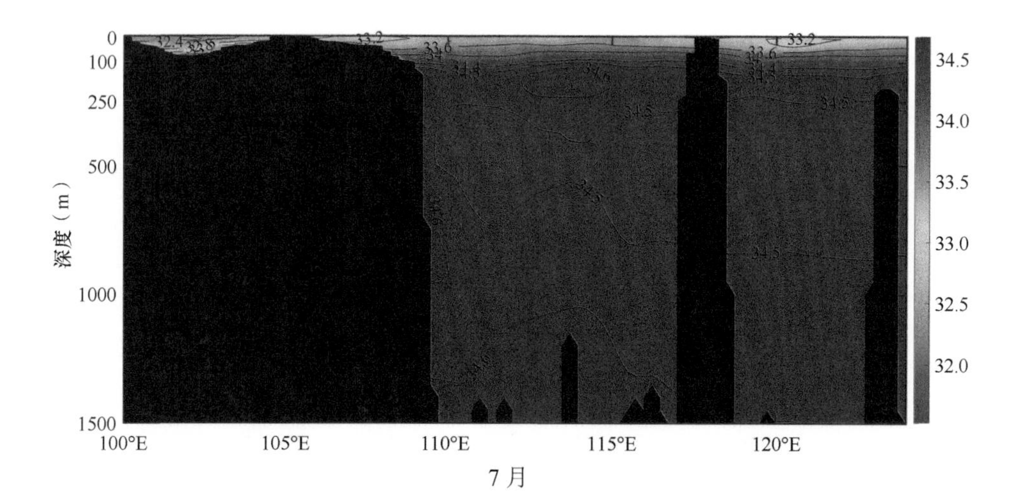
深度（m）
0
100
250
500
1000
1500
100°E
105°E
110°E
115°E
120°E
34.5
34.0
33.5
33.0
32.5
32.0

7 月

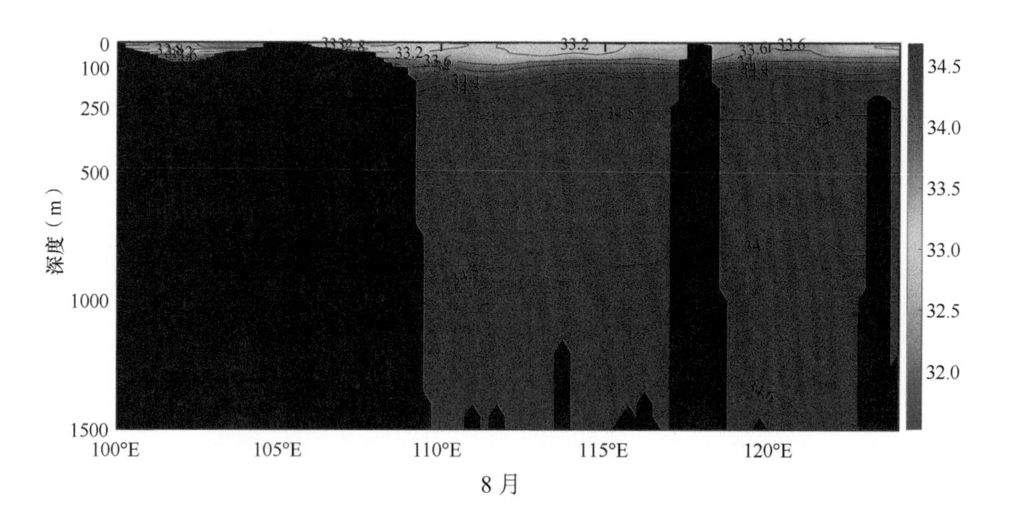
深度（m）
0
100
250
500
1000
1500
100°E
105°E
110°E
115°E
120°E
34.5
34.0
33.5
33.0
32.5
32.0

8 月

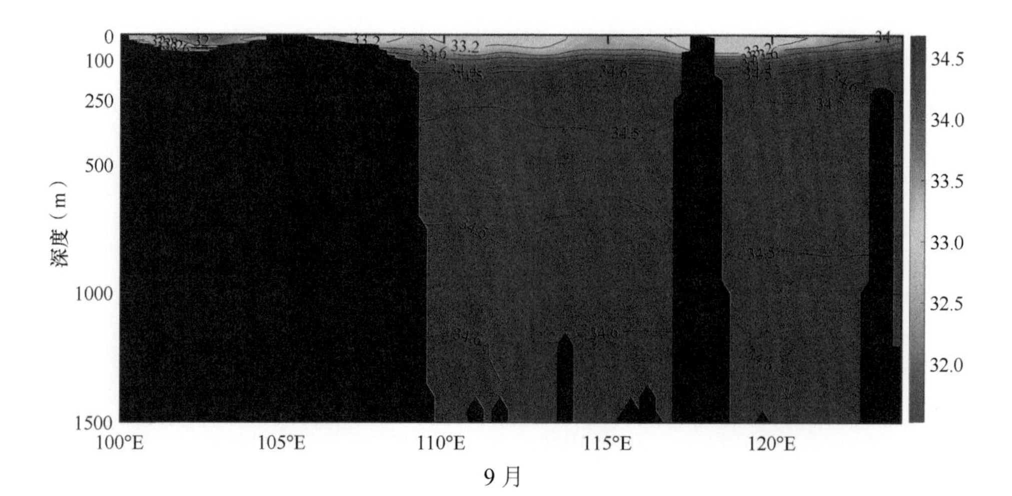
深度（m）
0
100
250
500
1000
1500
100°E
105°E
110°E
115°E
120°E
34.5
34.0
33.5
33.0
32.5
32.0

9 月

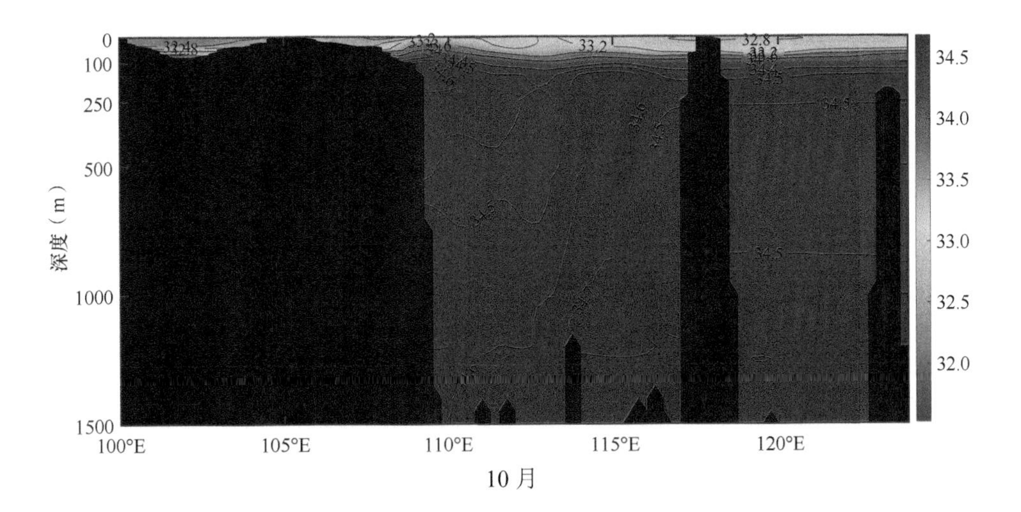

0
100
250
500
1000
1500
深度（m）
100°E
105°E
110°E
115°E
120°E
34.5
34.0
33.5
33.0
32.5
32.0

10 月

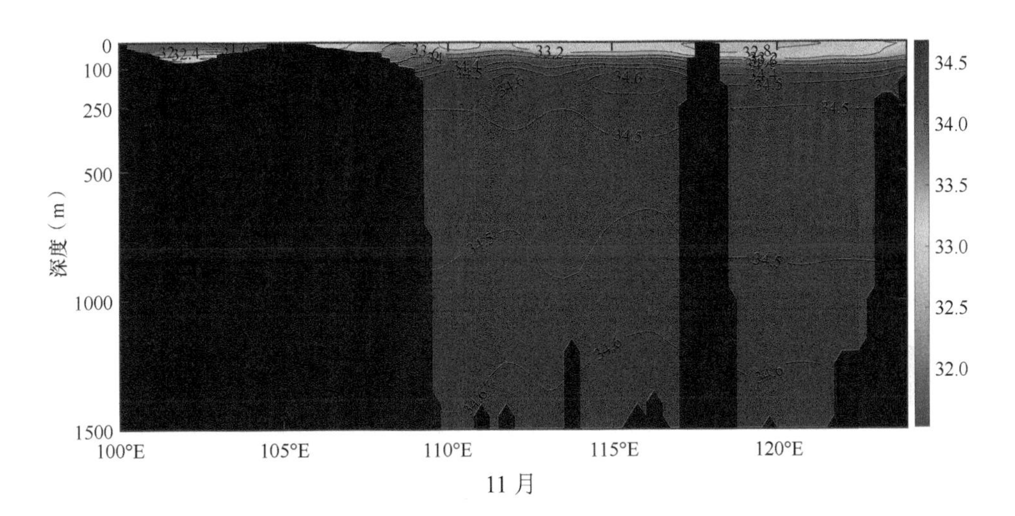

0
100
250
500
1000
1500
深度（m）
100°E
105°E
110°E
115°E
120°E
34.5
34.0
33.5
33.0
32.5
32.0

11 月

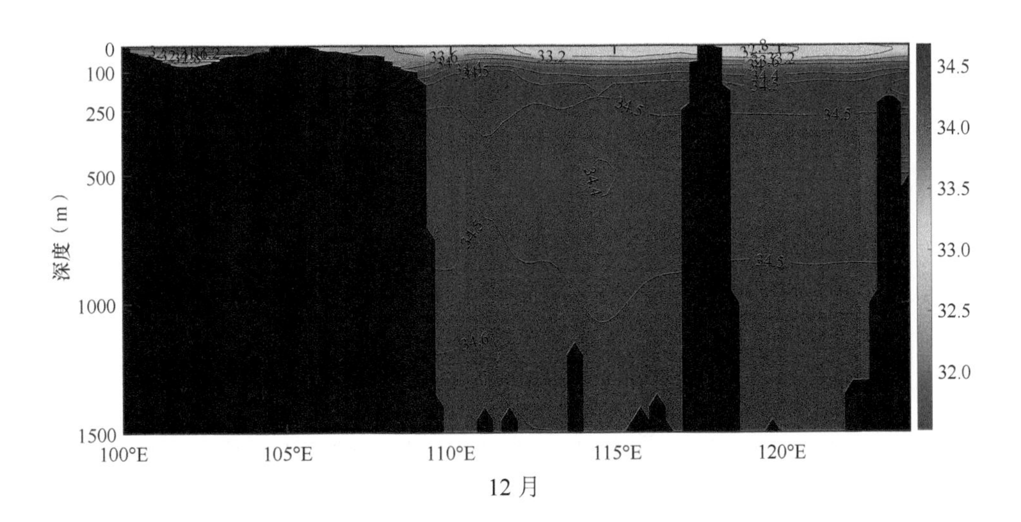

0
100
250
500
1000
1500
深度（m）
100°E
105°E
110°E
115°E
120°E
34.5
34.0
33.5
33.0
32.5
32.0

12 月

1～12 月 15°N 纬向断面盐度

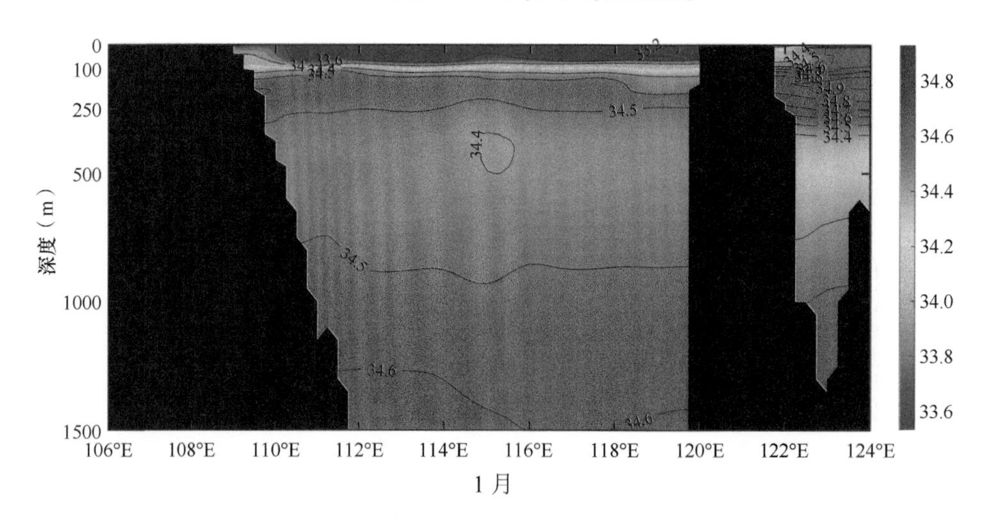

1 月

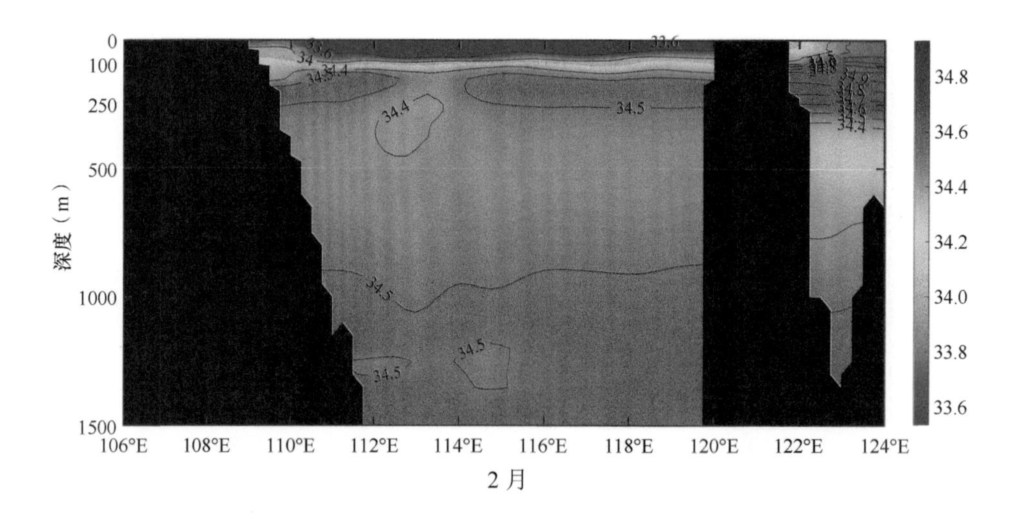

2 月

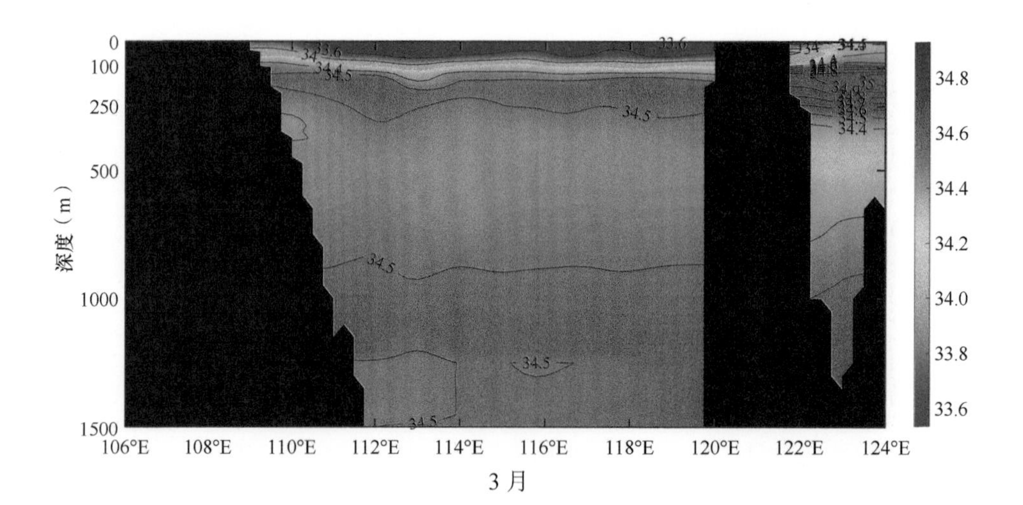

3 月

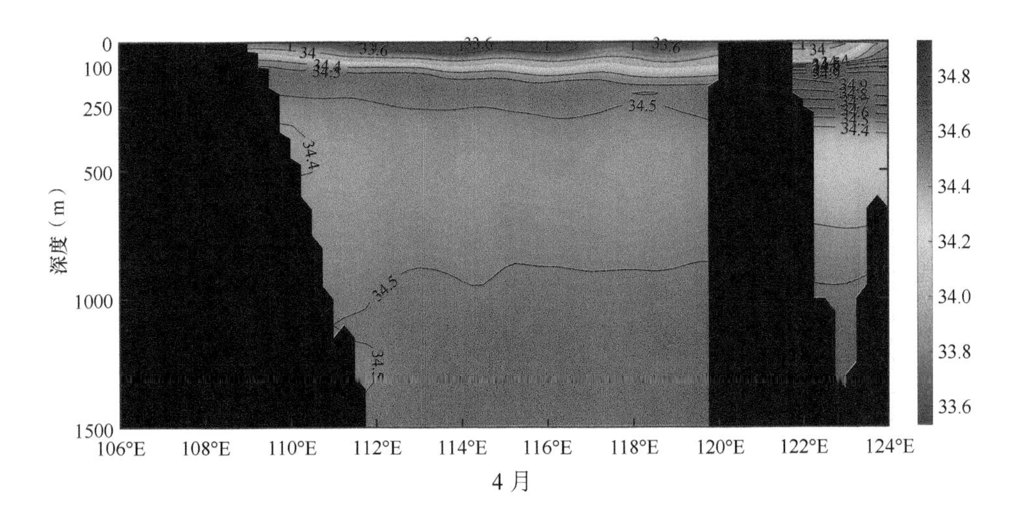
0
100
250
500
1000
1500
深度（m）
106°E
108°E
110°E
112°E
114°E
116°E
118°E
120°E
122°E
124°E
34.8
34.6
34.4
34.2
34.0
33.8
33.6

4 月

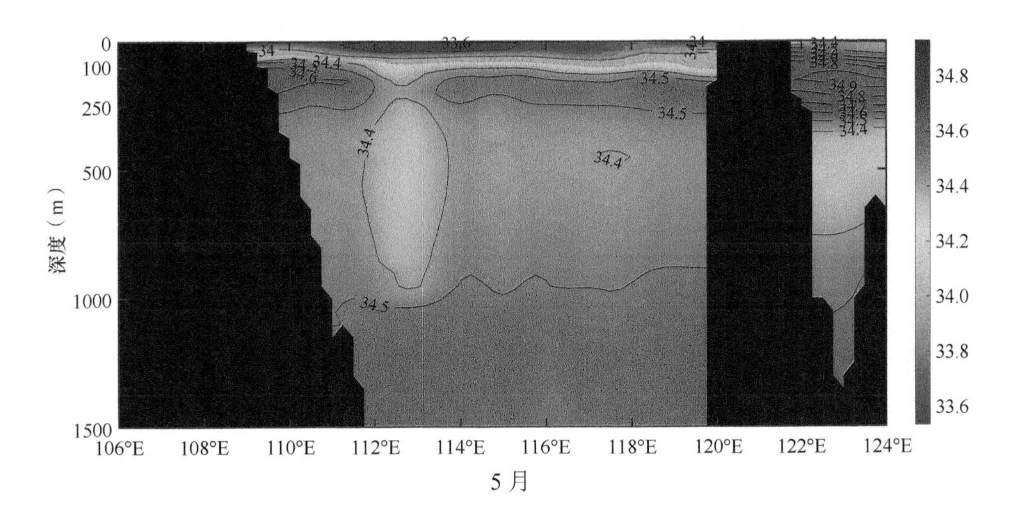
0
100
250
500
1000
1500
深度（m）
106°E
108°E
110°E
112°E
114°E
116°E
118°E
120°E
122°E
124°E
34.8
34.6
34.4
34.2
34.0
33.8
33.6

5 月

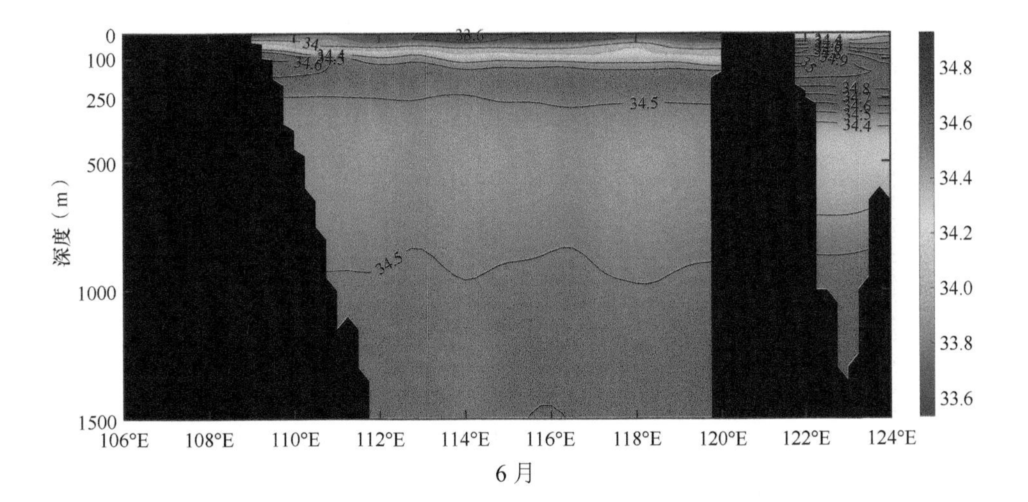
0
100
250
500
1000
1500
深度（m）
106°E
108°E
110°E
112°E
114°E
116°E
118°E
120°E
122°E
124°E
34.8
34.6
34.4
34.2
34.0
33.8
33.6

6 月

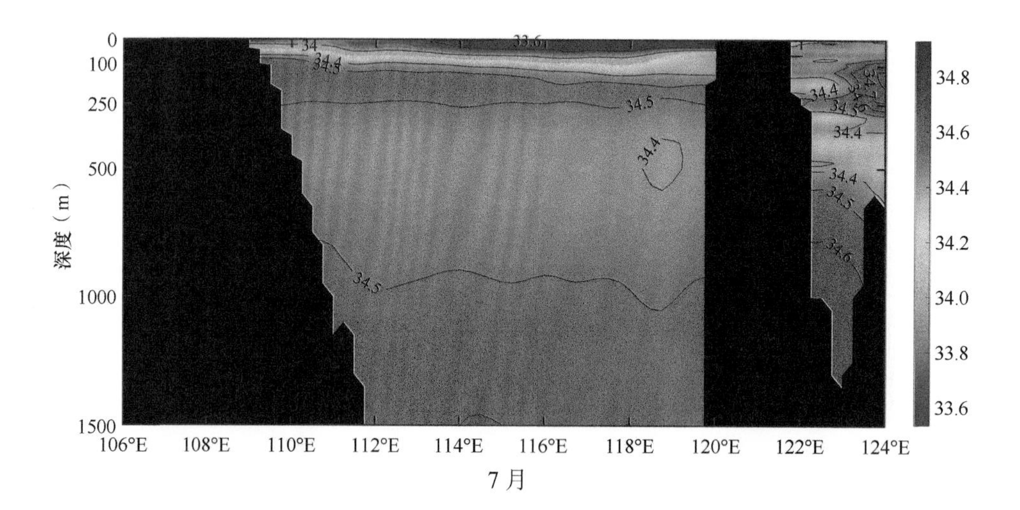
0
100
250
500
1000
1500
深度（m）
106°E
108°E
110°E
112°E
114°E
116°E
118°E
120°E
122°E
124°E
34.8
34.6
34.4
34.2
34.0
33.8
33.6
33.6
34
34.4
34.5
34.4
34.5

7 月

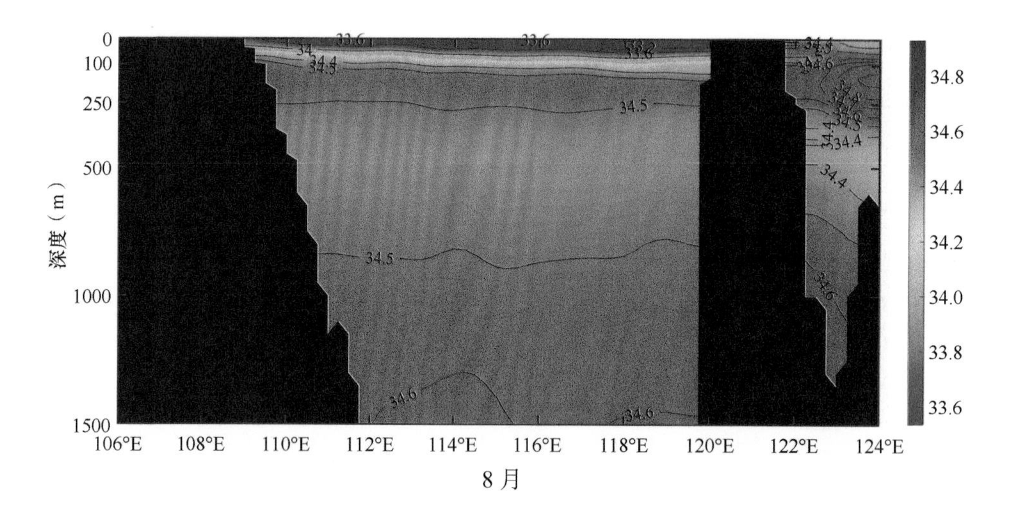
0
100
250
500
1000
1500
深度（m）
106°E
108°E
110°E
112°E
114°E
116°E
118°E
120°E
122°E
124°E
34.8
34.6
34.4
34.2
34.0
33.8
33.6
33.6
34.4
34.5
34.5
34.6
34.6

8 月

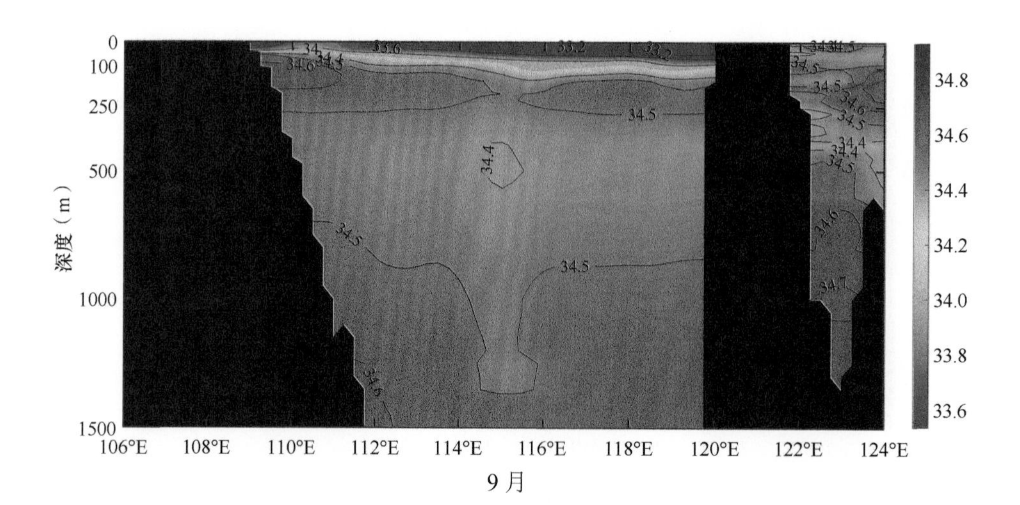
0
100
250
500
1000
1500
深度（m）
106°E
108°E
110°E
112°E
114°E
116°E
118°E
120°E
122°E
124°E
34.8
34.6
34.4
34.2
34.0
33.8
33.6
33.6
33.2
34.5
34.4
34.5
34.6
34.7

9 月

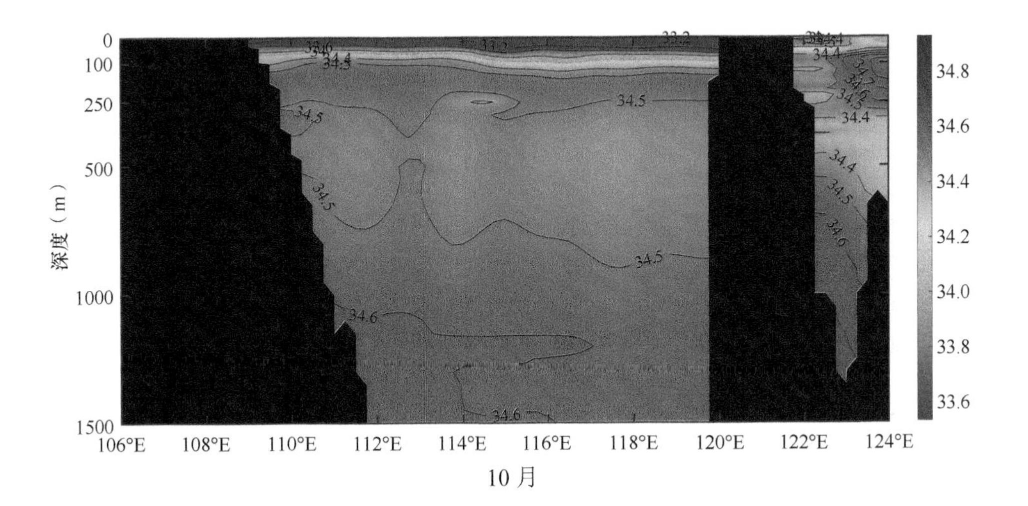
0
100
250
500
深度（m）
1000
1500
106°E
108°E
110°E
112°E
114°E
116°E
118°E
120°E
122°E
124°E
34.8
34.6
34.4
34.2
34.0
33.8
33.6

10 月

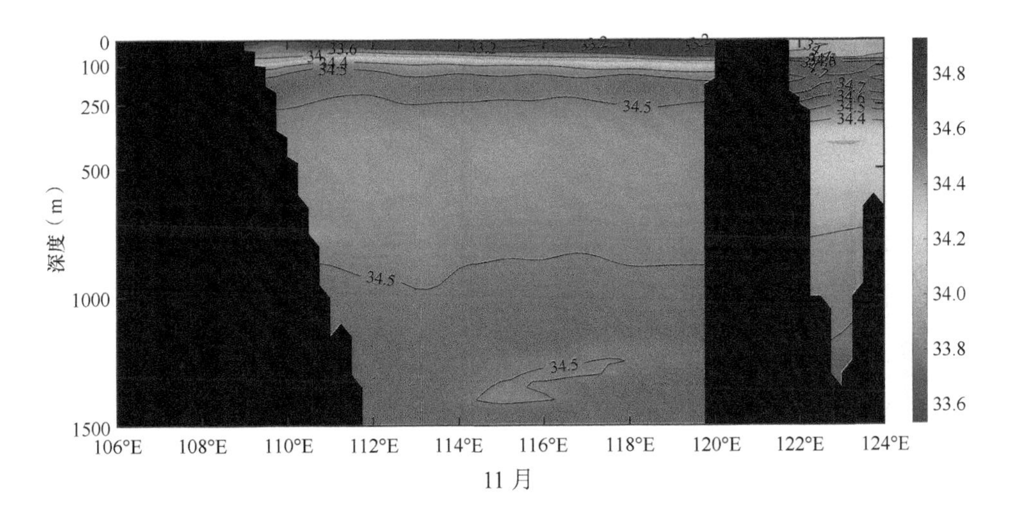
0
100
250
500
深度（m）
1000
1500
106°E
108°E
110°E
112°E
114°E
116°E
118°E
120°E
122°E
124°E
34.8
34.6
34.4
34.2
34.0
33.8
33.6

11 月

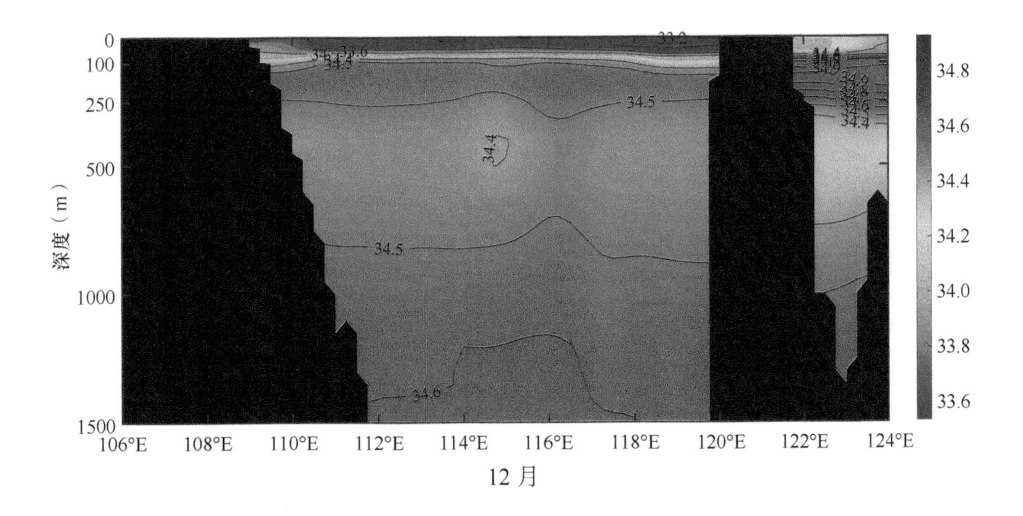
0
100
250
500
深度（m）
1000
1500
106°E
108°E
110°E
112°E
114°E
116°E
118°E
120°E
122°E
124°E
34.8
34.6
34.4
34.2
34.0
33.8
33.6

12 月

1～12 月 18°N 纬向断面盐度

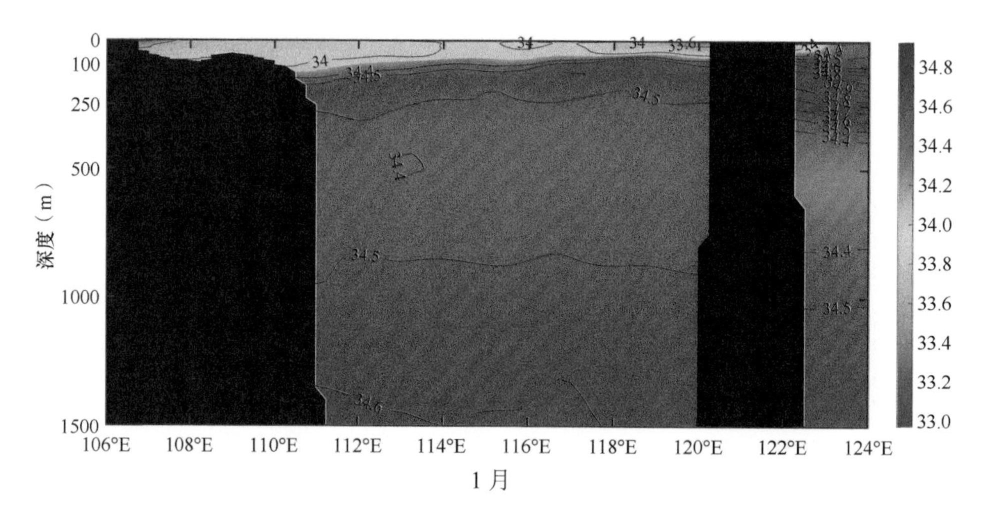

1 月

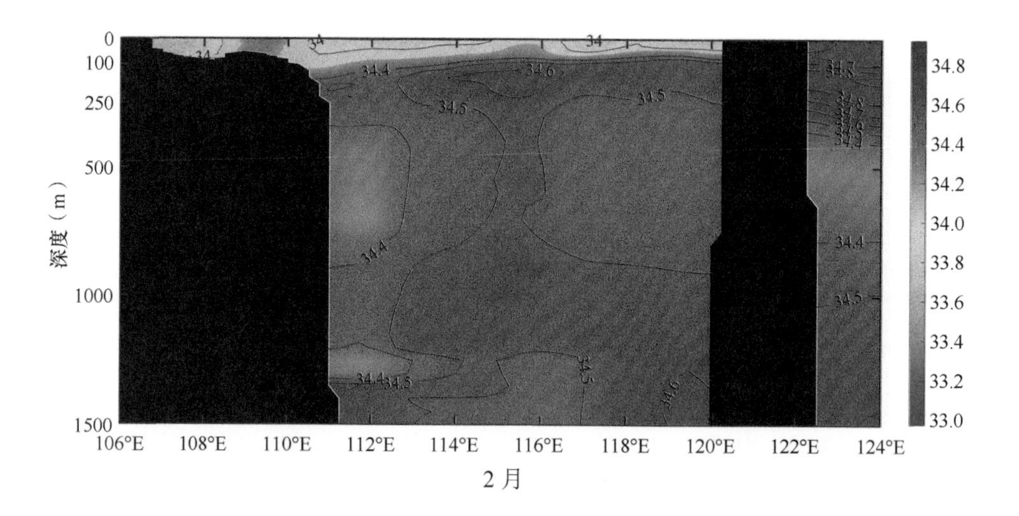

2 月

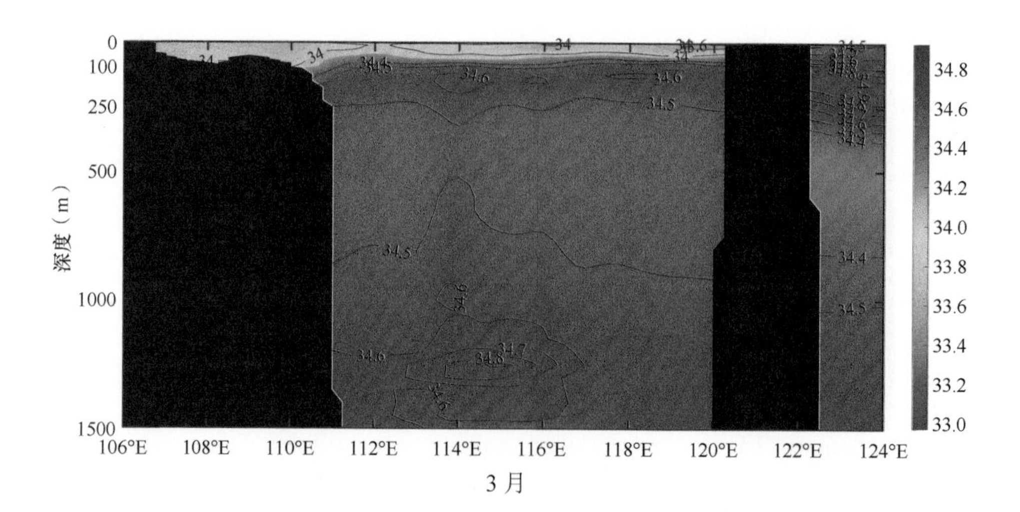

3 月

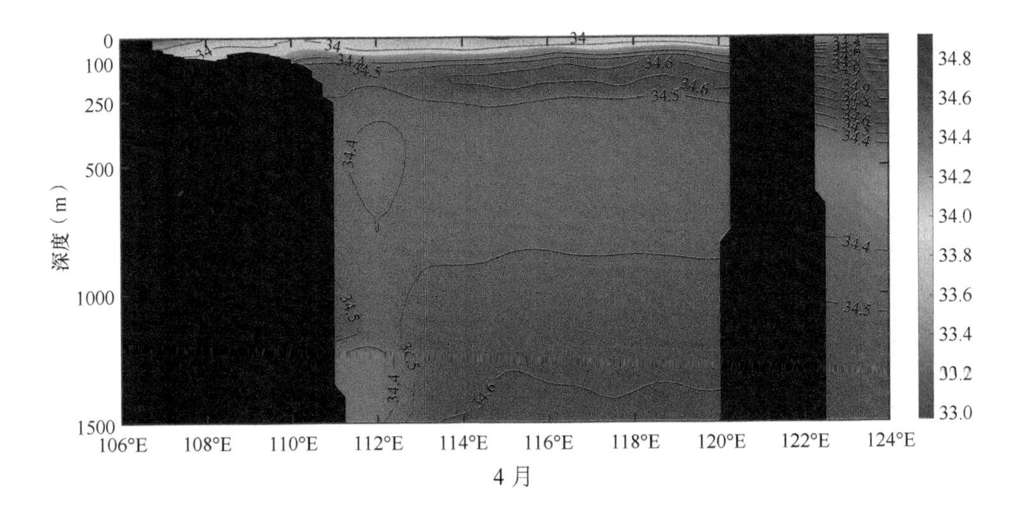
深度（m）
0
100
250
500
1000
1500
106°E
108°E
110°E
112°E
114°E
116°E
118°E
120°E
122°E
124°E
34.8
34.6
34.4
34.2
34.0
33.8
33.6
33.4
33.2
33.0

4 月

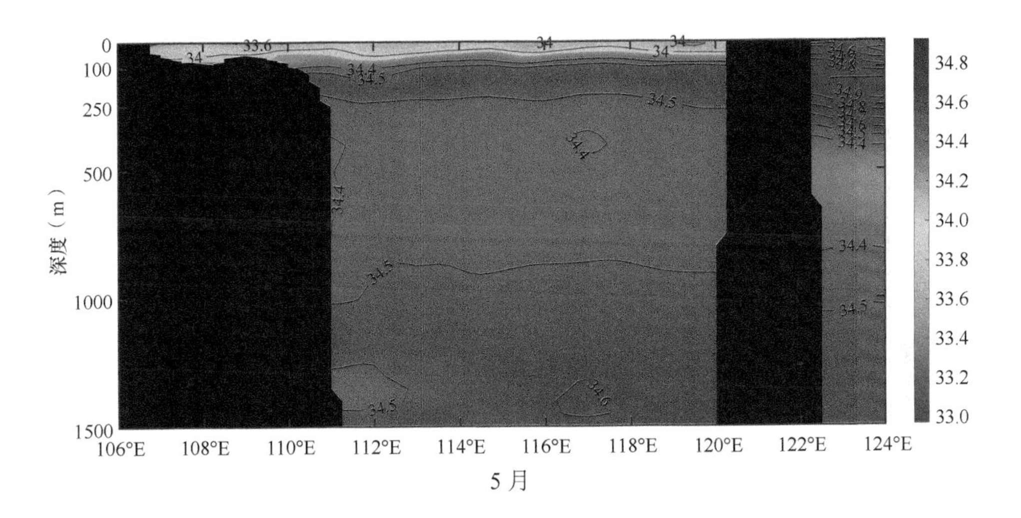
深度（m）
0
100
250
500
1000
1500
106°E
108°E
110°E
112°E
114°E
116°E
118°E
120°E
122°E
124°E
34.8
34.6
34.4
34.2
34.0
33.8
33.6
33.4
33.2
33.0

5 月

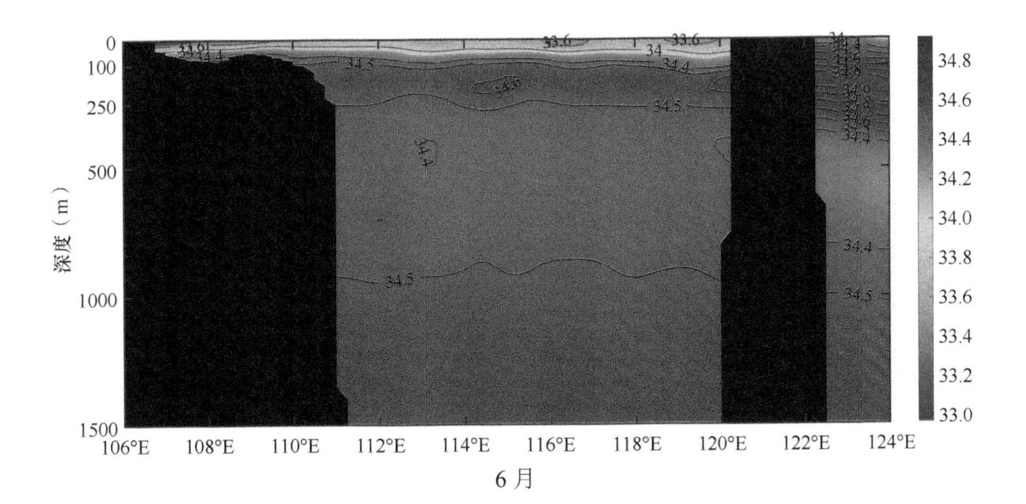
深度（m）
0
100
250
500
1000
1500
106°E
108°E
110°E
112°E
114°E
116°E
118°E
120°E
122°E
124°E
34.8
34.6
34.4
34.2
34.0
33.8
33.6
33.4
33.2
33.0

6 月

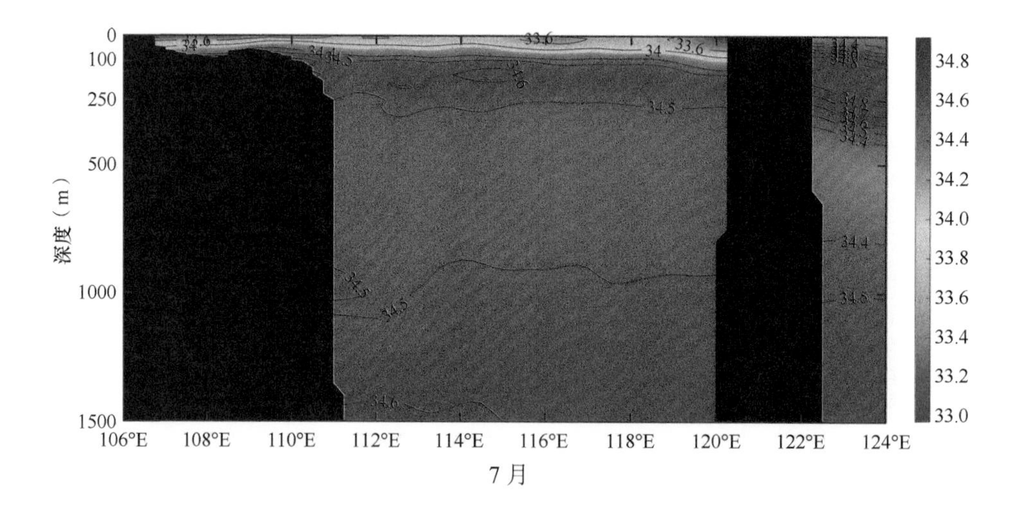
深度（m）
0
100
250
500
1000
1500
106°E
108°E
110°E
112°E
114°E
116°E
118°E
120°E
122°E
124°E
34.8
34.6
34.4
34.2
34.0
33.8
33.6
33.4
33.2
33.0

7 月

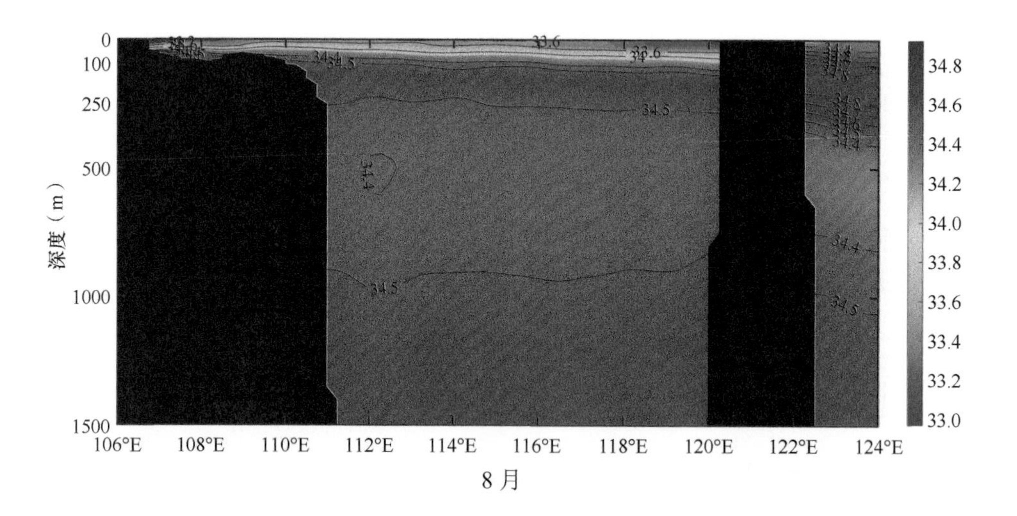
深度（m）
0
100
250
500
1000
1500
106°E
108°E
110°E
112°E
114°E
116°E
118°E
120°E
122°E
124°E
34.8
34.6
34.4
34.2
34.0
33.8
33.6
33.4
33.2
33.0

8 月

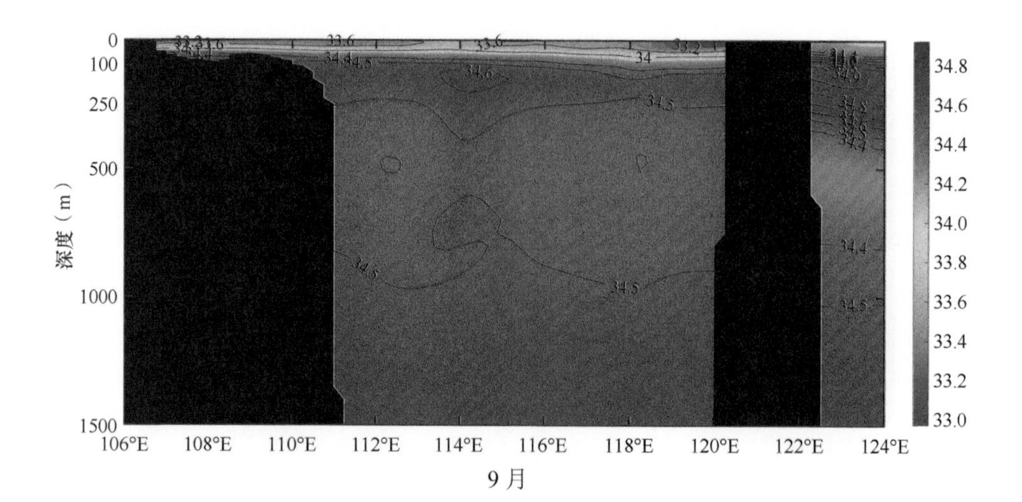
深度（m）
0
100
250
500
1000
1500
106°E
108°E
110°E
112°E
114°E
116°E
118°E
120°E
122°E
124°E
34.8
34.6
34.4
34.2
34.0
33.8
33.6
33.4
33.2
33.0

9 月

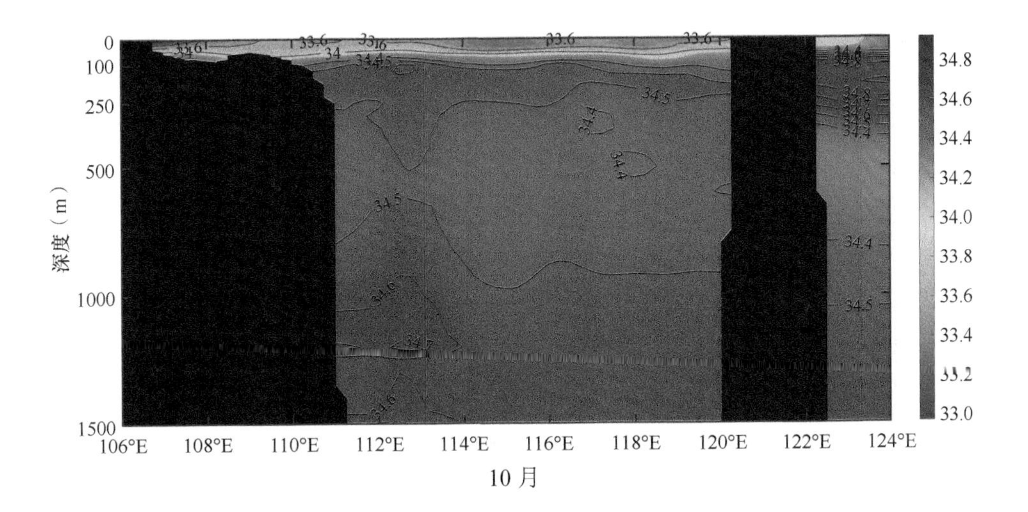
深度（m）
0
100
250
500
1000
1500
106°E
108°E
110°E
112°E
114°E
116°E
118°E
120°E
122°E
124°E
34.8
34.6
34.4
34.2
34.0
33.8
33.6
33.4
33.2
33.0

10 月

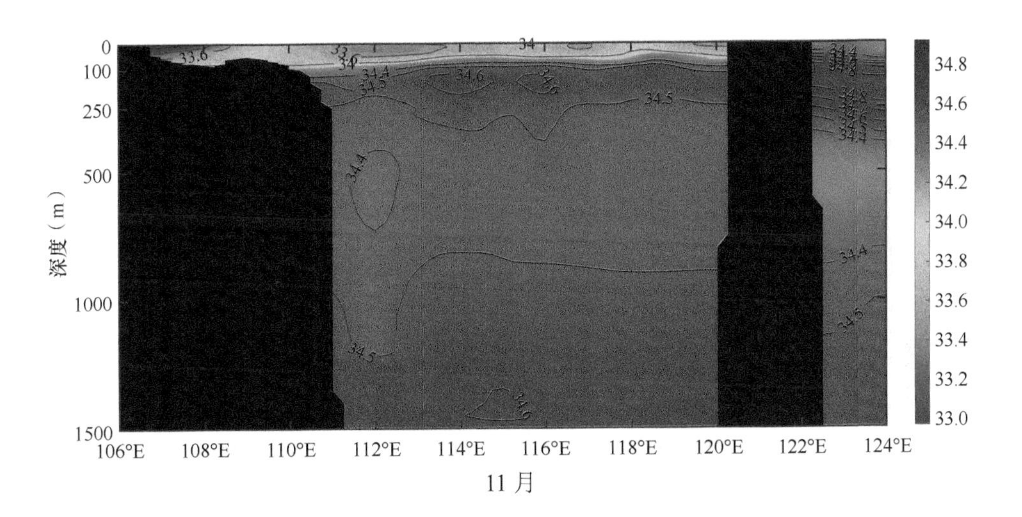
深度（m）
0
100
250
500
1000
1500
106°E
108°E
110°E
112°E
114°E
116°E
118°E
120°E
122°E
124°E
34.8
34.6
34.4
34.2
34.0
33.8
33.6
33.4
33.2
33.0

11 月

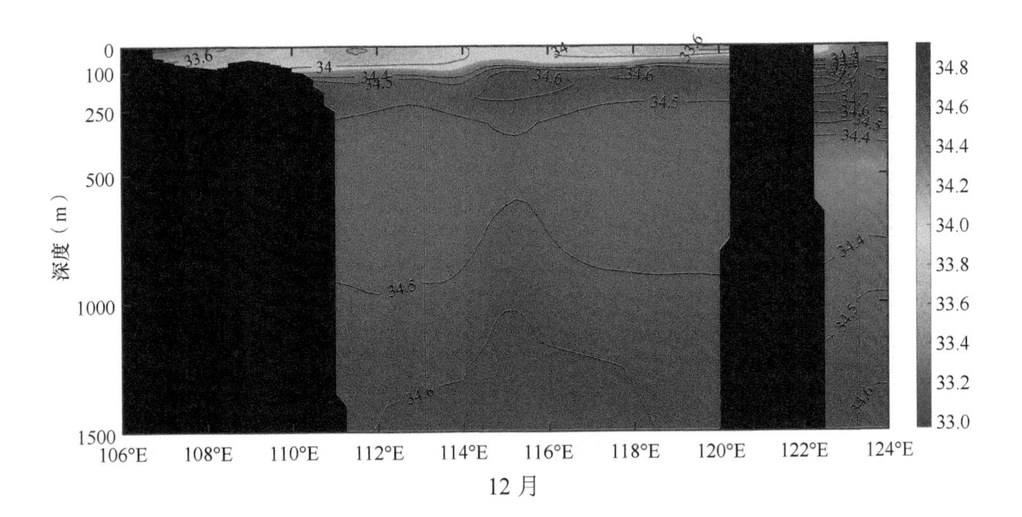
深度（m）
0
100
250
500
1000
1500
106°E
108°E
110°E
112°E
114°E
116°E
118°E
120°E
122°E
124°E
34.8
34.6
34.4
34.2
34.0
33.8
33.6
33.4
33.2
33.0

12 月

1～12 月 21°N 纬向断面盐度

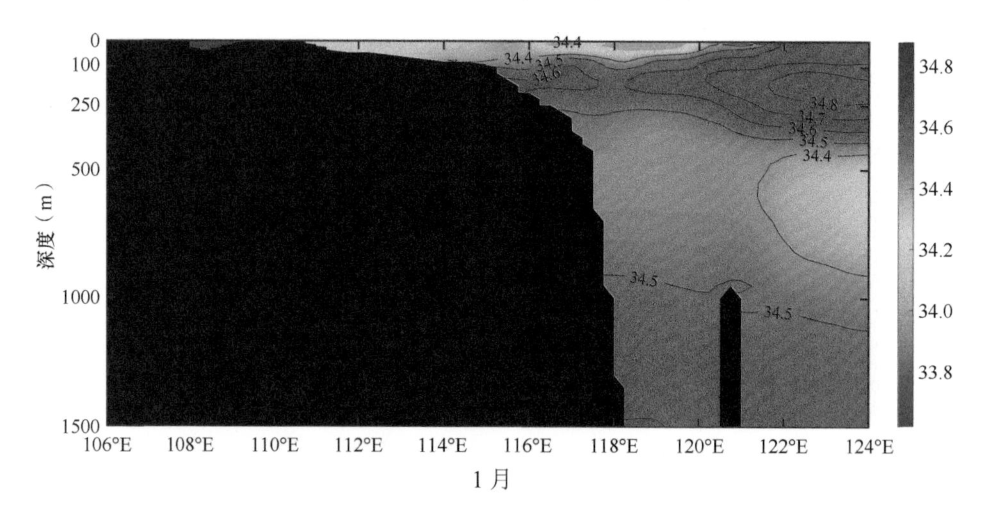

1 月

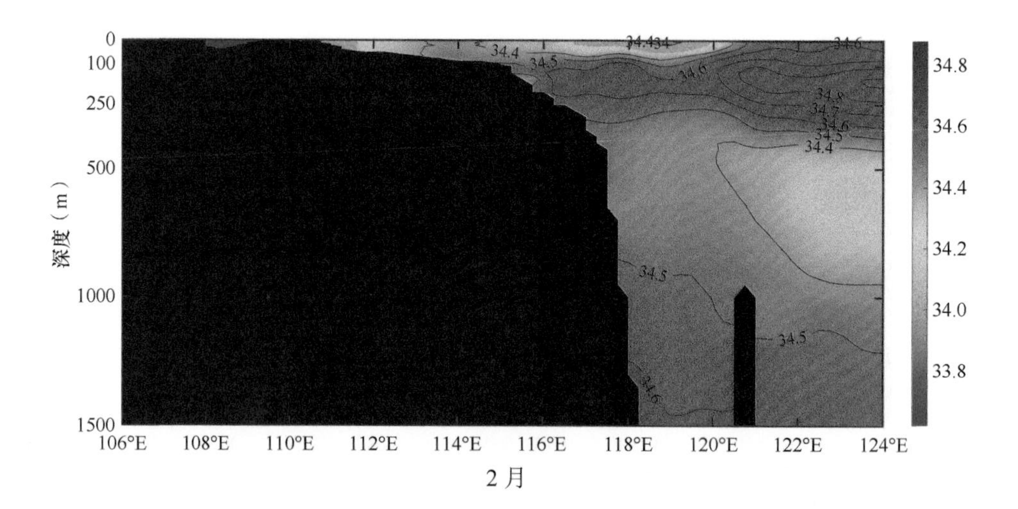

2 月

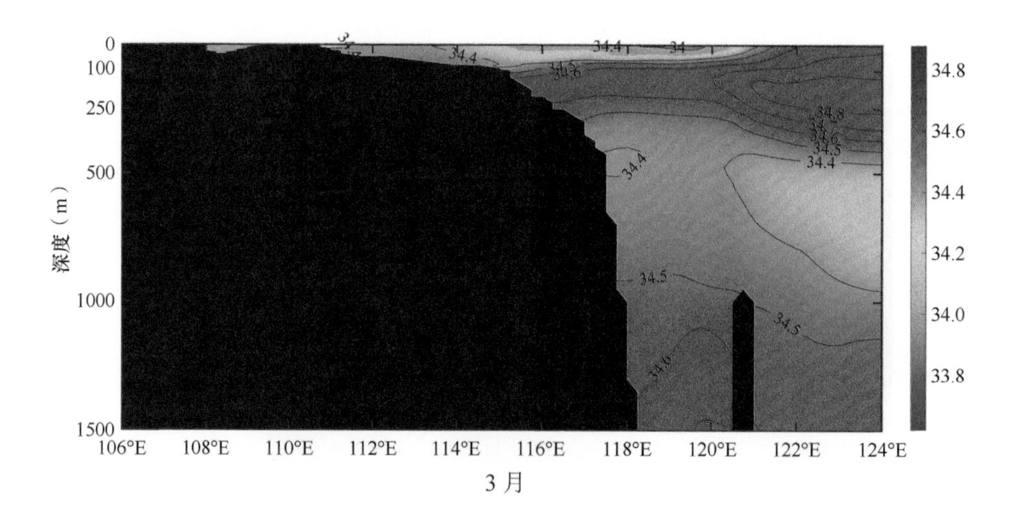

3 月

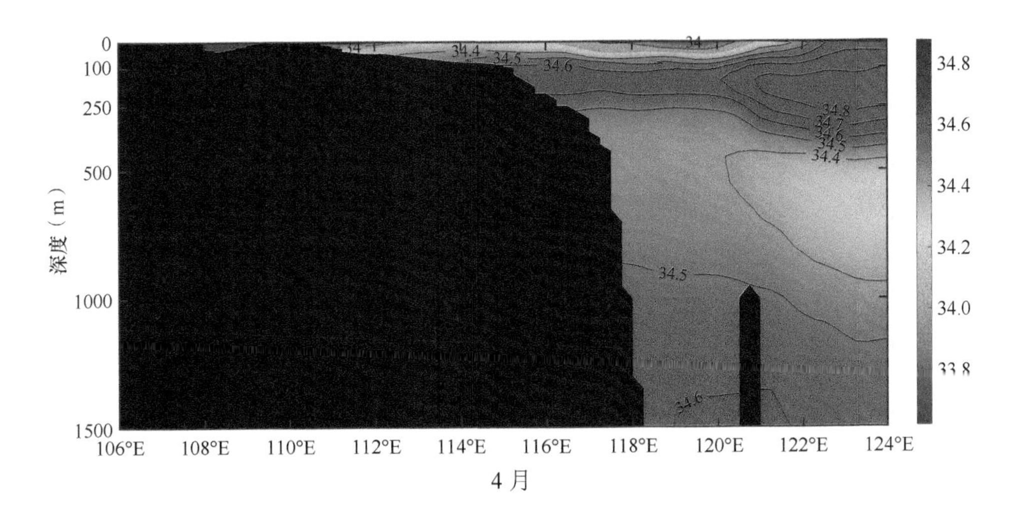
0
100
250
500
1000
1500
深度（m）
106°E
108°E
110°E
112°E
114°E
116°E
118°E
120°E
122°E
124°E
34.8
34.6
34.4
34.2
34.0
33.8

4 月

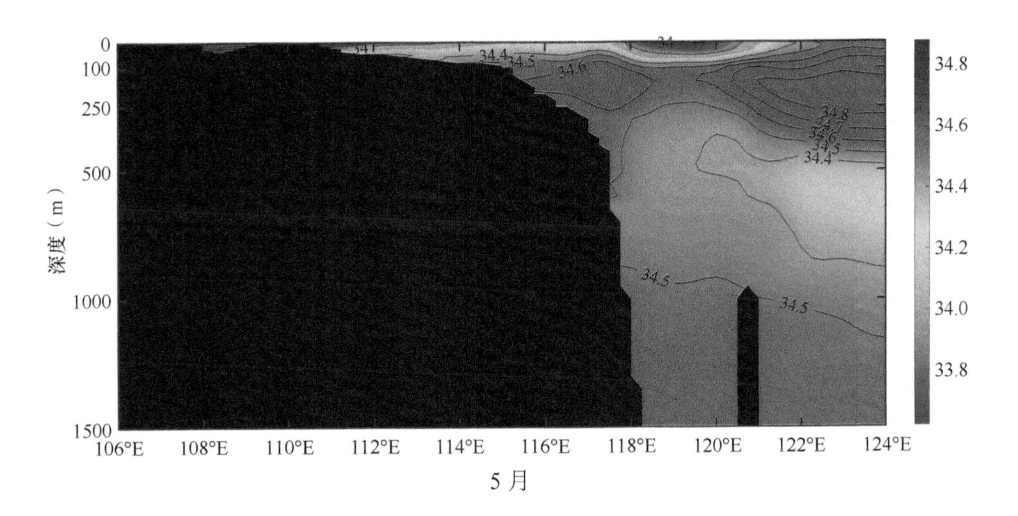
0
100
250
500
1000
1500
深度（m）
106°E
108°E
110°E
112°E
114°E
116°E
118°E
120°E
122°E
124°E
34.8
34.6
34.4
34.2
34.0
33.8

5 月

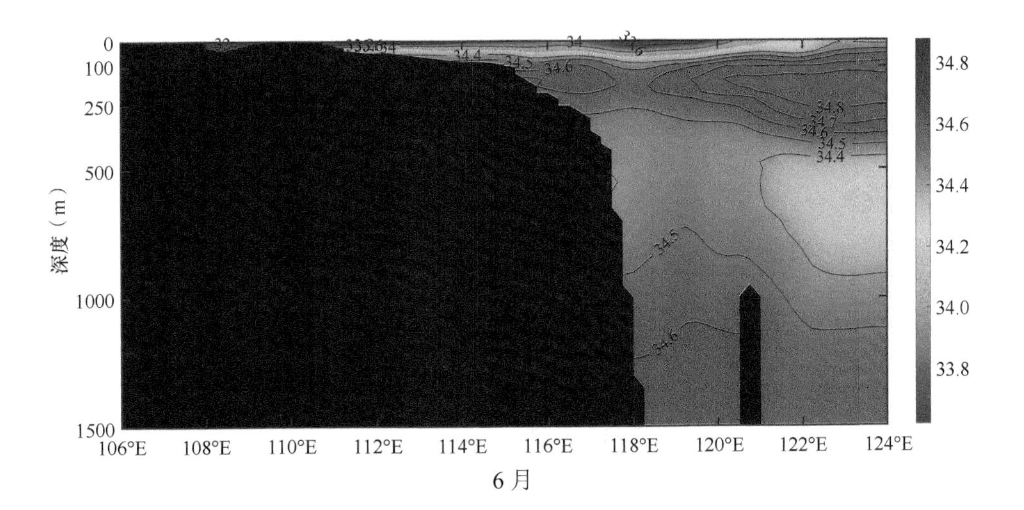
0
100
250
500
1000
1500
深度（m）
106°E
108°E
110°E
112°E
114°E
116°E
118°E
120°E
122°E
124°E
34.8
34.6
34.4
34.2
34.0
33.8

6 月

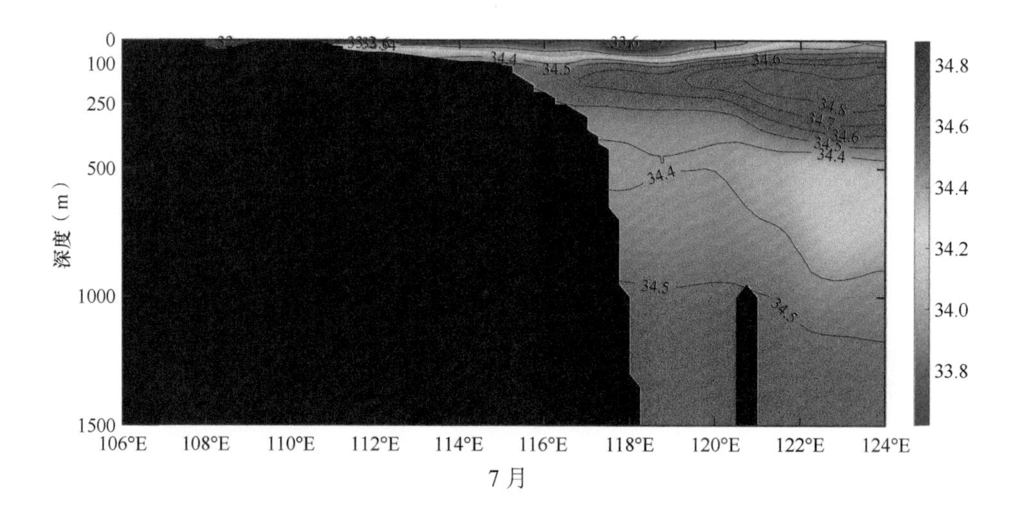
深度（m）
0
100
250
500
1000
1500
106°E
108°E
110°E
112°E
114°E
116°E
118°E
120°E
122°E
124°E
34.8
34.6
34.4
34.2
34.0
33.8
7 月

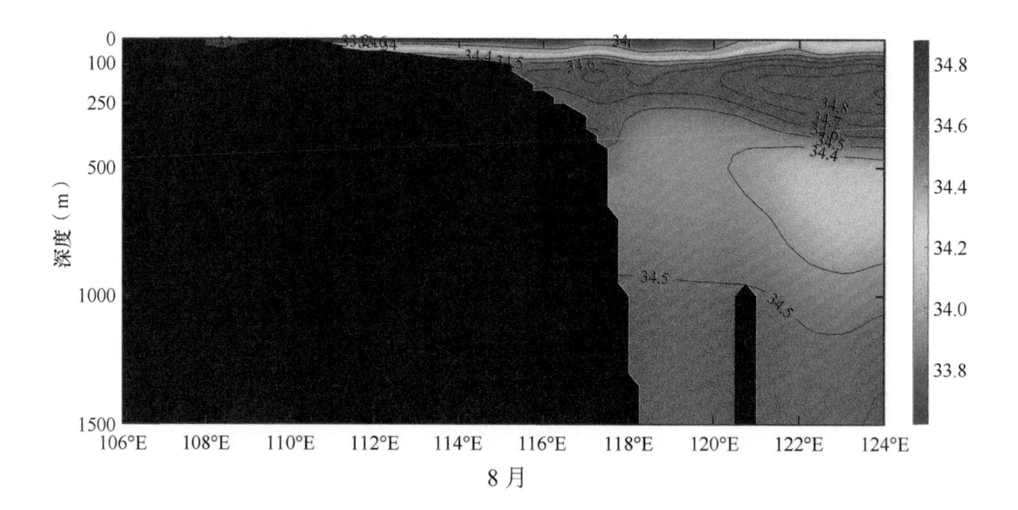
深度（m）
0
100
250
500
1000
1500
106°E
108°E
110°E
112°E
114°E
116°E
118°E
120°E
122°E
124°E
34.8
34.6
34.4
34.2
34.0
33.8
8 月

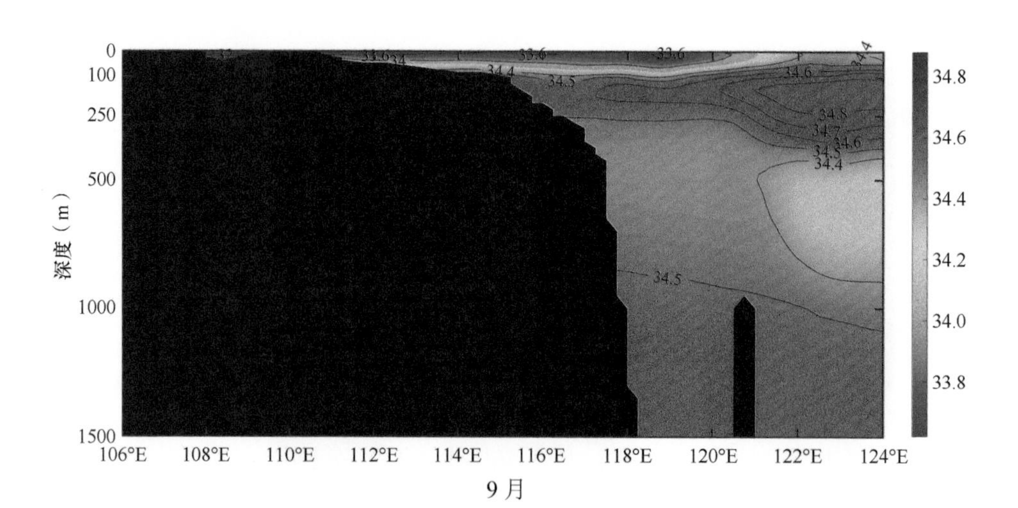
深度（m）
0
100
250
500
1000
1500
106°E
108°E
110°E
112°E
114°E
116°E
118°E
120°E
122°E
124°E
34.8
34.6
34.4
34.2
34.0
33.8
9 月

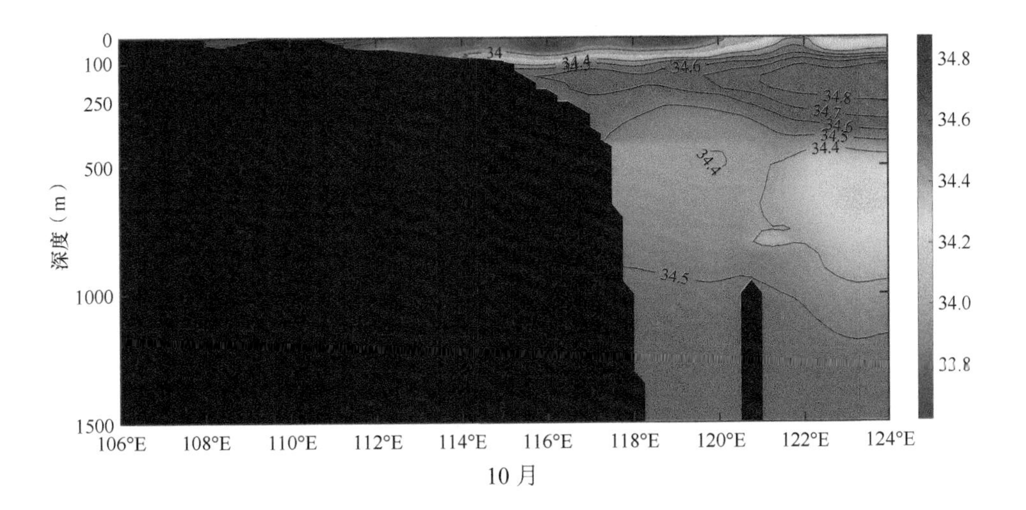
0
100
250
500
1000
1500
深度（m）
106°E
108°E
110°E
112°E
114°E
116°E
118°E
120°E
122°E
124°E
34
34.4
34.6
34.8
34.7
34.6
34.5
34.4
34.4
34.5
34.8
34.6
34.4
34.2
34.0
33.8

10 月

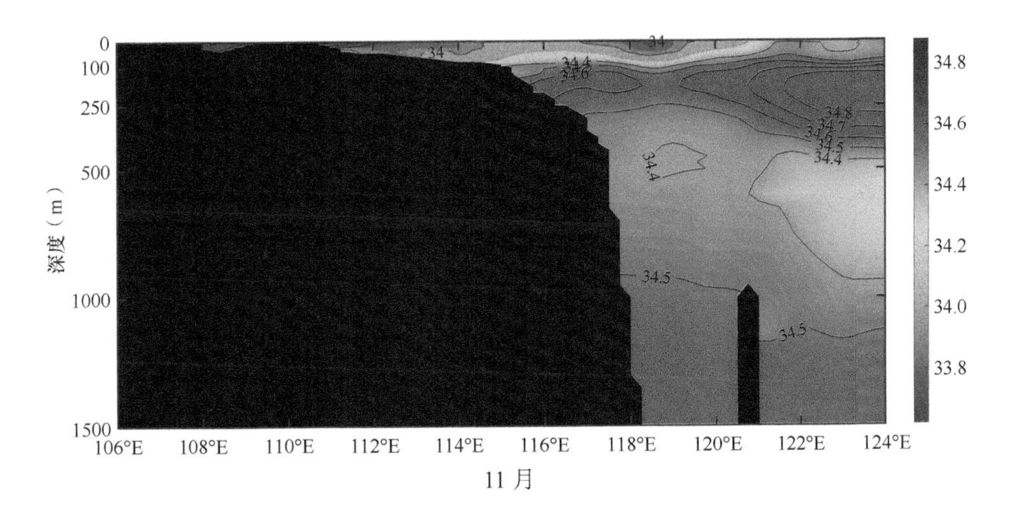
0
100
250
500
1000
1500
深度（m）
106°E
108°E
110°E
112°E
114°E
116°E
118°E
120°E
122°E
124°E
34
34
34.4
34.6
34.8
34.7
34.6
34.5
34.4
34.4
34.5
34.5
34.8
34.6
34.4
34.2
34.0
33.8

11 月

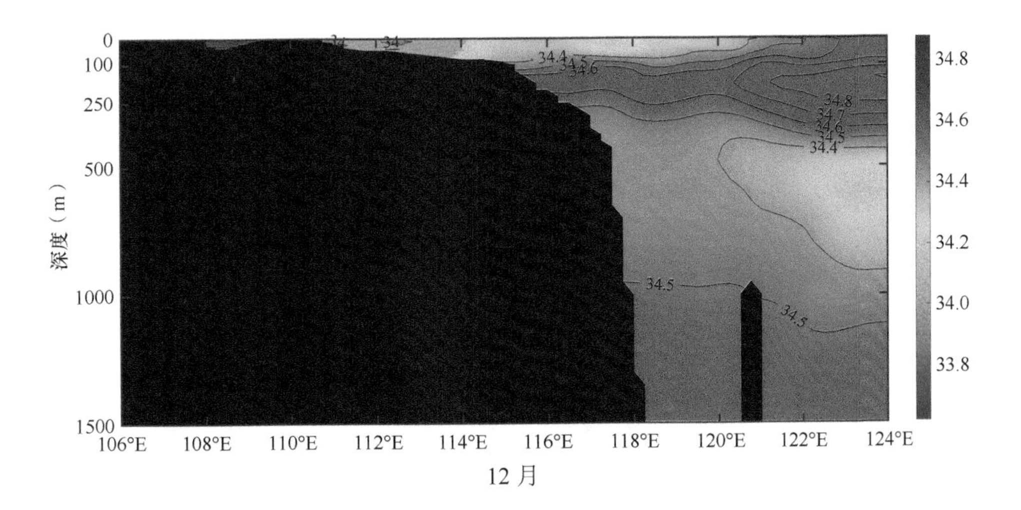
0
100
250
500
1000
1500
深度（m）
106°E
108°E
110°E
112°E
114°E
116°E
118°E
120°E
122°E
124°E
34
34.4
34.6
34.8
34.7
34.6
34.5
34.4
34.5
34.5
34.8
34.6
34.4
34.2
34.0
33.8

12 月

1～12月0m密度

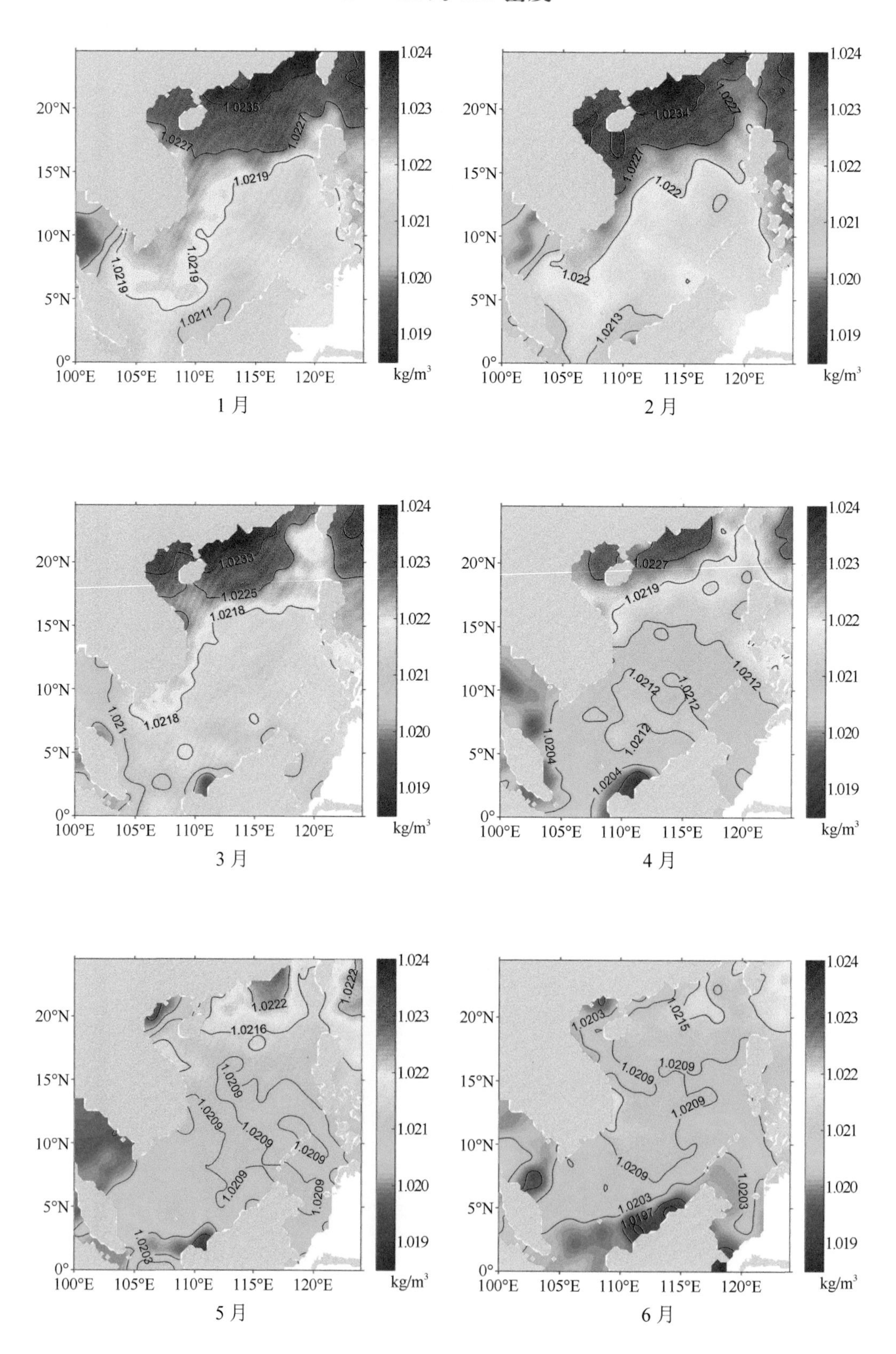

1月

2月

3月

4月

5月

6月

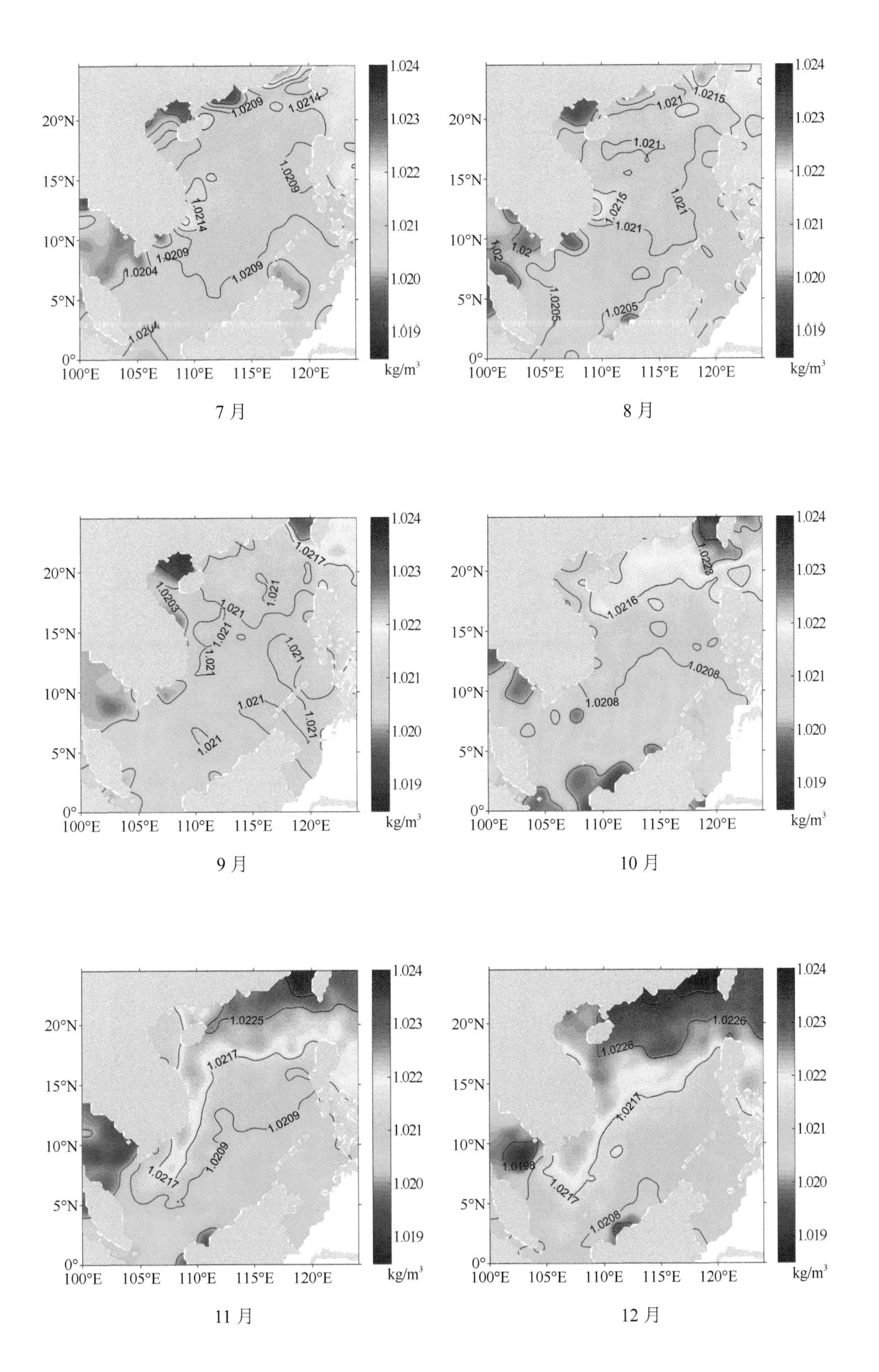

1.0209
1.0214
1.0209
1.0214
1.0209
1.0204
1.0209
1.0204
7 月
1.021
1.0215
1.021
1.0215
1.021
1.021
1.02
1.02
1.0205
1.0205
8 月
1.0217
1.021
1.0203
1.021
1.021
1.021
1.021
1.021
1.021
1.021
9 月
1.0228
1.0216
1.0208
1.0208
10 月
1.0225
1.0217
1.0209
1.0209
1.0217
11 月
1.0226
1.0226
1.0217
1.0198
1.0217
1.0208
12 月
100°E
105°E
110°E
115°E
120°E
0°
5°N
10°N
15°N
20°N
1.024
1.023
1.022
1.021
1.020
1.019
kg/m³

1～12月75m密度

1月
2月
3月
4月
5月
6月
kg/m³

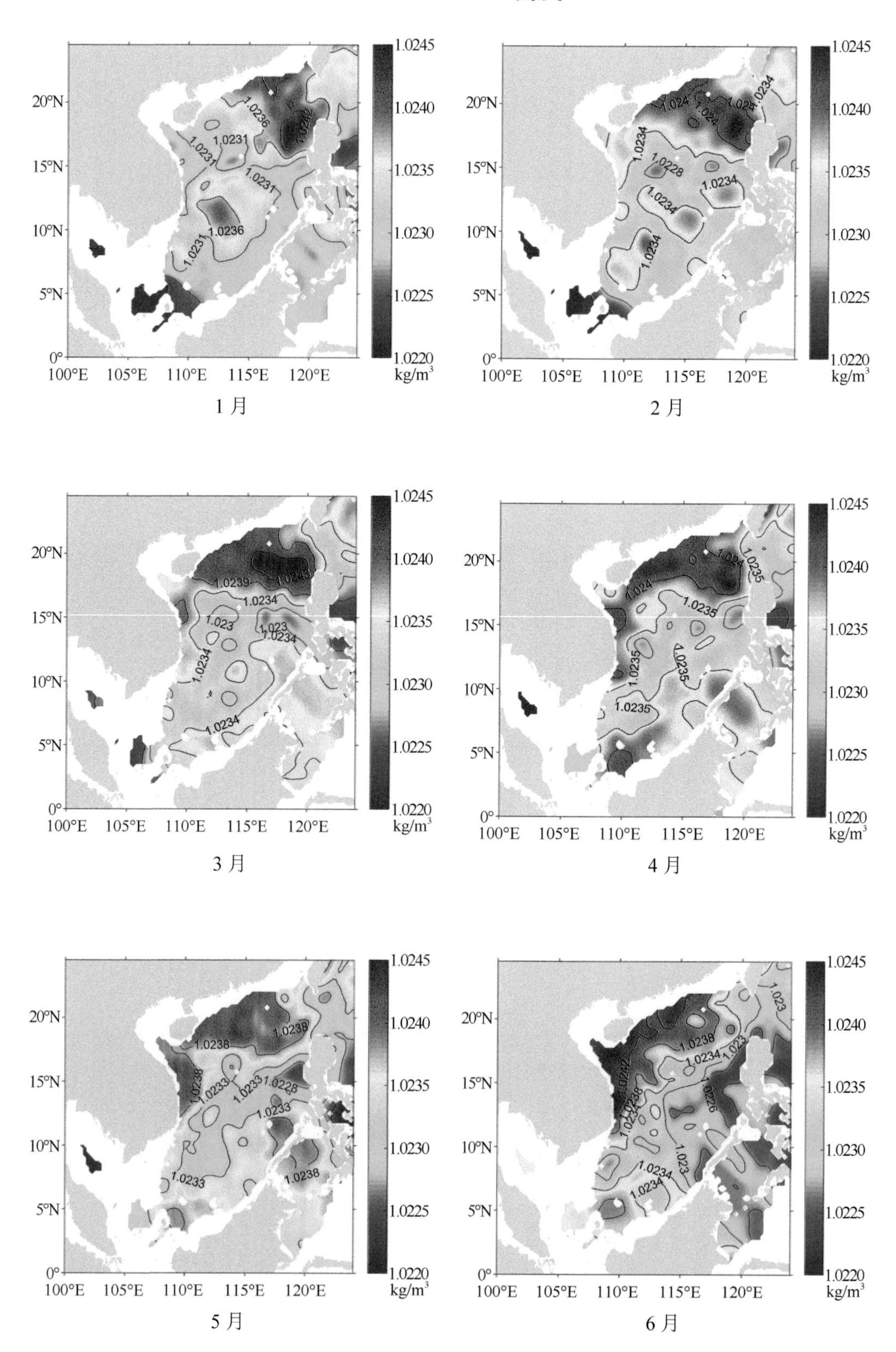

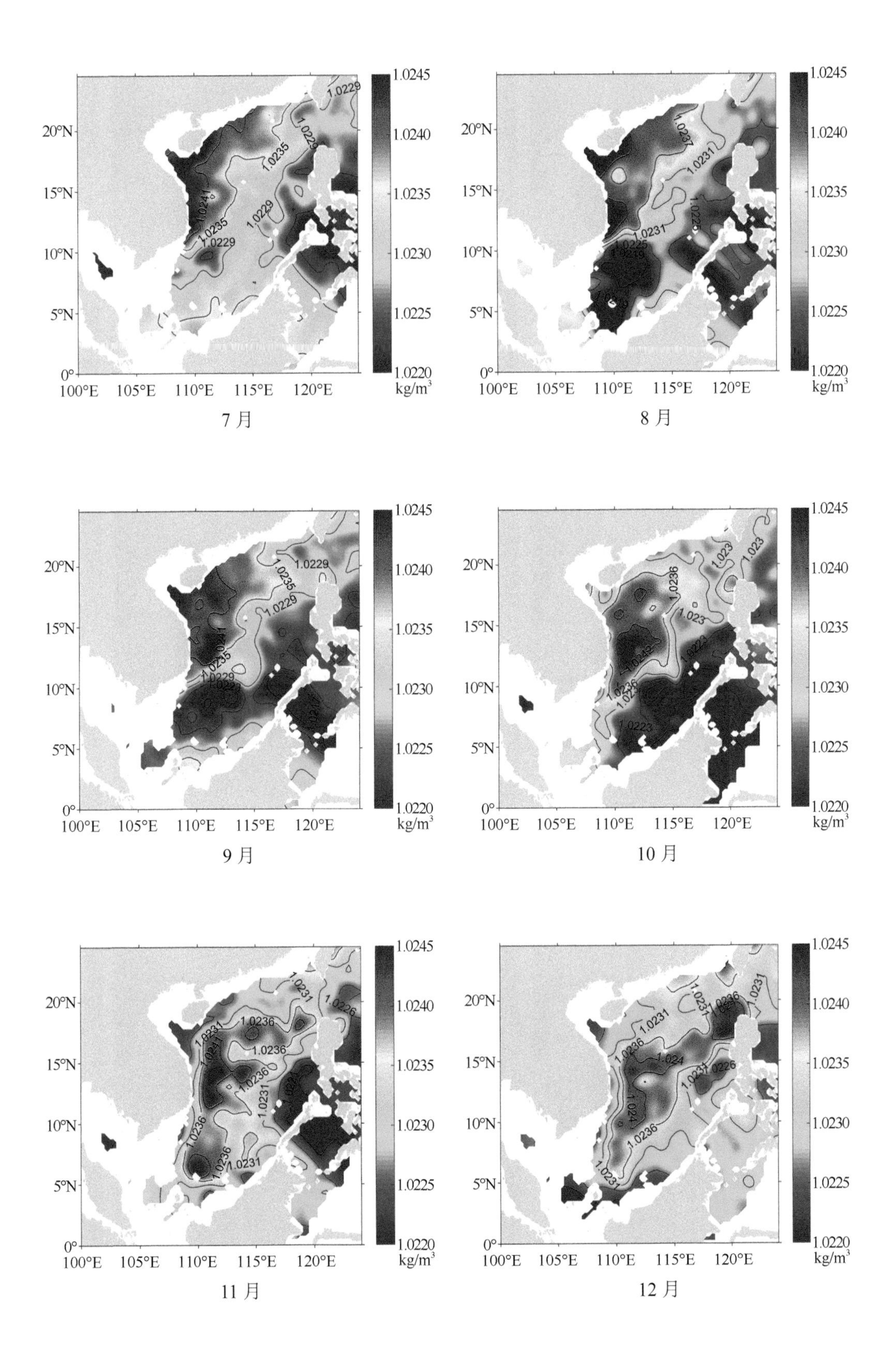
1.0245
1.0240
1.0235
1.0230
1.0225
1.0220
kg/m³
100°E
105°E
110°E
115°E
120°E
0°
5°N
10°N
15°N
20°N
7 月
8 月
9 月
10 月
11 月
12 月

1～12 月 150m 密度

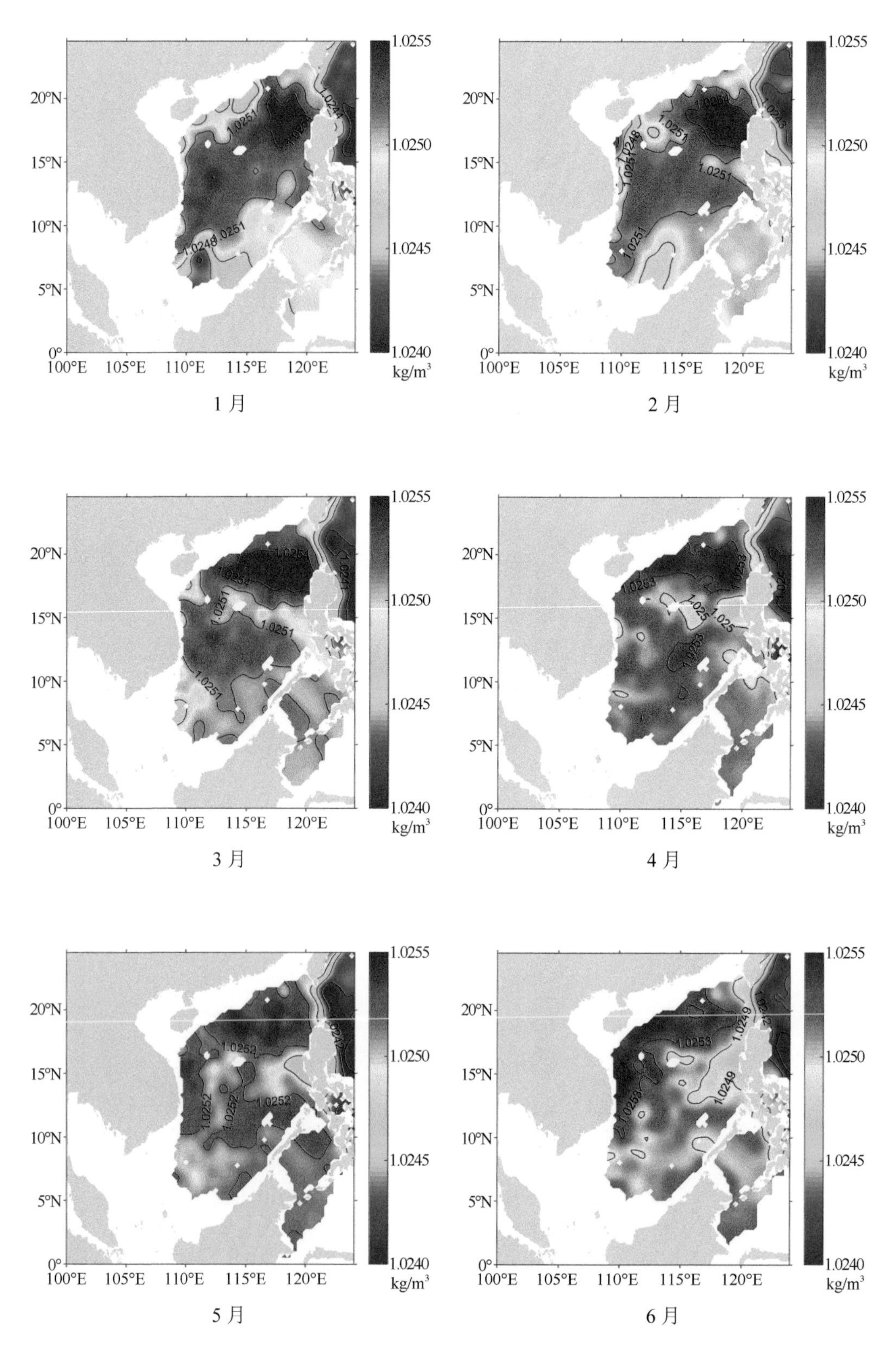

1 月

2 月

3 月

4 月

5 月

6 月

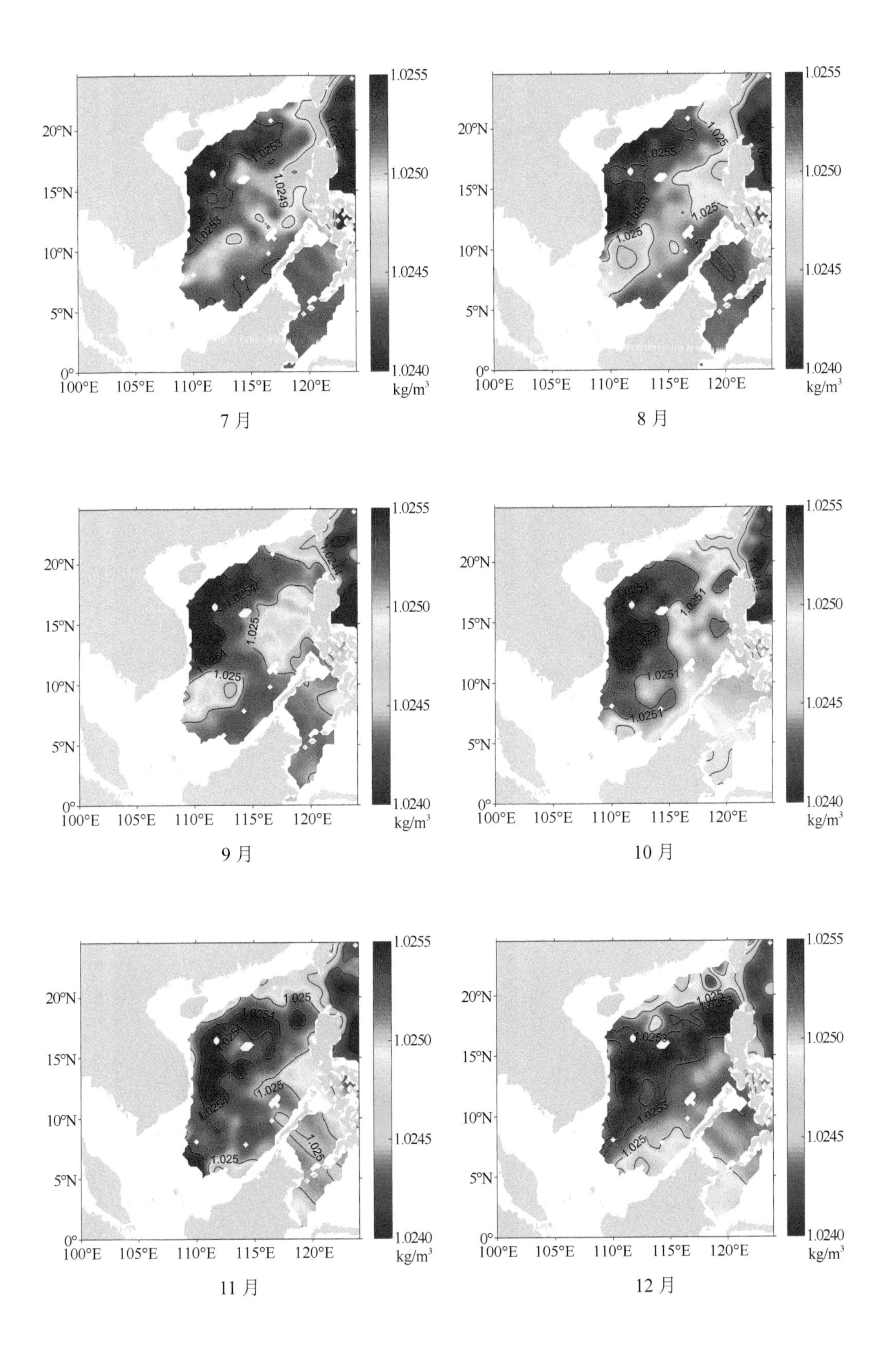

7 月

8 月

9 月

10 月

11 月

12 月

1～12月400m密度

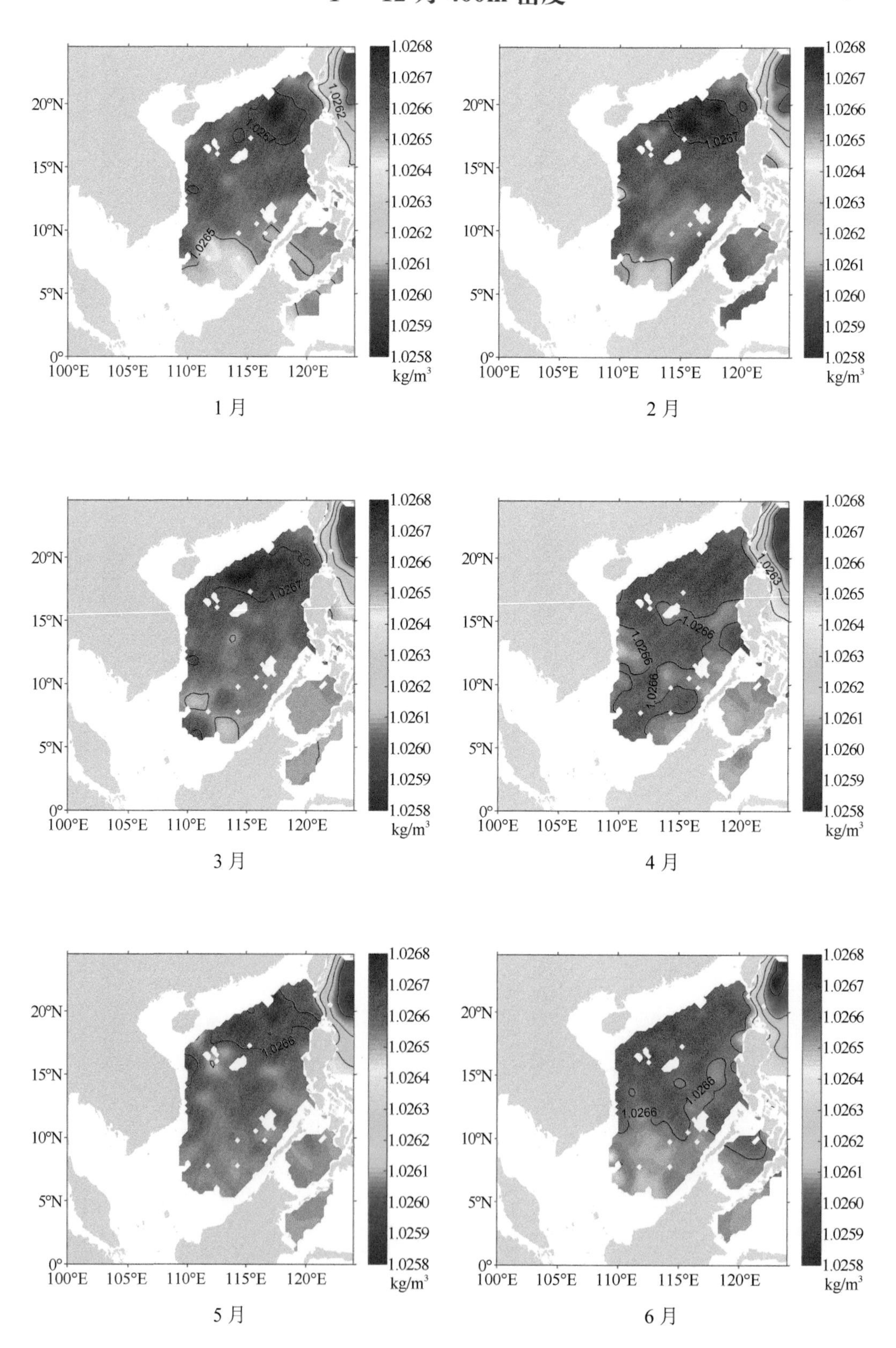

1月

2月

3月

4月

5月

6月

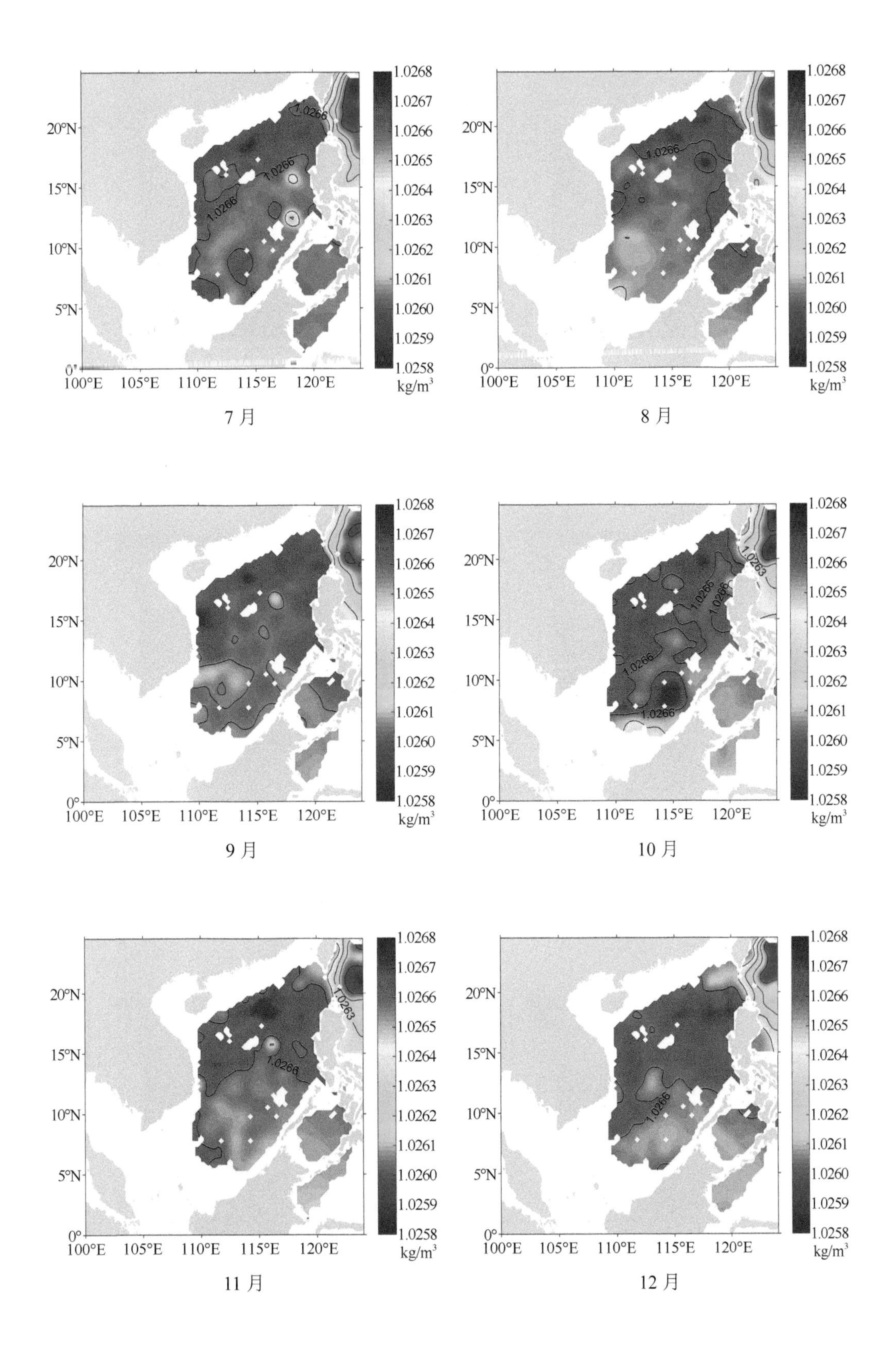

7 月

8 月

9 月

10 月

11 月

12 月

1～12 月 111°E 经向断面密度

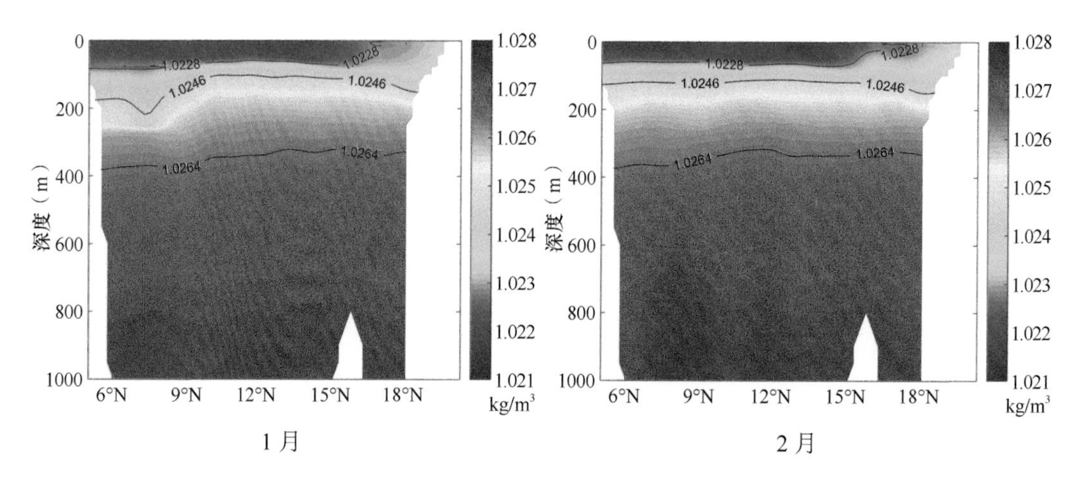

1 月　　2 月

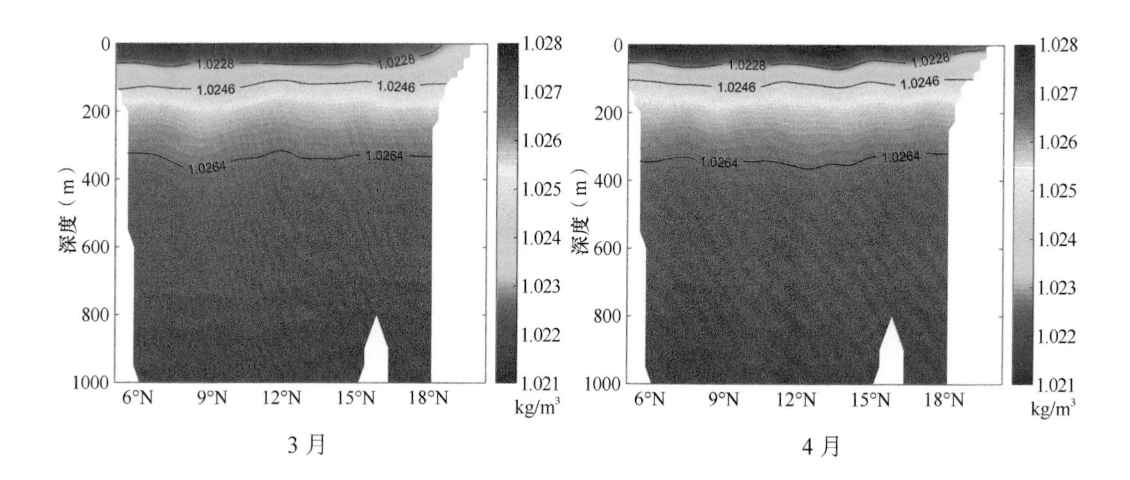

3 月　　4 月

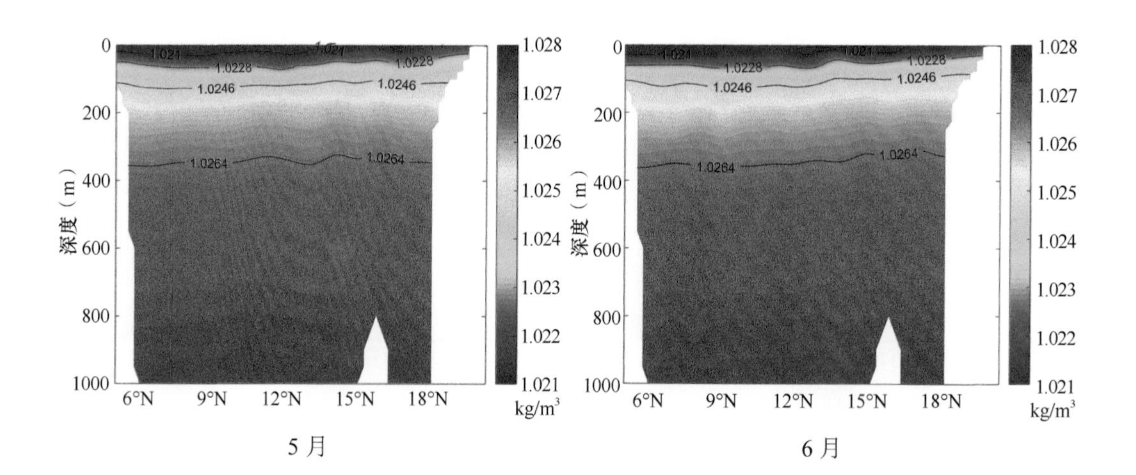

5 月　　6 月

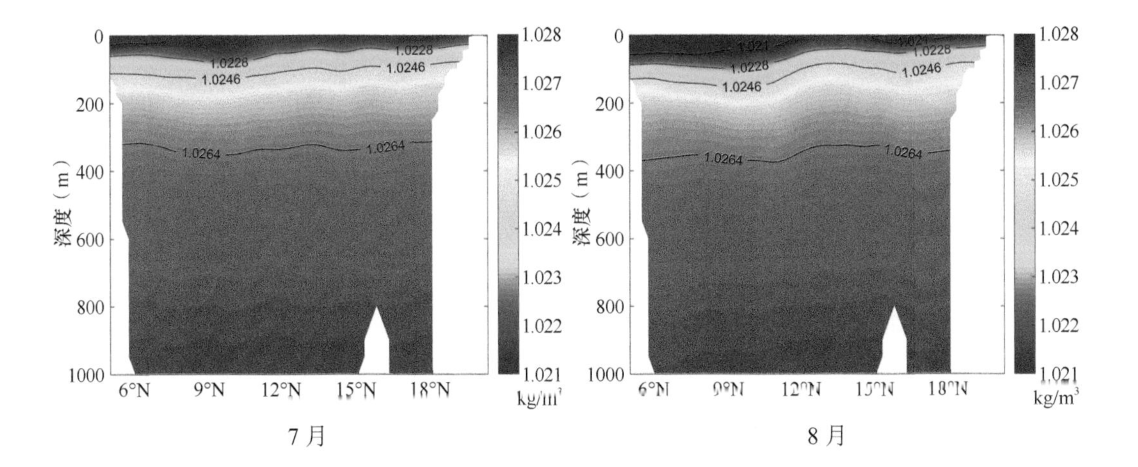

7 月

8 月

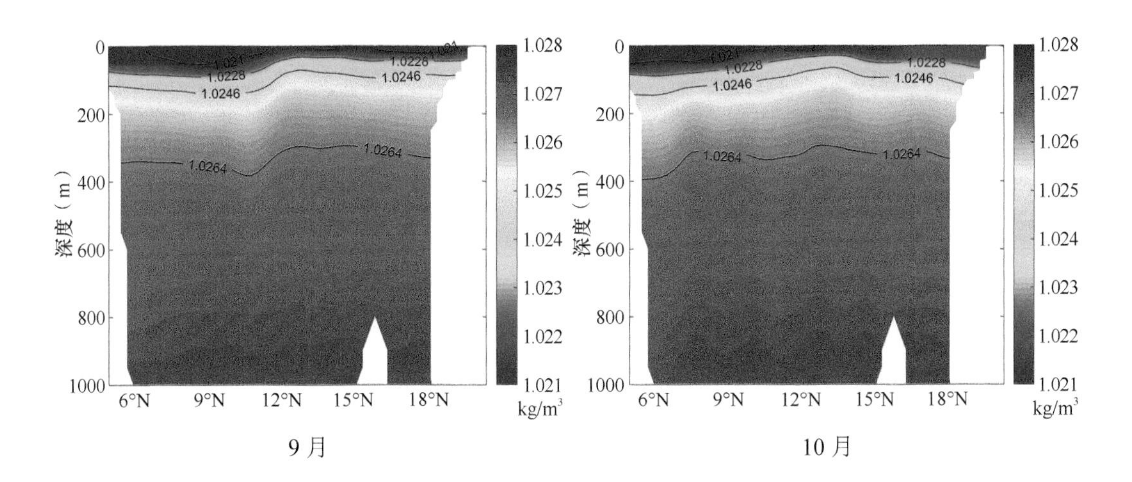

9 月

10 月

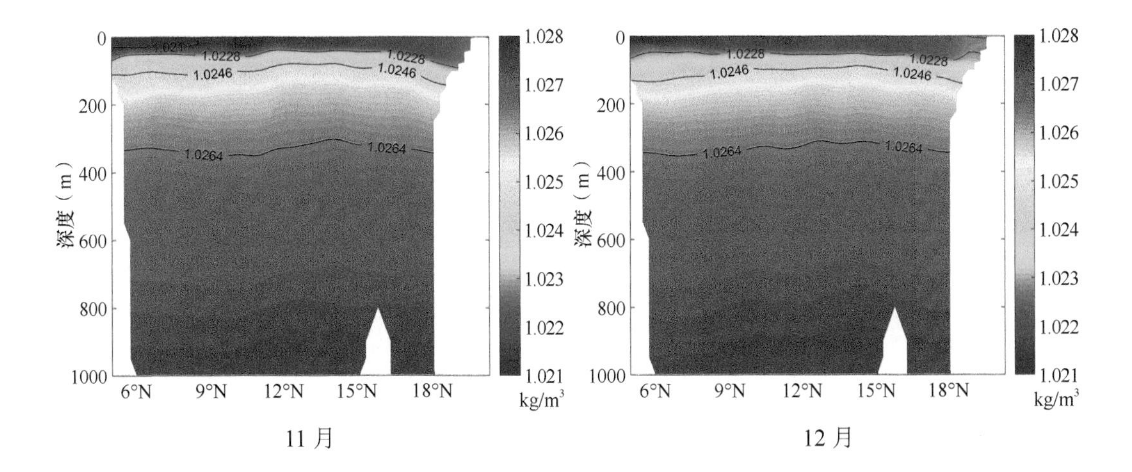

11 月

12 月

1～12 月 115°E 经向断面密度

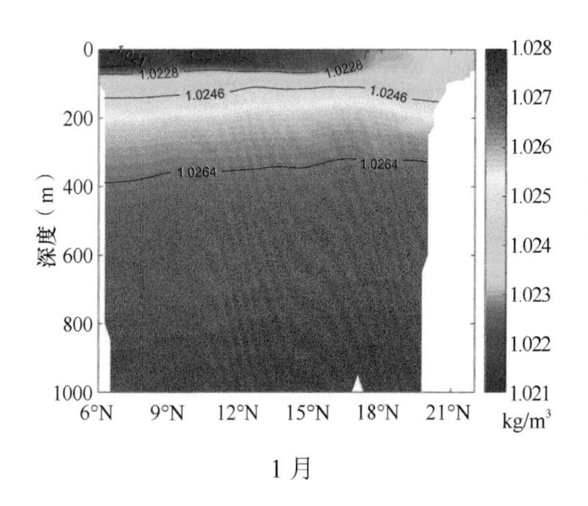

1 月

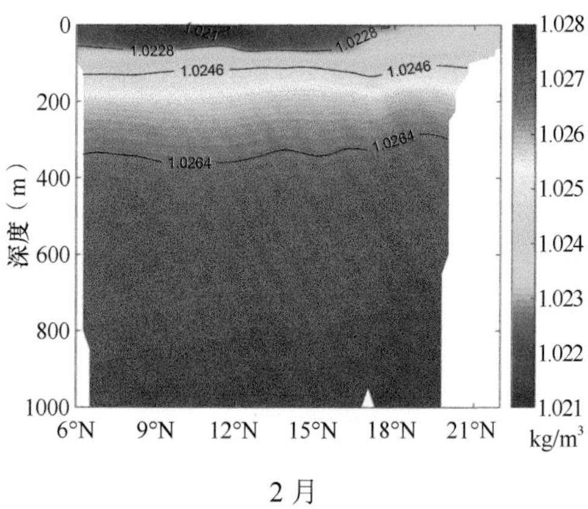

2 月

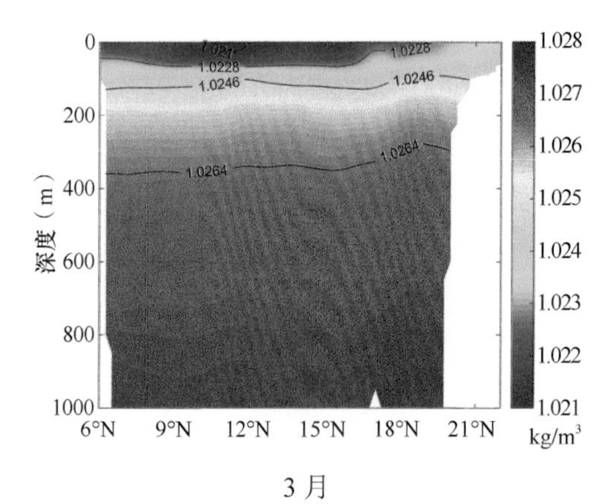

3 月

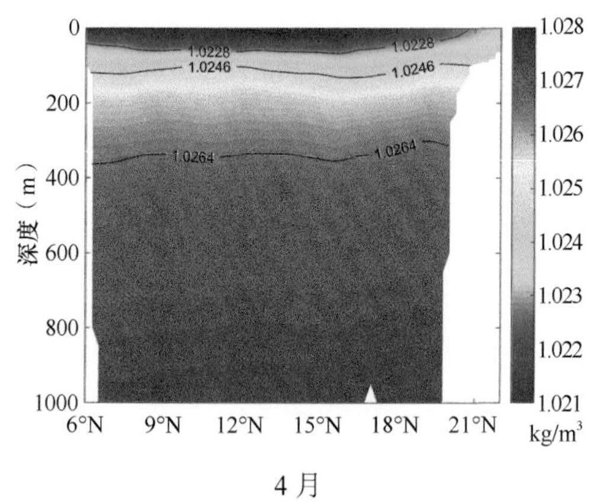

4 月

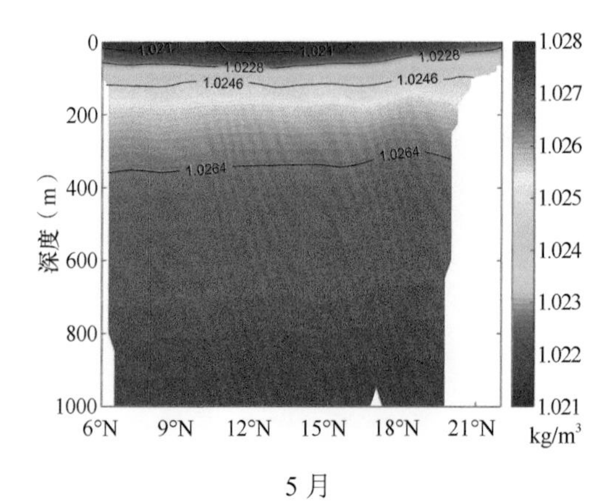

5 月

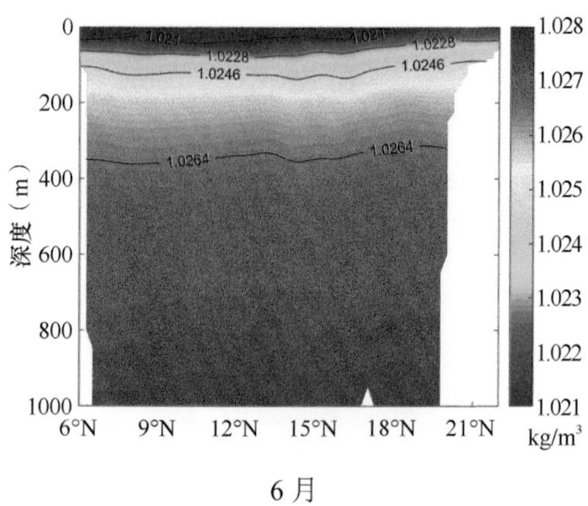

6 月

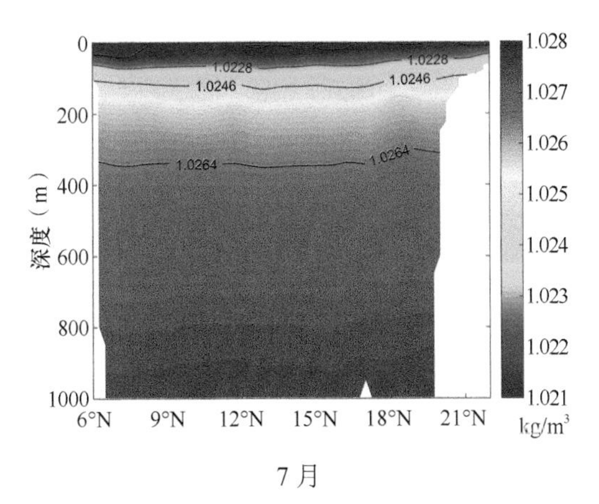

7 月

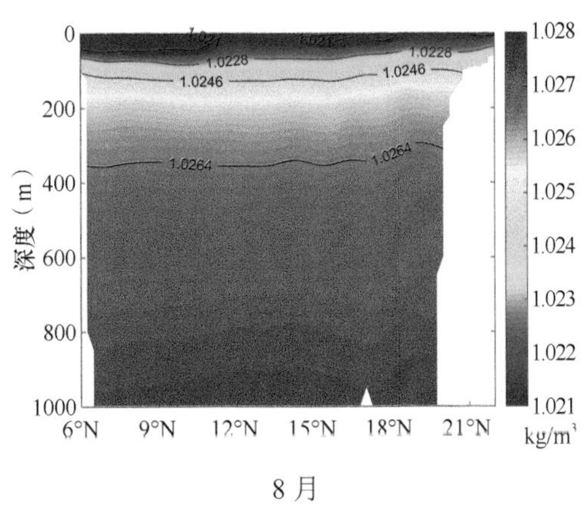

8 月

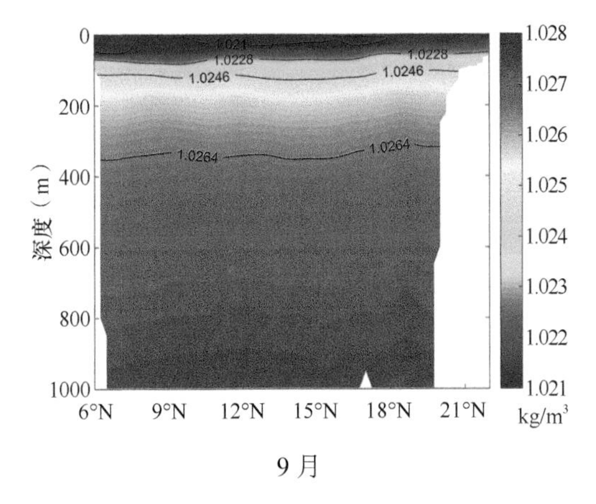

9 月

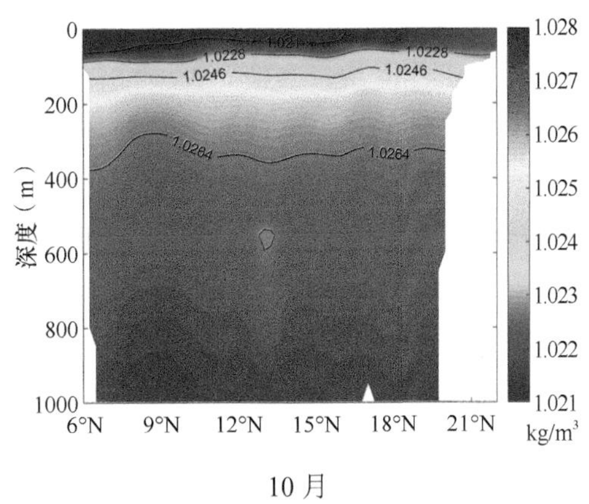

10 月

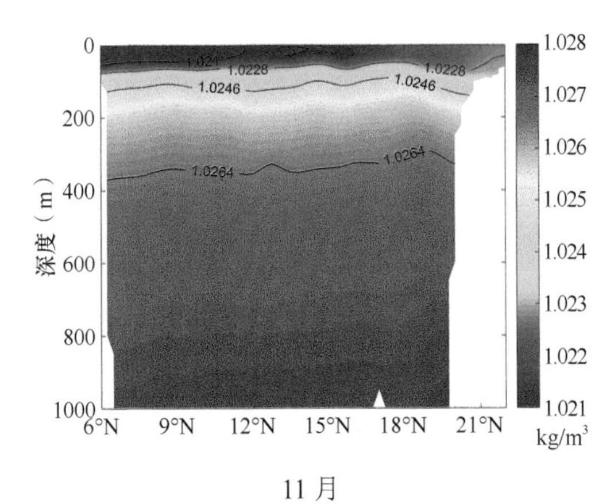

11 月

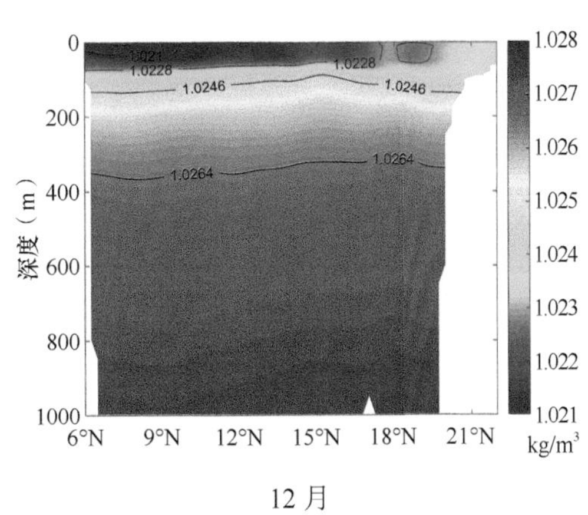

12 月

1～12月119°E经向断面密度

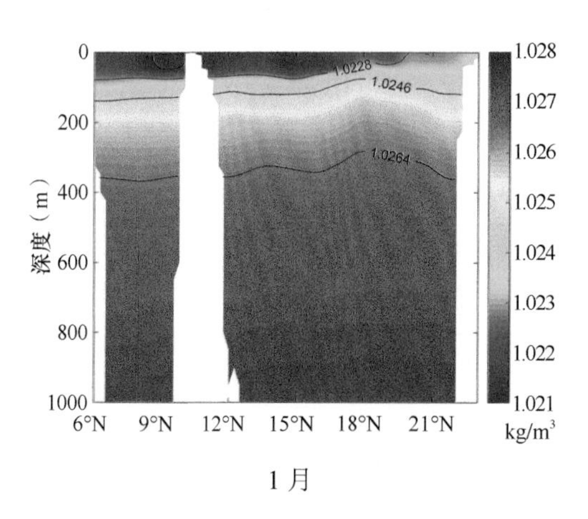

1月

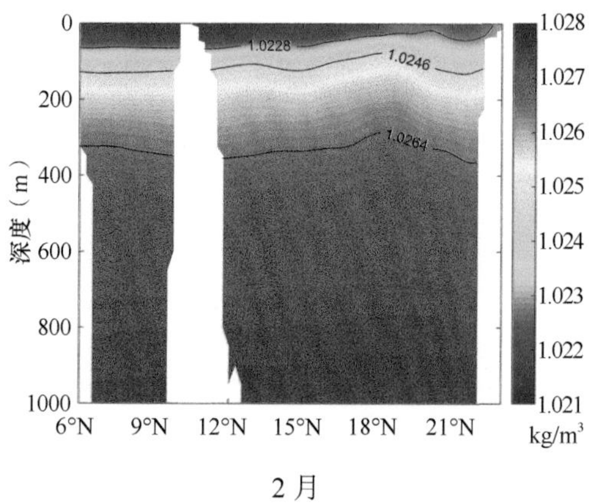

2月

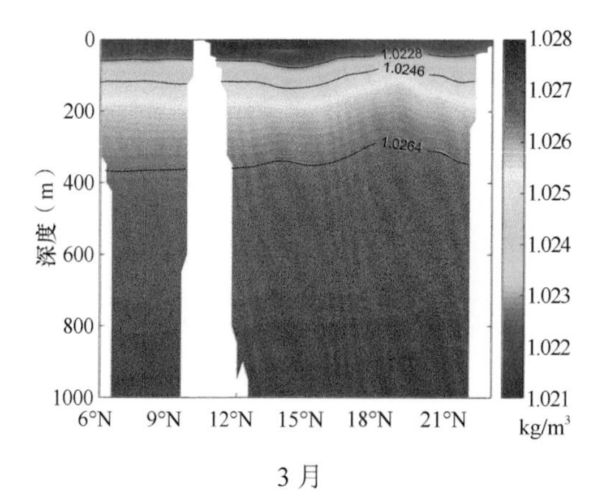

3月

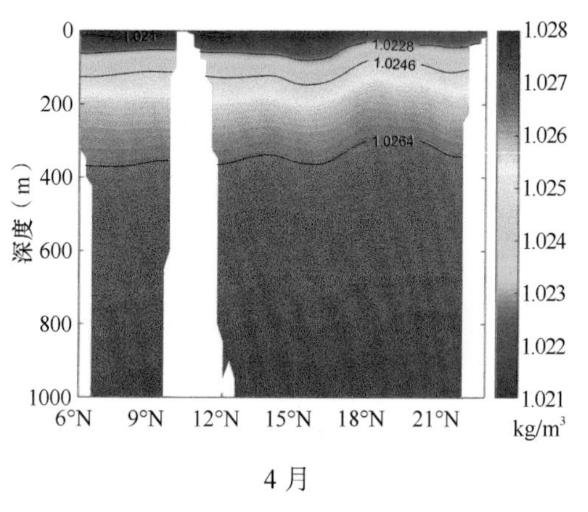

4月

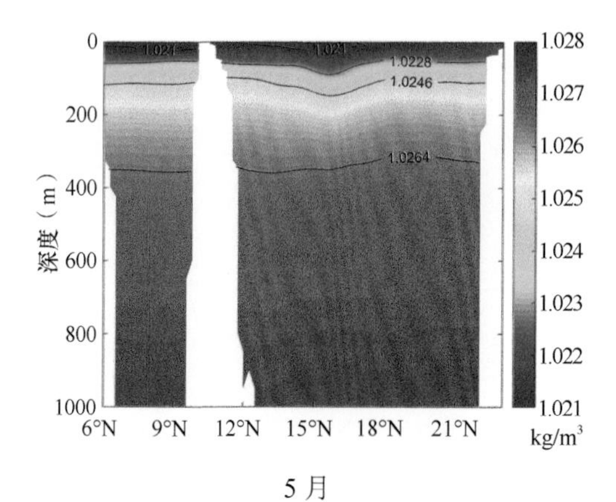

5月

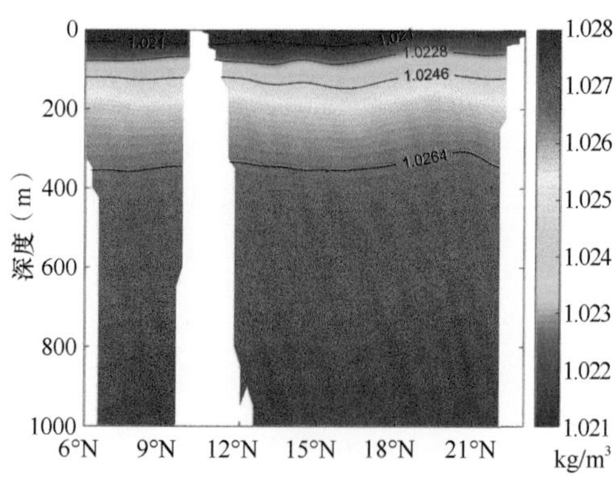

6月

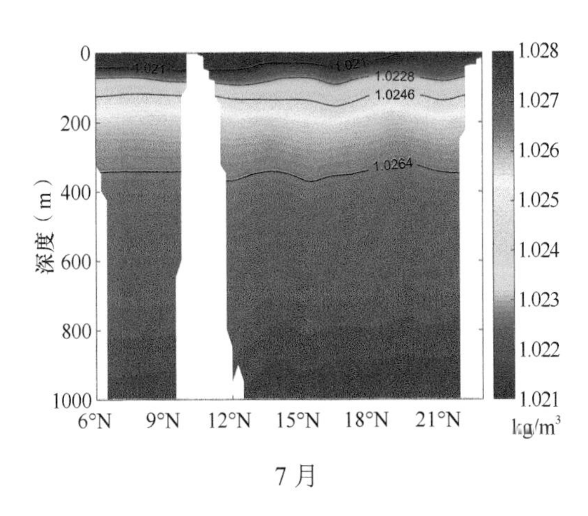

7 月

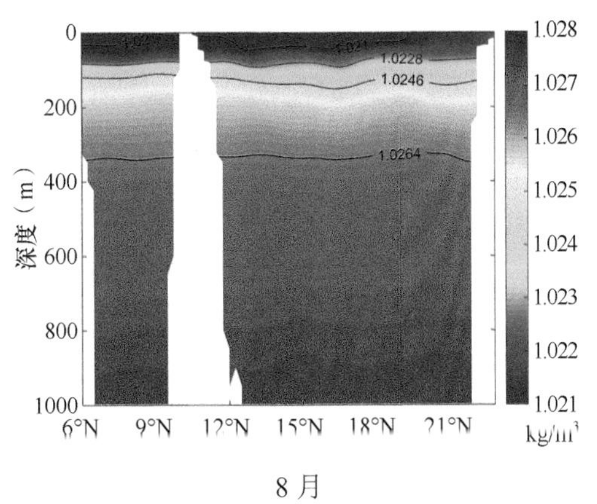

8 月

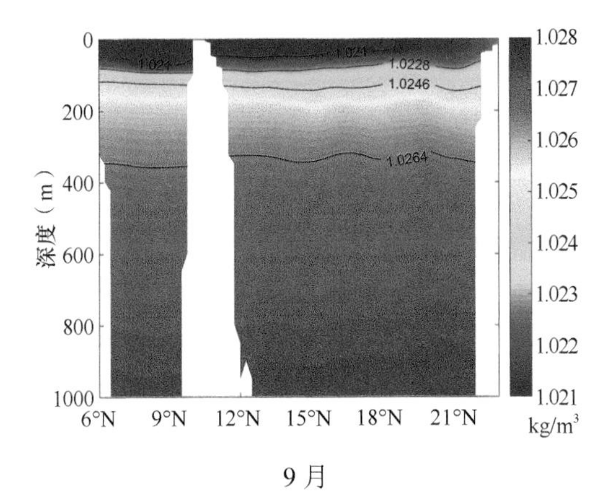

9 月

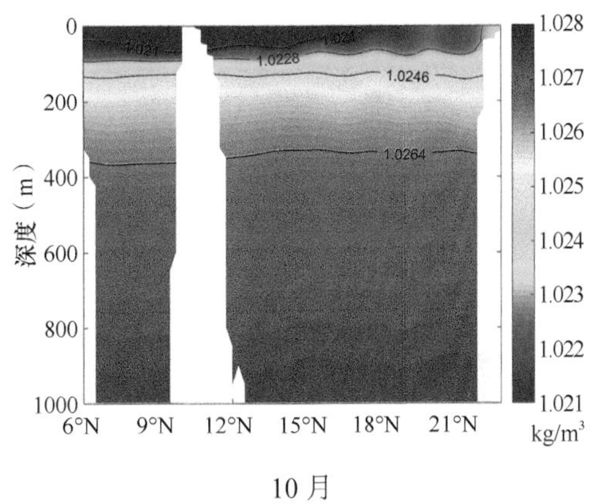

10 月

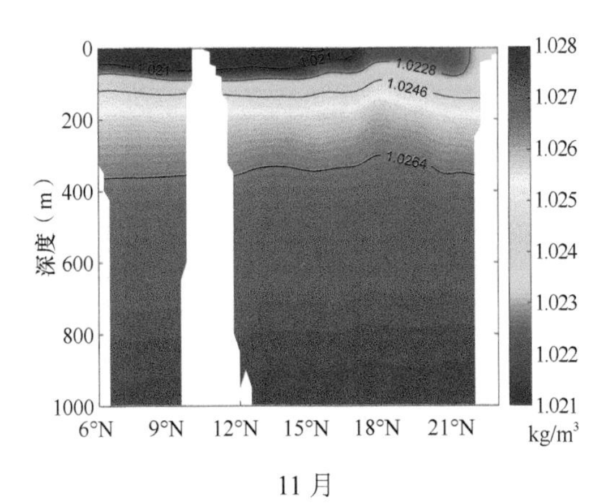

11 月

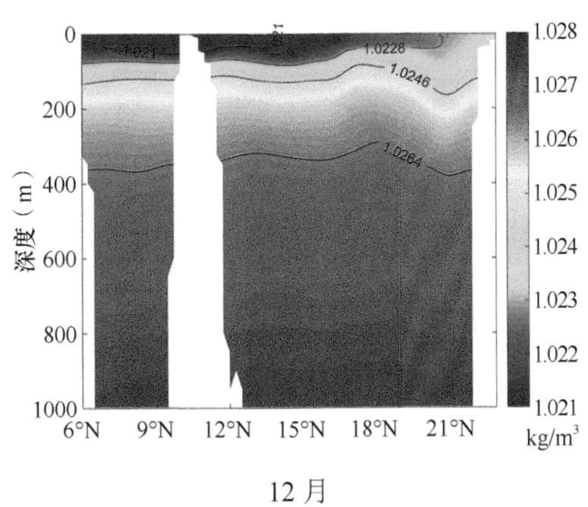

12 月

1～12月9°N纬向断面密度

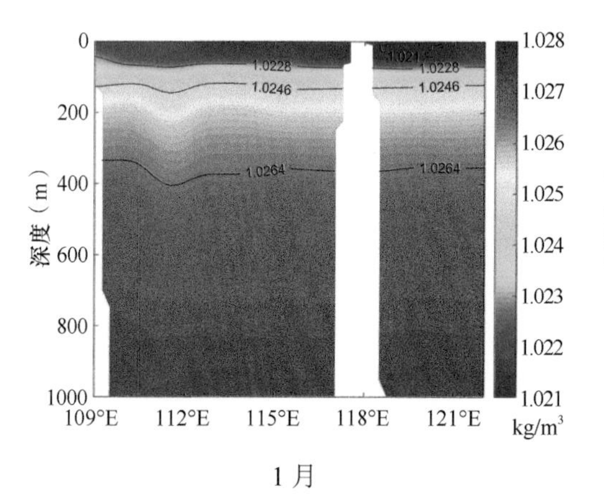

1月

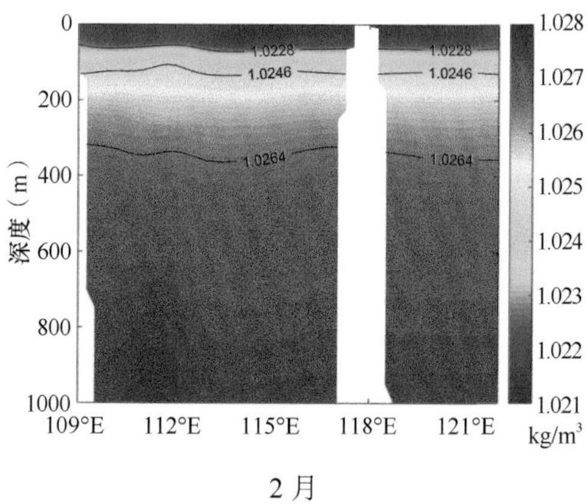

2月

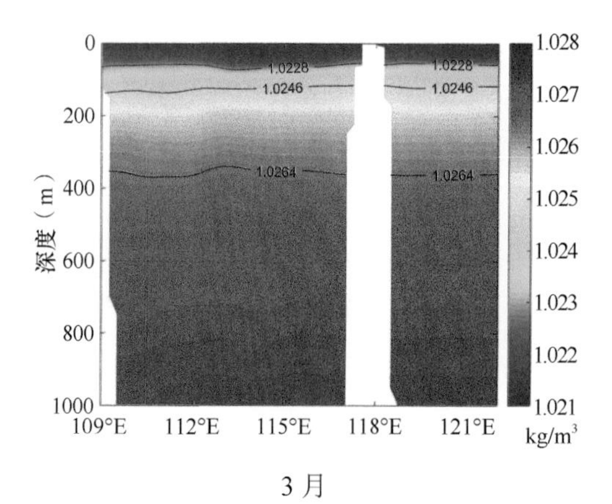

3月

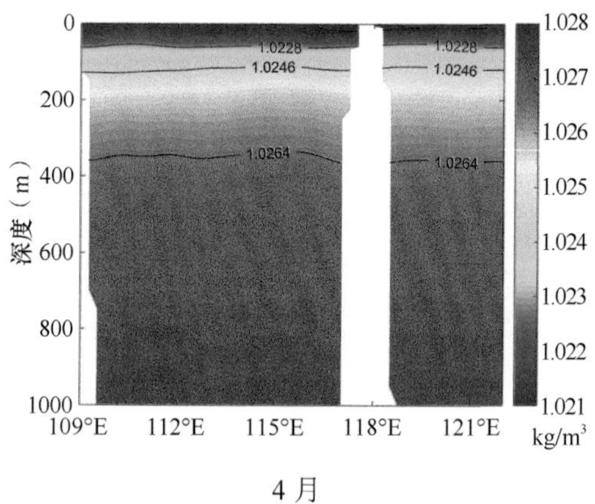

4月

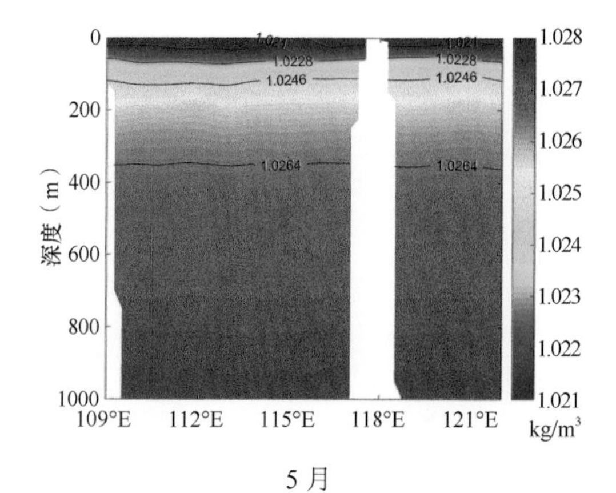

5月

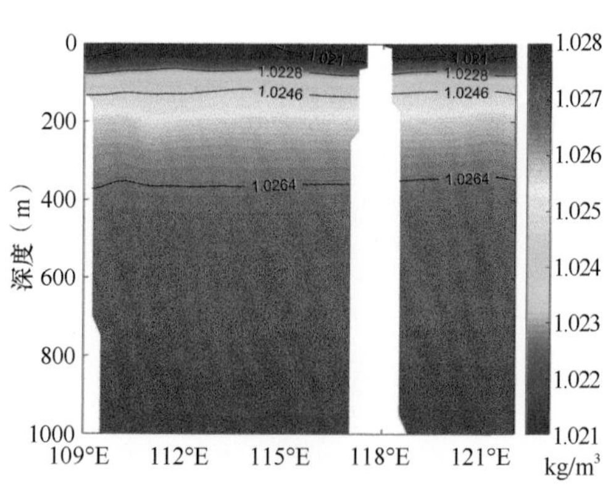

6月

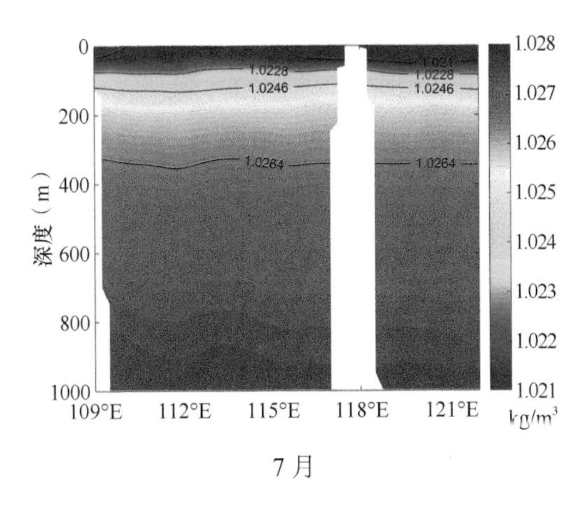

7 月

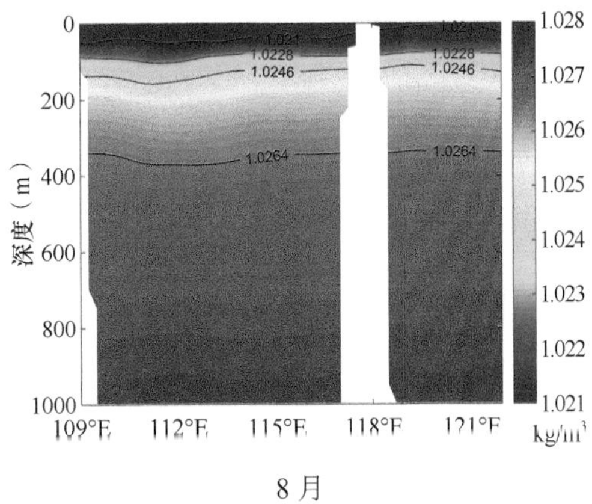

8 月

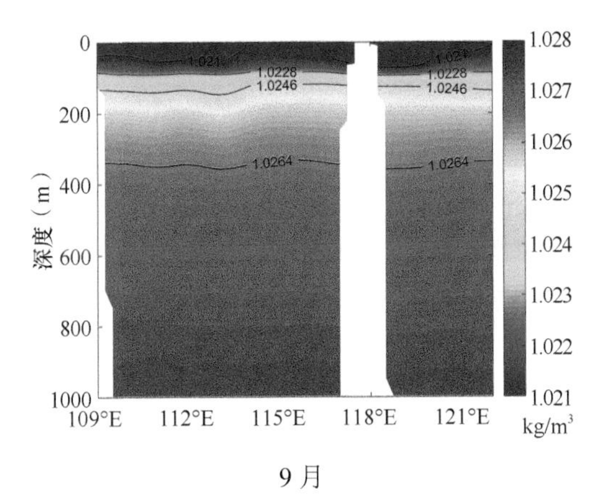

9 月

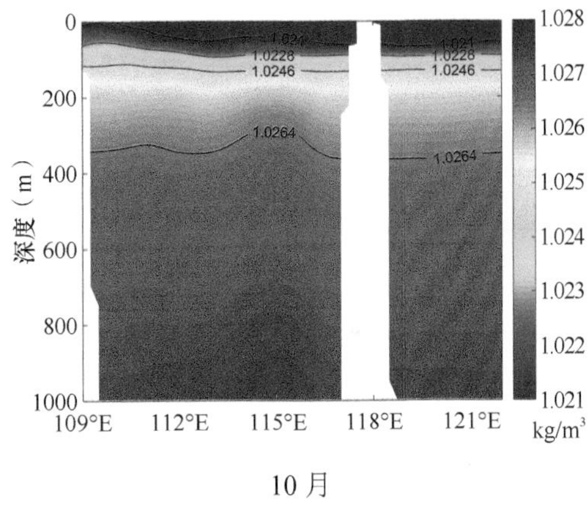

10 月

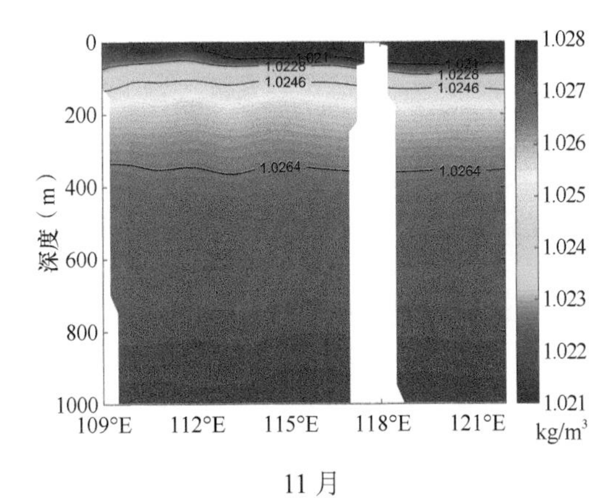

11 月

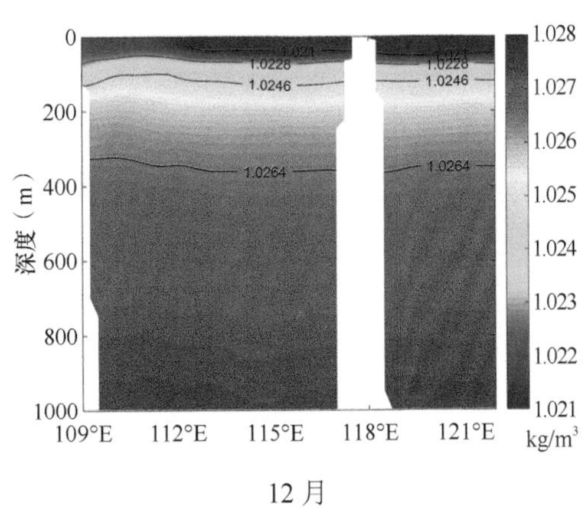

12 月

1～12月15°N纬向断面密度

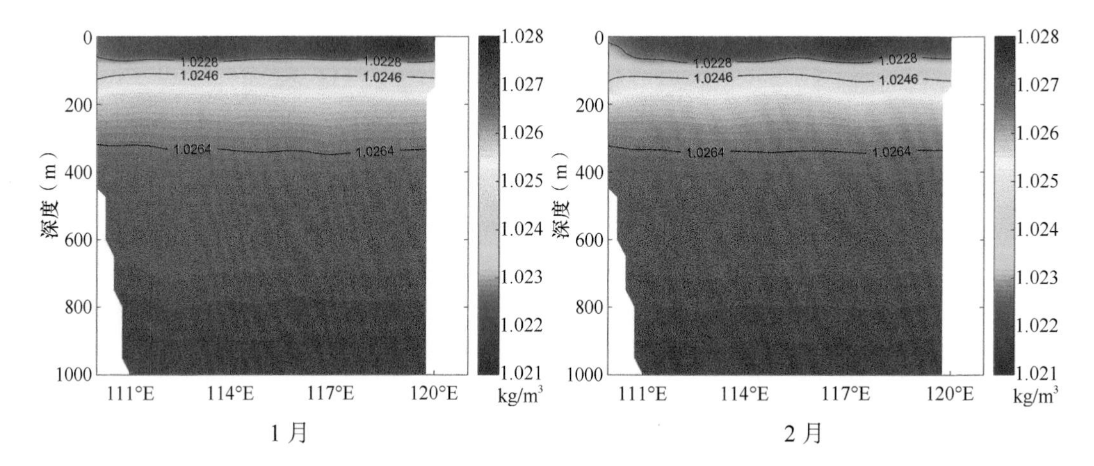

1月

2月

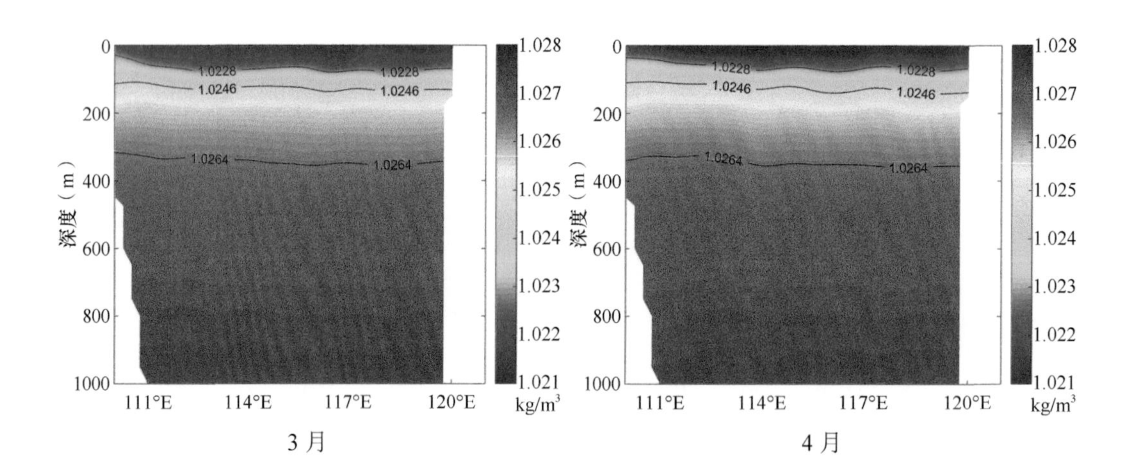

3月

4月

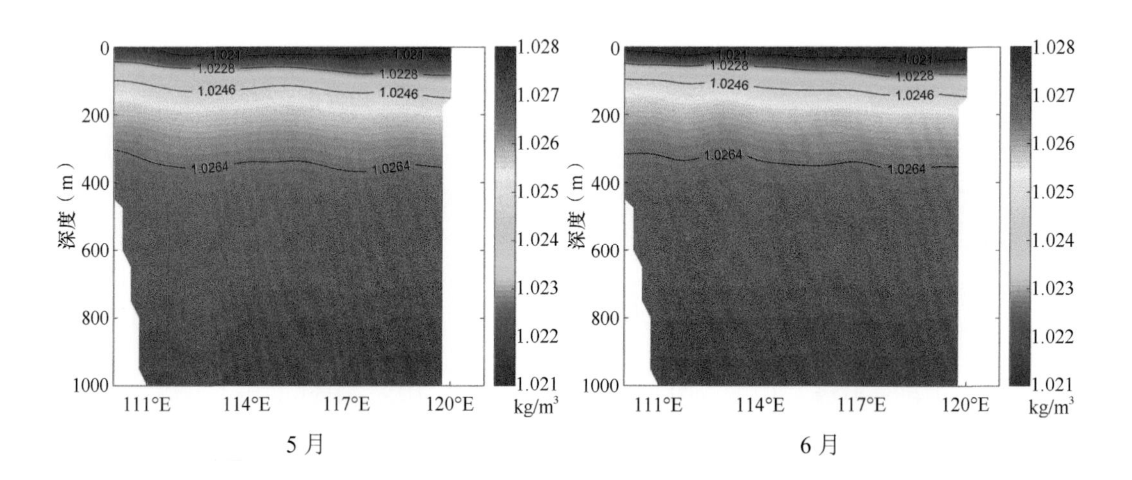

5月

6月

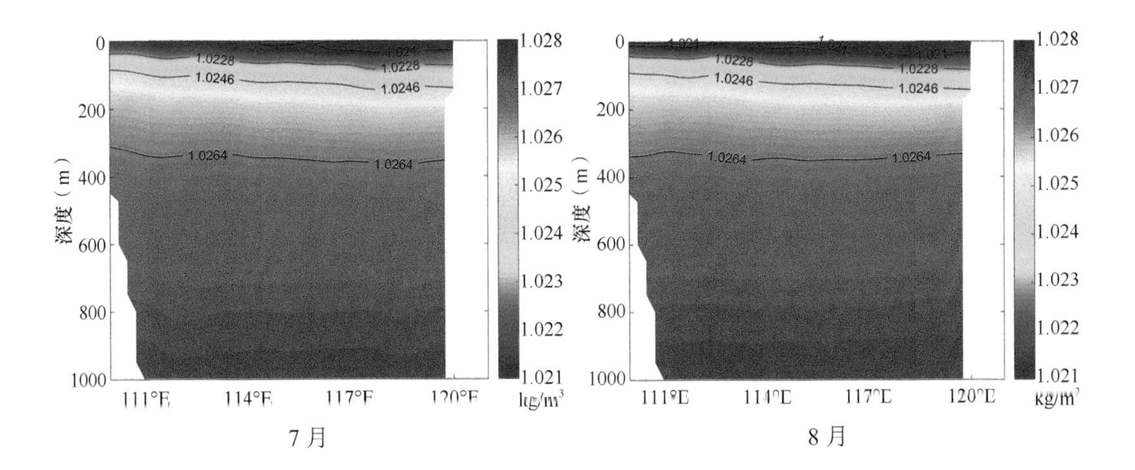

7 月

8 月

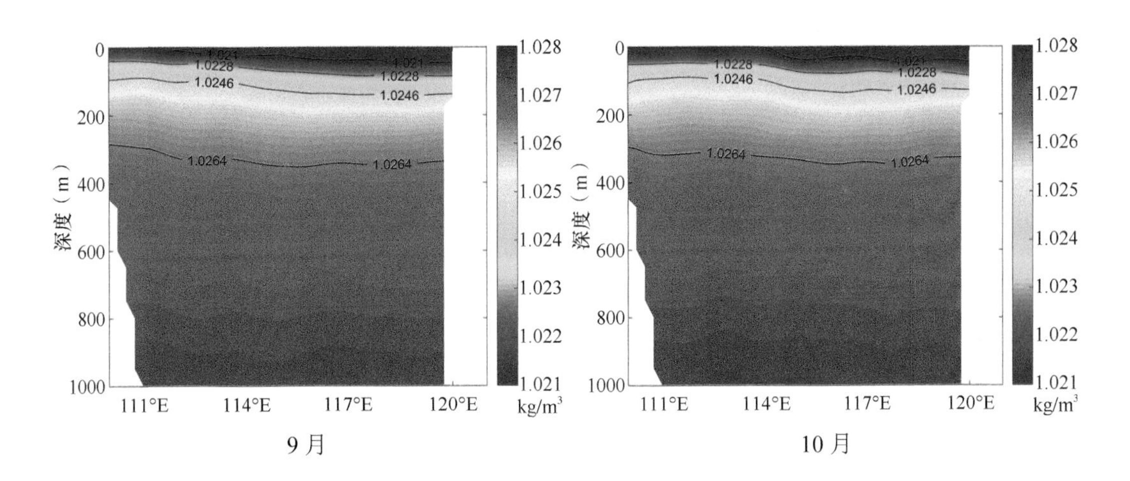

9 月

10 月

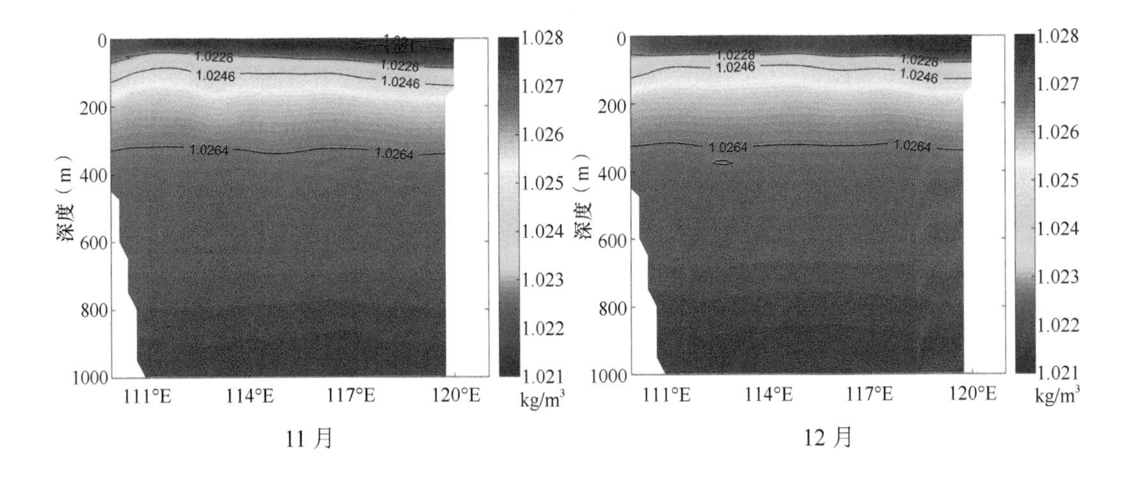

11 月

12 月

1～12 月 18°N 纬向断面密度

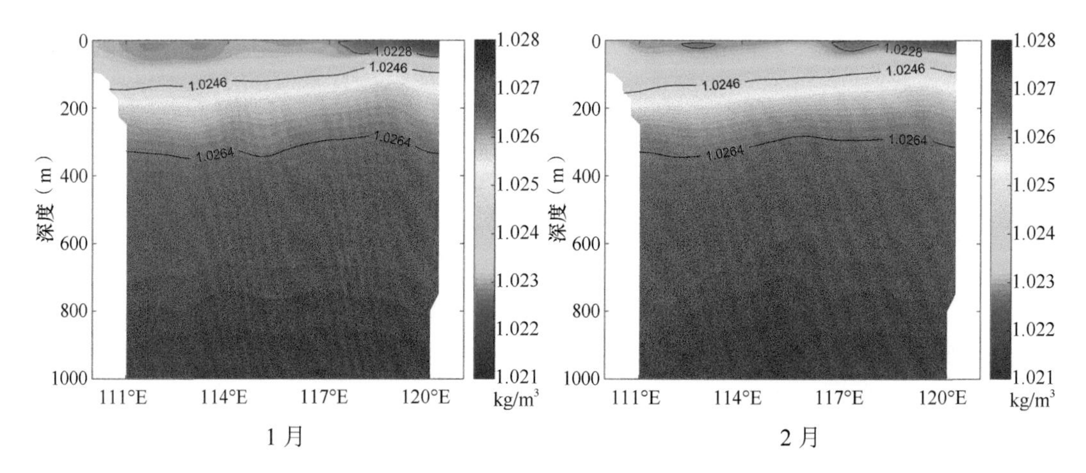

1 月　　2 月

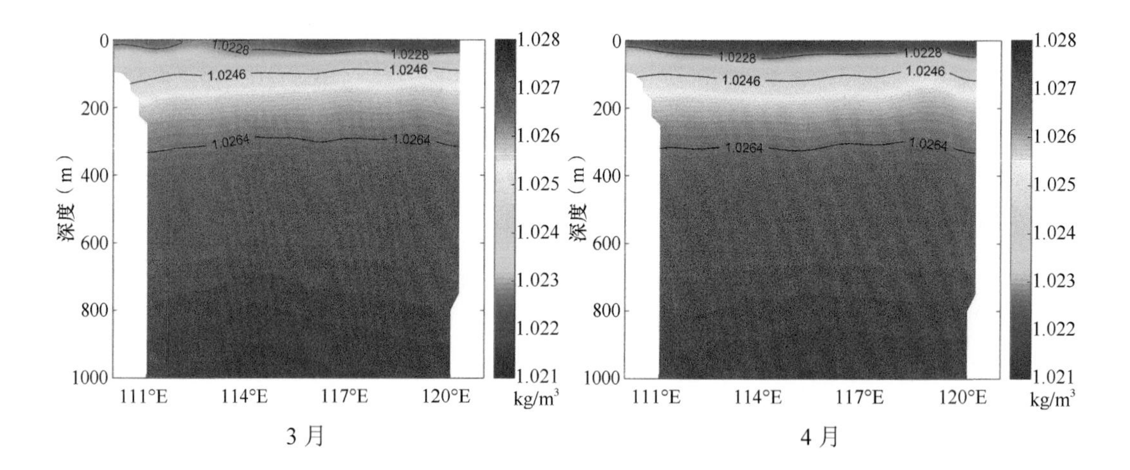

3 月　　4 月

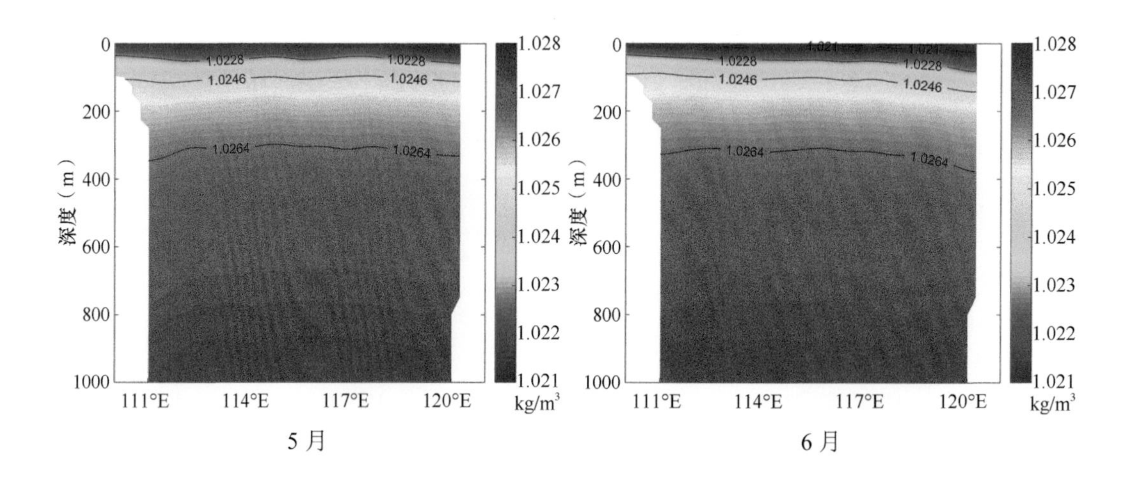

5 月　　6 月

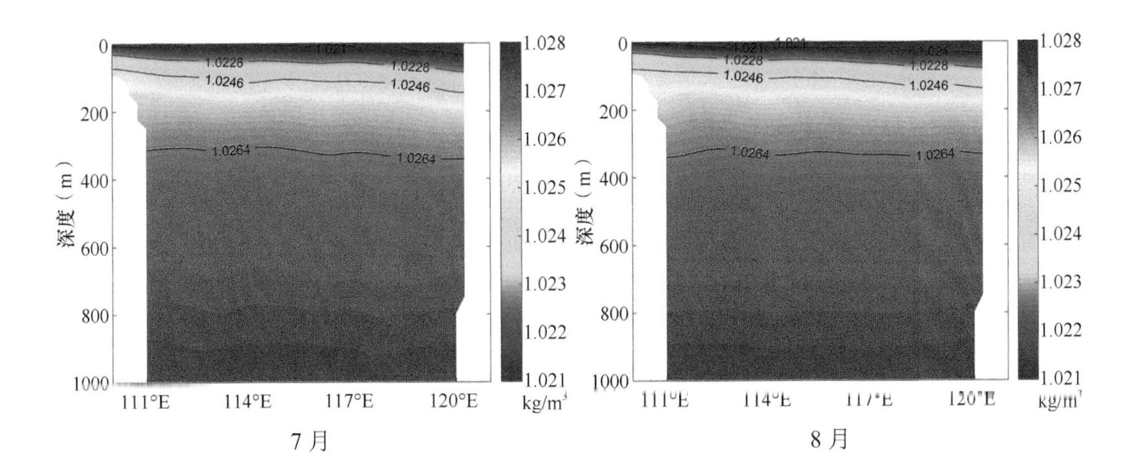

7 月

8 月

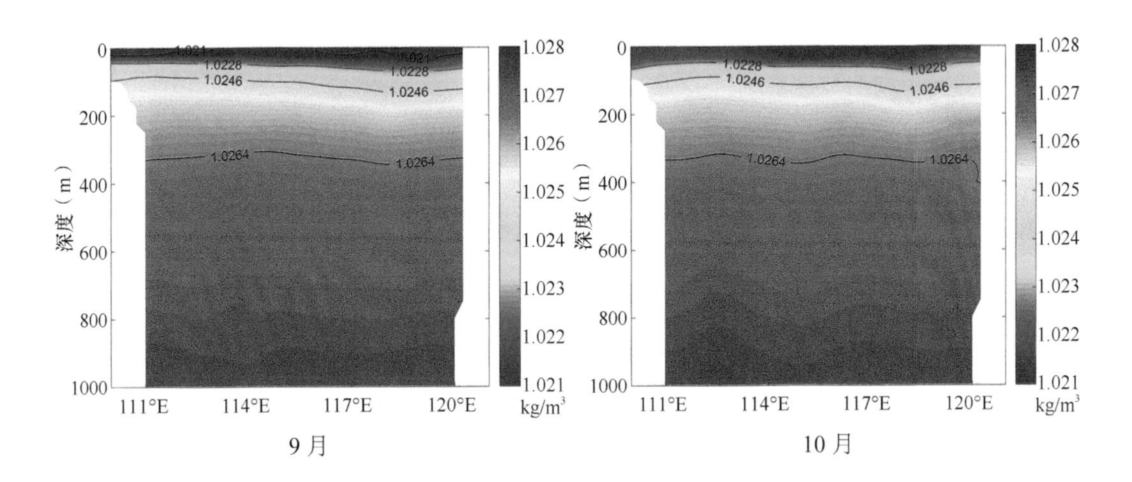

9 月

10 月

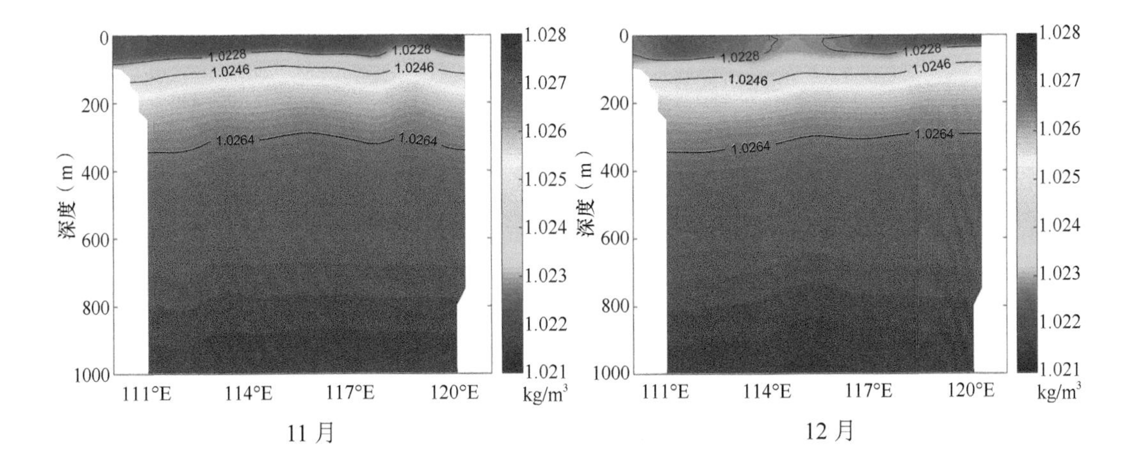

11 月

12 月

1～12 月 21°N 纬向断面密度

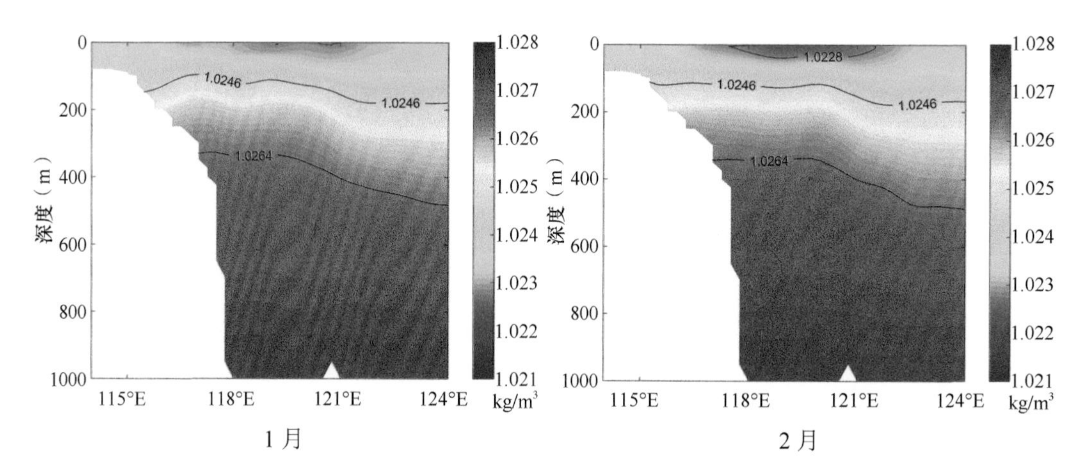

1 月　　　　2 月

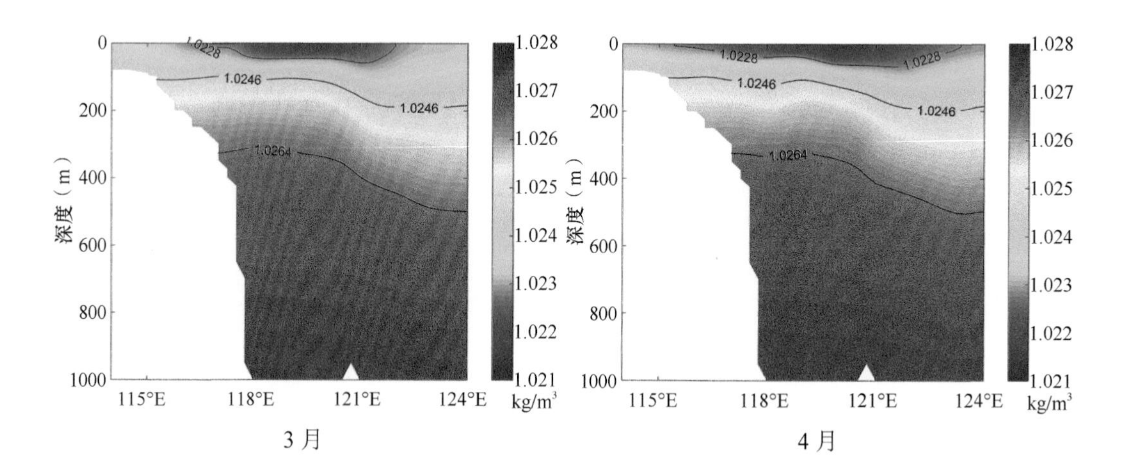

3 月　　　　4 月

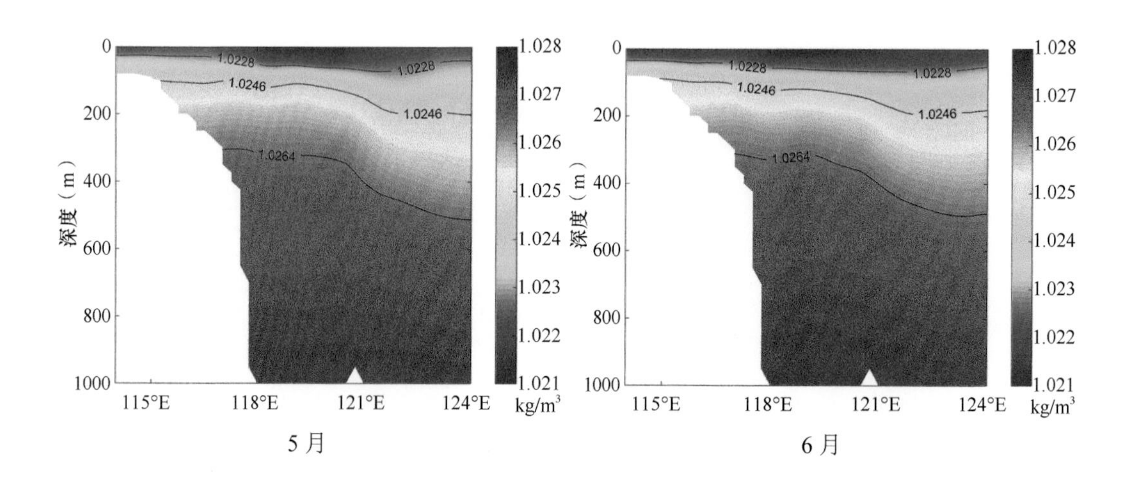

5 月　　　　6 月

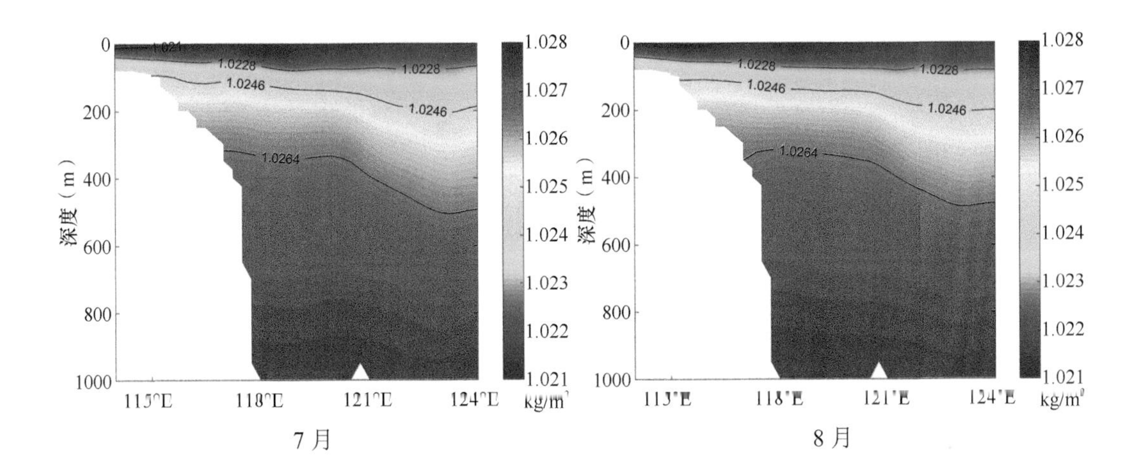

7 月 8 月

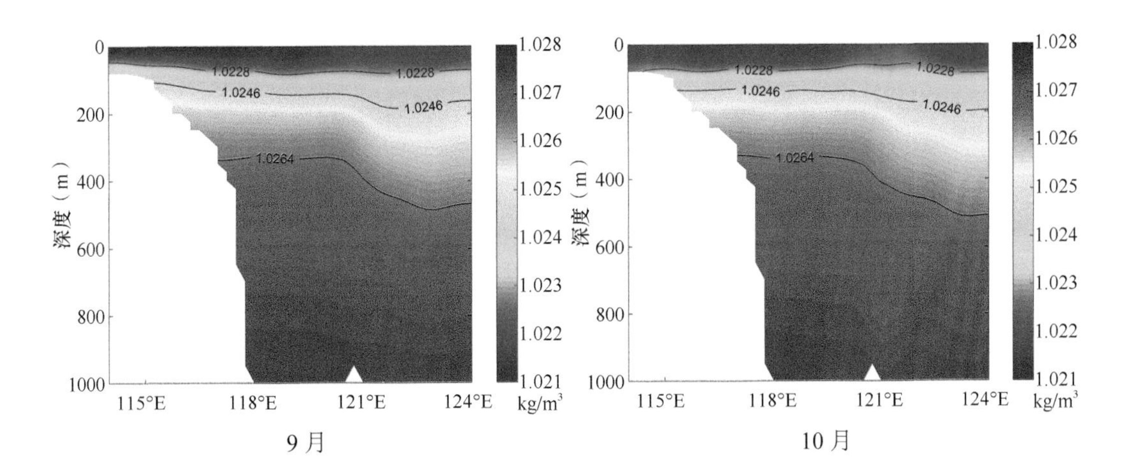

9 月 10 月

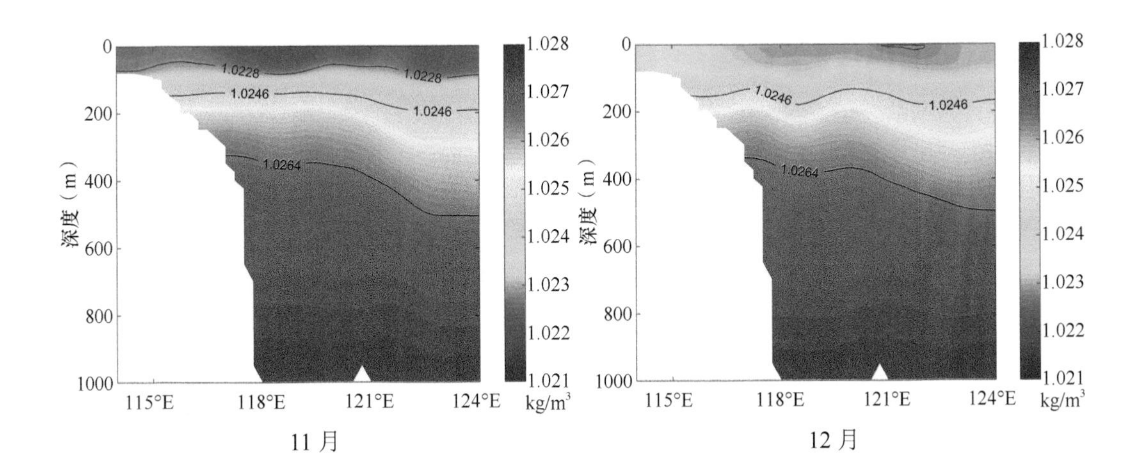

11 月 12 月

1～12月111°E经向断面混合层深度、温度月增量及密度[①]

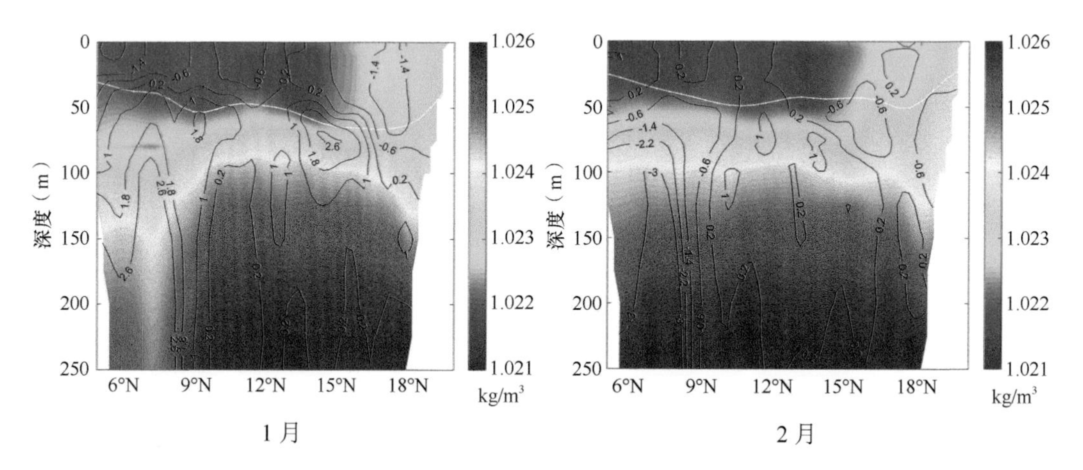

1月　　2月

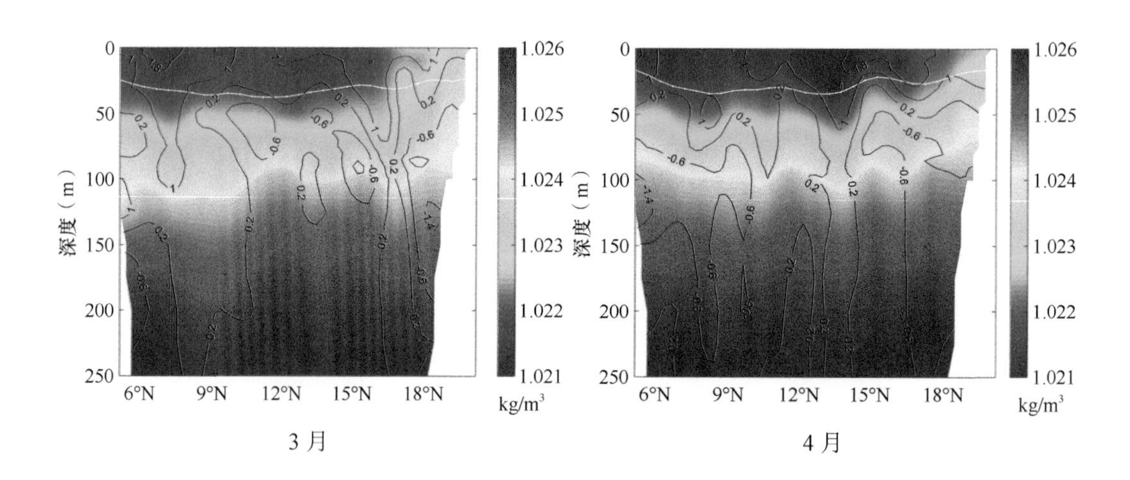

3月　　4月

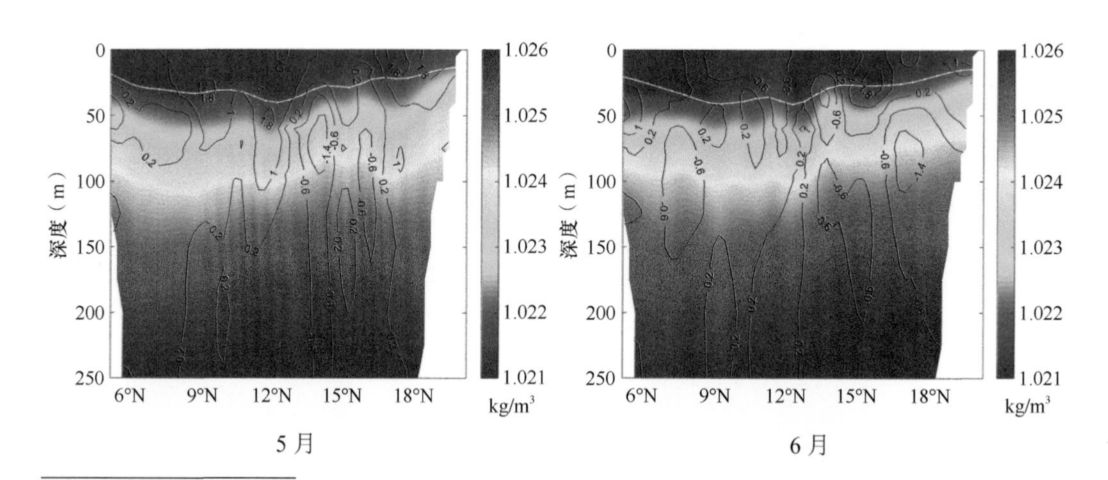

5月　　6月

① 在经向断面和纬向断面的物理海洋学图中，白色细线代表混合层深度（m），黑色细线表示温度月增量或温度距平（℃），填色表示密度（kg/m^3）。

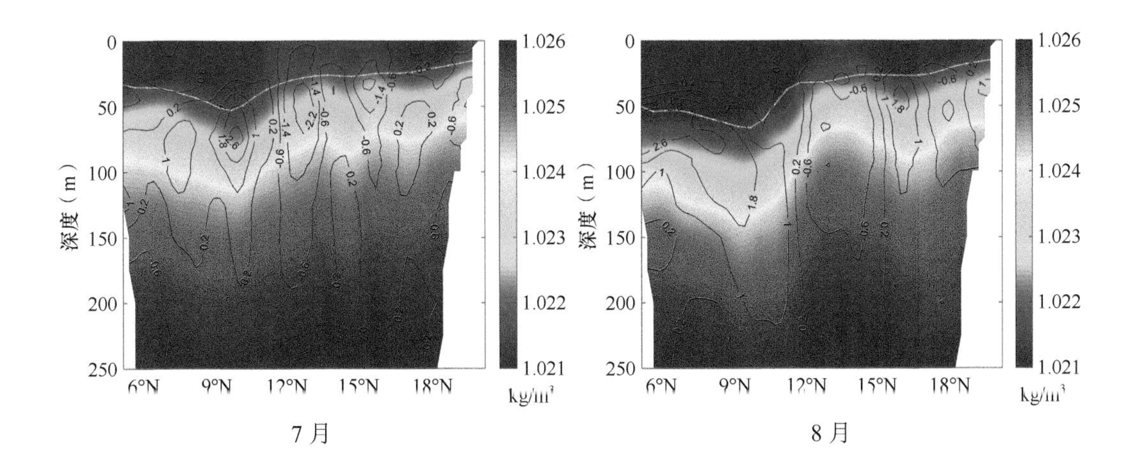

7 月　　8 月

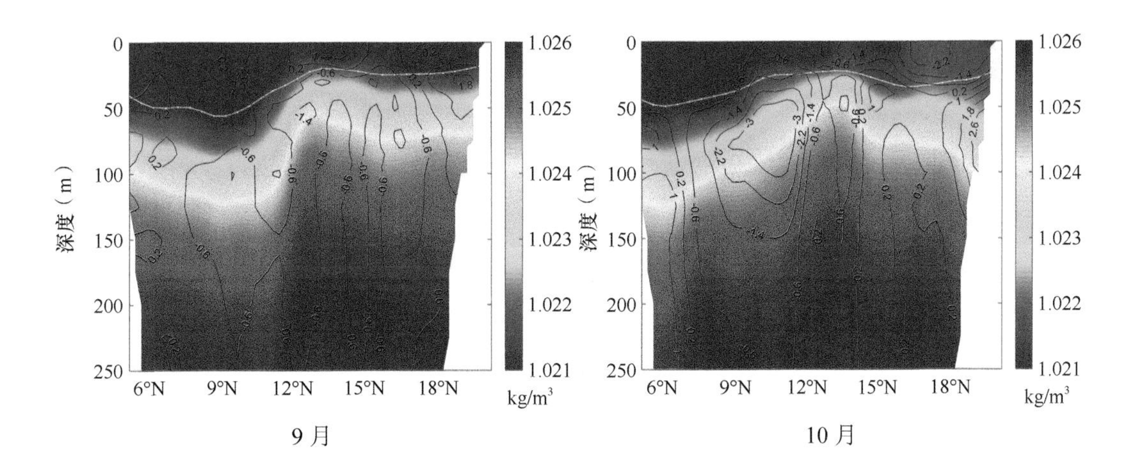

9 月　　10 月

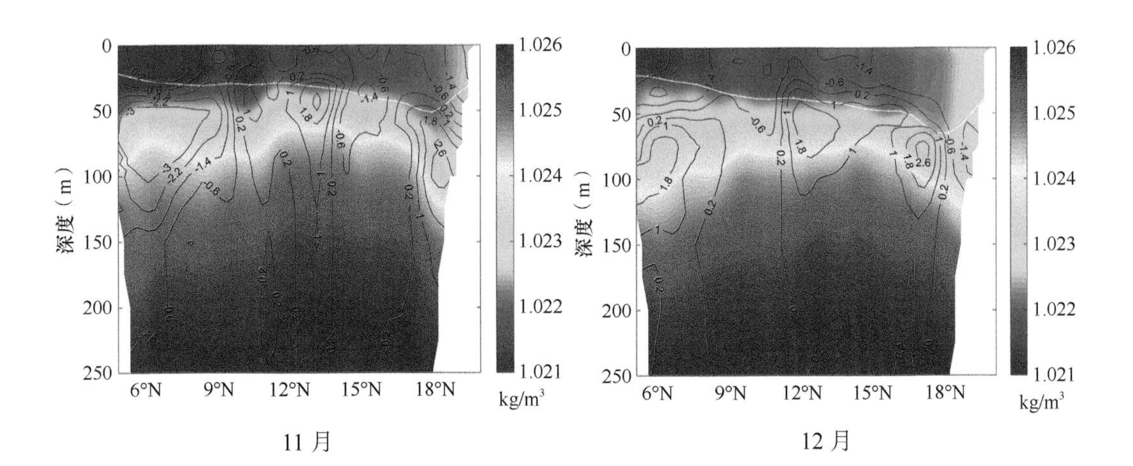

11 月　　12 月

1～12月115°E经向断面混合层深度、温度月增量及密度

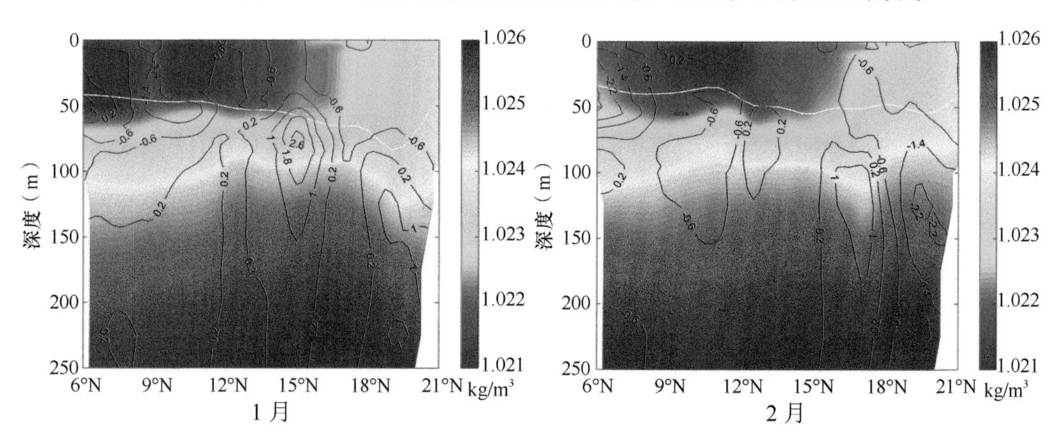

1月　2月

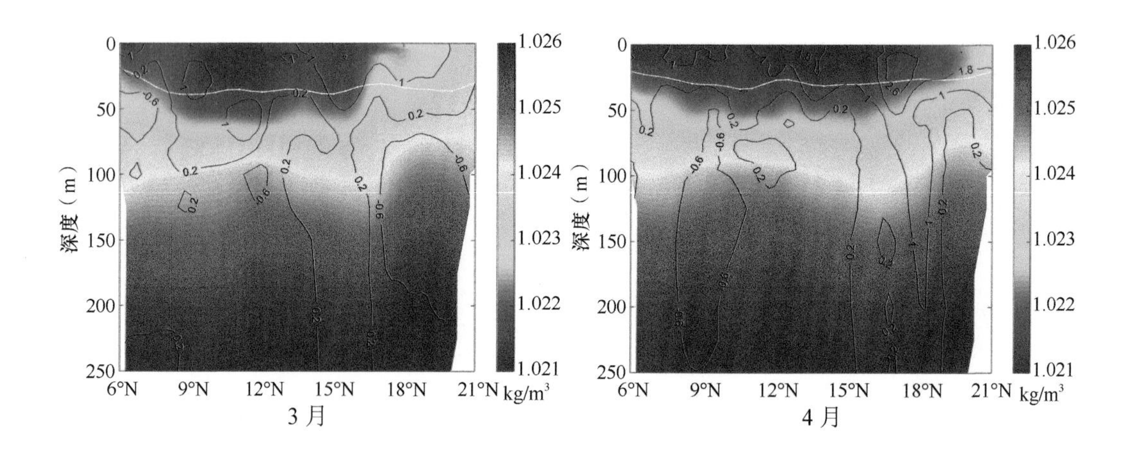

3月　4月

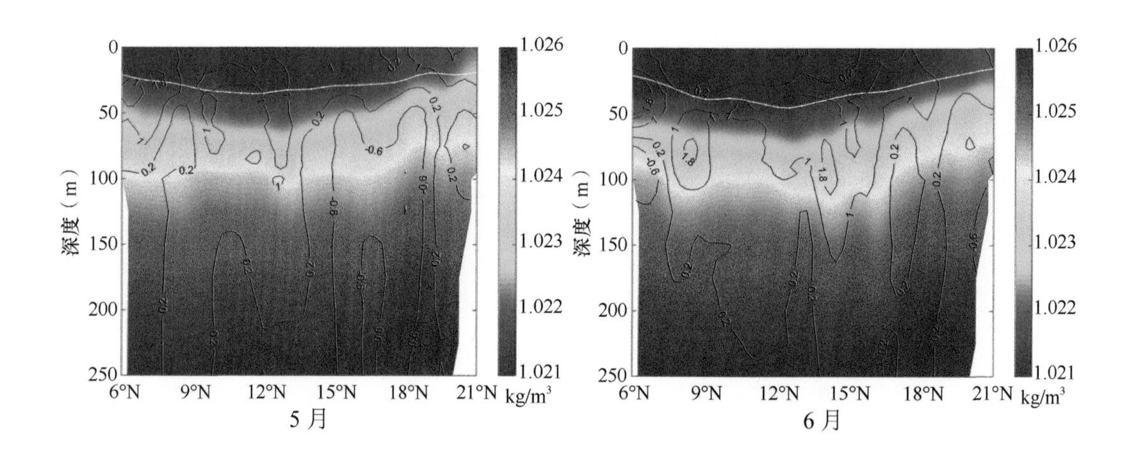

5月　6月

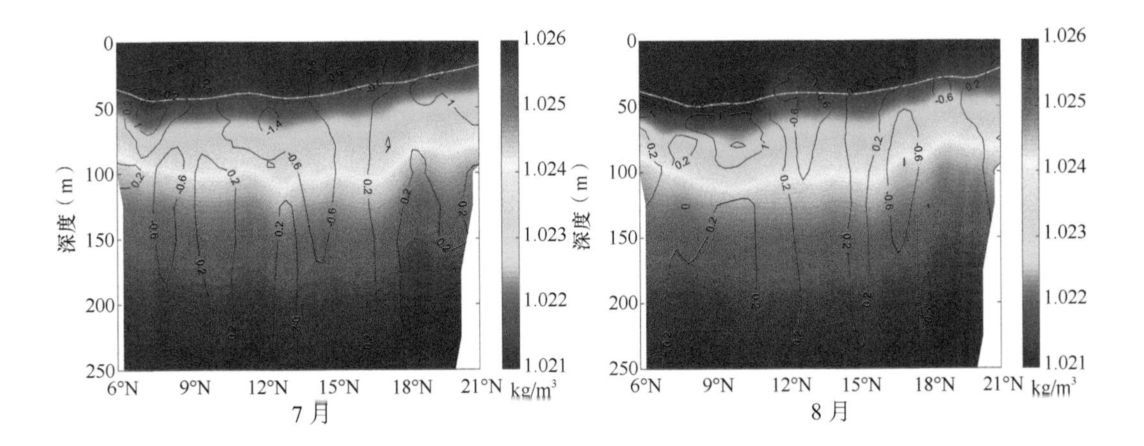

7 月

8 月

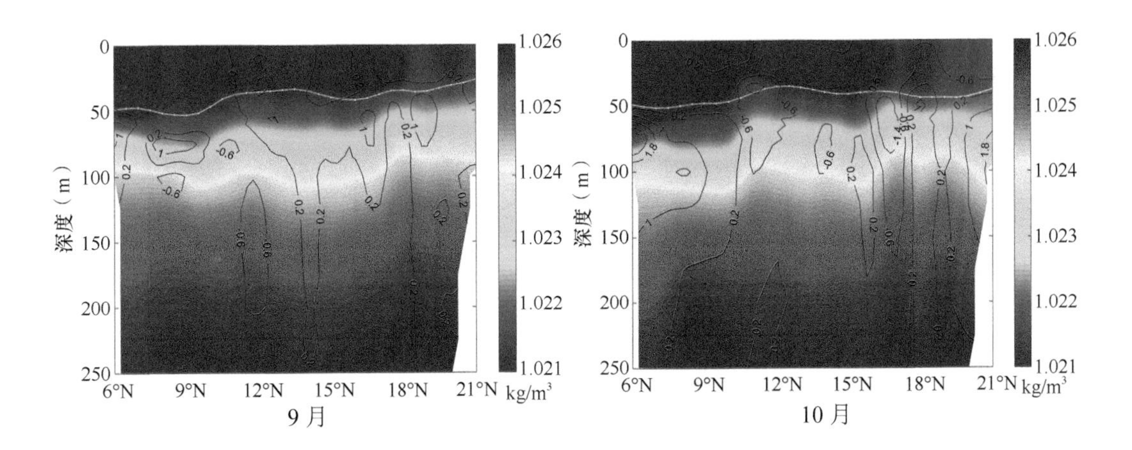

9 月

10 月

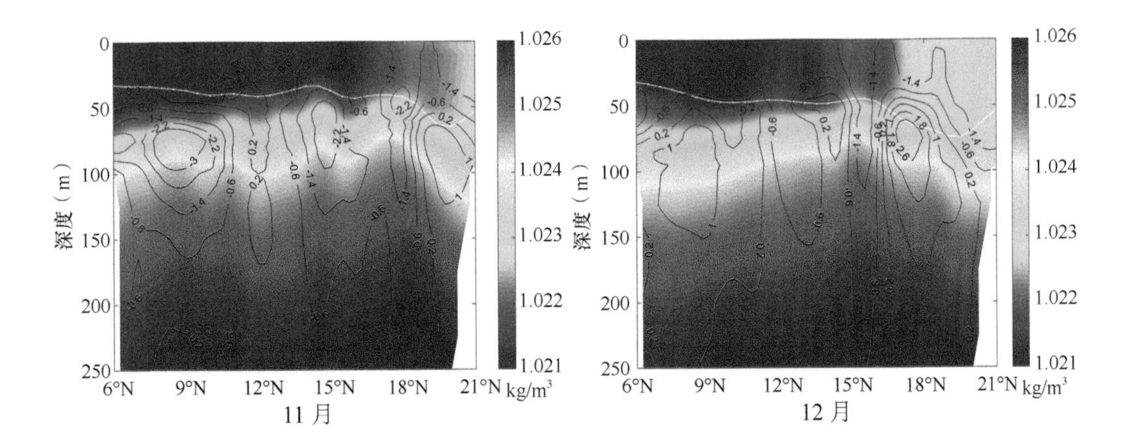

11 月

12 月

1～12 月 119°E 经向断面混合层深度、温度月增量及密度

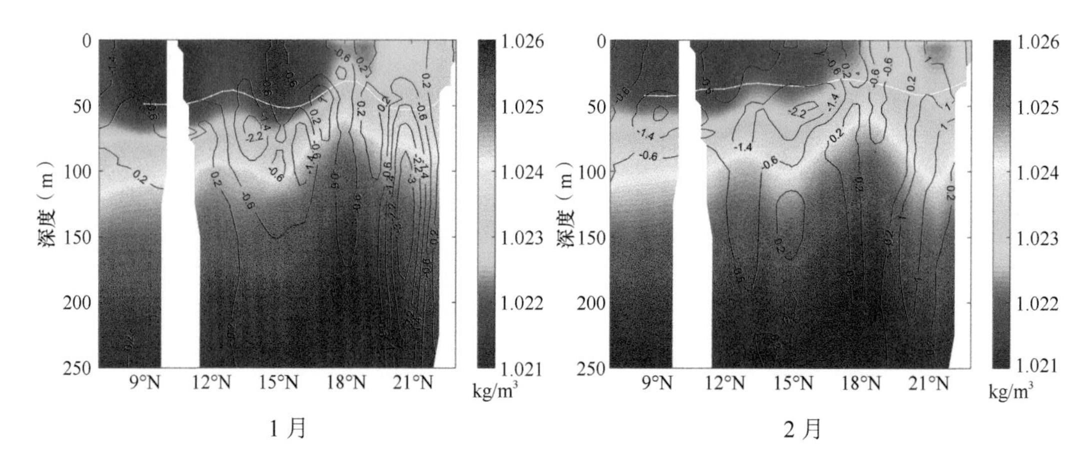

1 月　　2 月

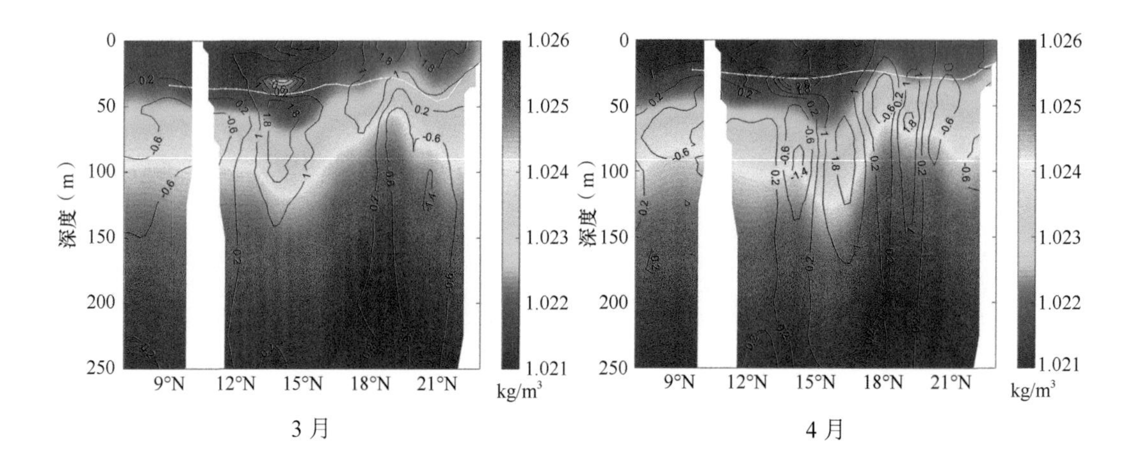

3 月　　4 月

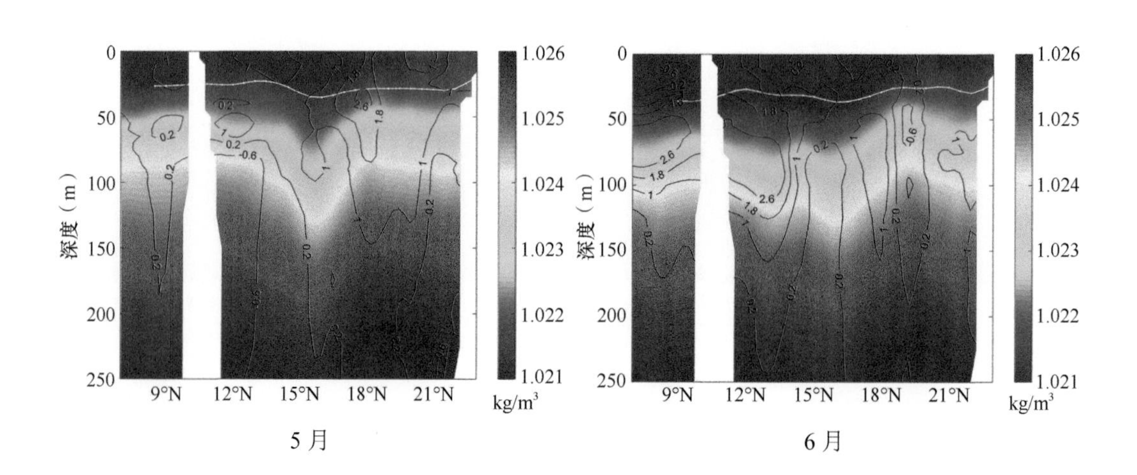

5 月　　6 月

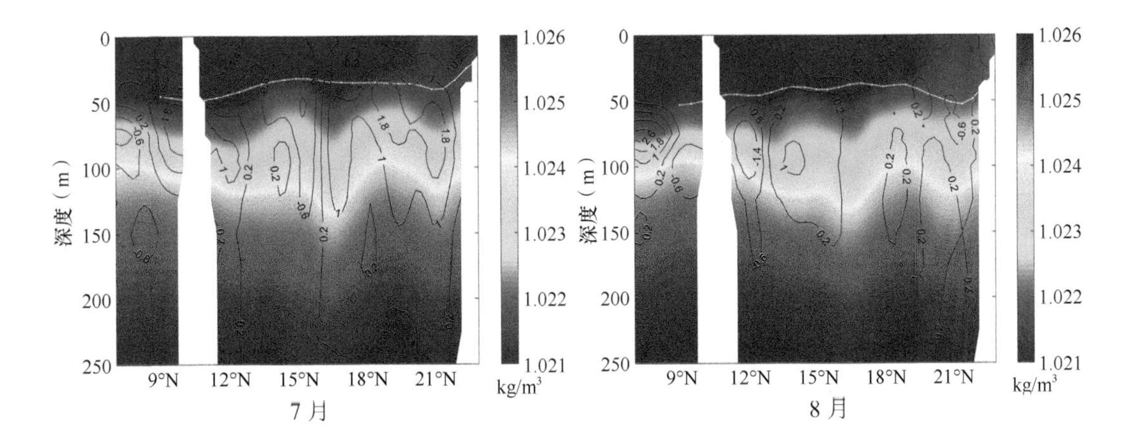

7 月 8 月

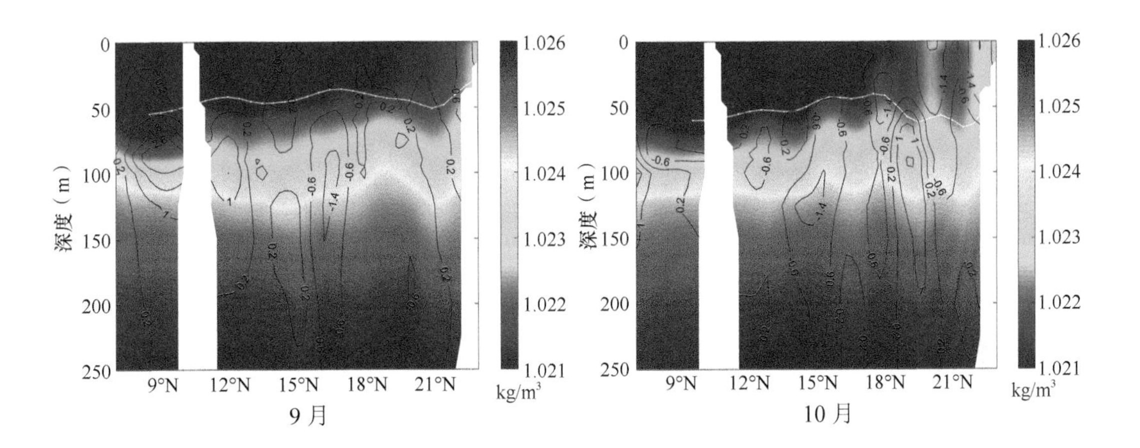

9 月 10 月

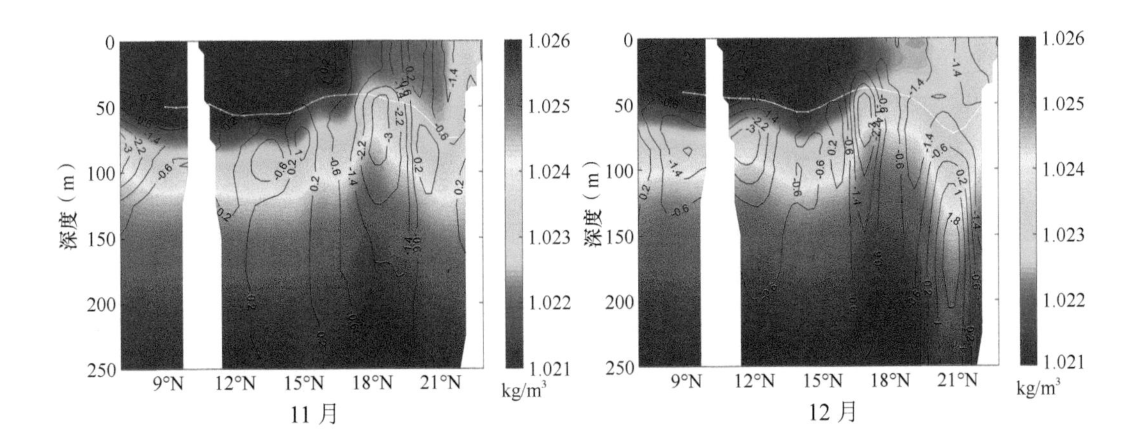

11 月 12 月

1～12月9°N纬向断面混合层深度、温度月增量及密度

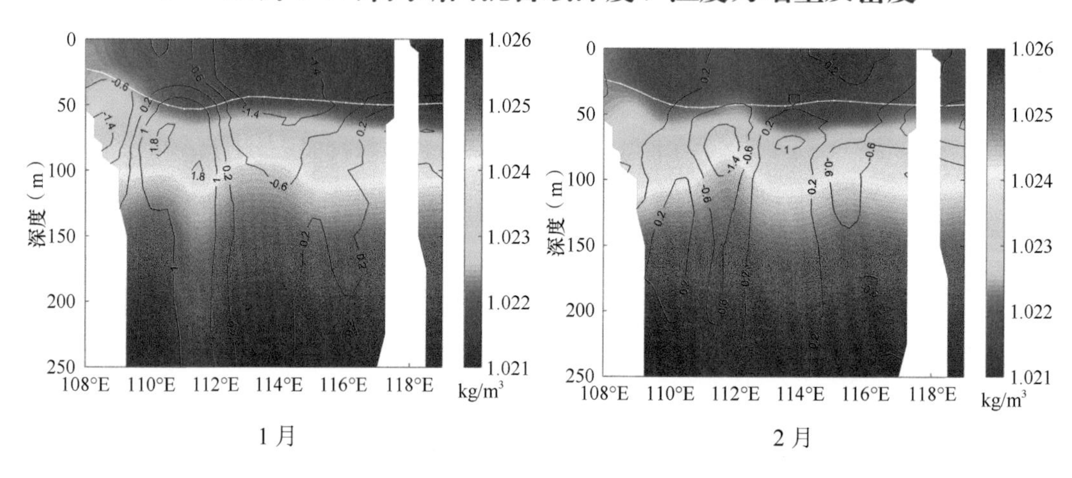

1月　　2月

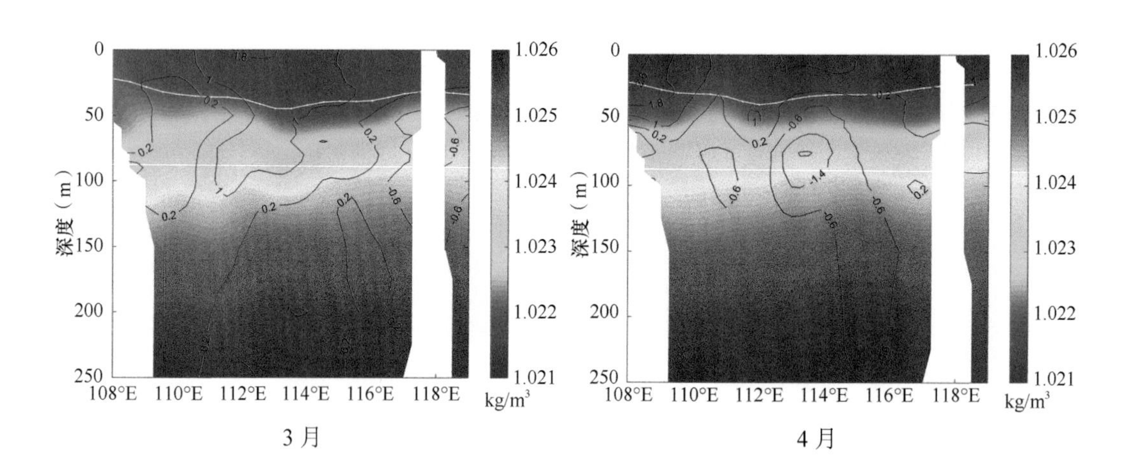

3月　　4月

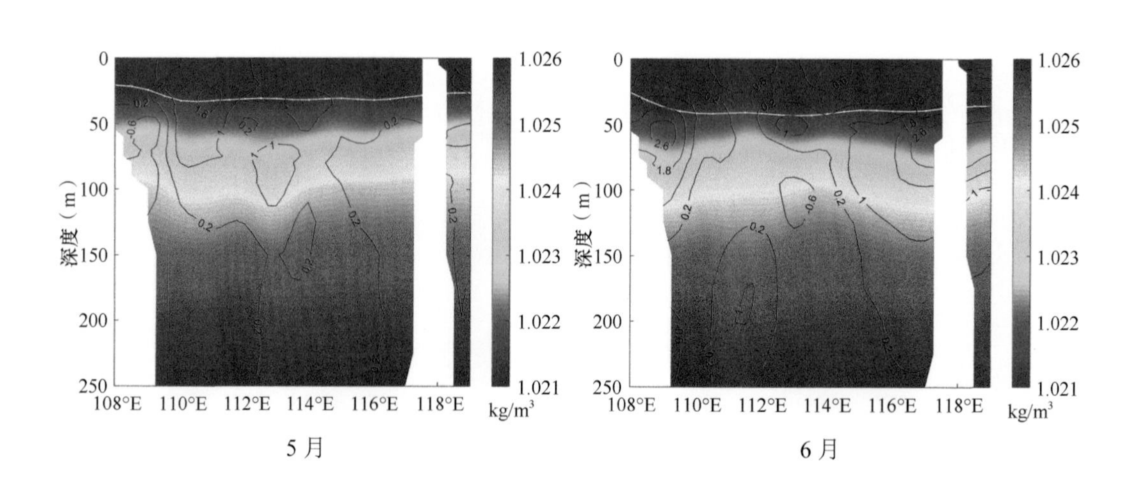

5月　　6月

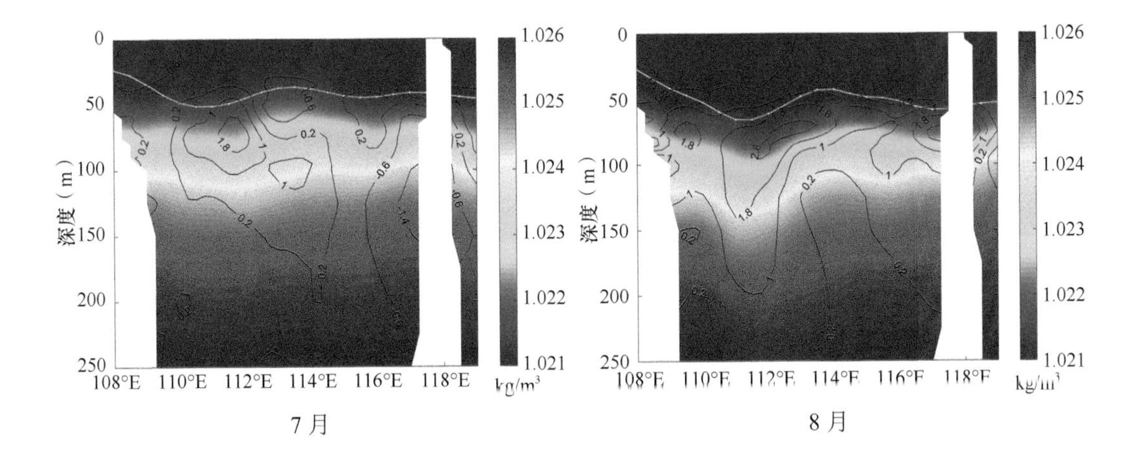

7 月　　8 月

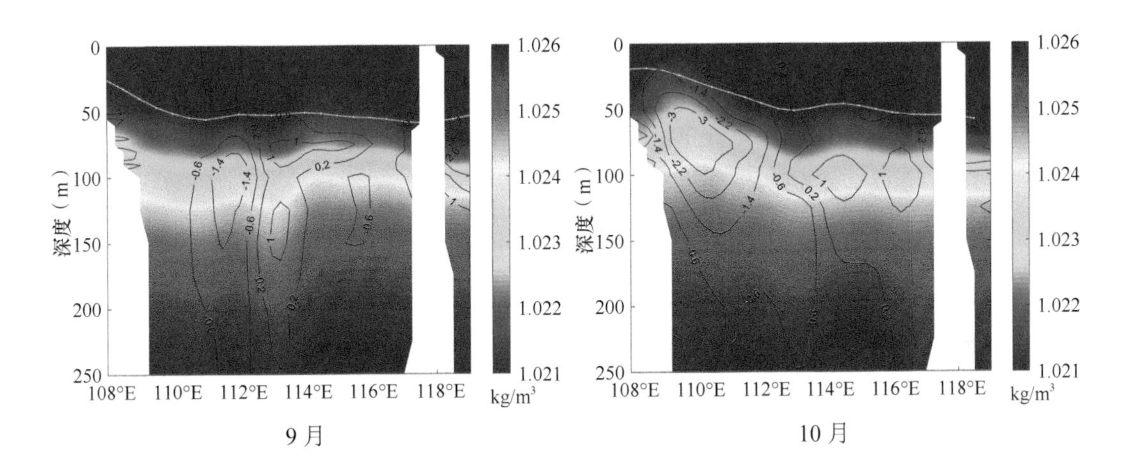

9 月　　10 月

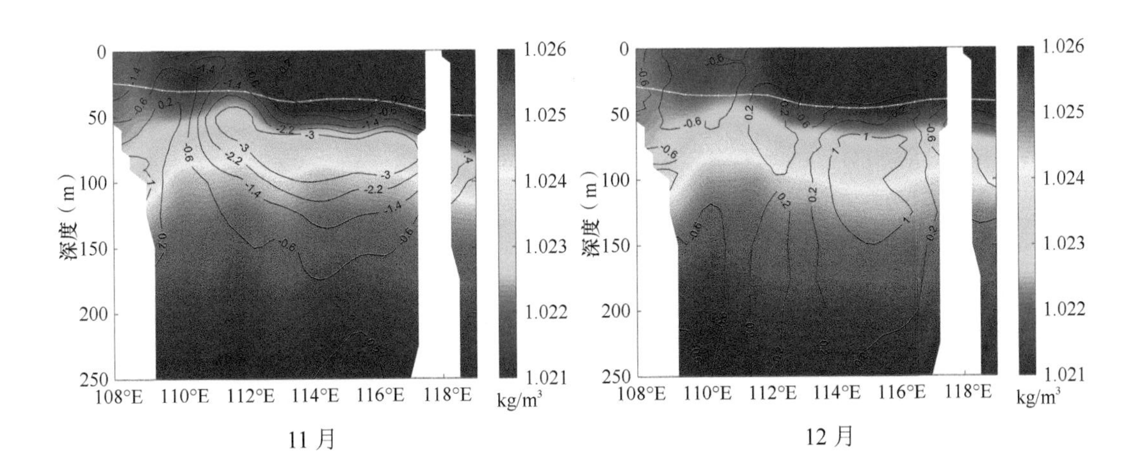

11 月　　12 月

1～12 月 15°N 纬向断面混合层深度、温度月增量及密度

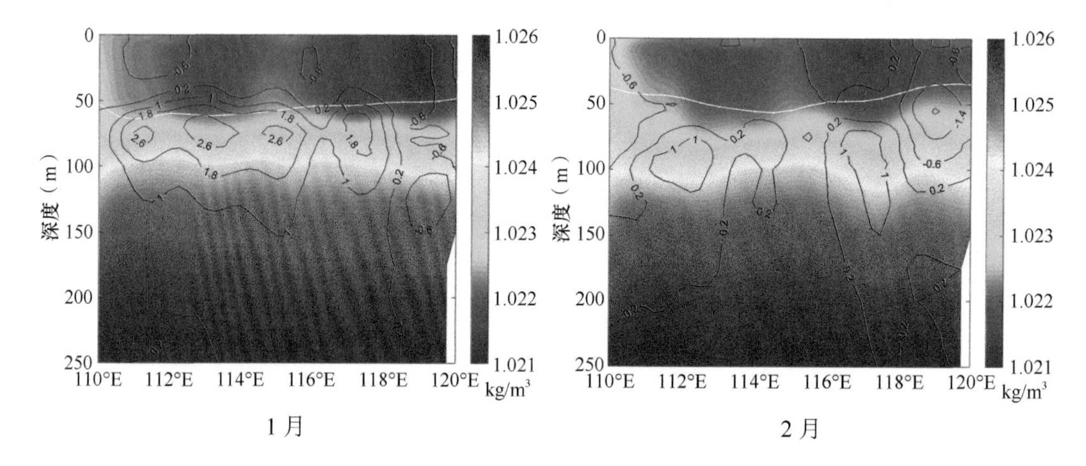

1 月　　2 月

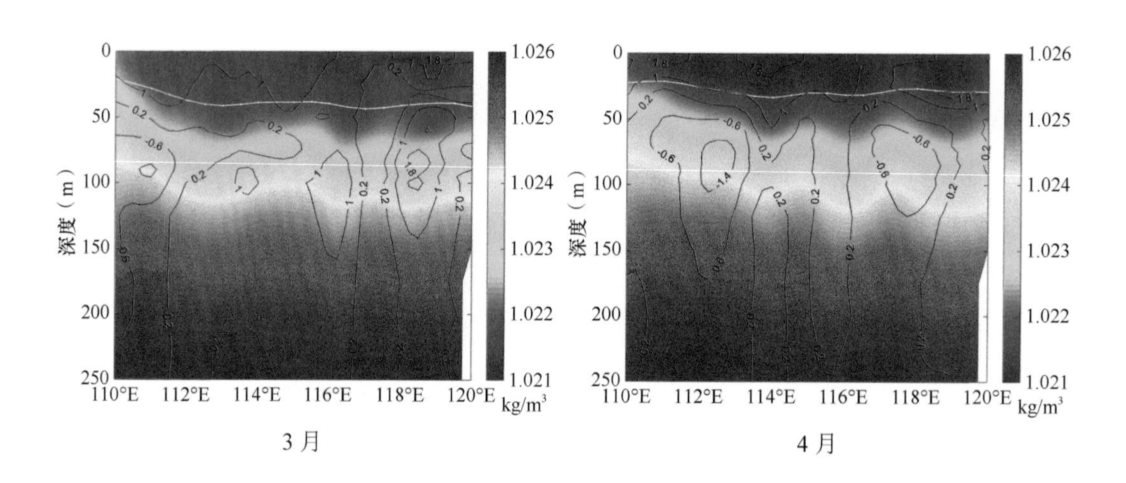

3 月　　4 月

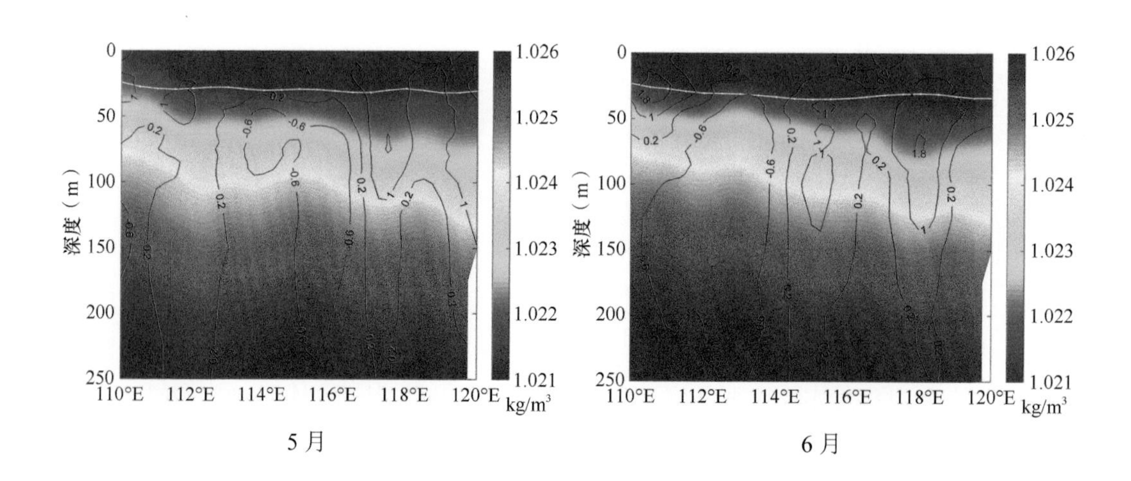

5 月　　6 月

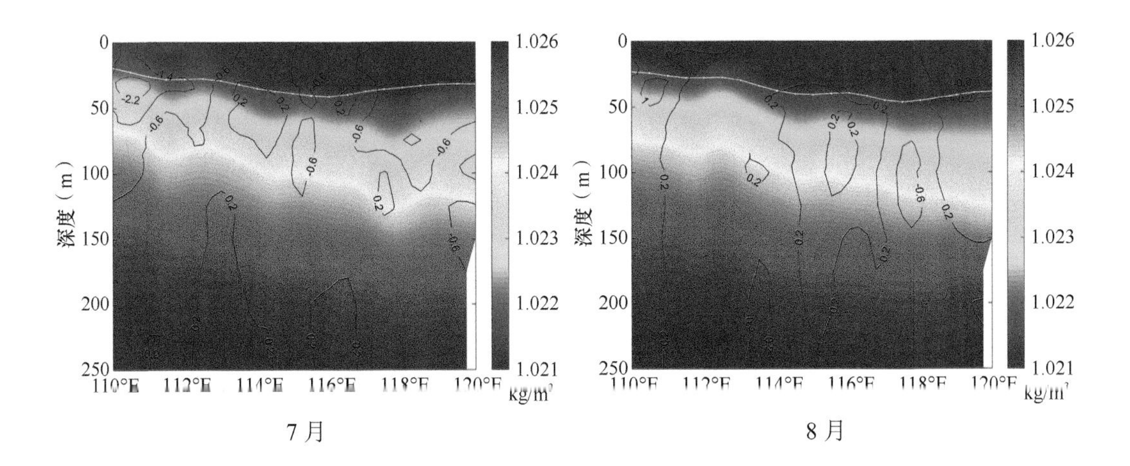

7 月　　8 月

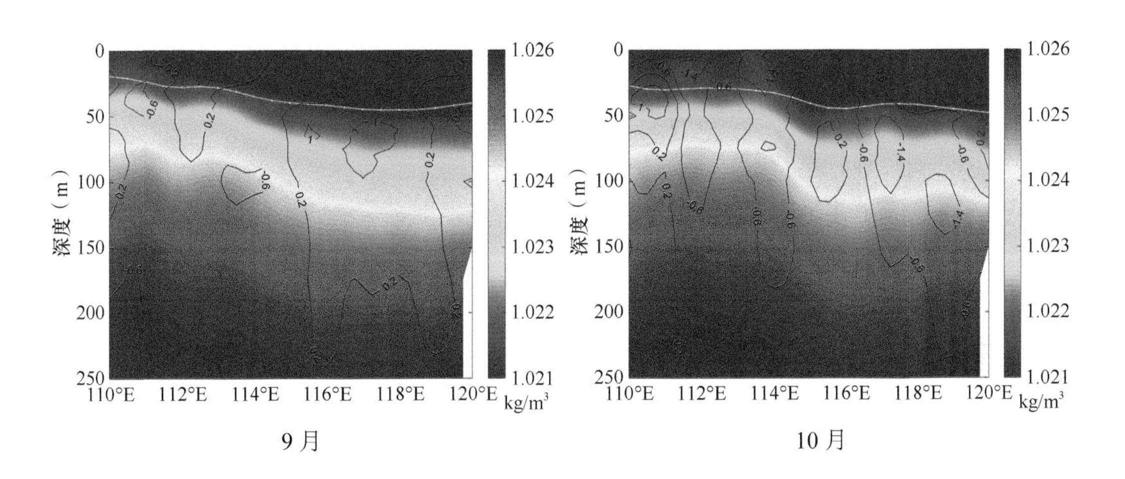

9 月　　10 月

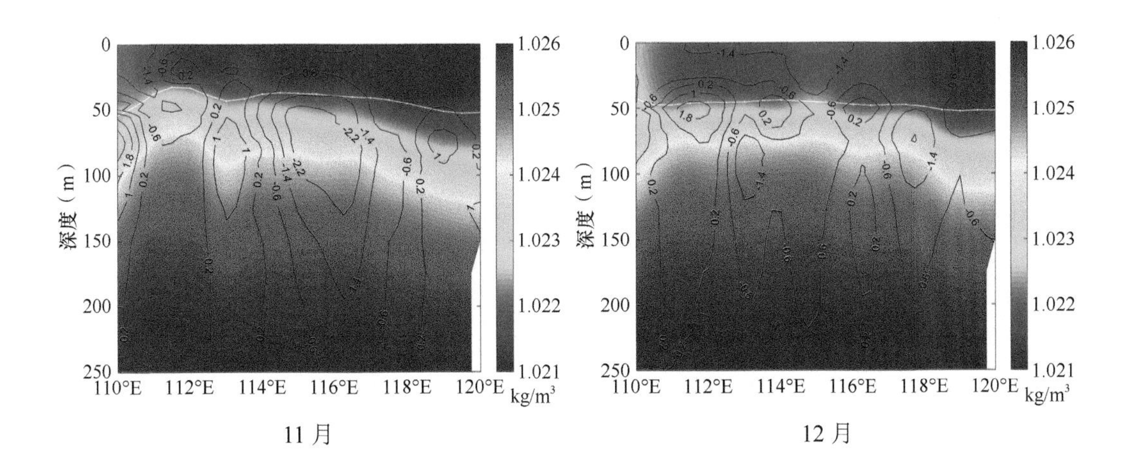

11 月　　12 月

1～12 月 18°N 纬向断面混合层深度、温度月增量及密度

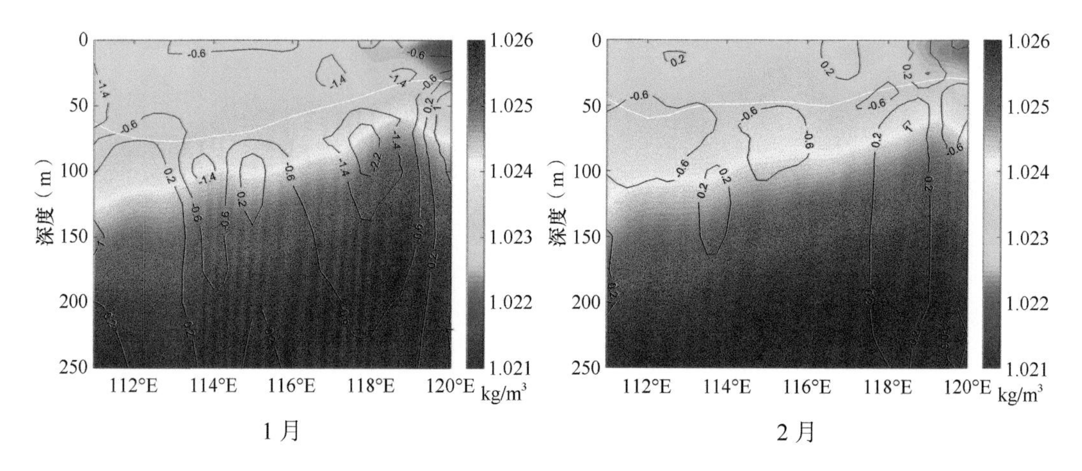

1 月　　　　2 月

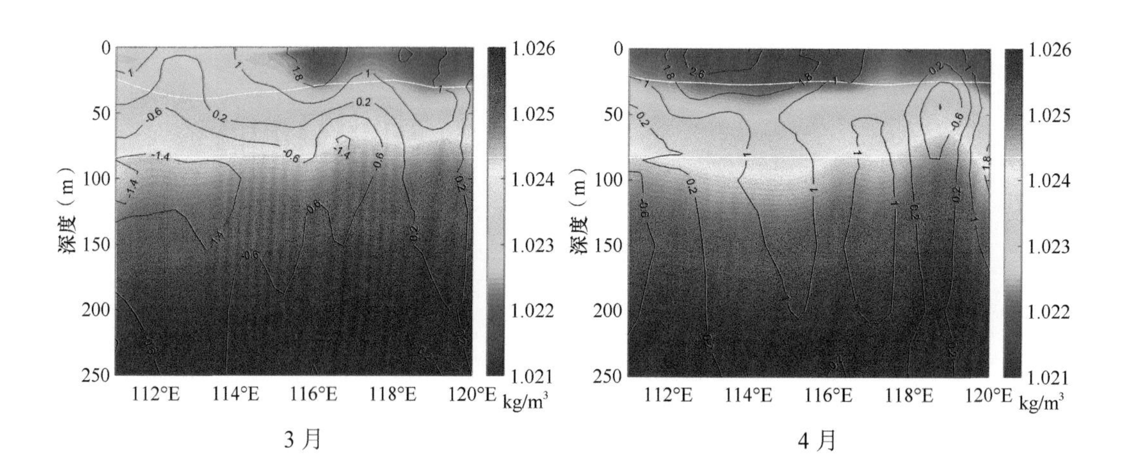

3 月　　　　4 月

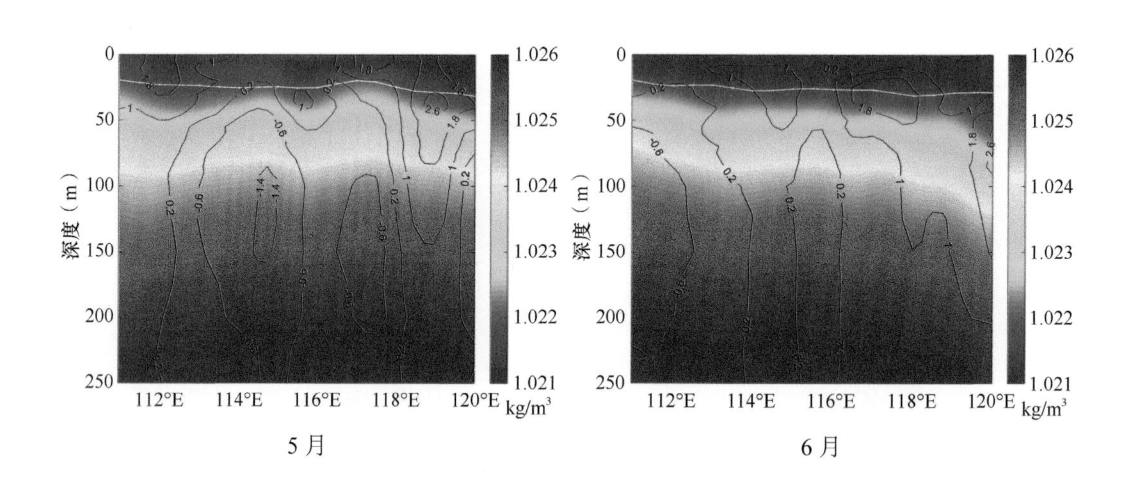

5 月　　　　6 月

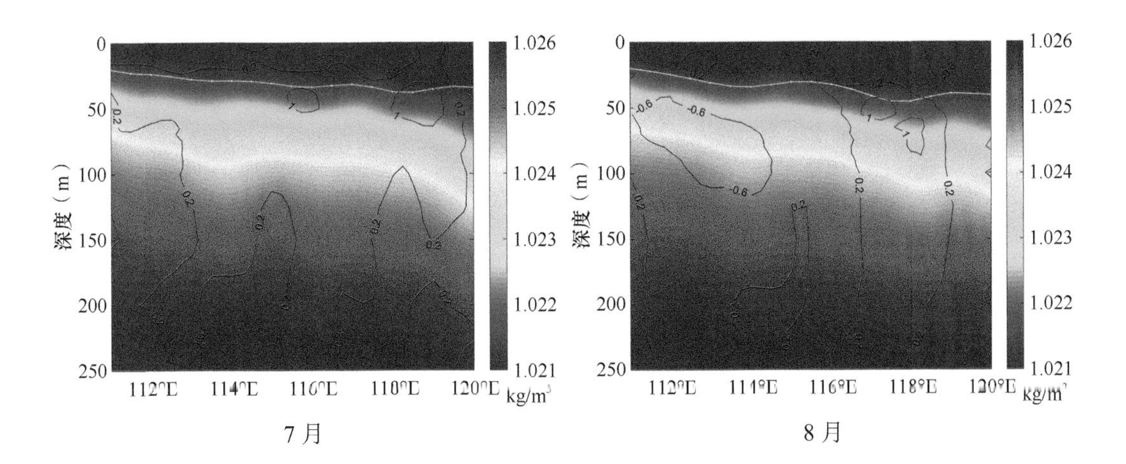

7 月

8 月

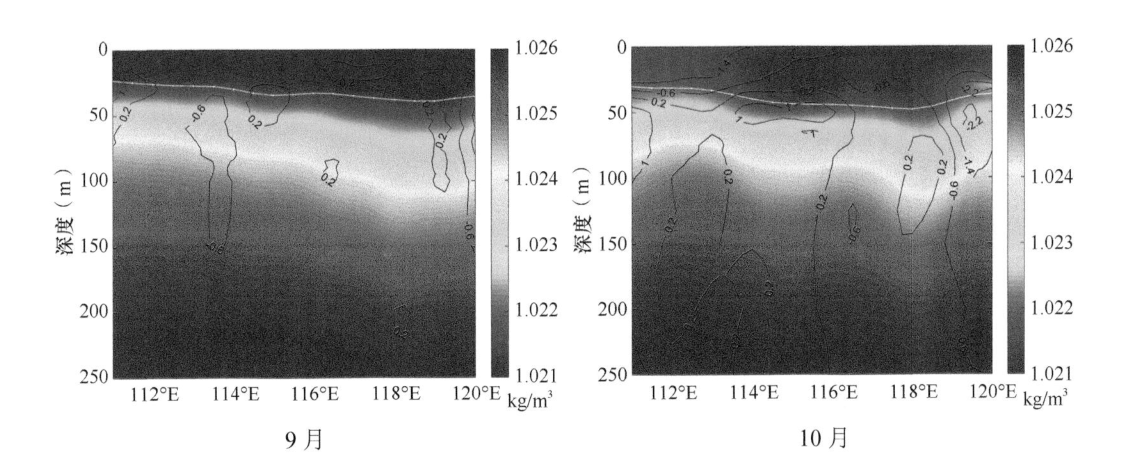

9 月

10 月

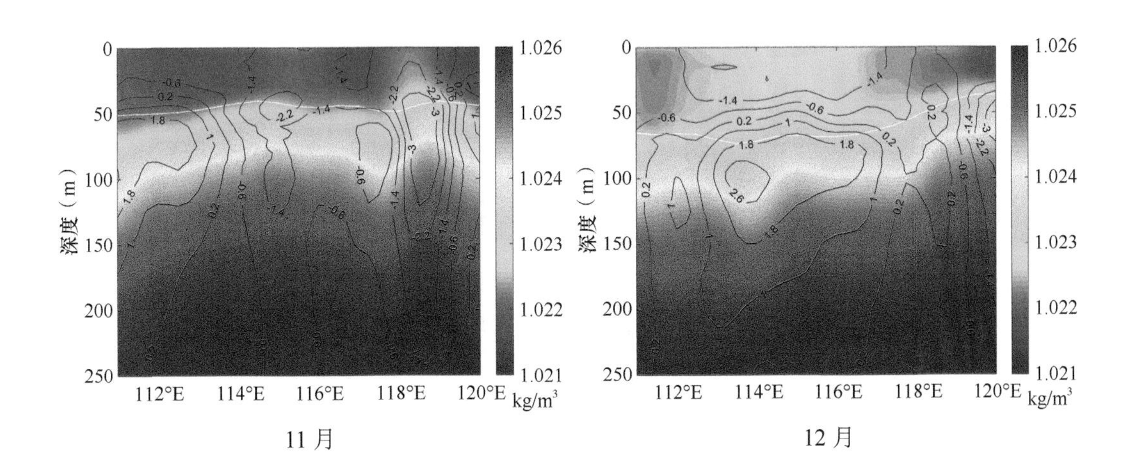

11 月

12 月

1～12 月 111°E 经向断面混合层深度、温度距平及密度①

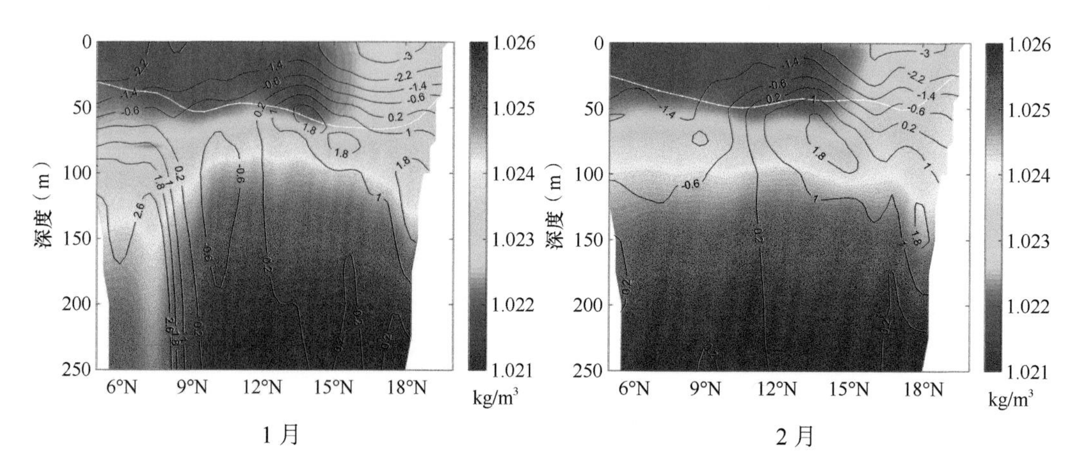

1 月　　　　2 月

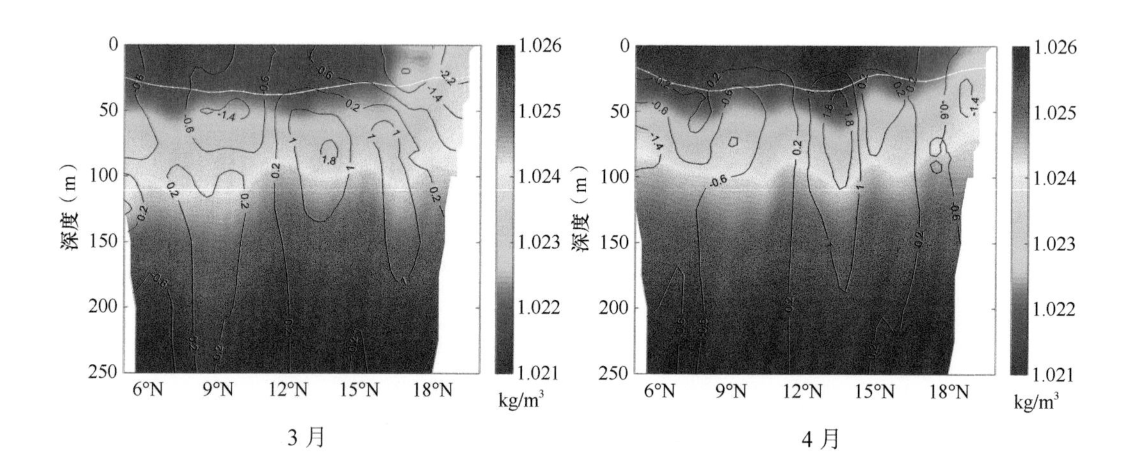

3 月　　　　4 月

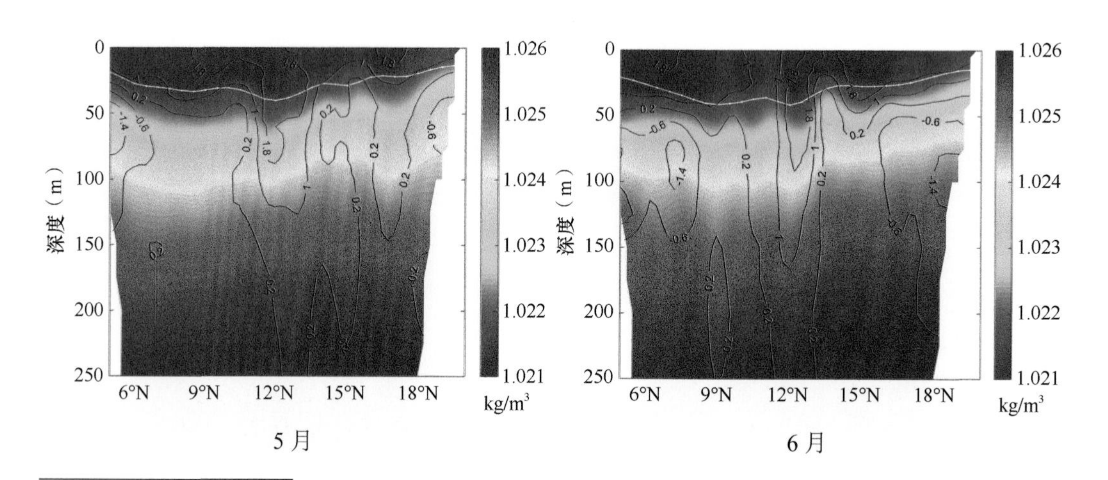

5 月　　　　6 月

---

① 在经向断面和纬向断面的物理海洋学图中，白色细线代表混合层深度（m），黑色细线表示温度月增量或温度距平（℃），填色表示密度（kg/m³）。

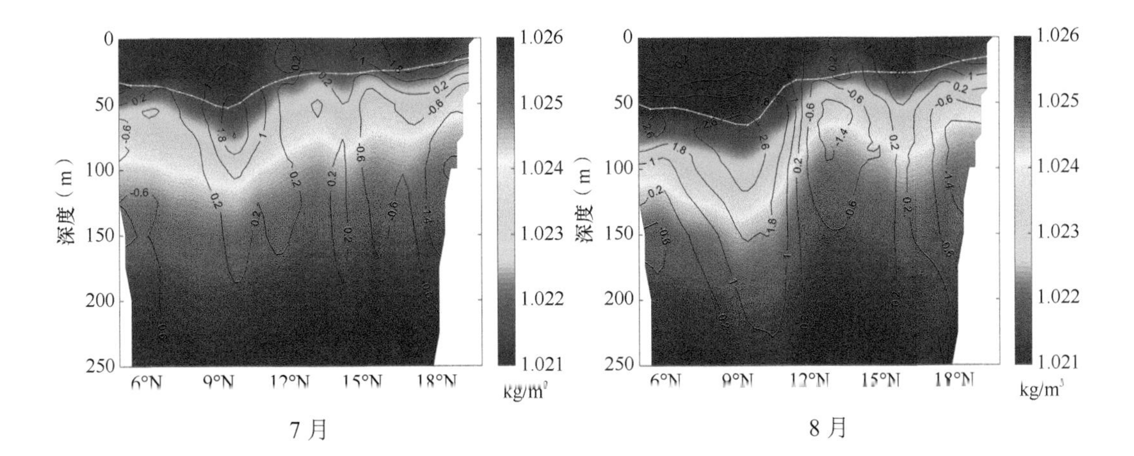

7 月　　8 月

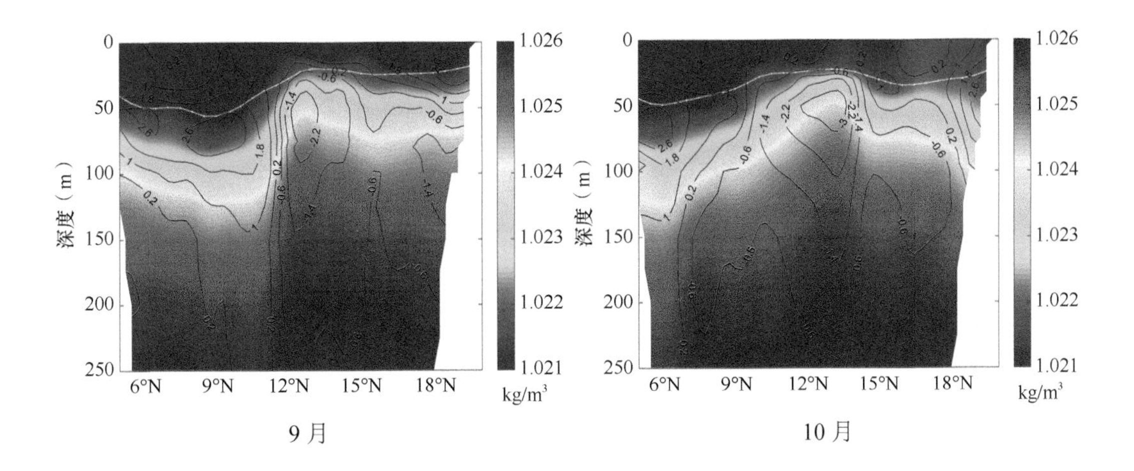

9 月　　10 月

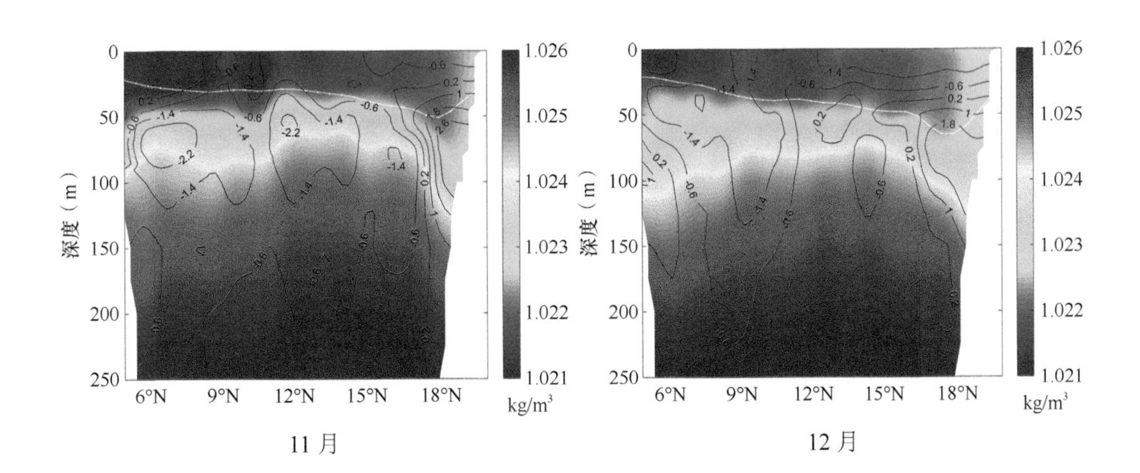

11 月　　12 月

1～12 月 115°E 经向断面混合层深度、温度距平及密度

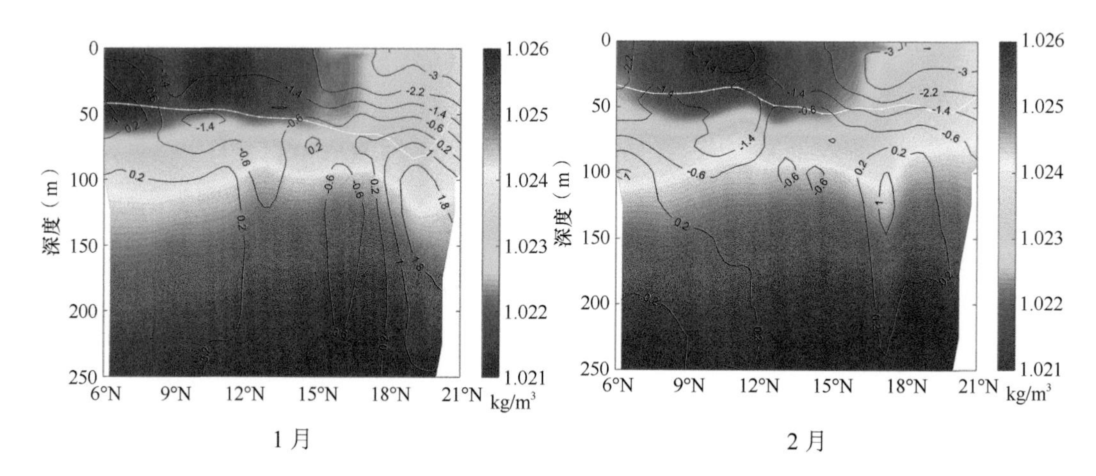

1 月

2 月

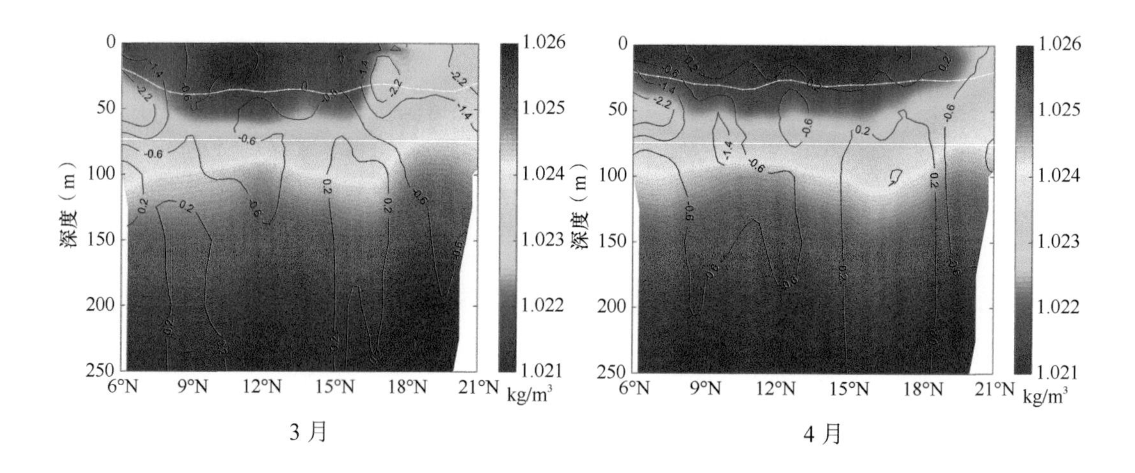

3 月

4 月

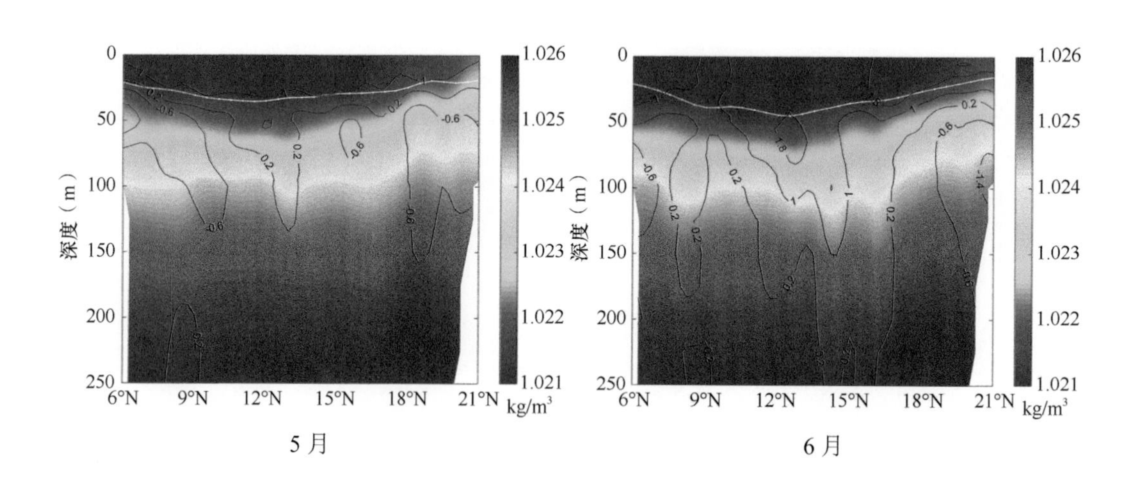

5 月

6 月

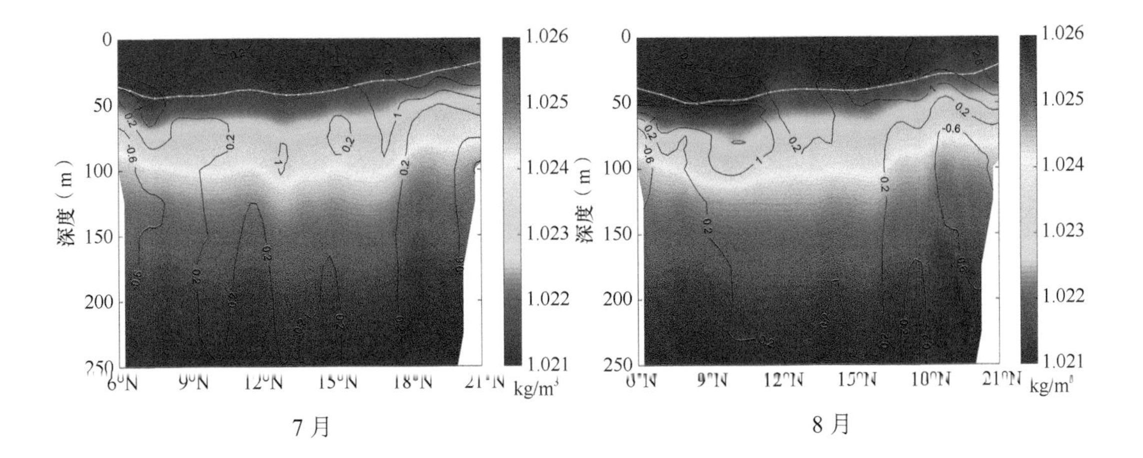

7 月　　8 月

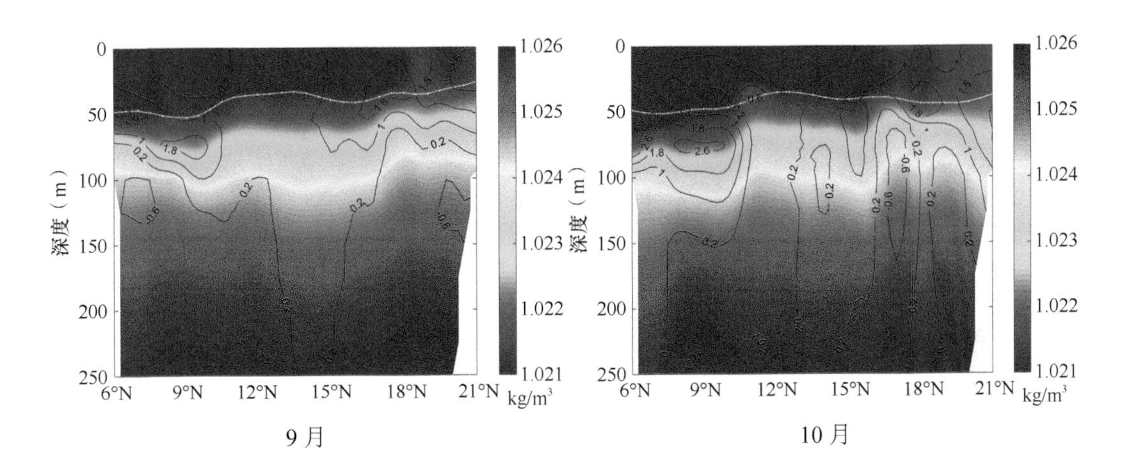

9 月　　10 月

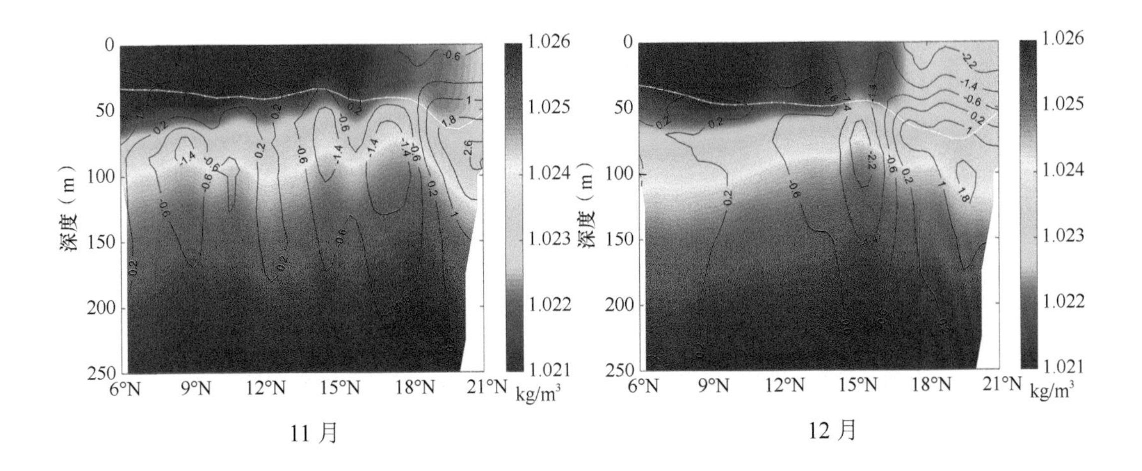

11 月　　12 月

1～12月119°E经向断面混合层深度、温度距平及密度

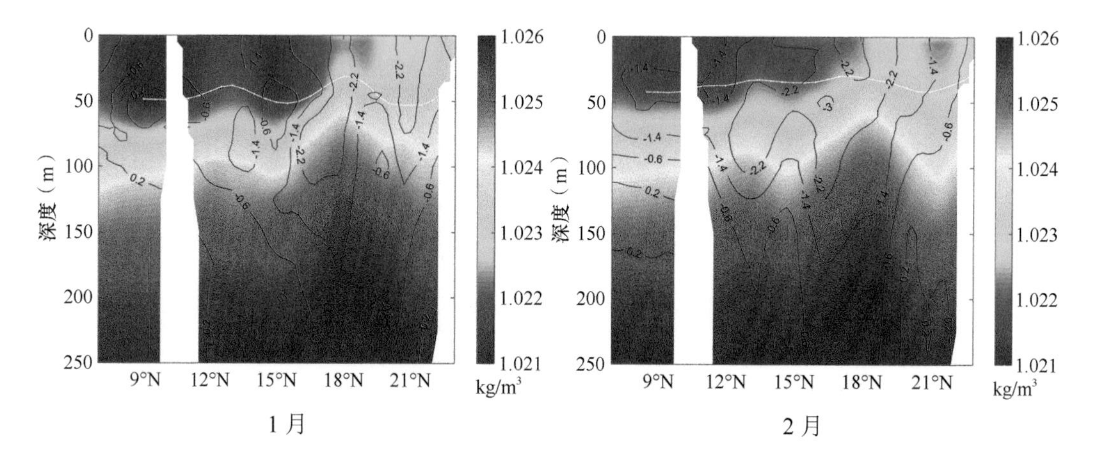

1月　　2月

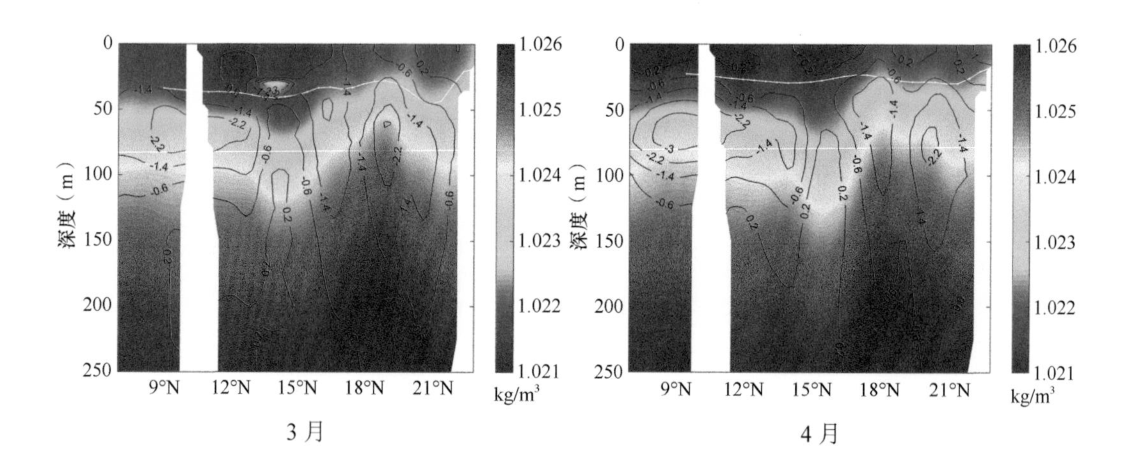

3月　　4月

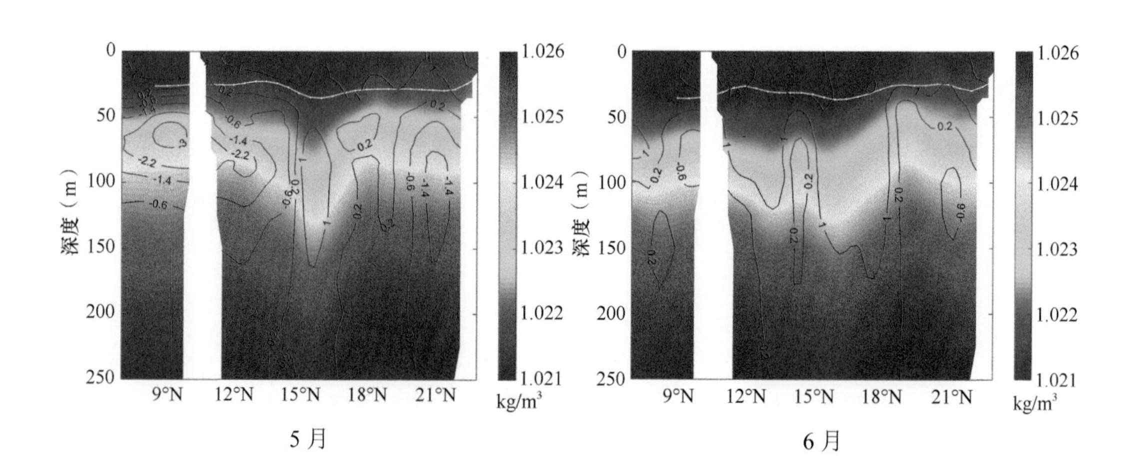

5月　　6月

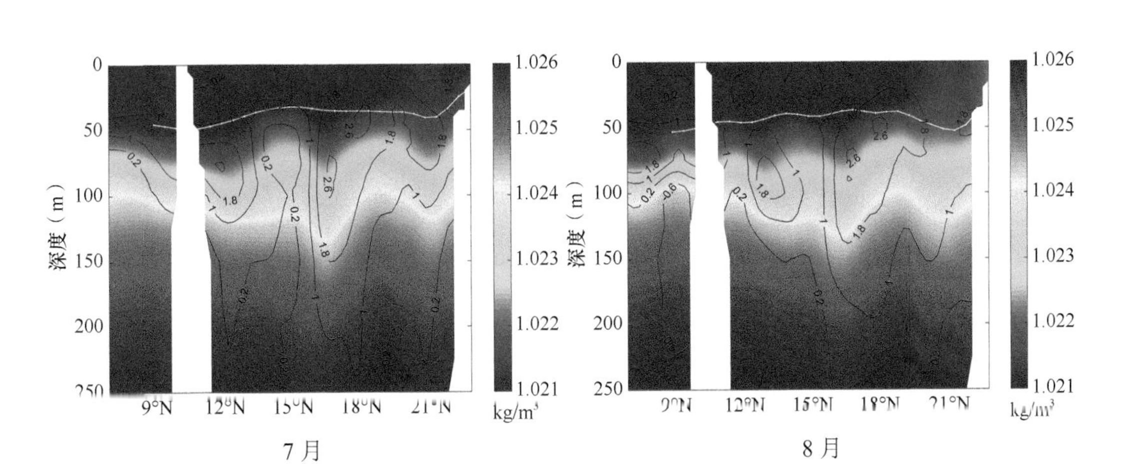

7 月　　8 月

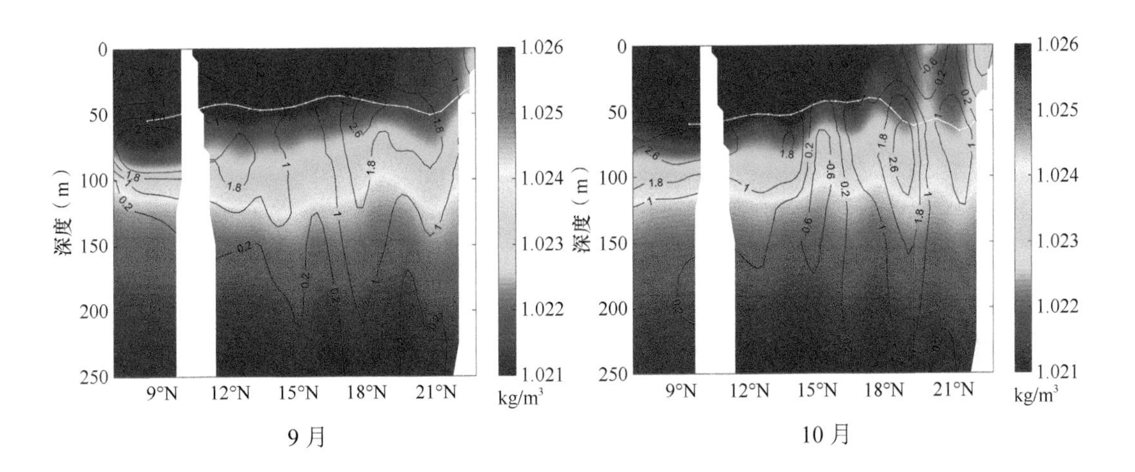

9 月　　10 月

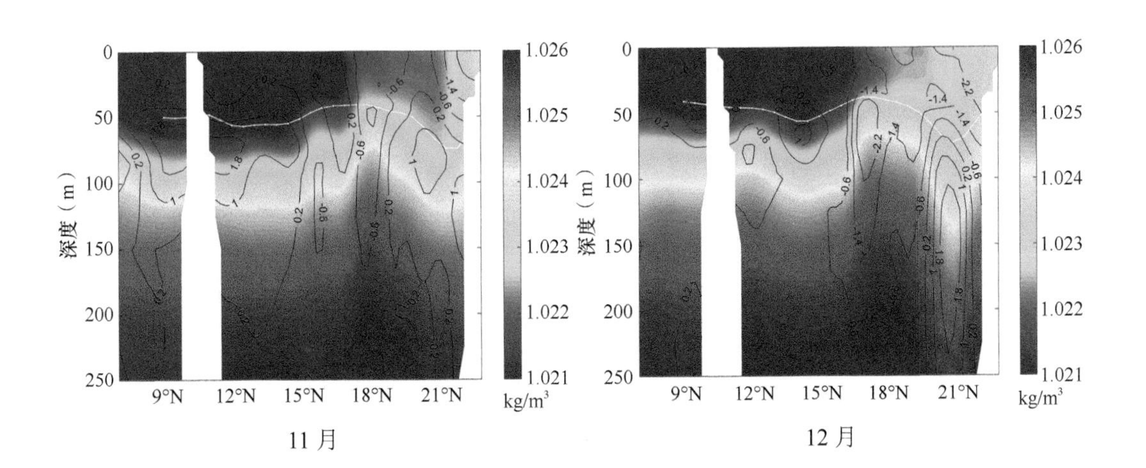

11 月　　12 月

1～12 月 9°N 纬向断面混合层深度、温度距平及密度

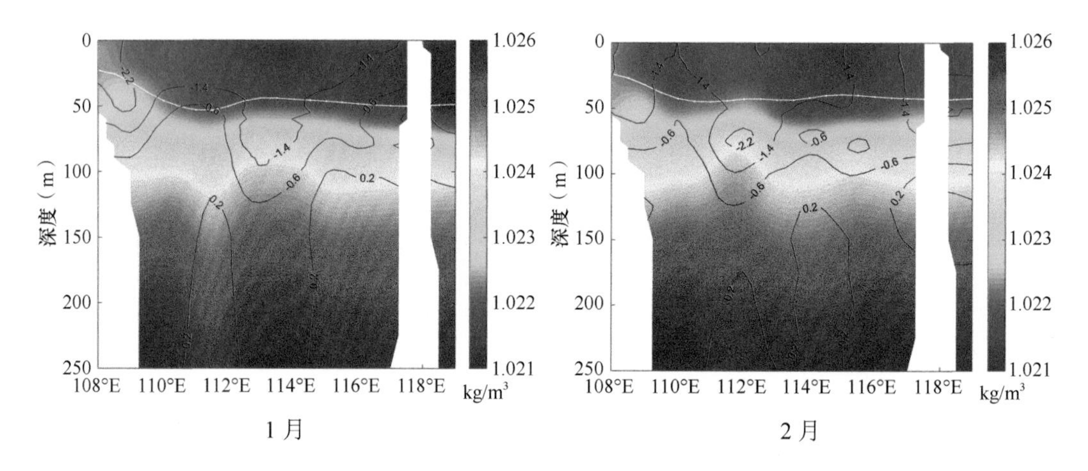

1 月　　2 月

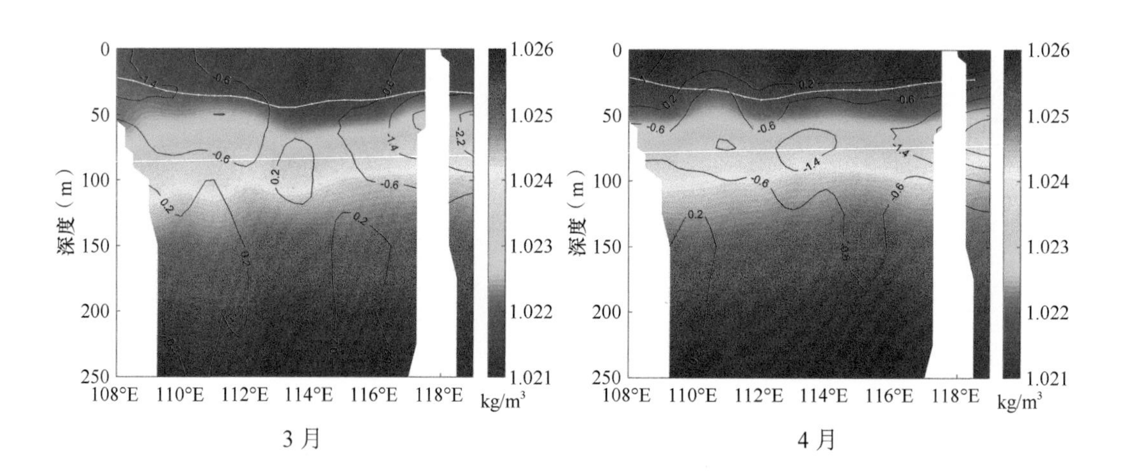

3 月　　4 月

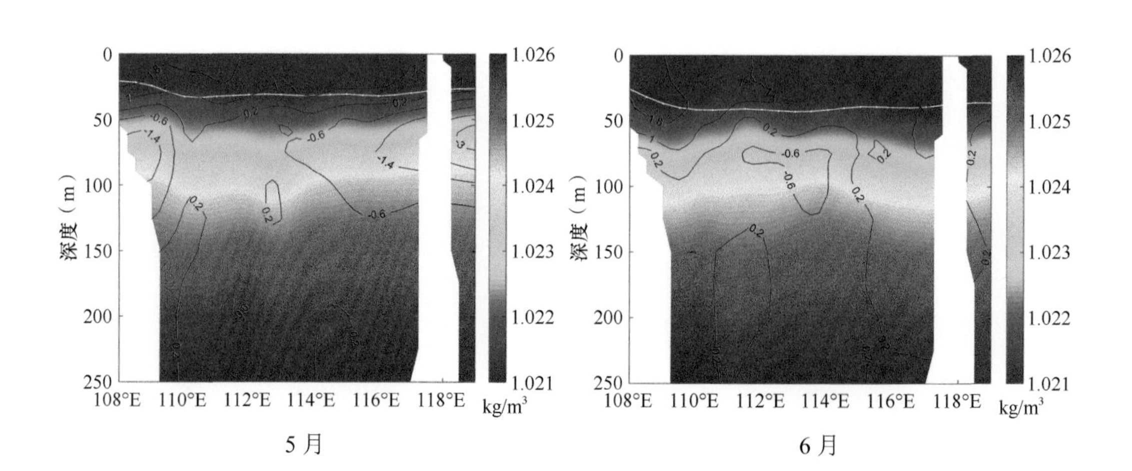

5 月　　6 月

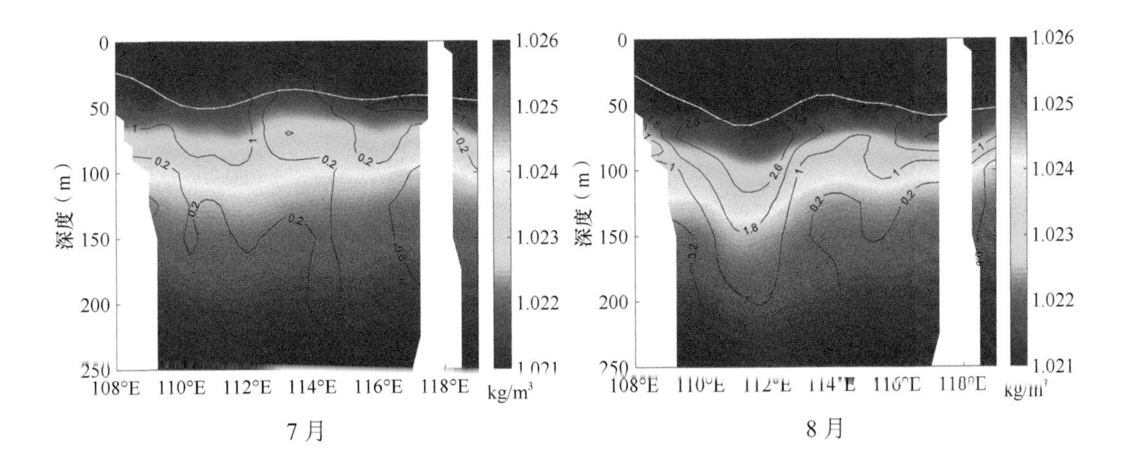

7 月　　8 月

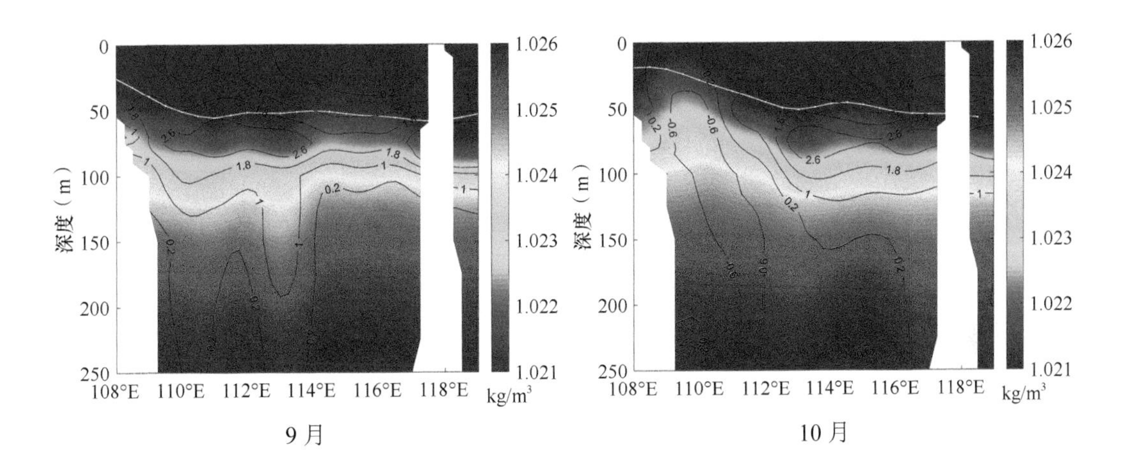

9 月　　10 月

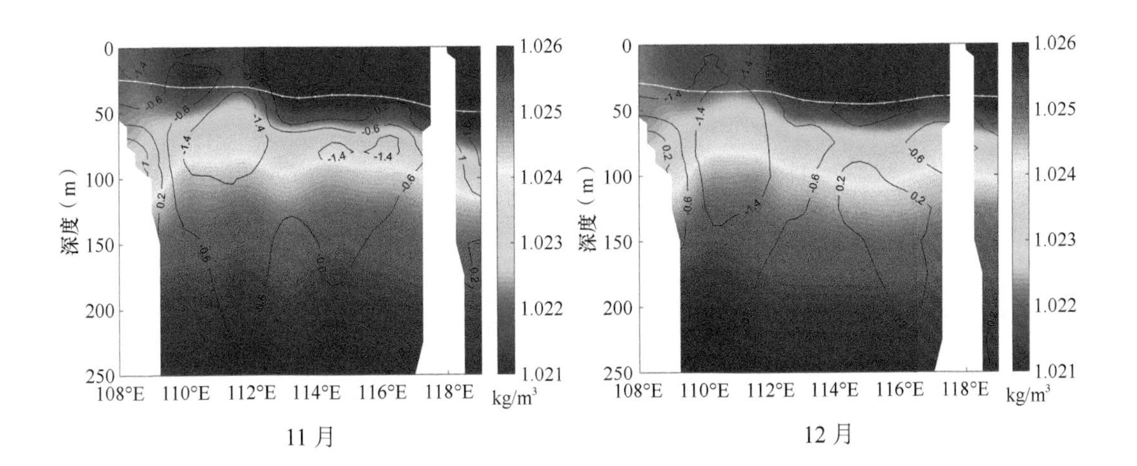

11 月　　12 月

1～12月15°N纬向断面混合层深度、温度距平及密度

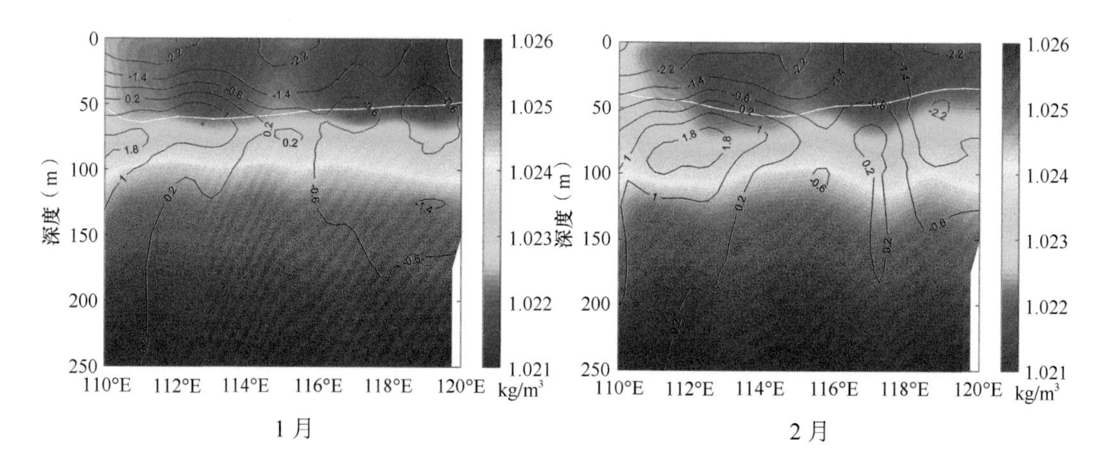

1月　　2月

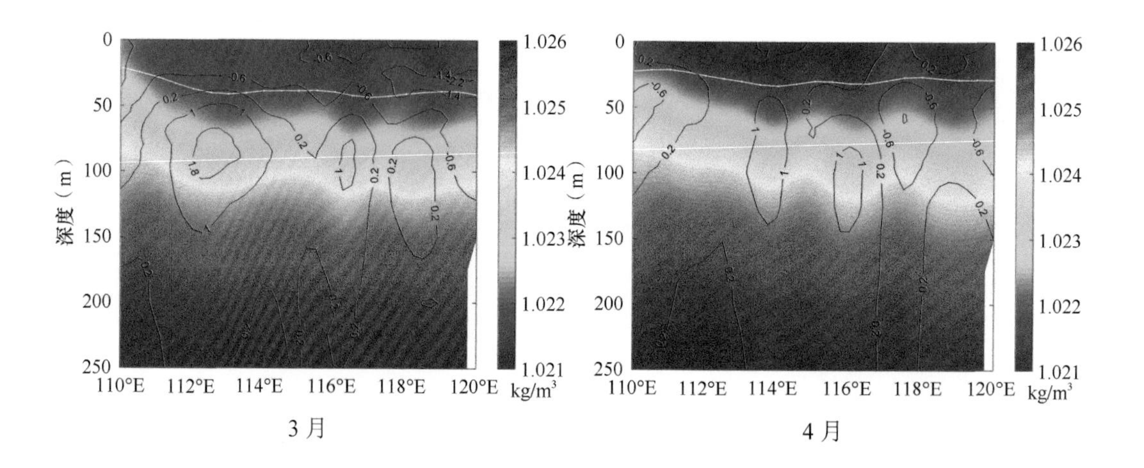

3月　　4月

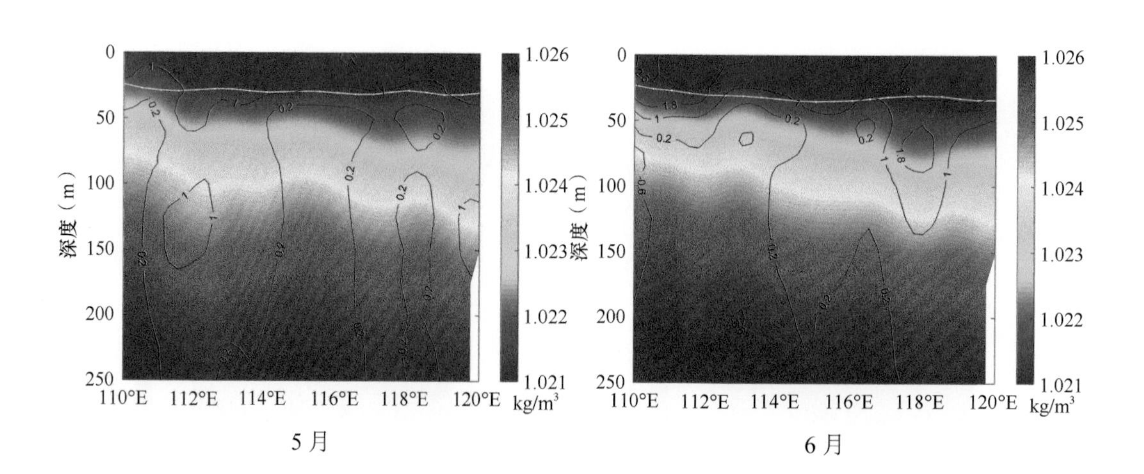

5月　　6月

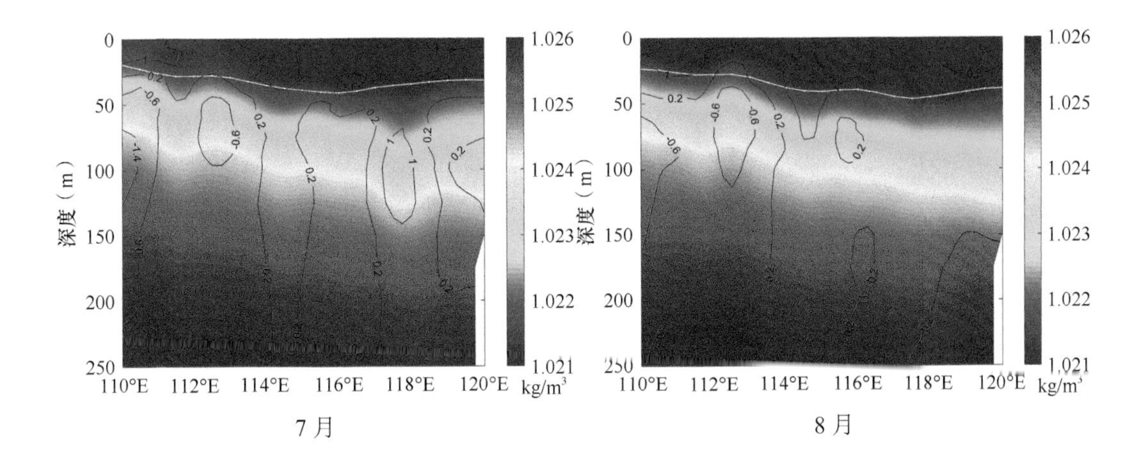

7 月　　8 月

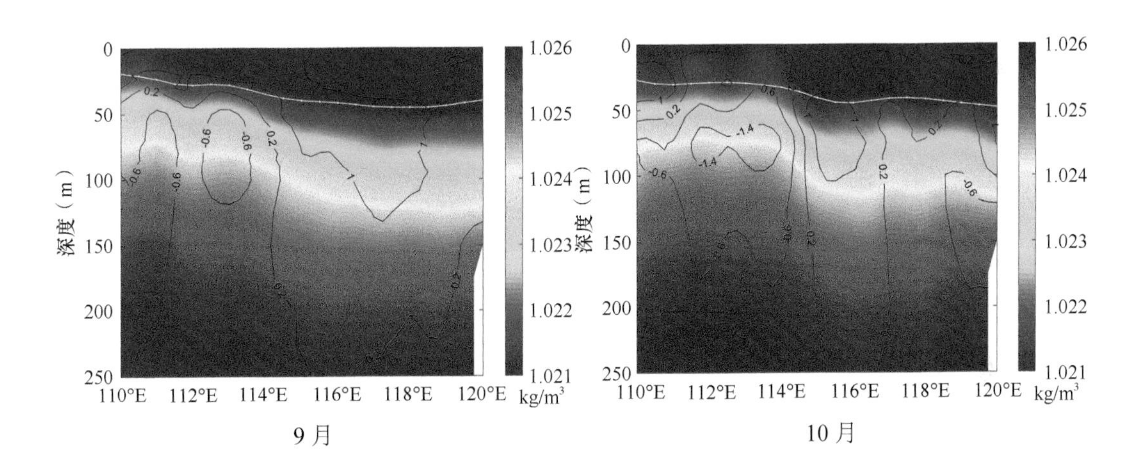

9 月　　10 月

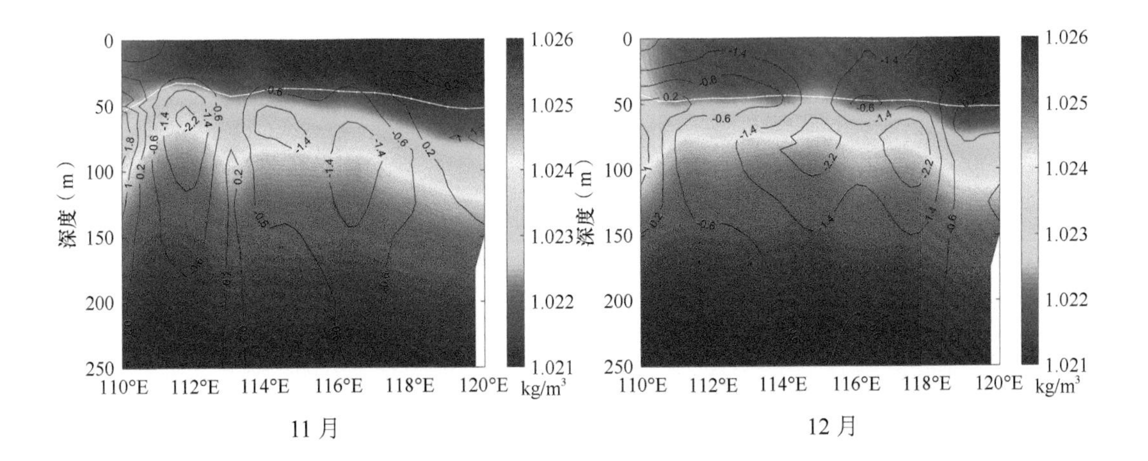

11 月　　12 月

1～12 月 18°N 纬向断面混合层深度、温度距平及密度

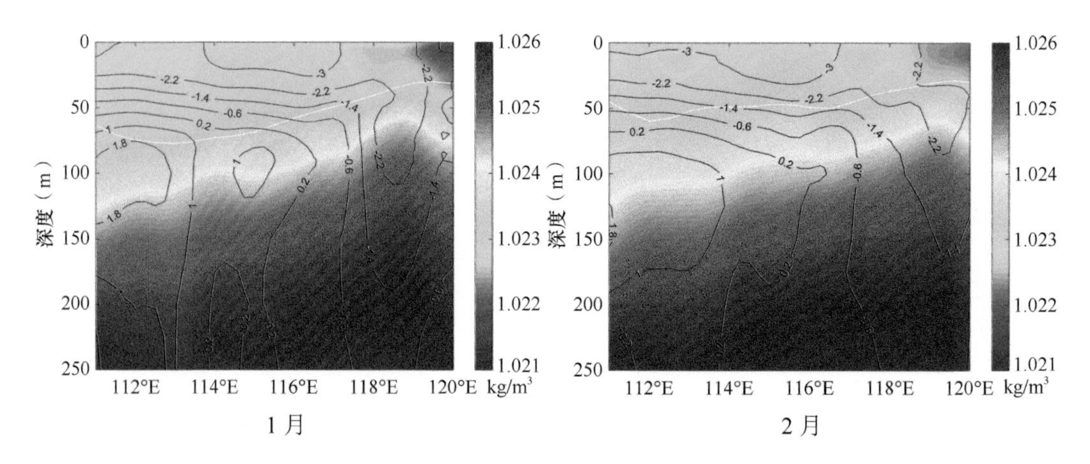

1 月　　2 月

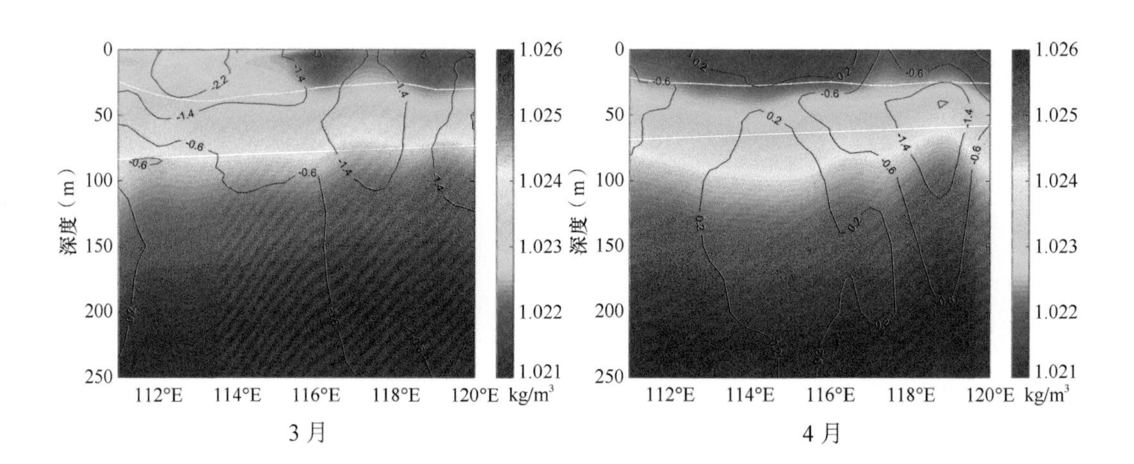

3 月　　4 月

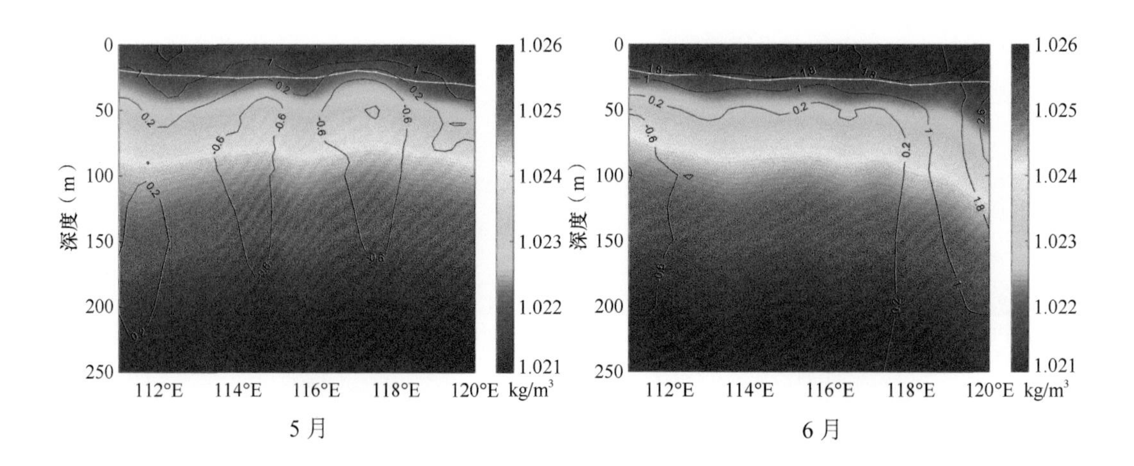

5 月　　6 月

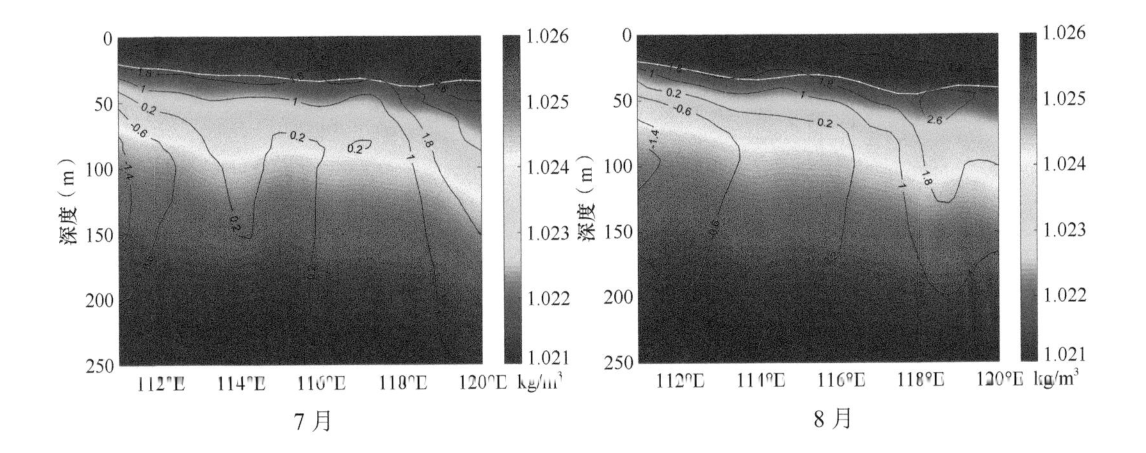

7月

8月

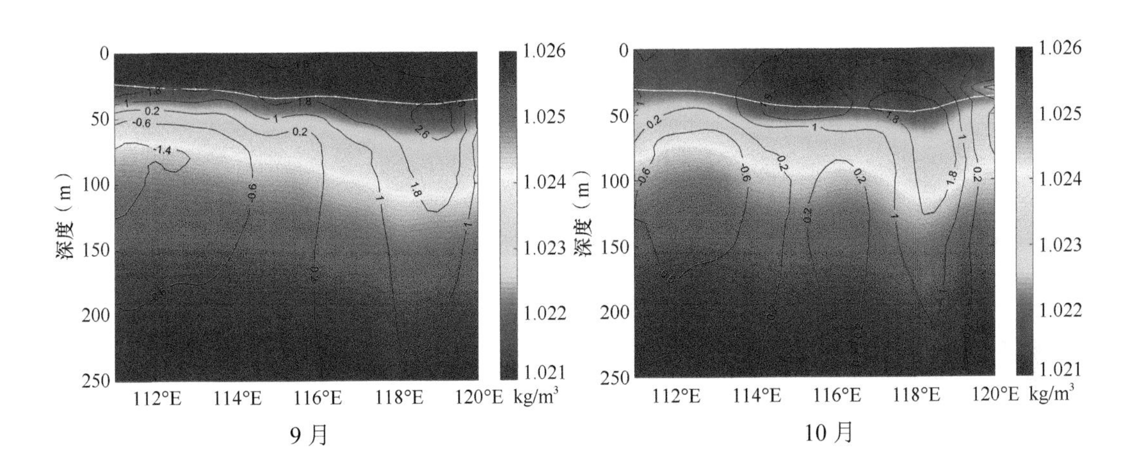

9月

10月

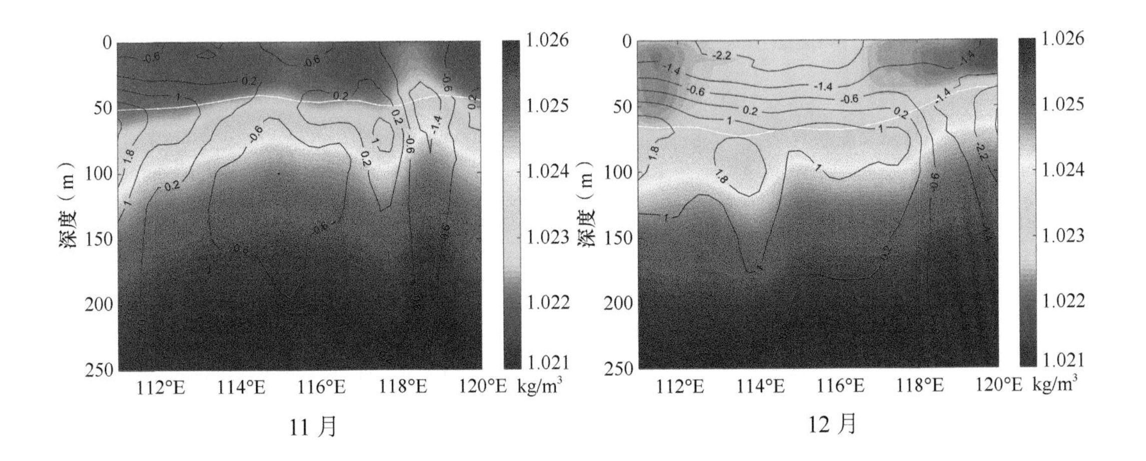

11月

12月

1～12月 σ=23.0 等密面层深度

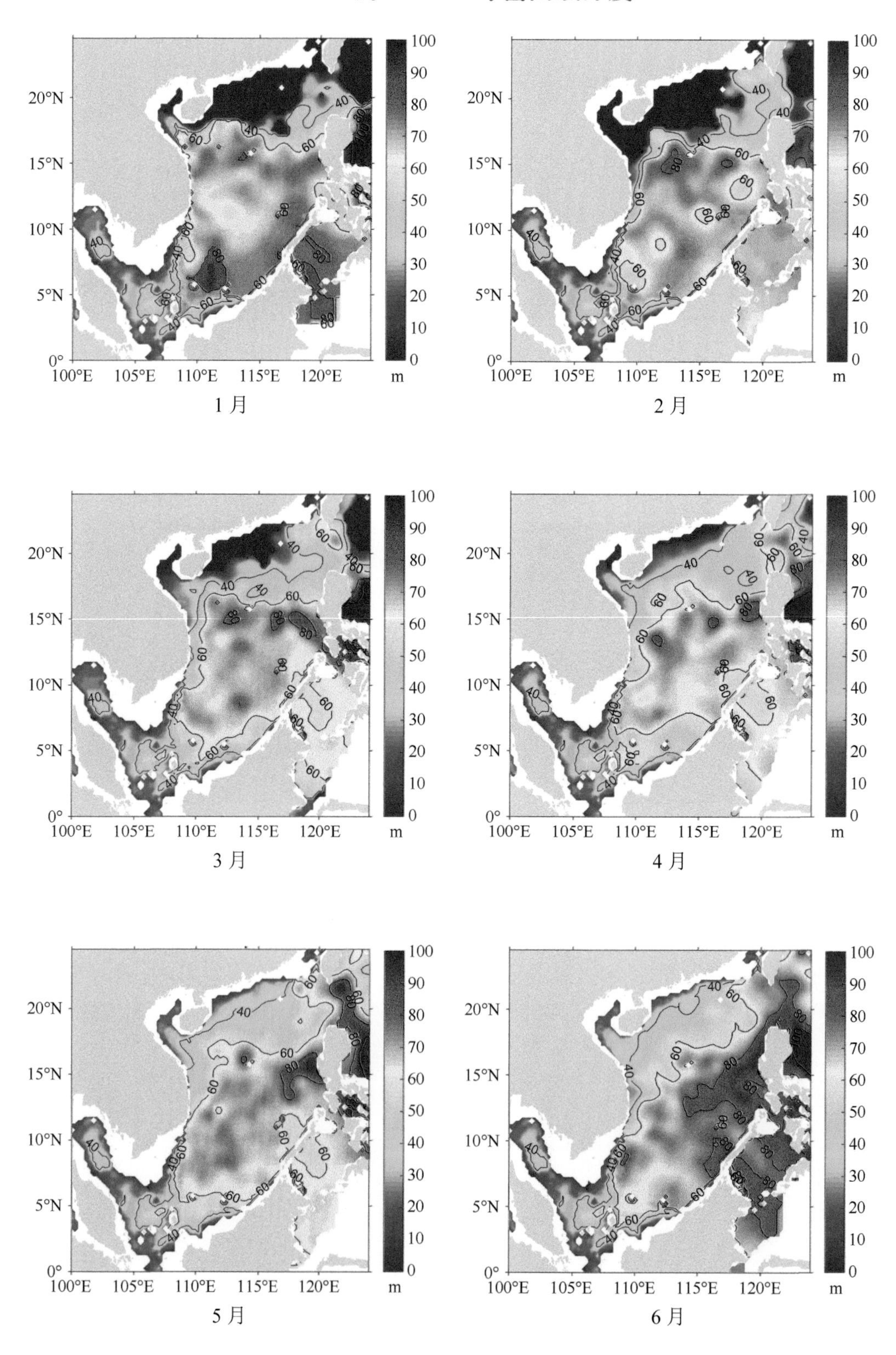

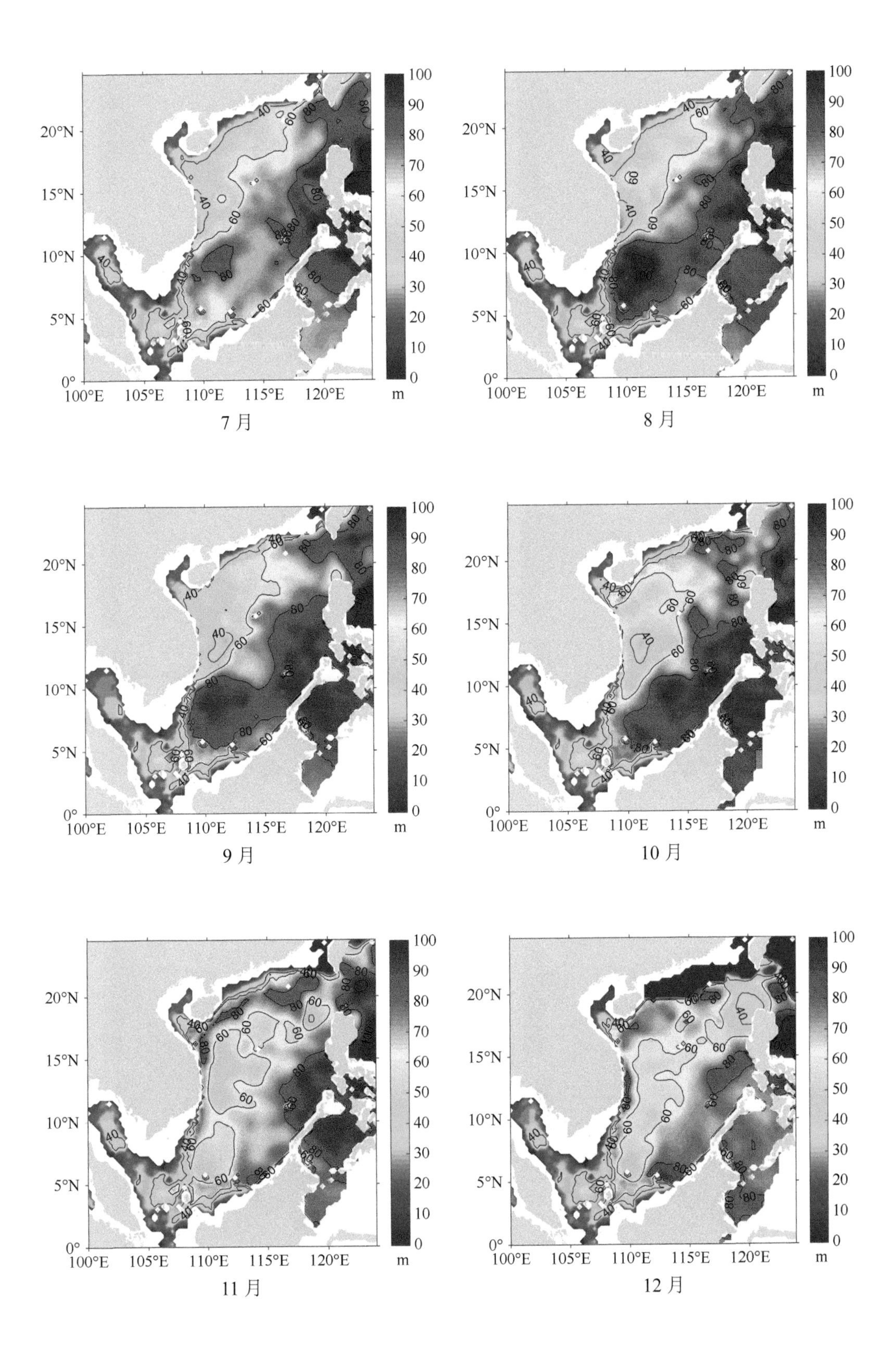

20°N
15°N
10°N
5°N
0°
100°E
105°E
110°E
115°E
120°E
100
90
80
70
60
50
40
30
20
10
0
m
7 月
8 月
9 月
10 月
11 月
12 月

1～12 月 σ=24.5 等密面层深度

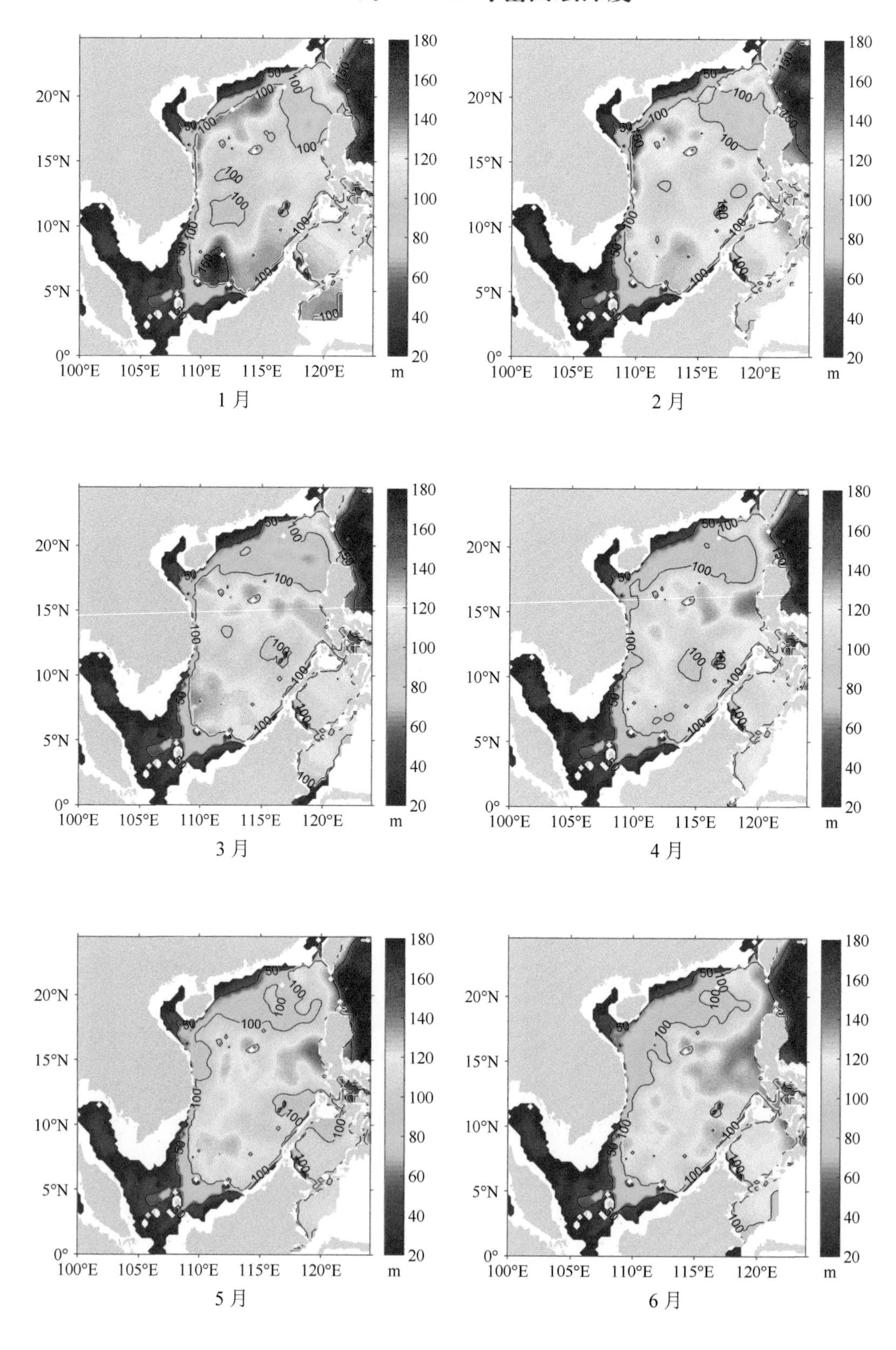

1 月

2 月

3 月

4 月

5 月

6 月

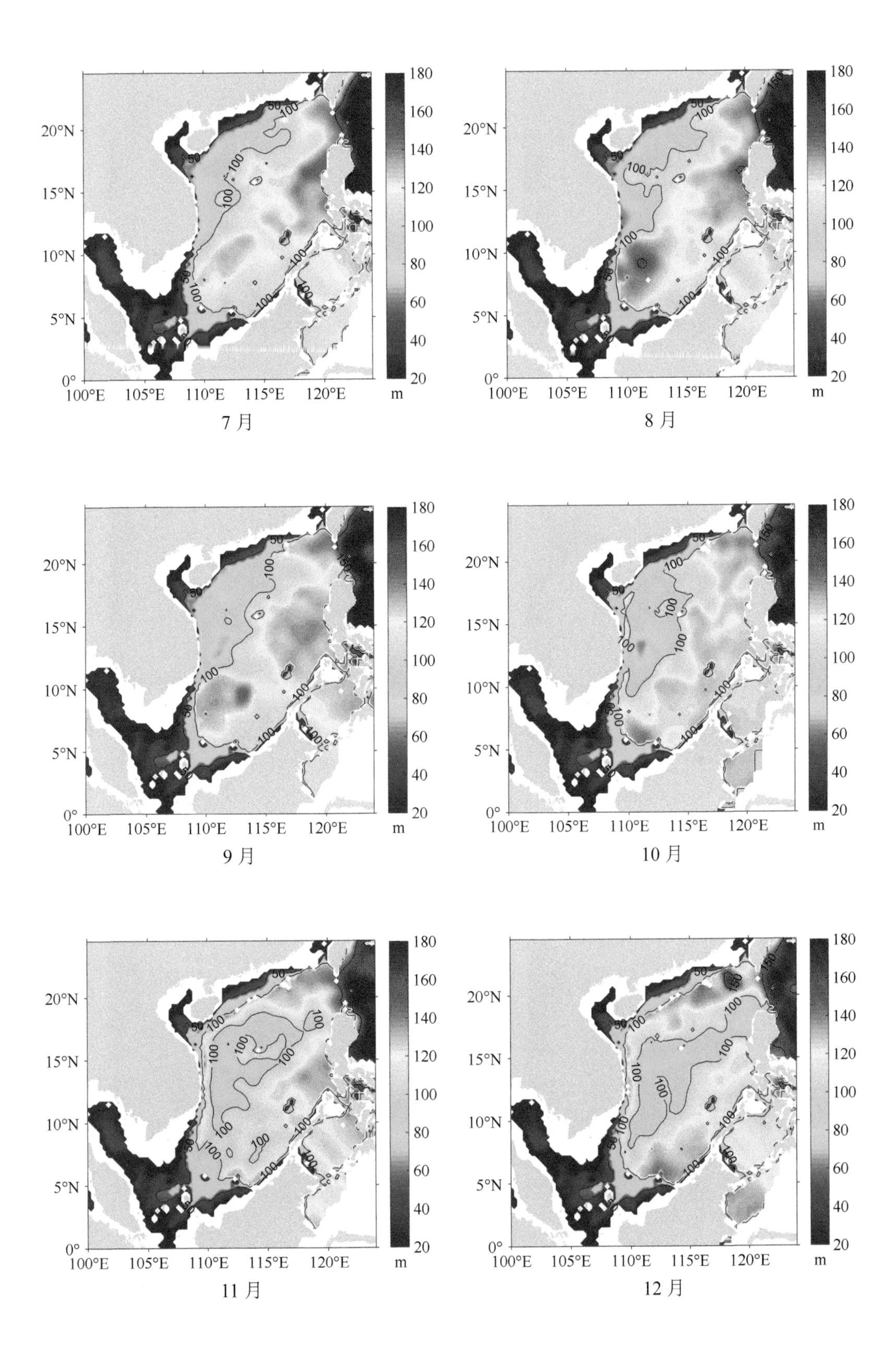
20°N
15°N
10°N
5°N
0°
100°E 105°E 110°E 115°E 120°E
180
160
140
120
100
80
60
40
20
m
7月
8月
9月
10月
11月
12月

1～12月 σ=22.5～23.0等密面层温度

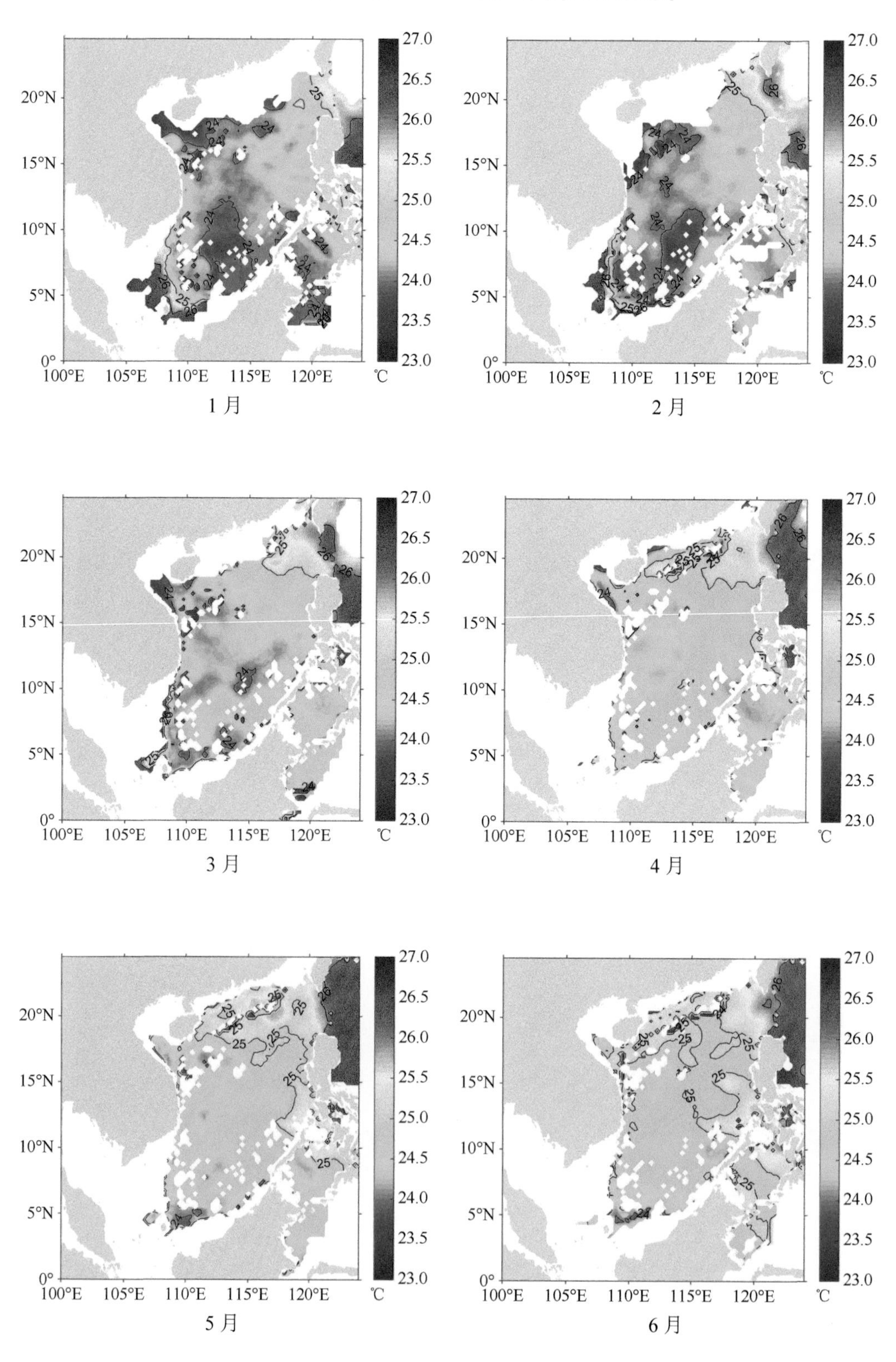

1月

2月

3月

4月

5月

6月

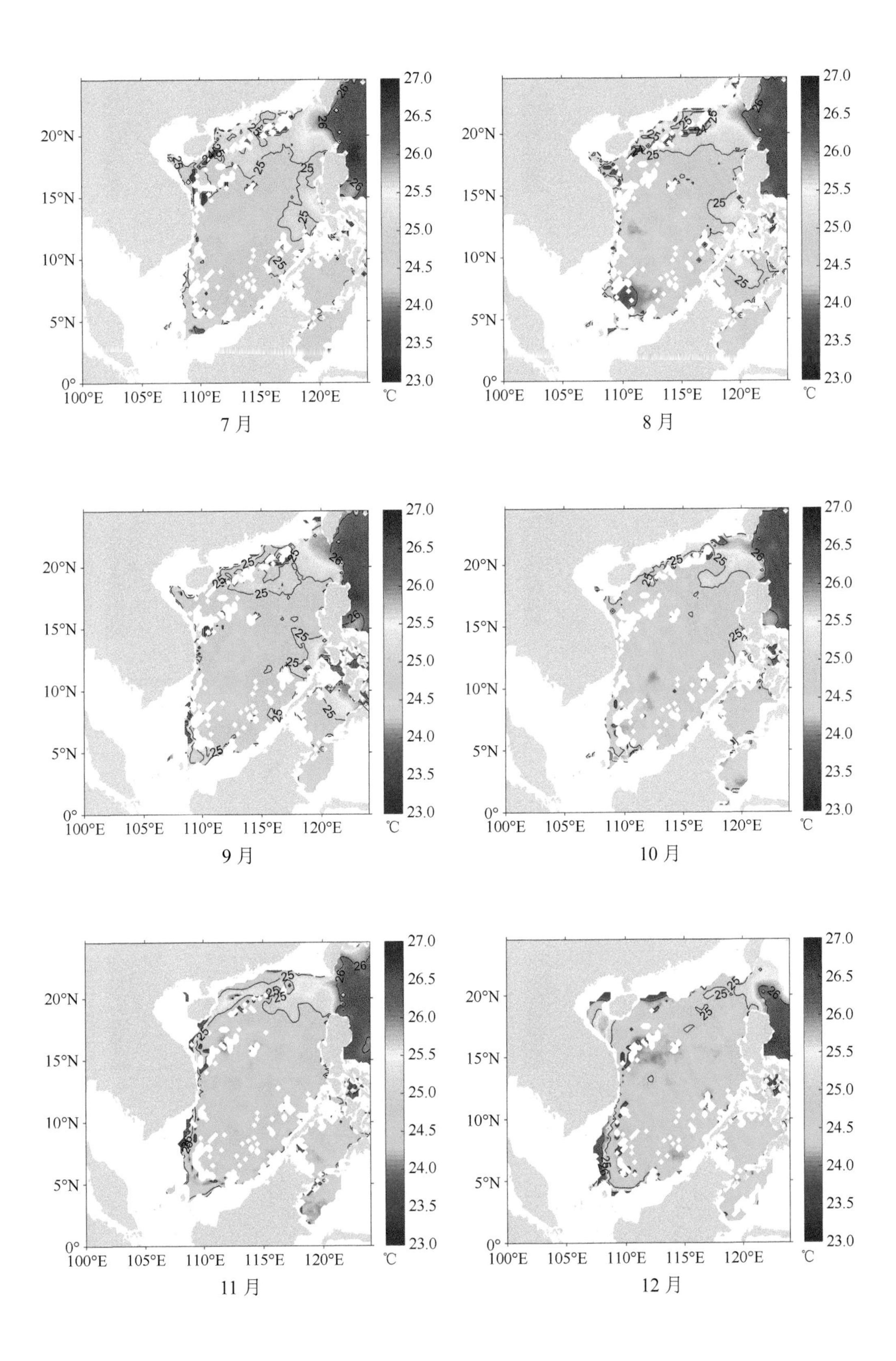

7 月

8 月

9 月

10 月

11 月

12 月

1～12月 σ=24.0～24.5等密面层温度

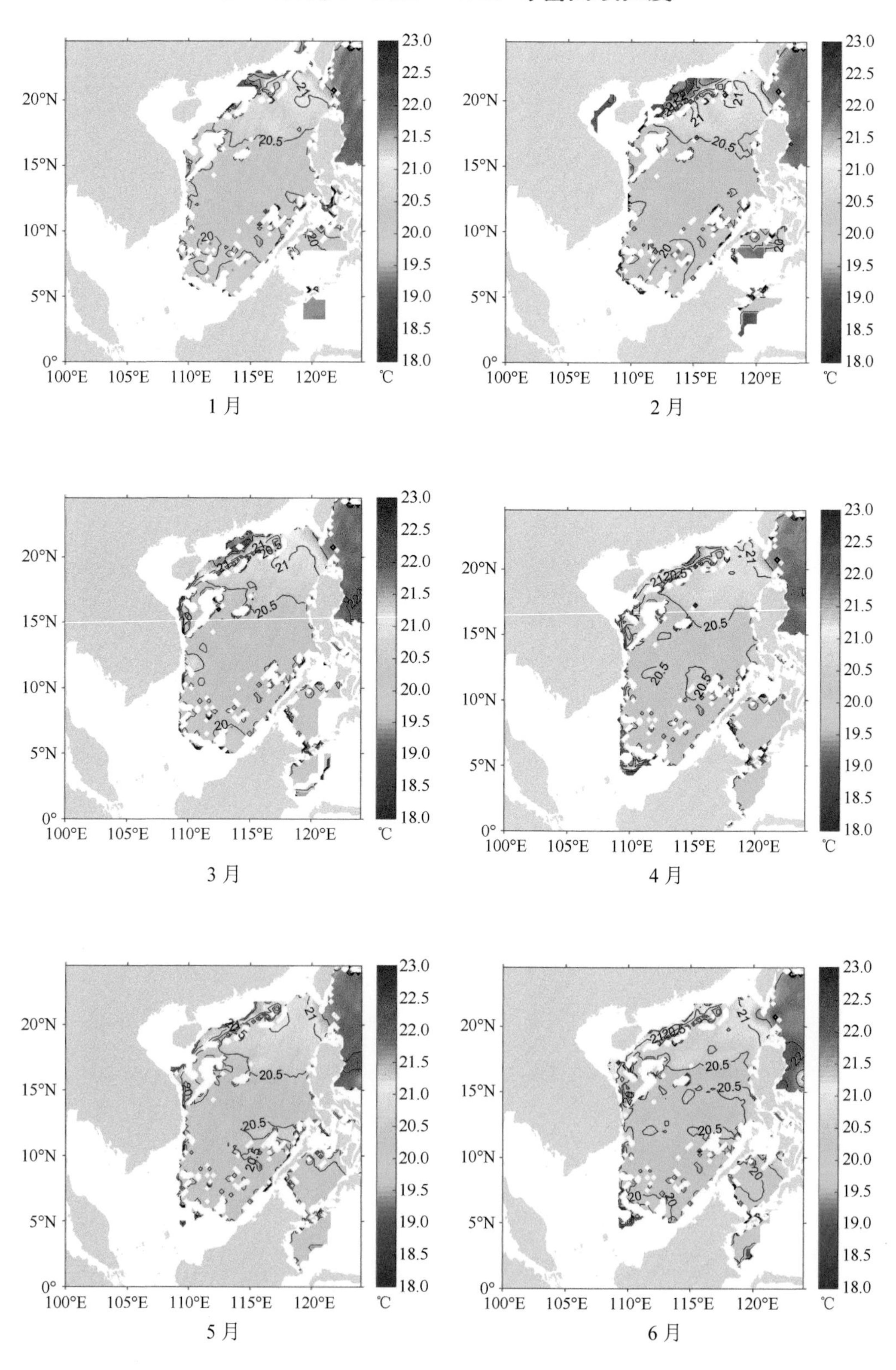

1月

2月

3月

4月

5月

6月

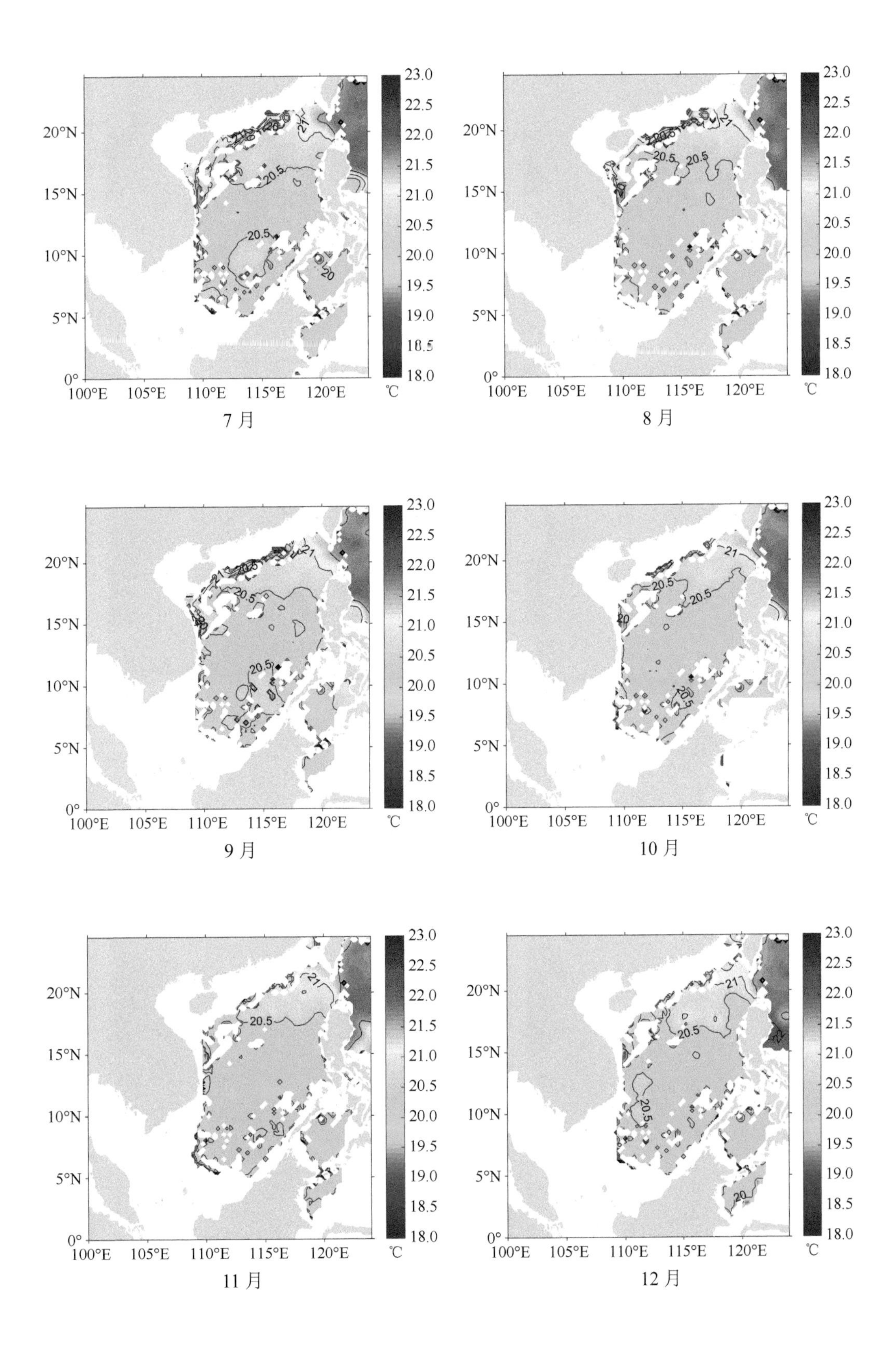

7 月

8 月

9 月

10 月

11 月

12 月

1～12 月 σ=22.5～23.0 等密面层盐度

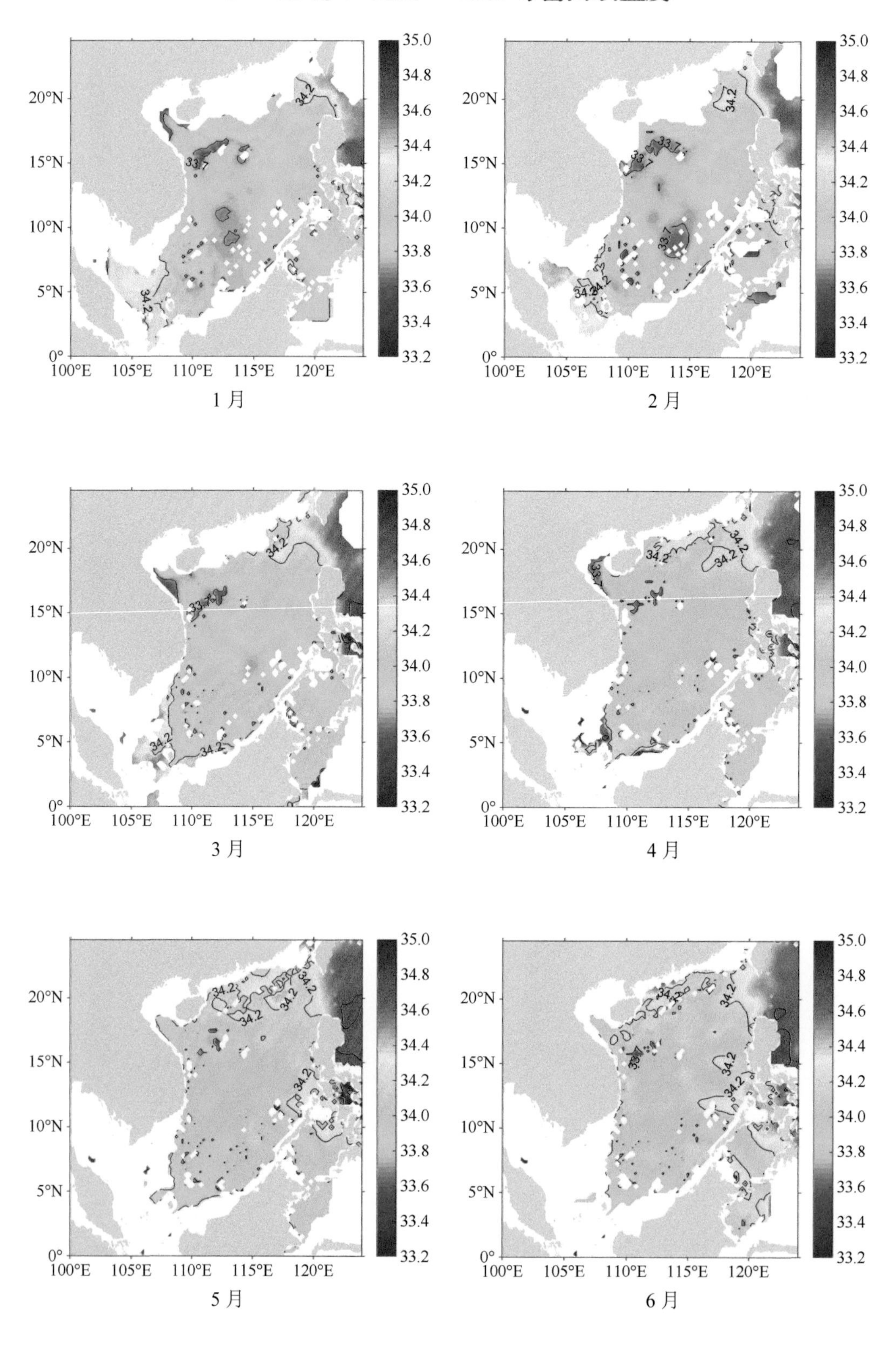

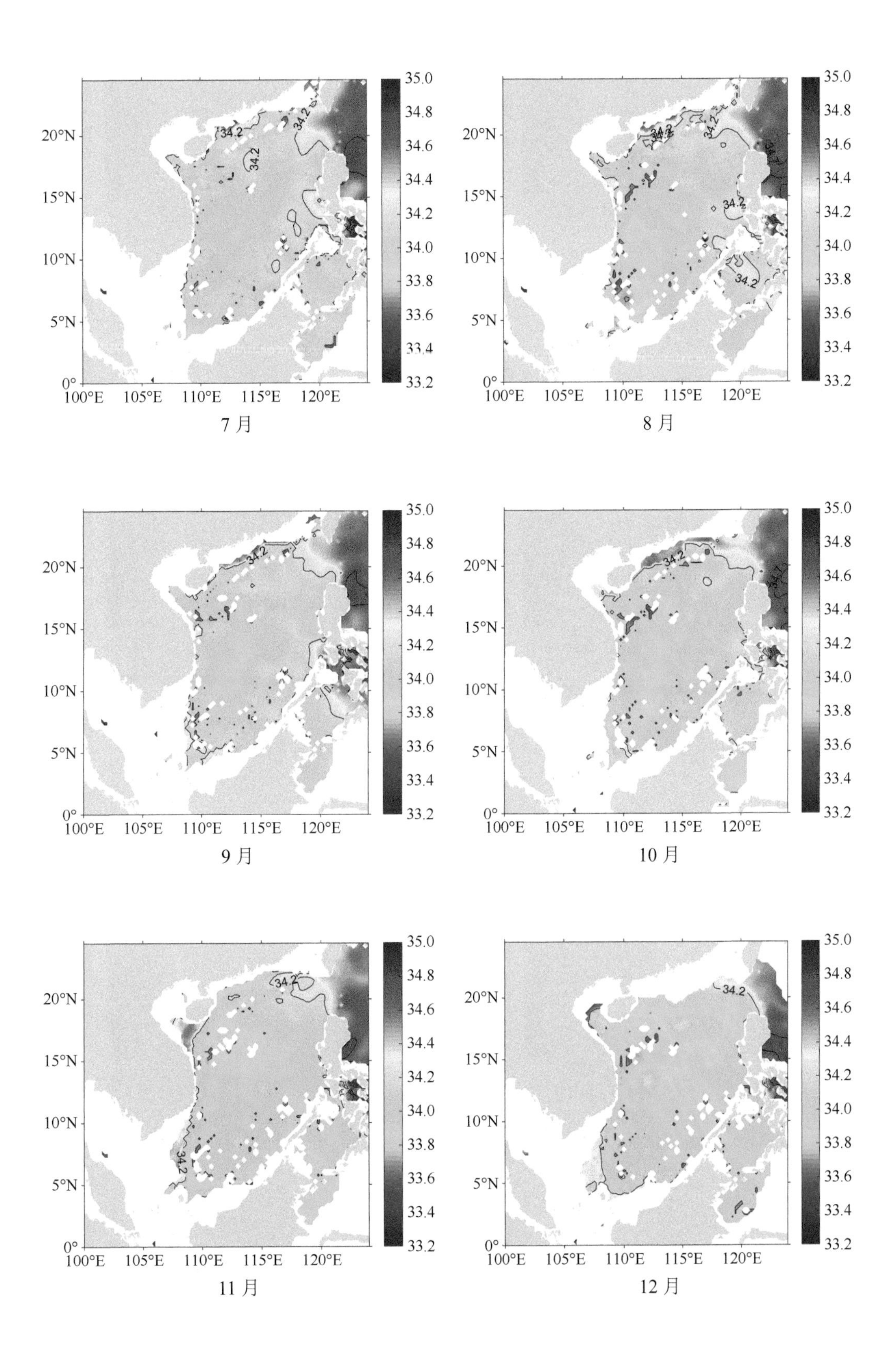

7 月

8 月

9 月

10 月

11 月

12 月

1 ～ 12 月 σ=24.0 ～ 24.5 等密面层盐度

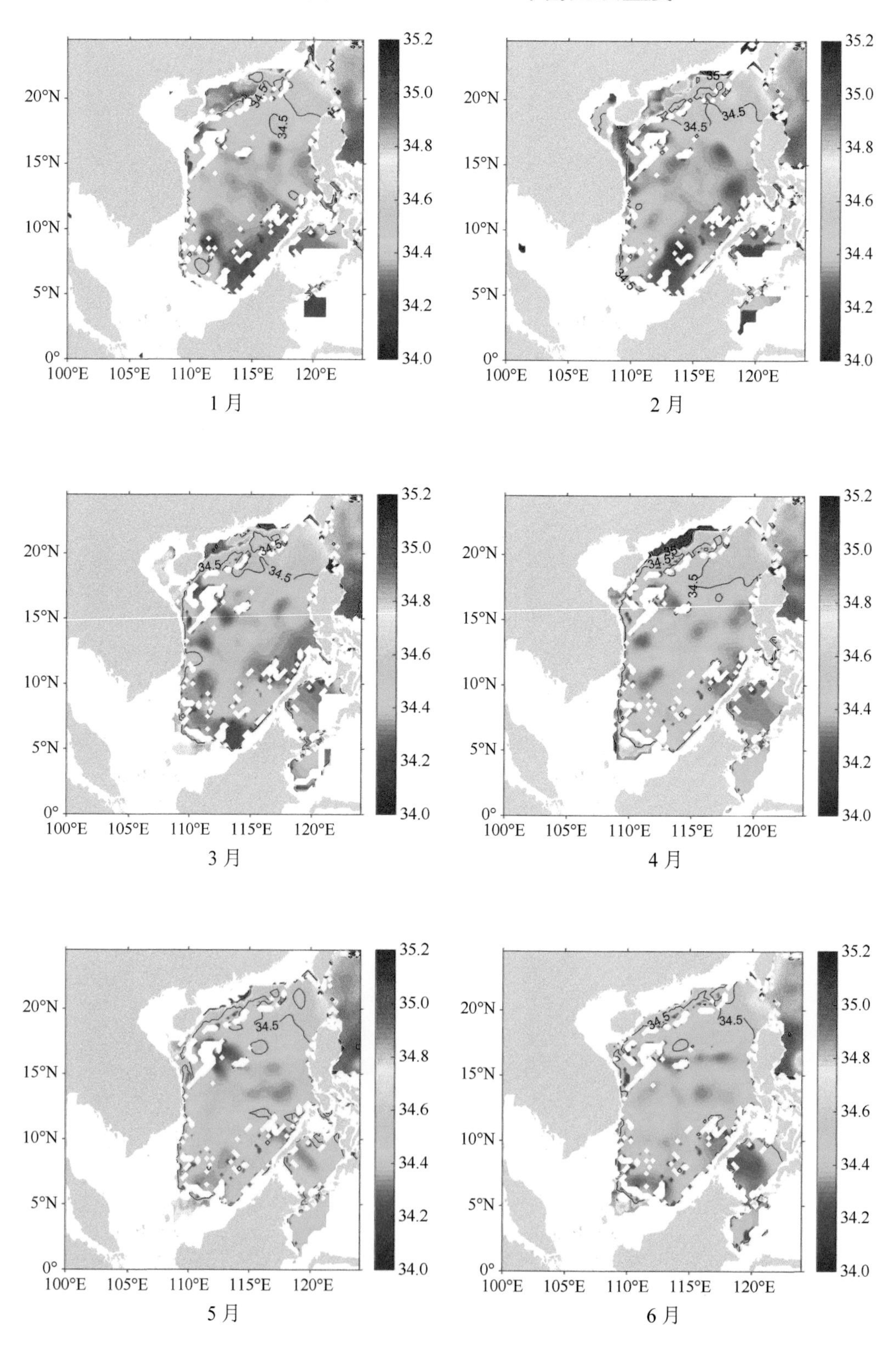

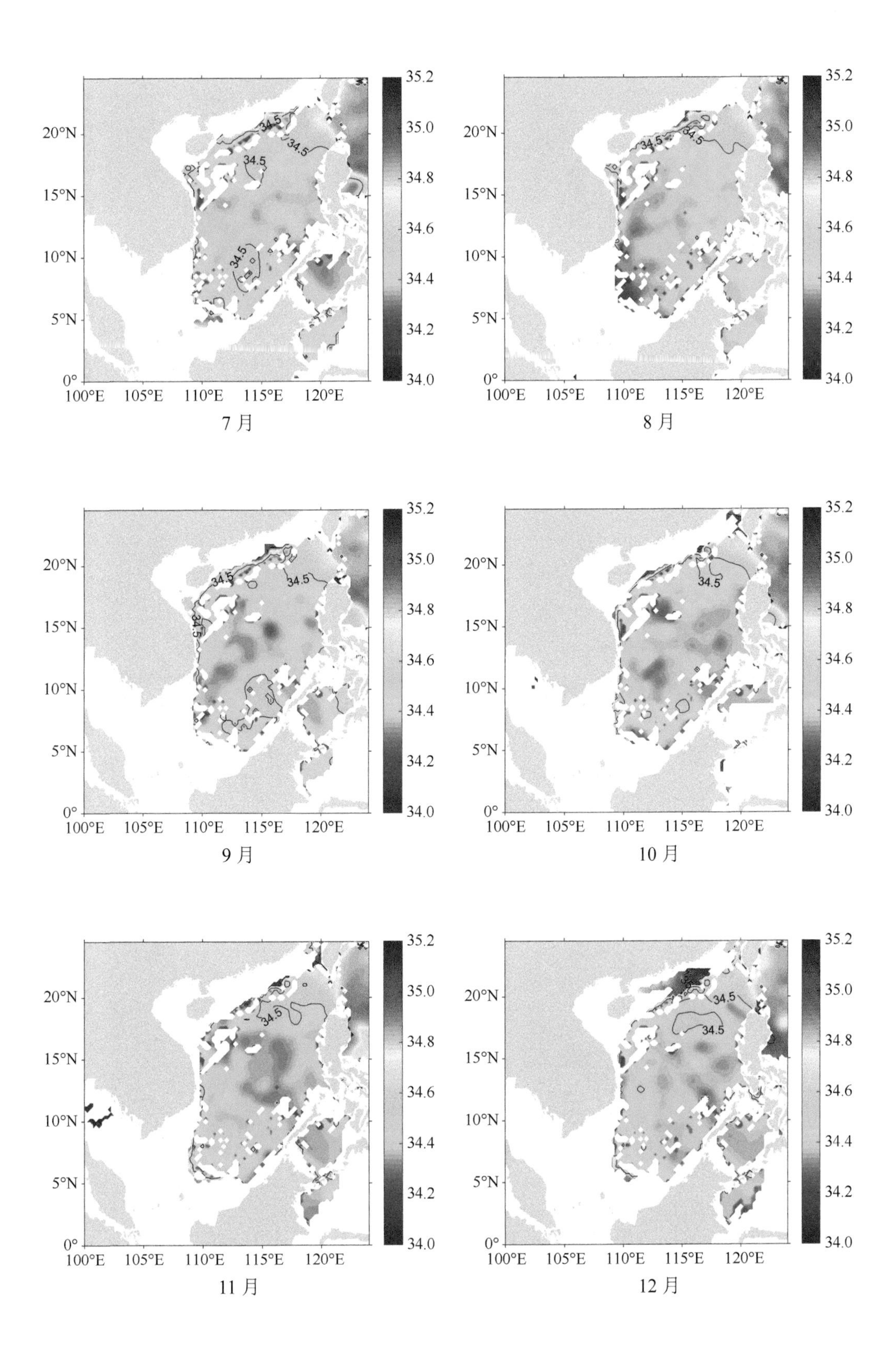

20°N
15°N
10°N
5°N
0°
100°E
105°E
110°E
115°E
120°E
35.2
35.0
34.8
34.6
34.4
34.2
34.0
34.5
7 月
8 月
9 月
10 月
11 月
12 月

1～12 月 σ=23.0～23.5 等密面层位势涡度 ①

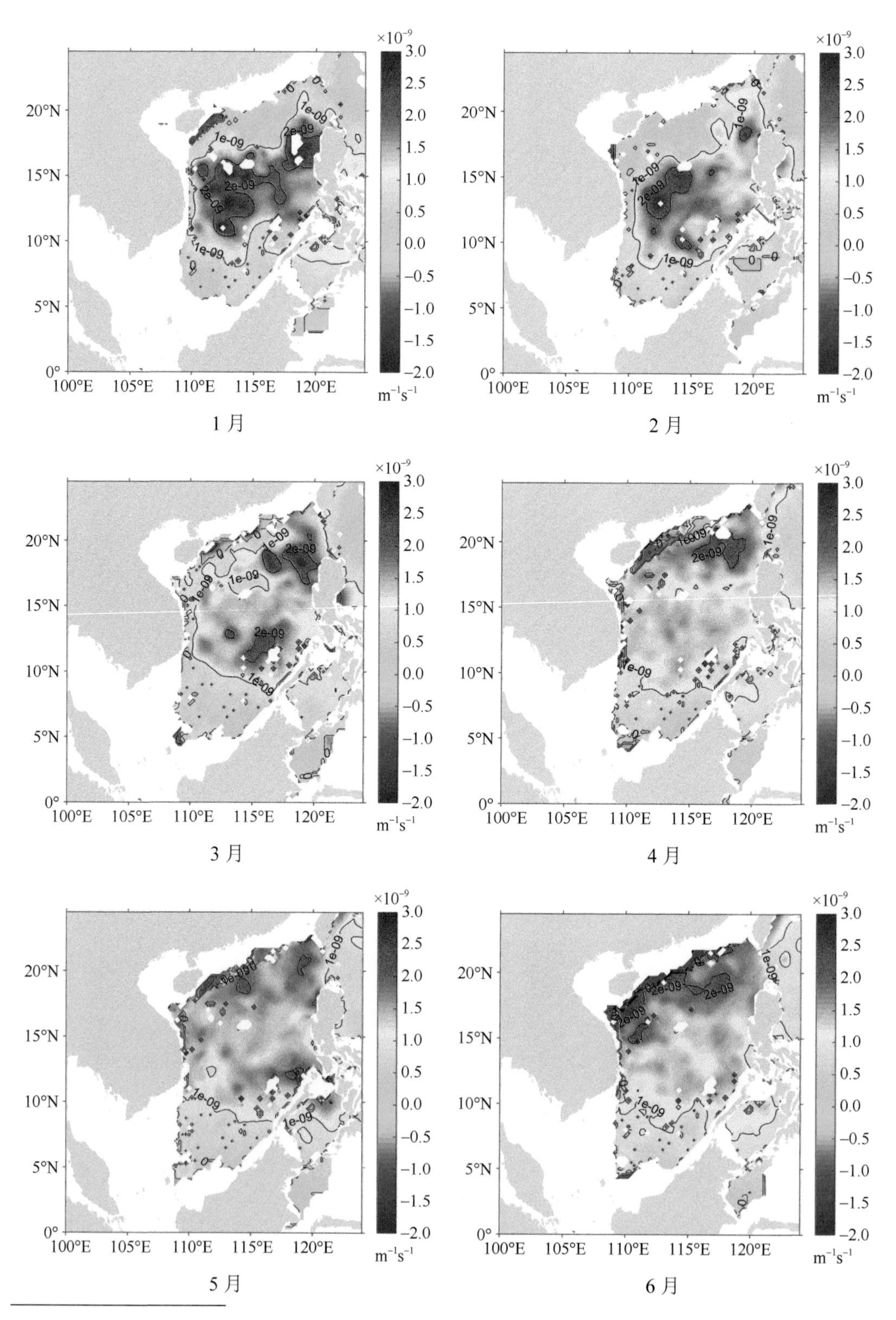

① 在等密面层位势涡度图中，等值线上的数据为由计算机生成的科学记数法形式，如 1e-09 表示 1×10^{-9}。

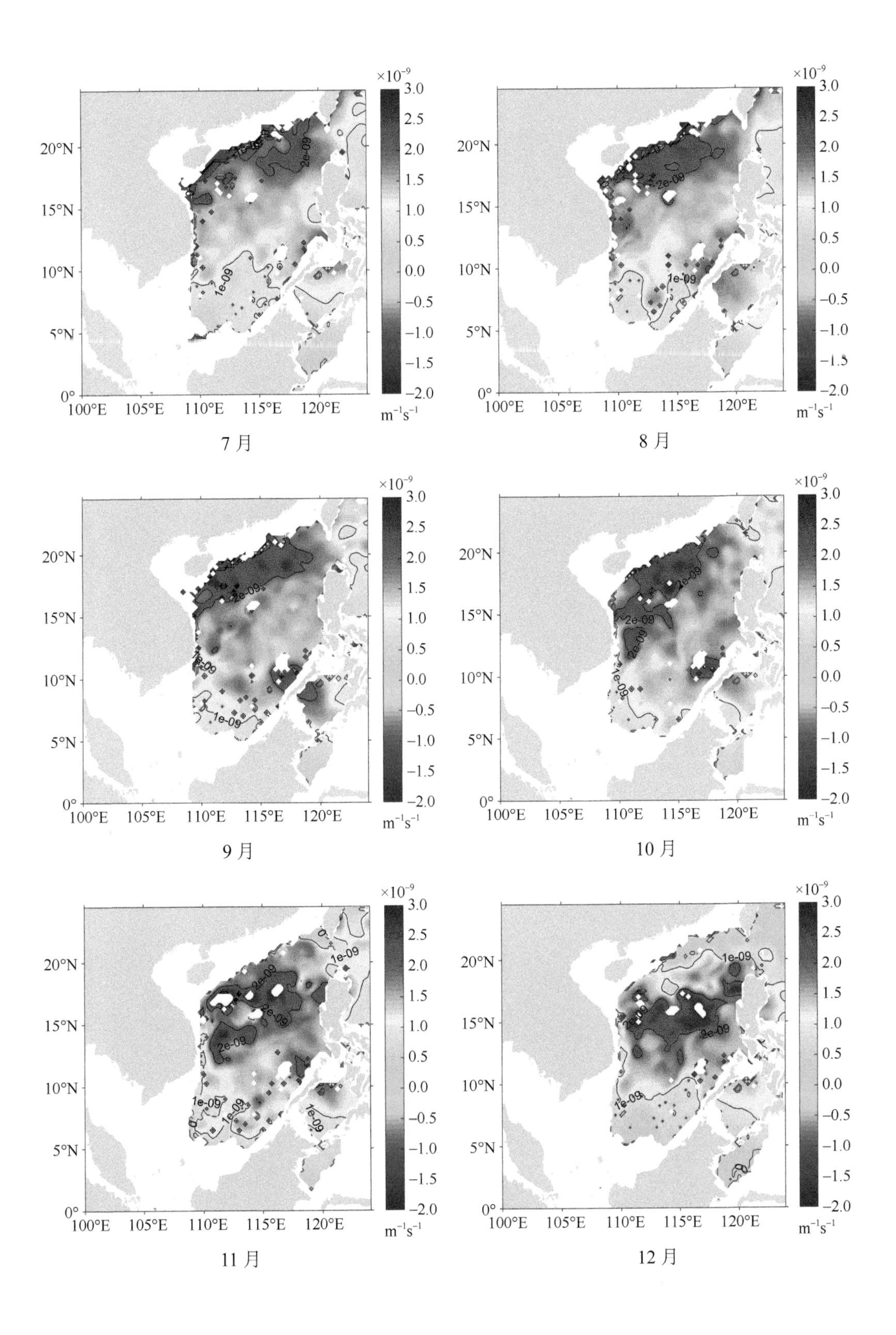
×10⁻⁹
3.0
2.5
2.0
1.5
1.0
0.5
0.0
−0.5
−1.0
−1.5
−2.0
m⁻¹s⁻¹
20°N
15°N
10°N
5°N
0°
100°E
105°E
110°E
115°E
120°E
1e-09
2e-09
7 月
8 月
9 月
10 月
11 月
12 月

1～12 月 σ=24.25～24.5 等密面层位势涡度

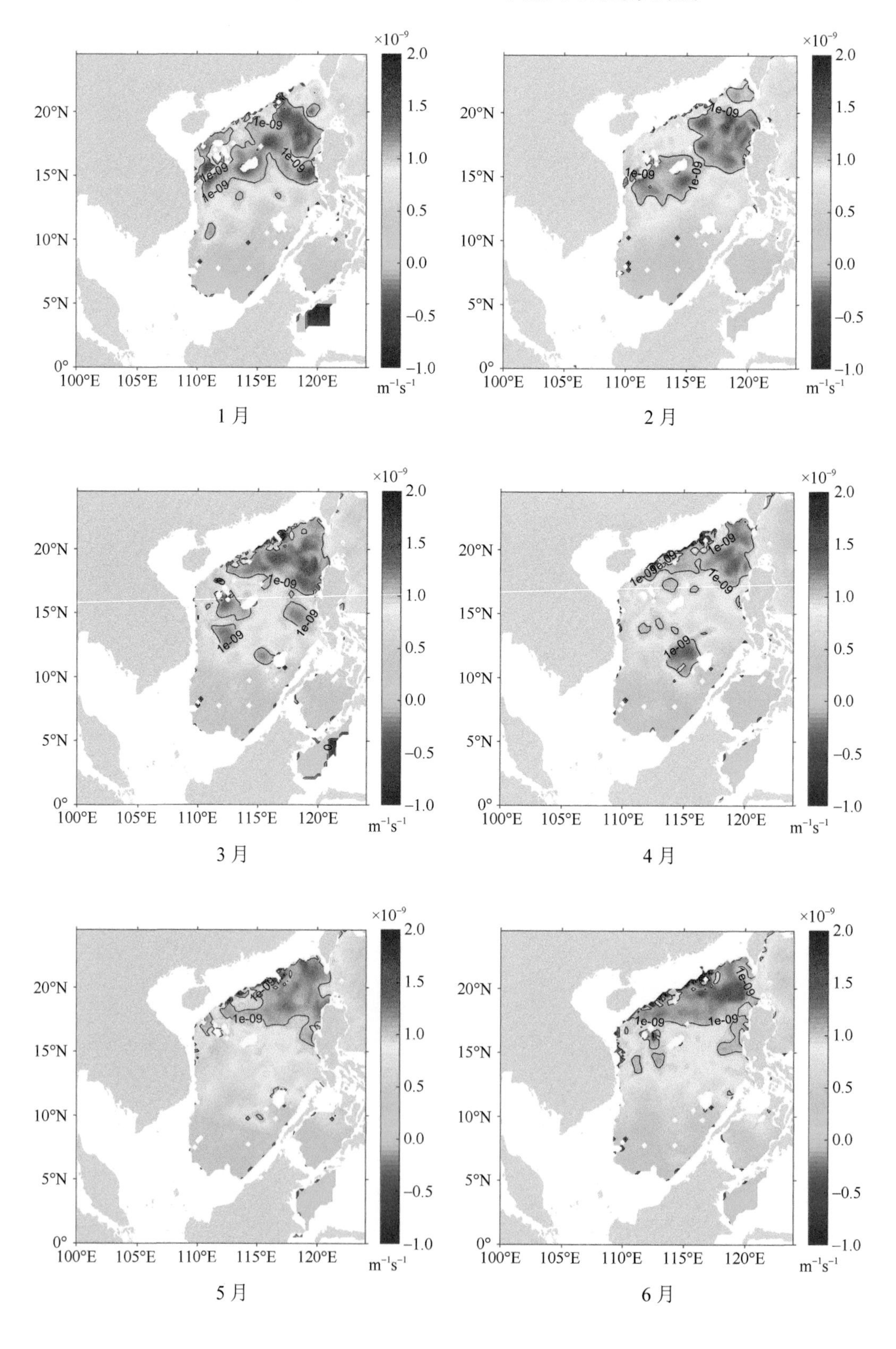

1 月

2 月

3 月

4 月

5 月

6 月

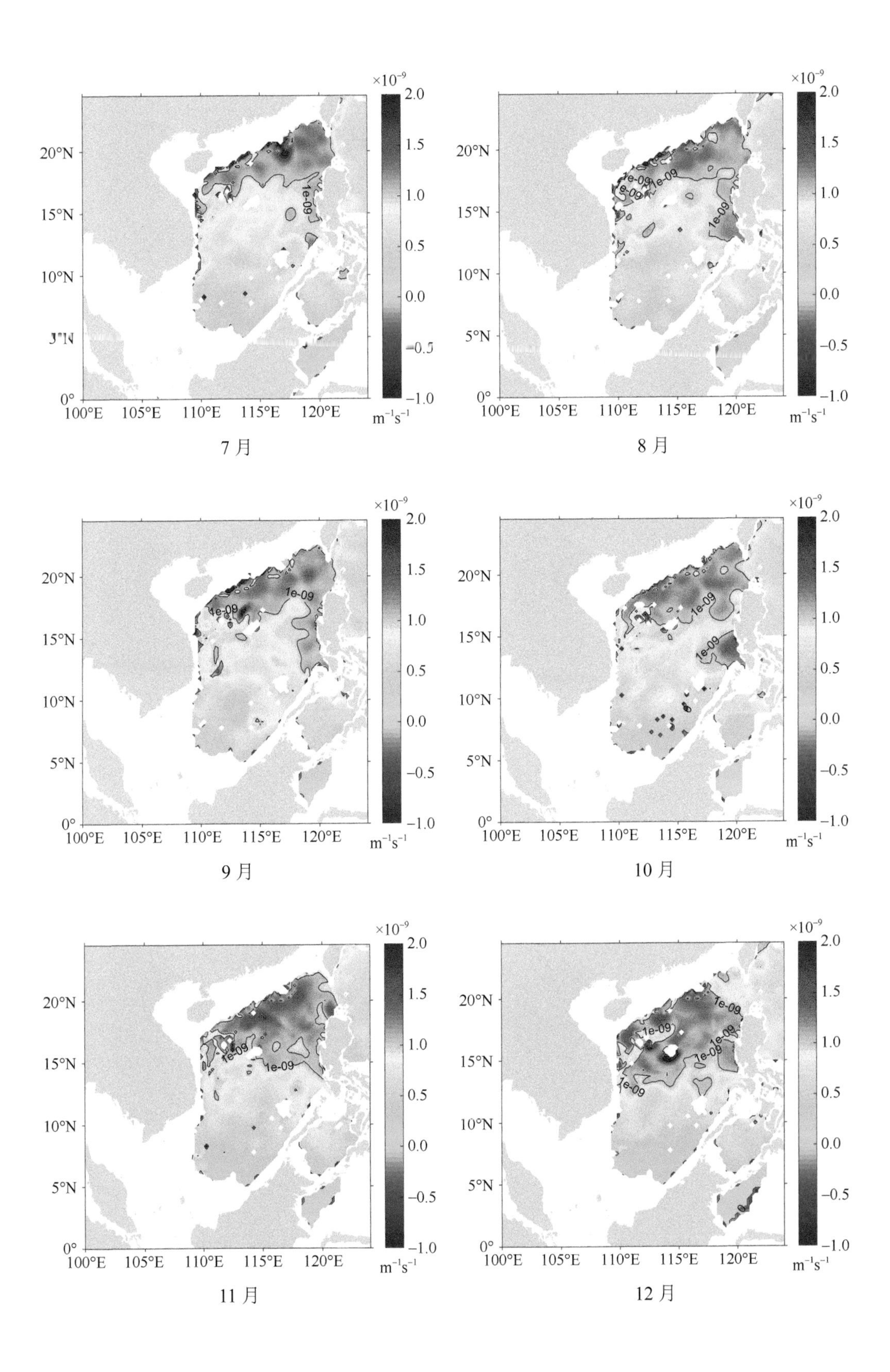
×10⁻⁹
2.0
1.5
1.0
0.5
0.0
−0.5
−1.0
m⁻¹s⁻¹
20°N
15°N
10°N
5°N
0°
100°E
105°E
110°E
115°E
120°E
1e-09
7 月
8 月
9 月
10 月
11 月
12 月

1～12 月 σ=25.0～25.5 等密面层位势涡度

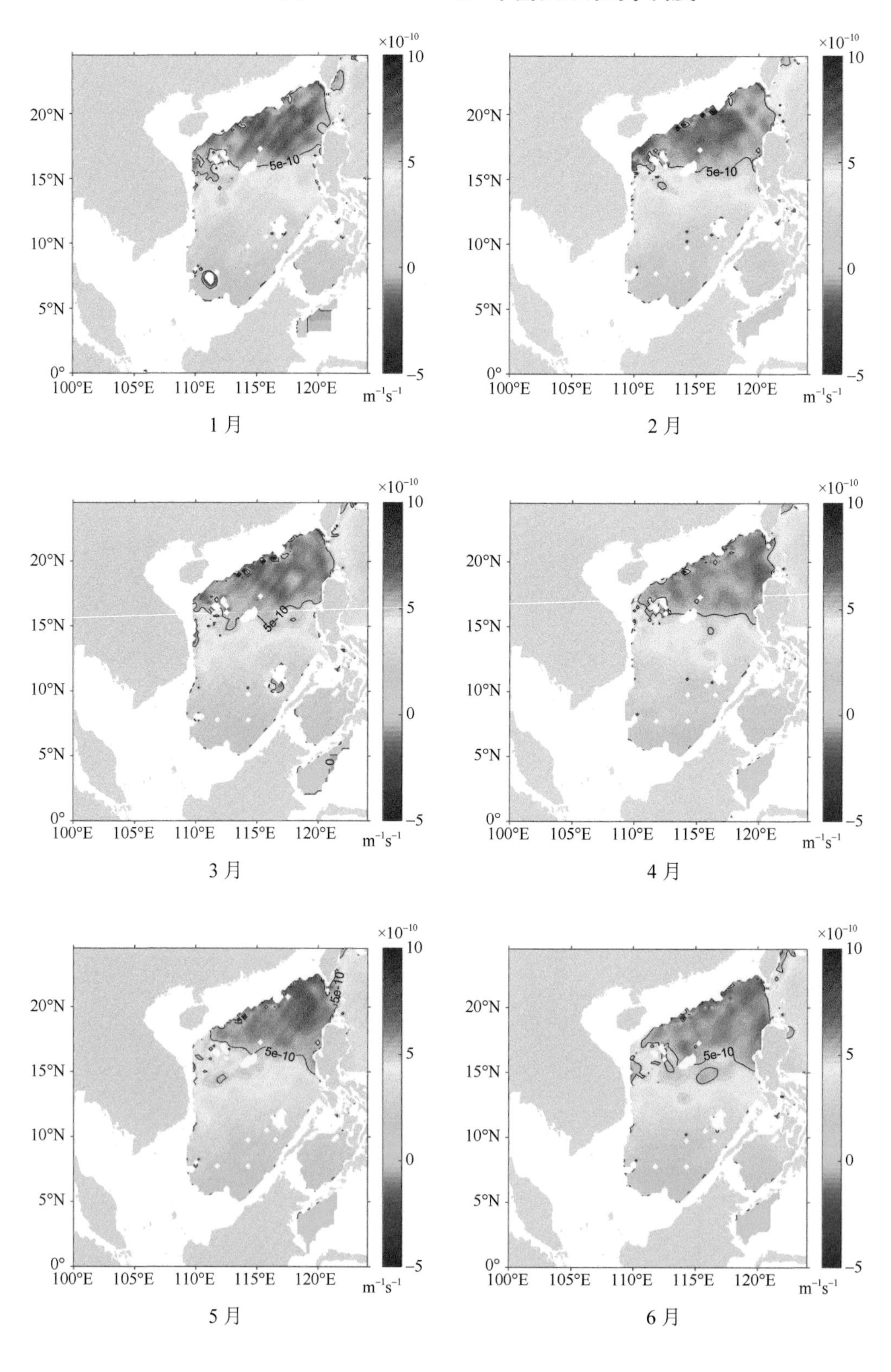

1 月

2 月

3 月

4 月

5 月

6 月

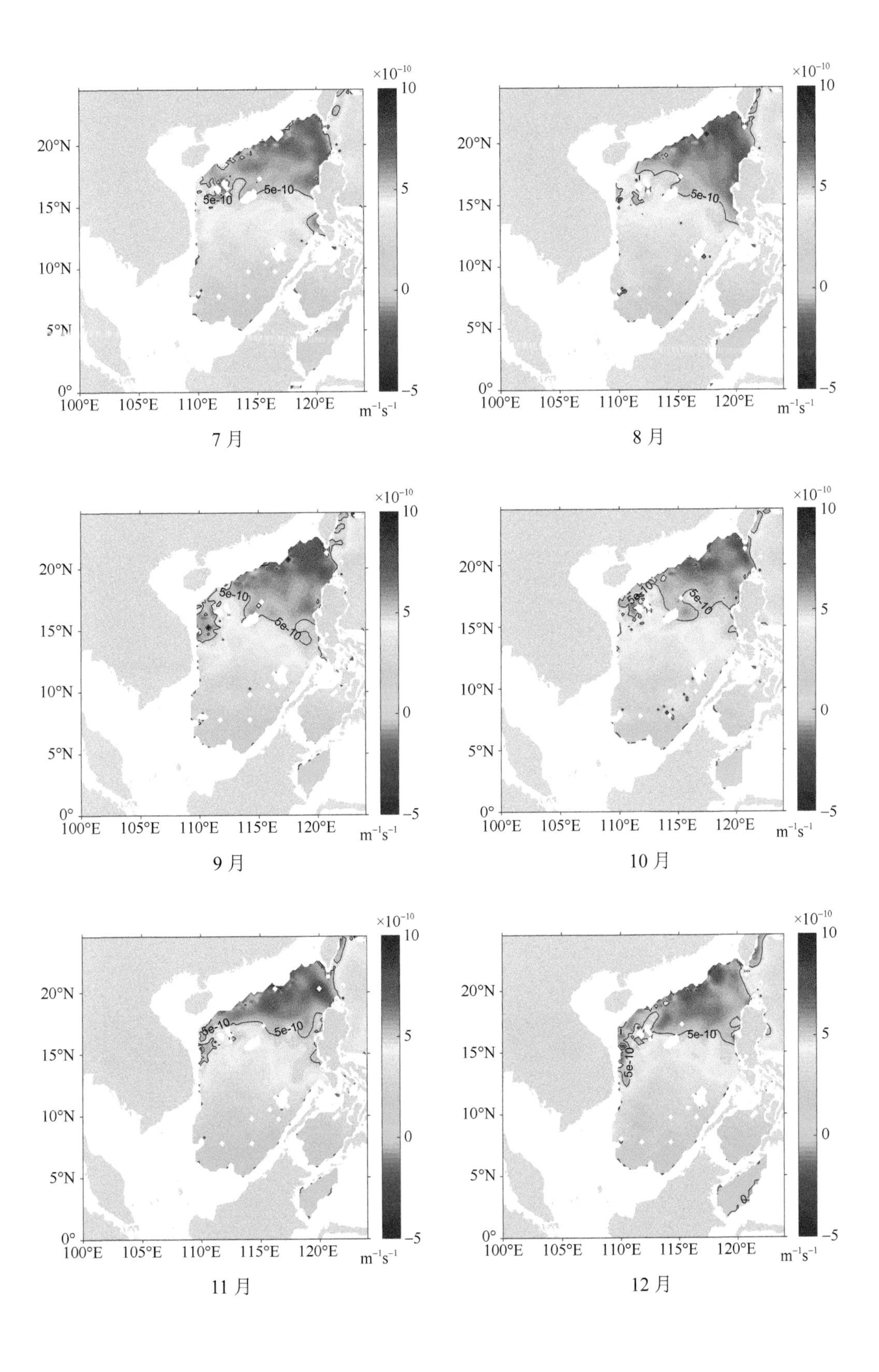

7 月

8 月

9 月

10 月

11 月

12 月

1～12月111°E经向断面位势涡度

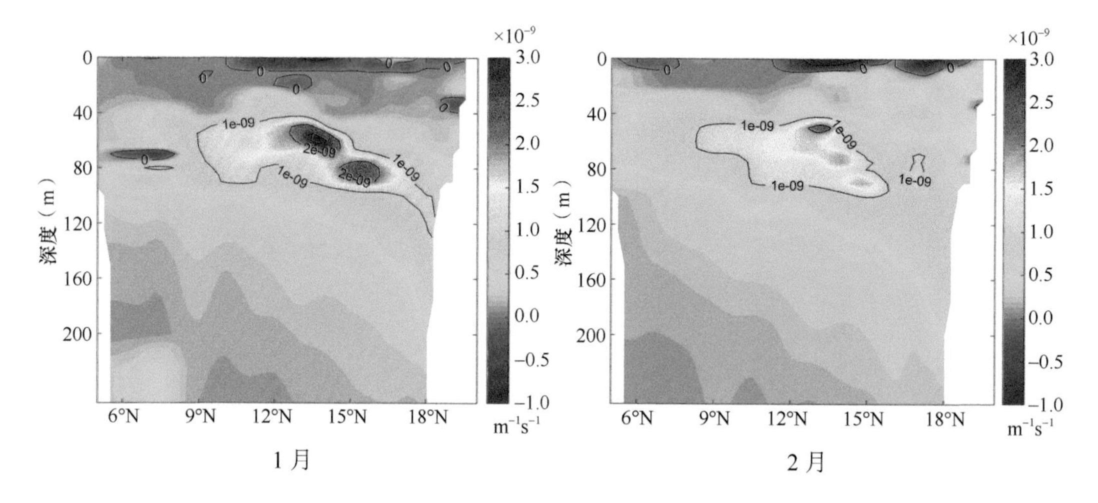

1月

2月

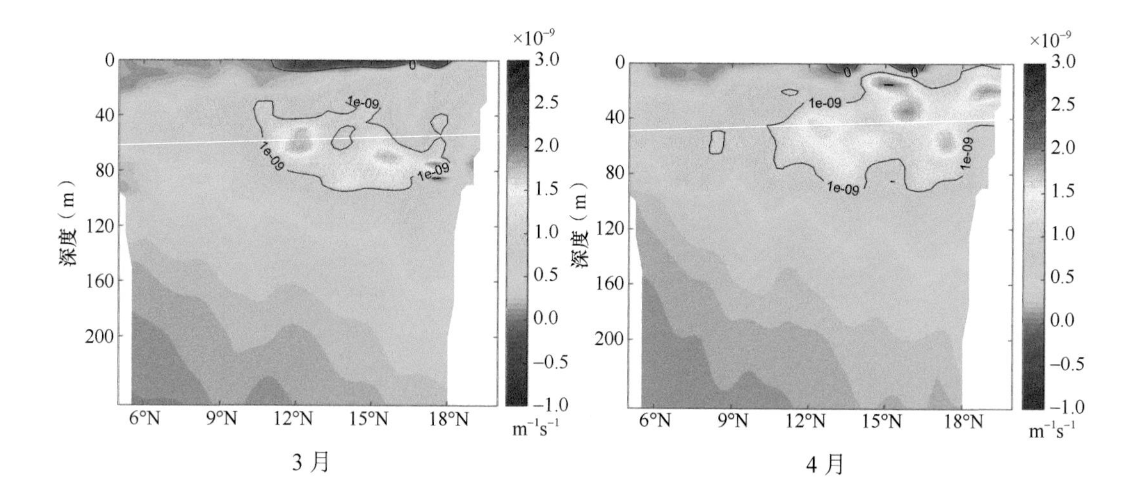

3月

4月

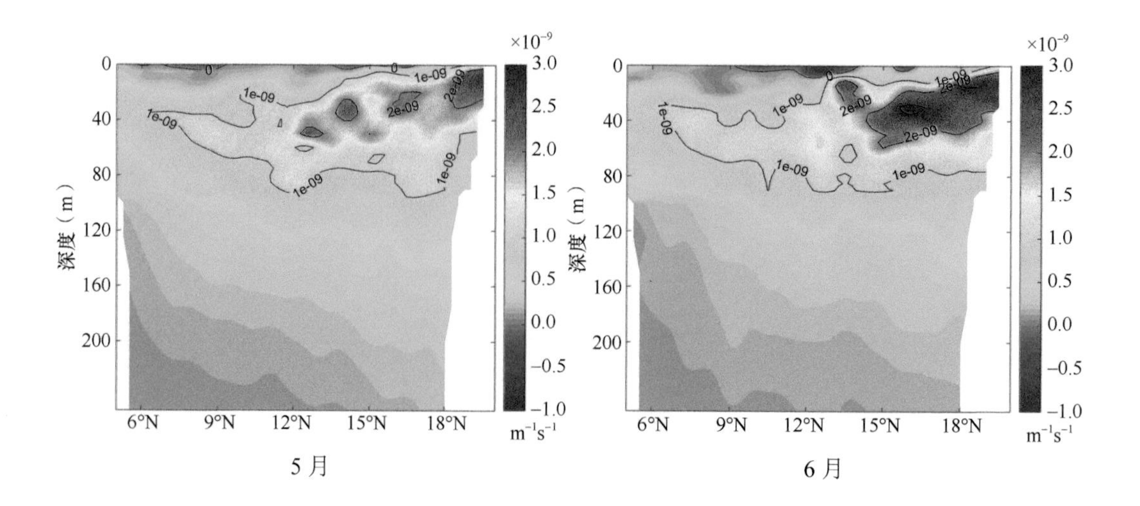

5月

6月

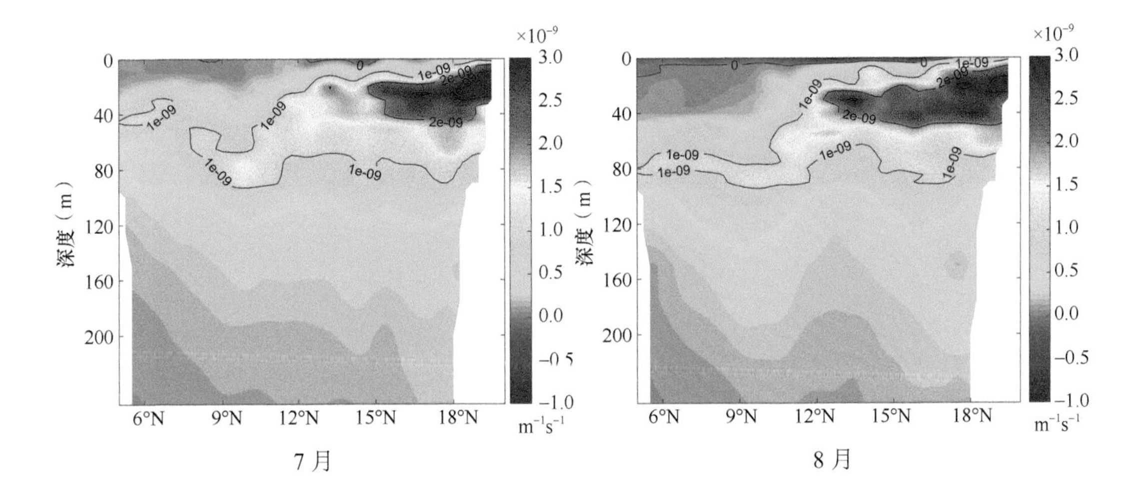

7 月　　8 月

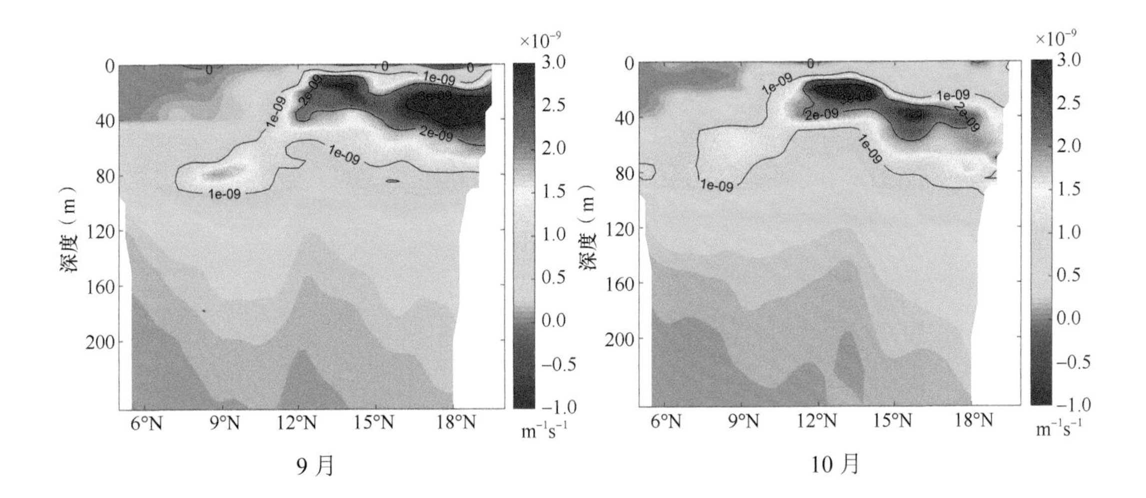

9 月　　10 月

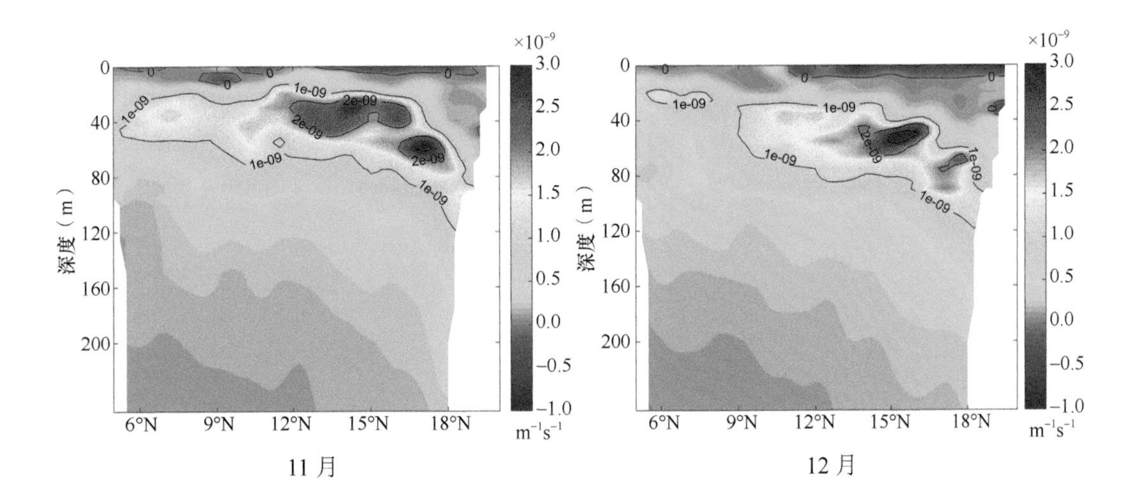

11 月　　12 月

1～12月115°E经向断面位势涡度

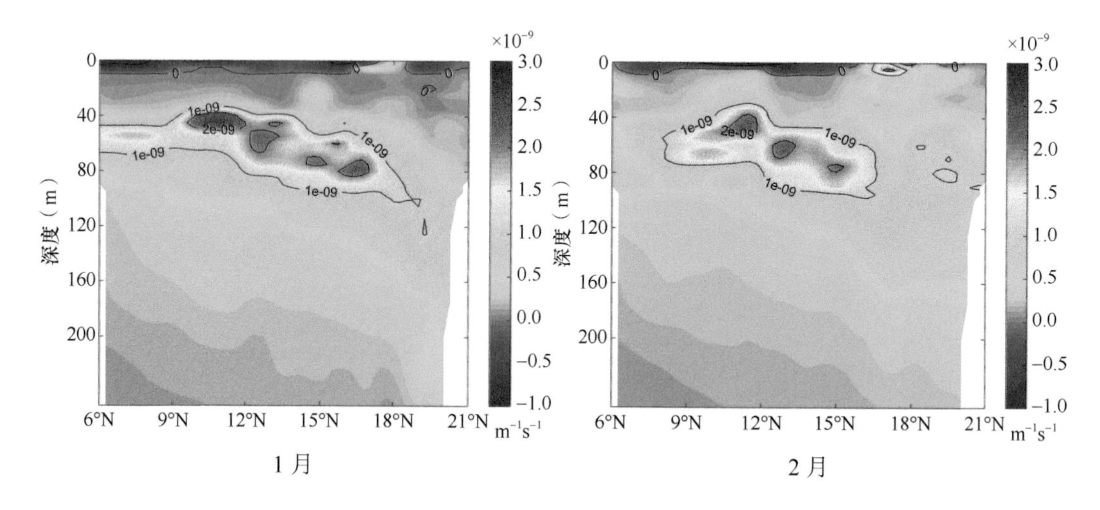

1月

2月

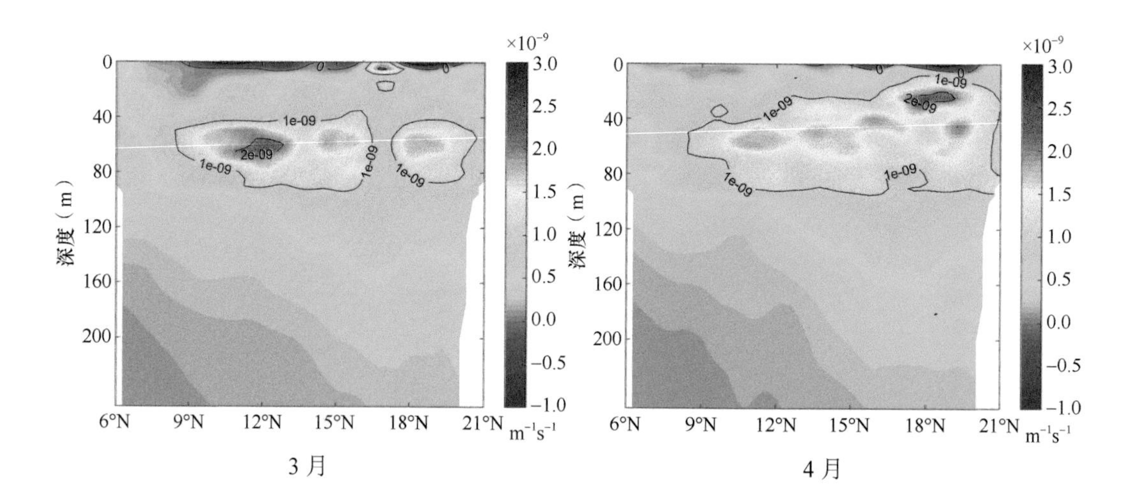

3月

4月

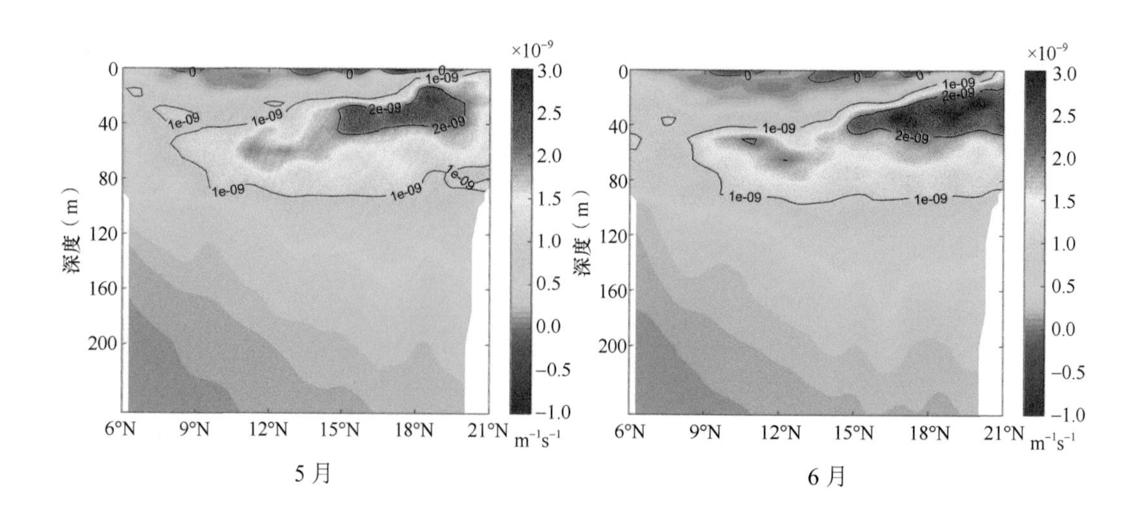

5月

6月

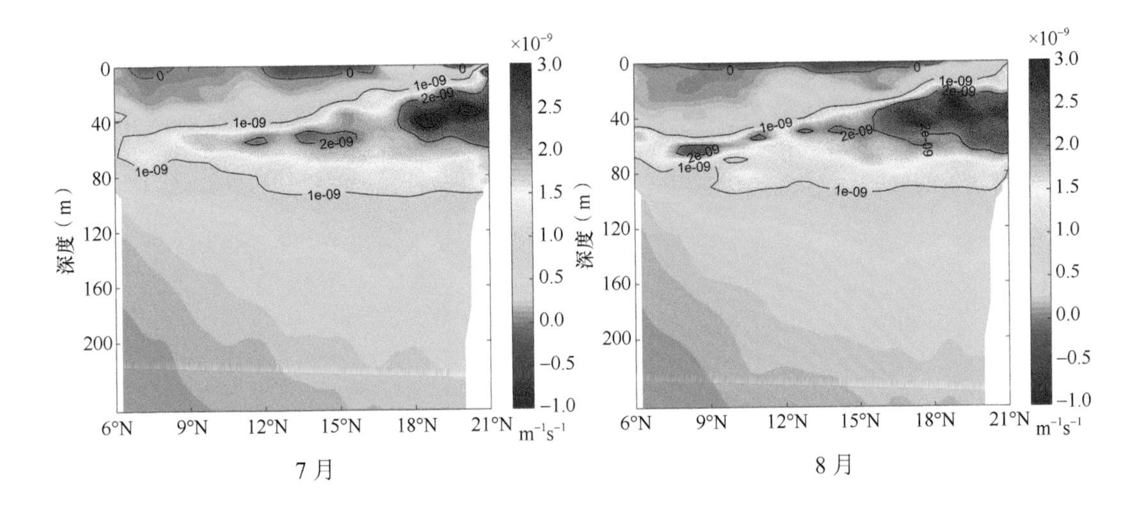

7 月

8 月

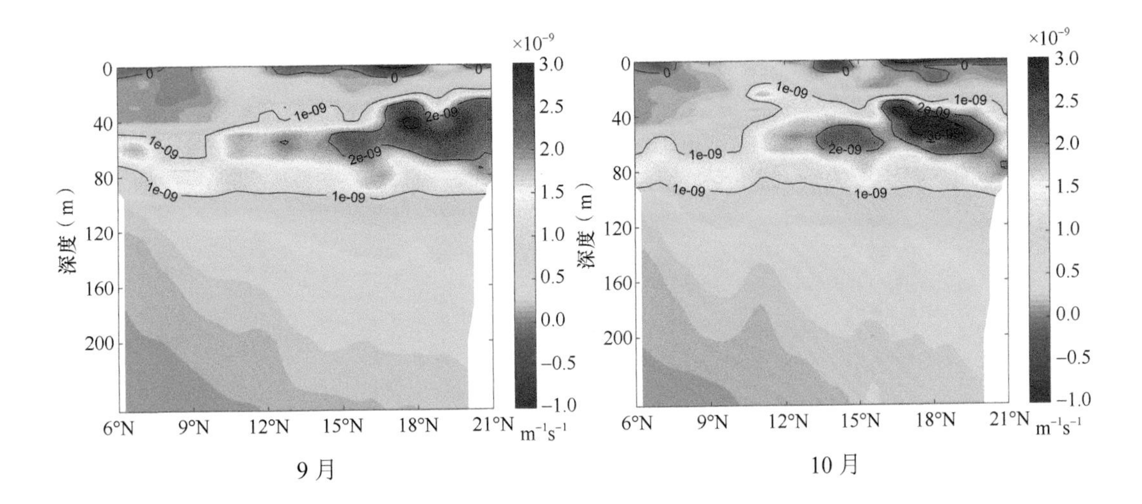

9 月

10 月

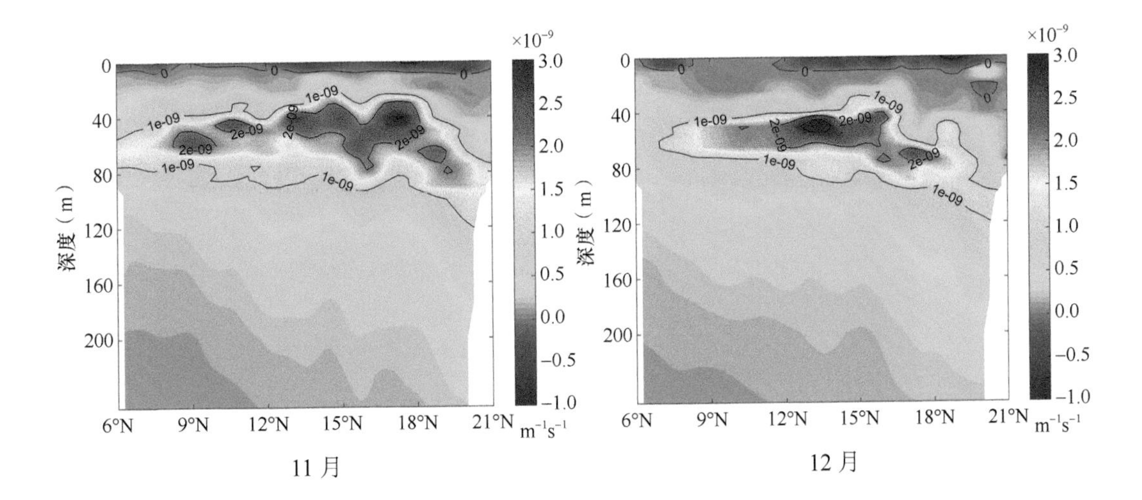

11 月

12 月

1～12月119°E经向断面位势涡度

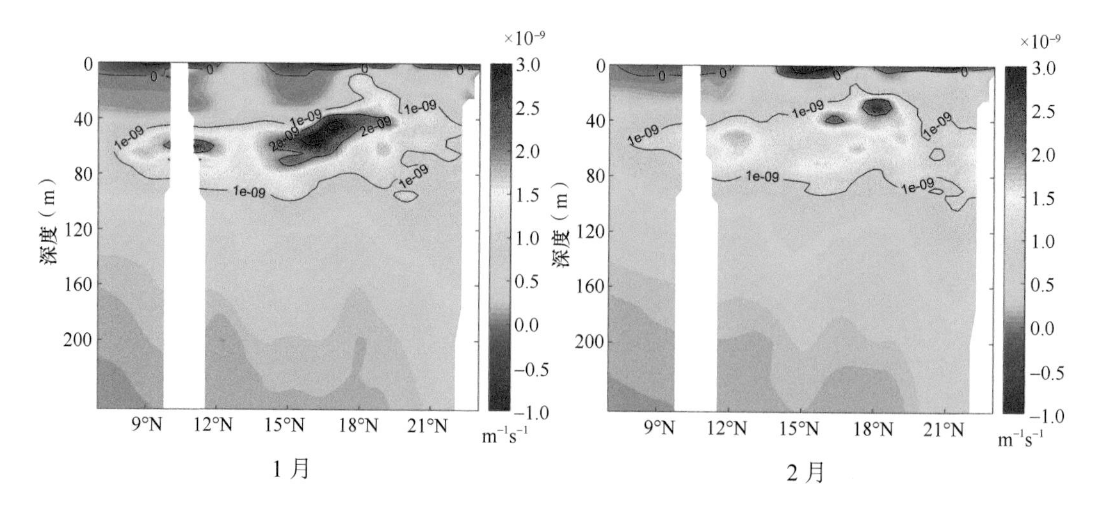

1月　　　　2月

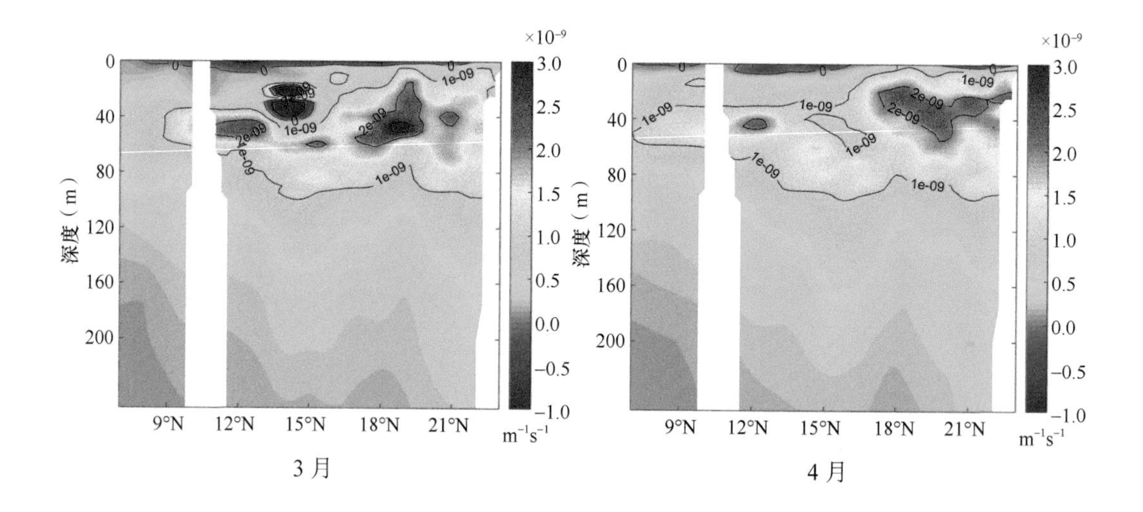

3月　　　　4月

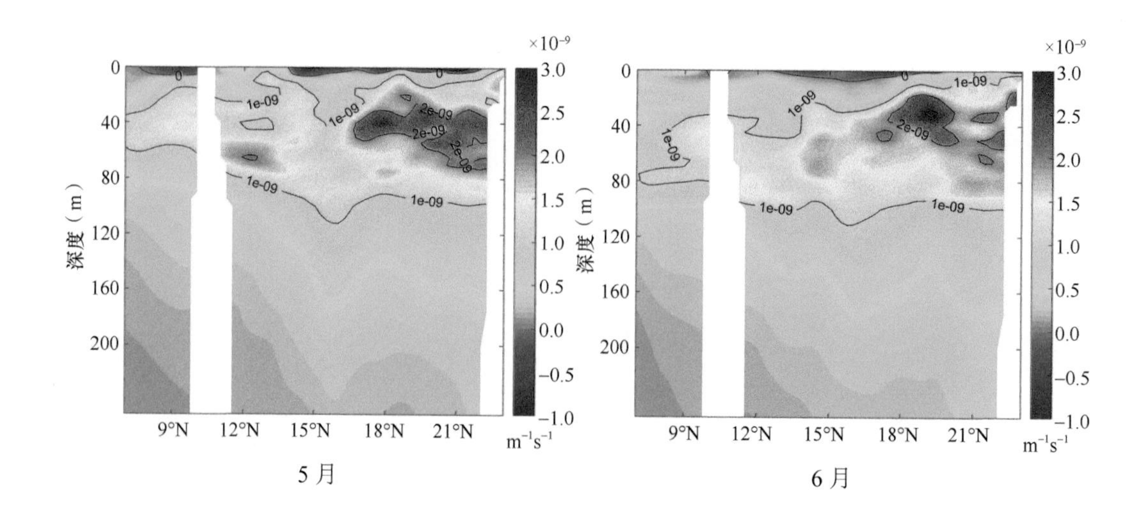

5月　　　　6月

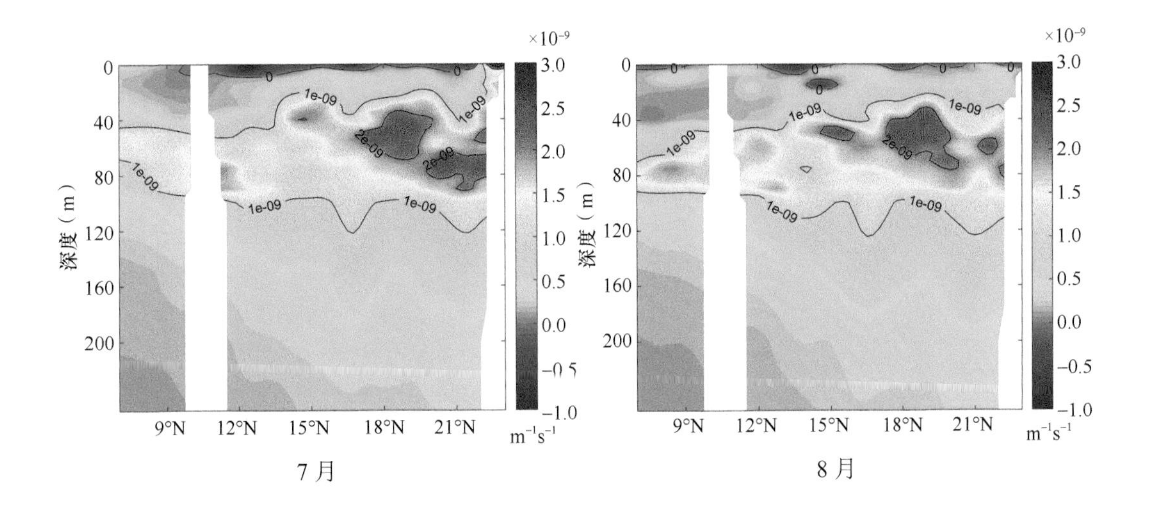

7 月　　8 月

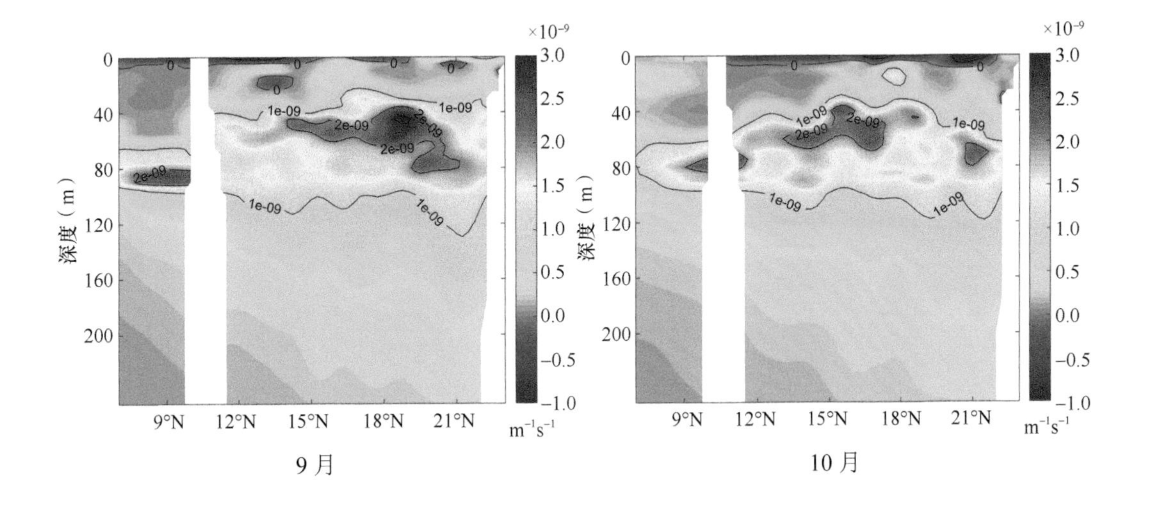

9 月　　10 月

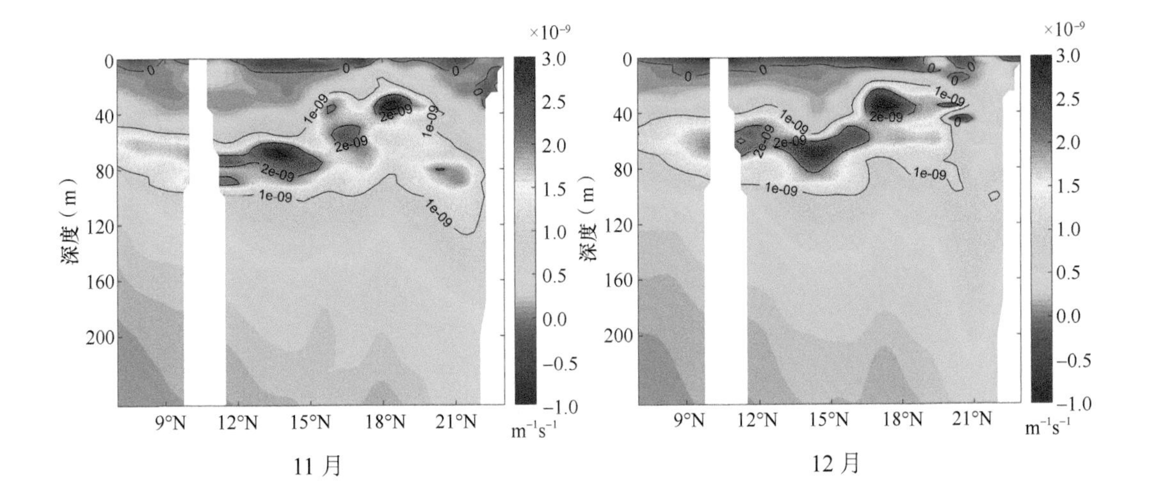

11 月　　12 月

1～12 月 9°N 纬向断面位势涡度

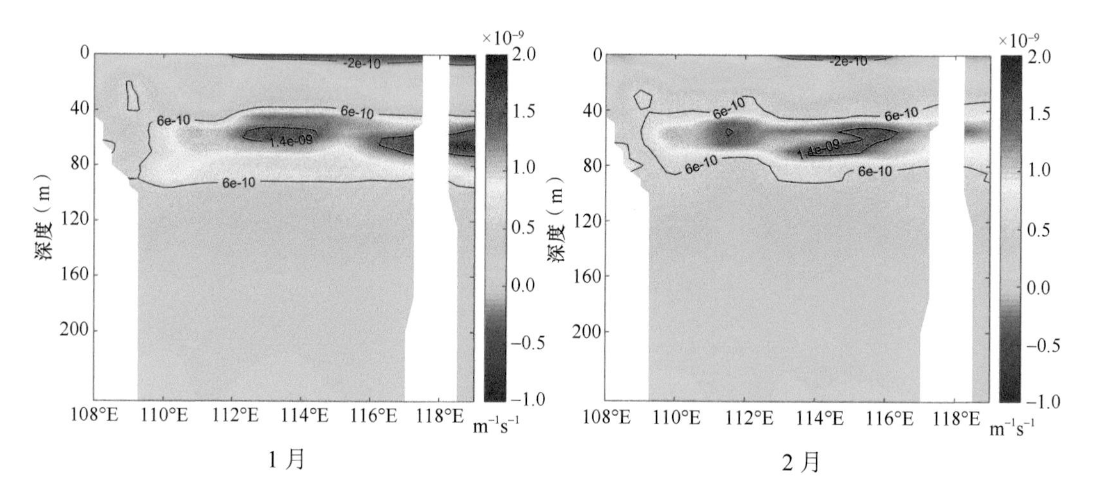

1 月

2 月

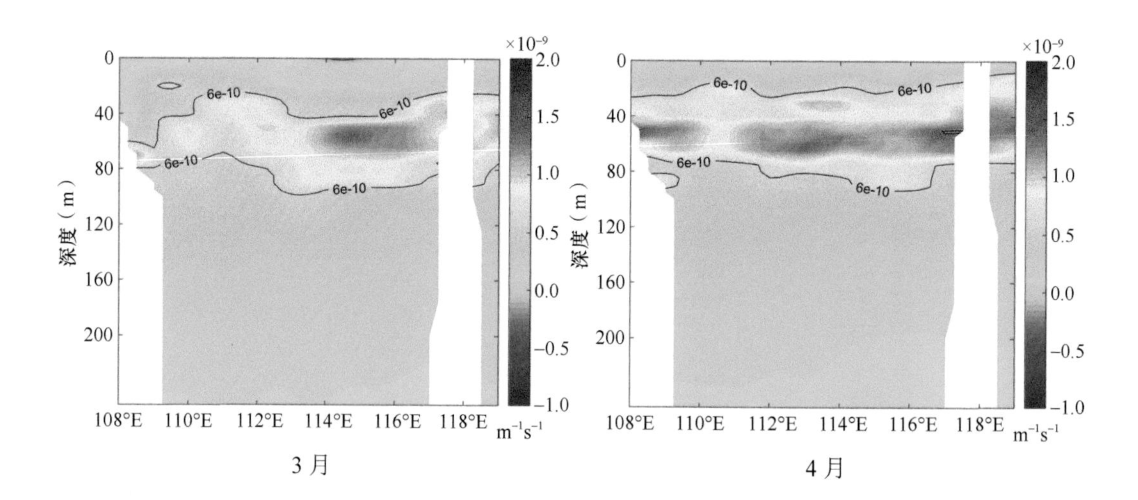

3 月

4 月

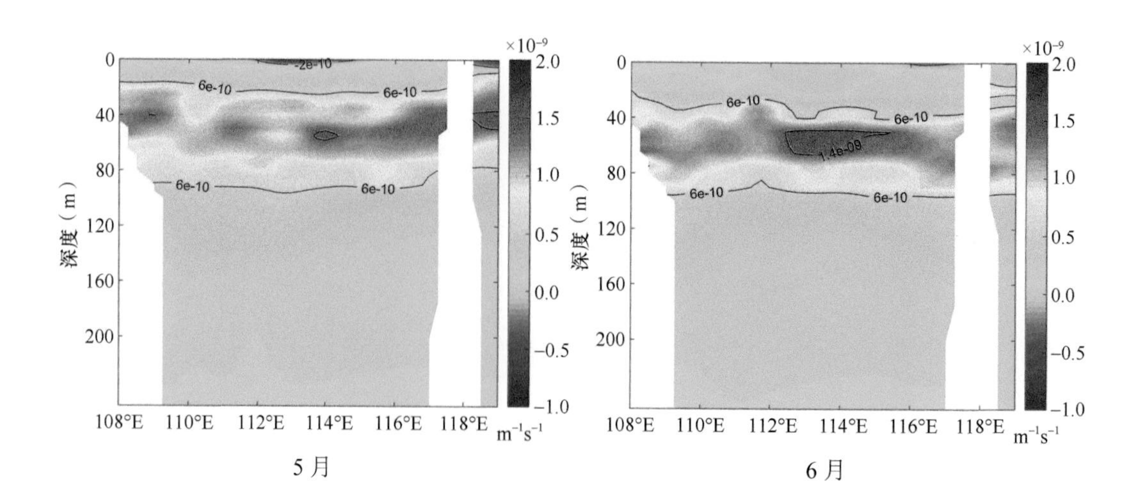

5 月

6 月

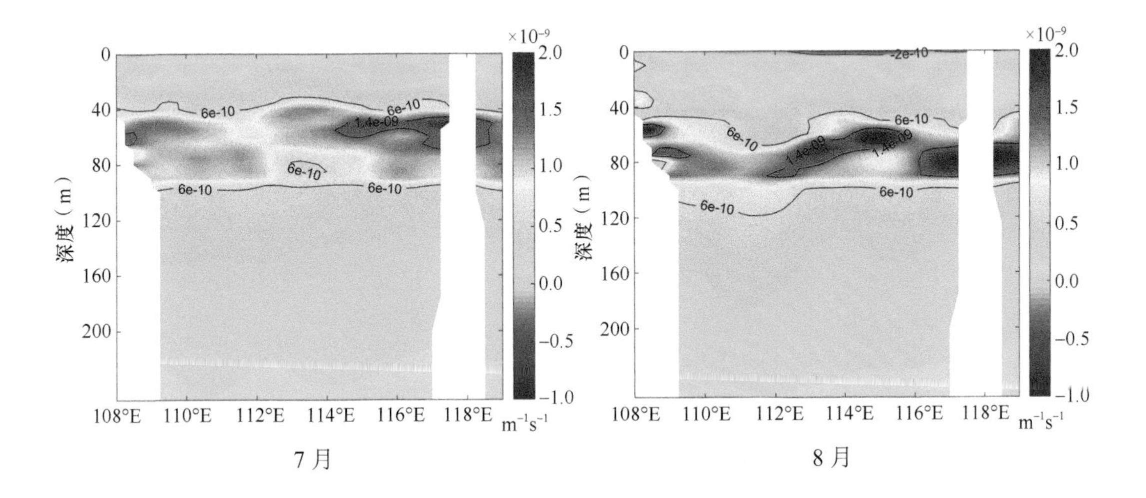

7 月　　8 月

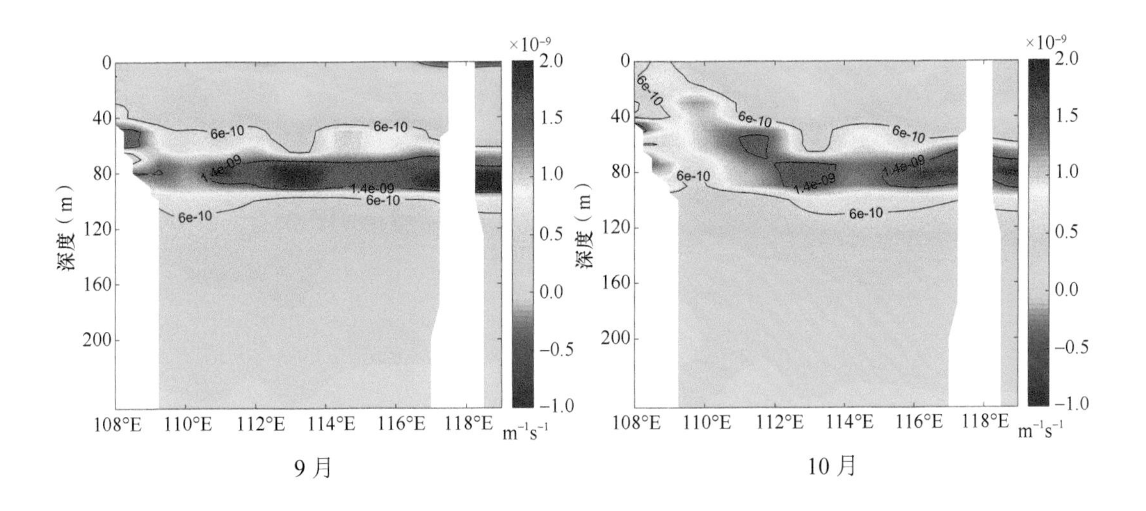

9 月　　10 月

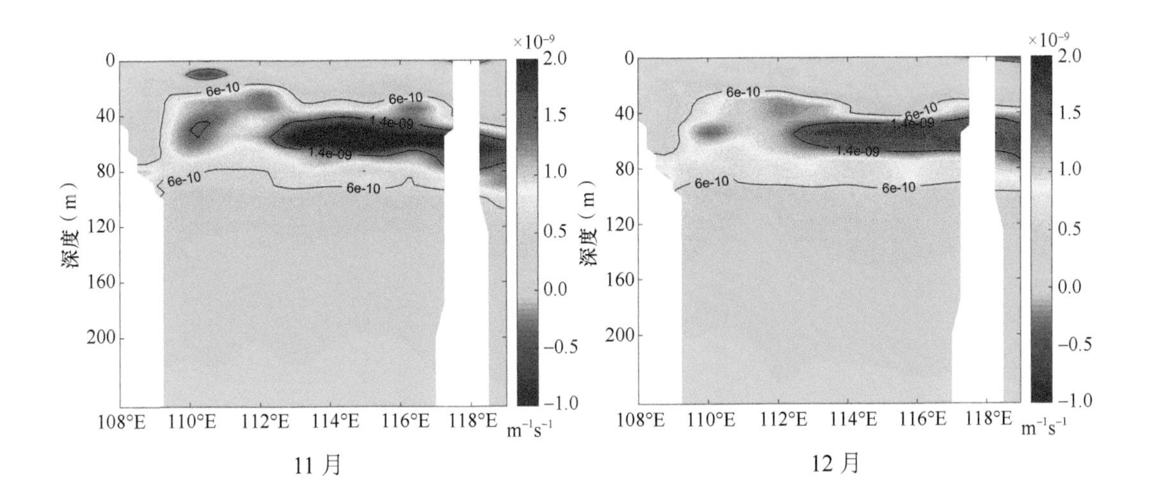

11 月　　12 月

1～12月15°N纬向断面位势涡度

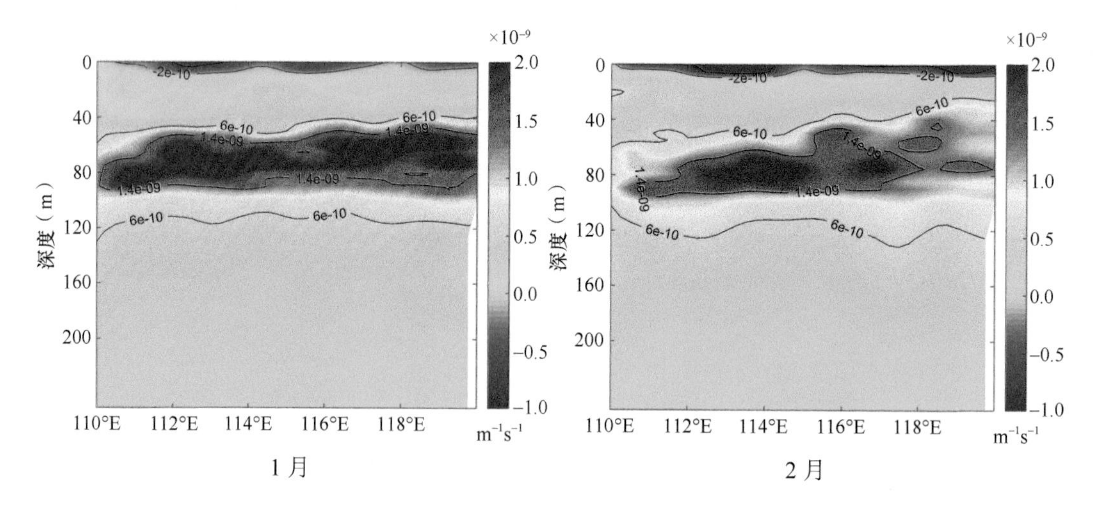

1月　　2月

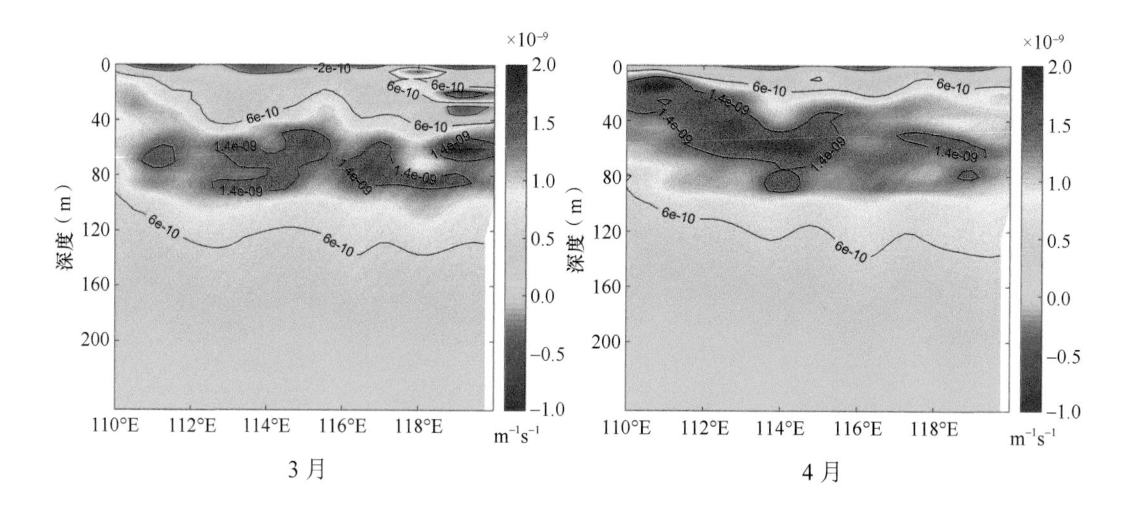

3月　　4月

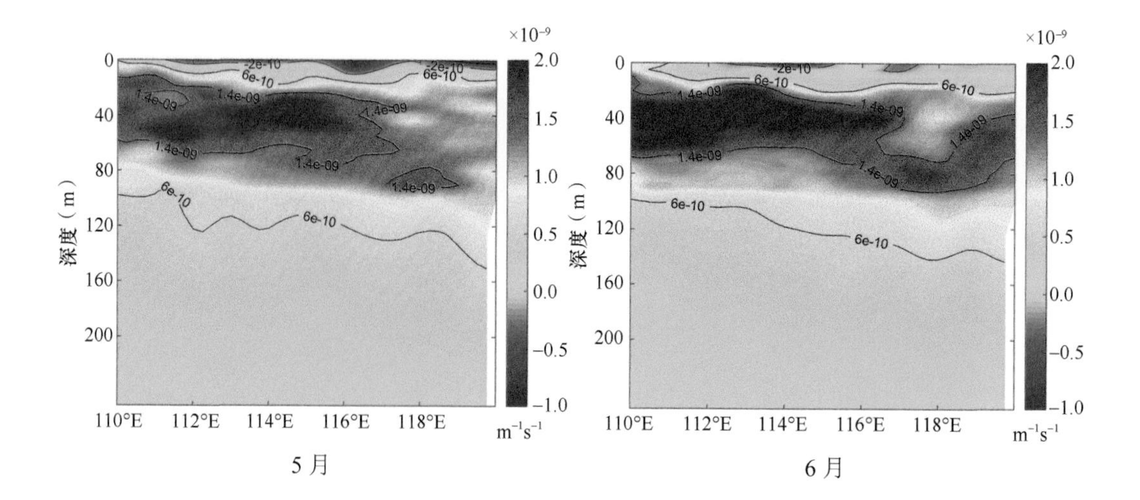

5月　　6月

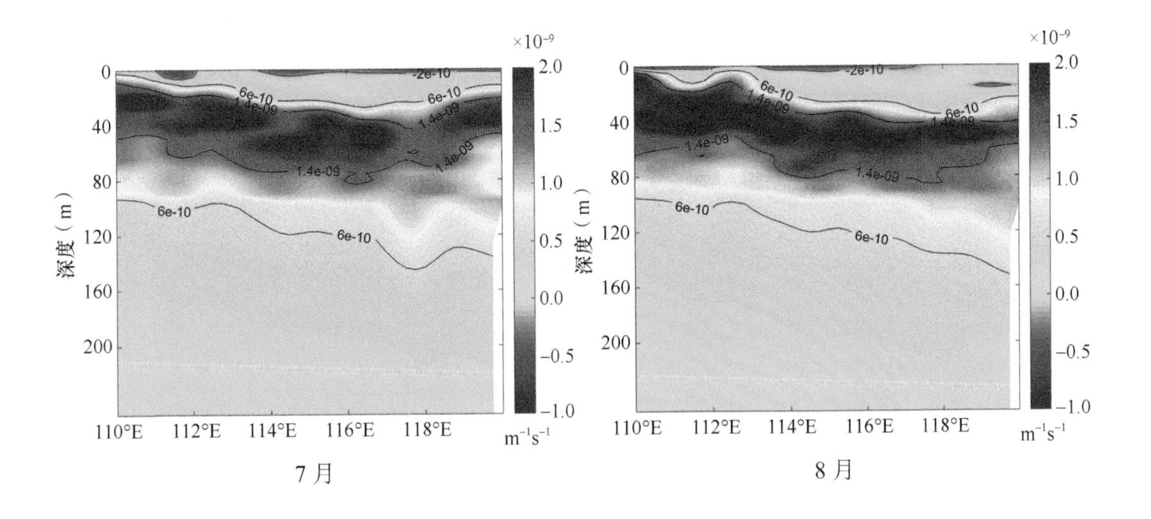

7 月

8 月

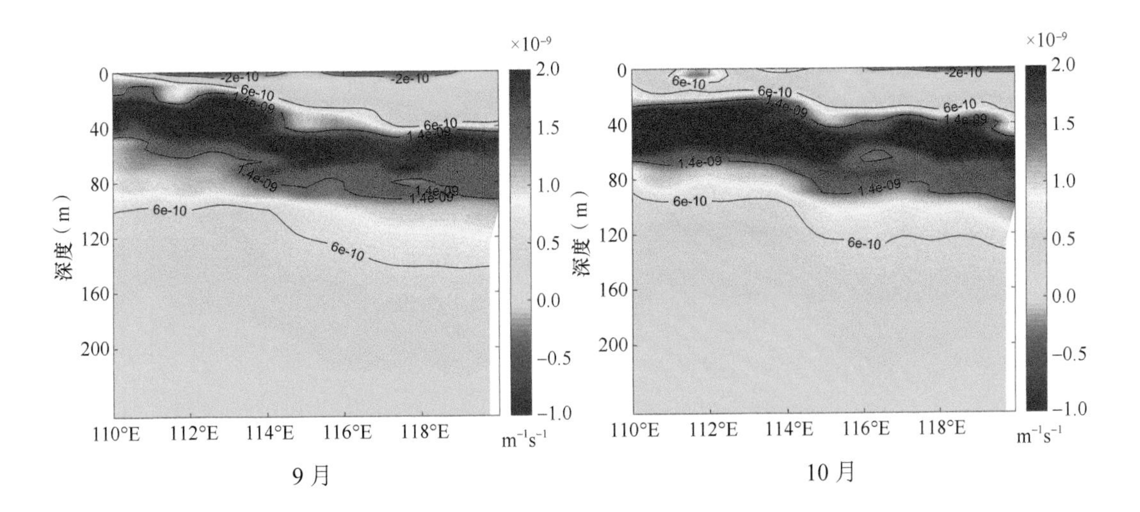

9 月

10 月

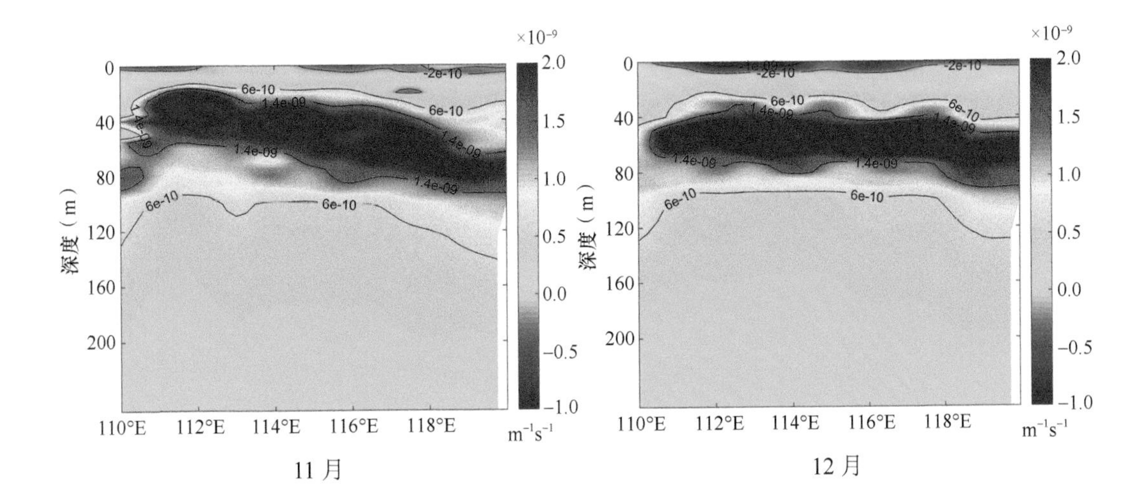

11 月

12 月

1～12 月 18°N 纬向断面位势涡度

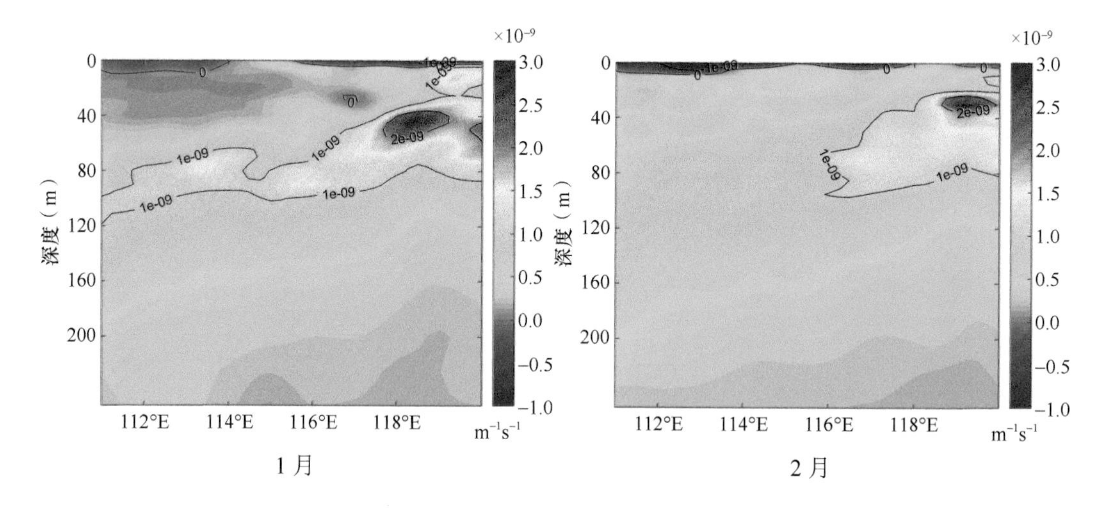

1 月　　2 月

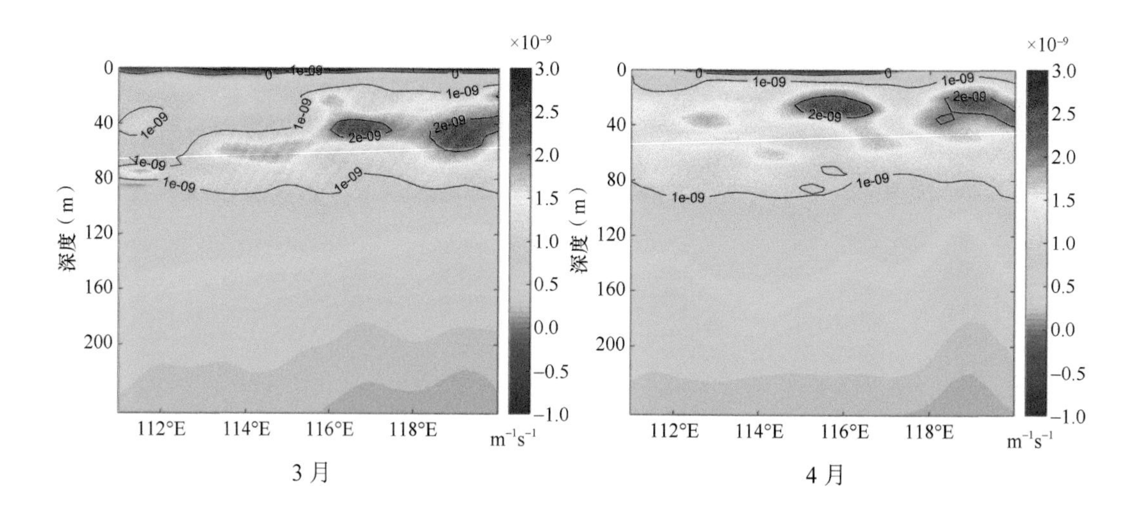

3 月　　4 月

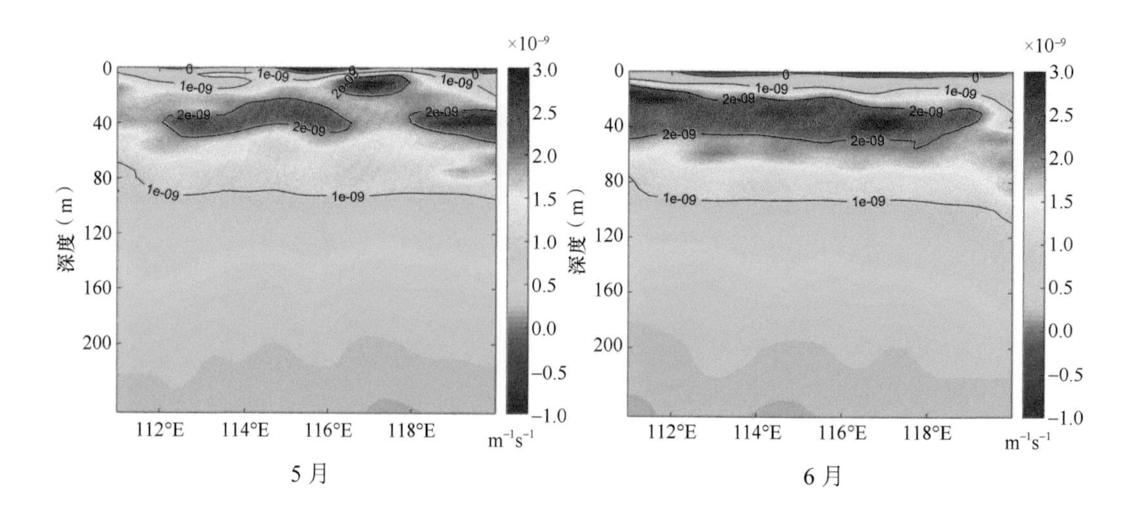

5 月　　6 月

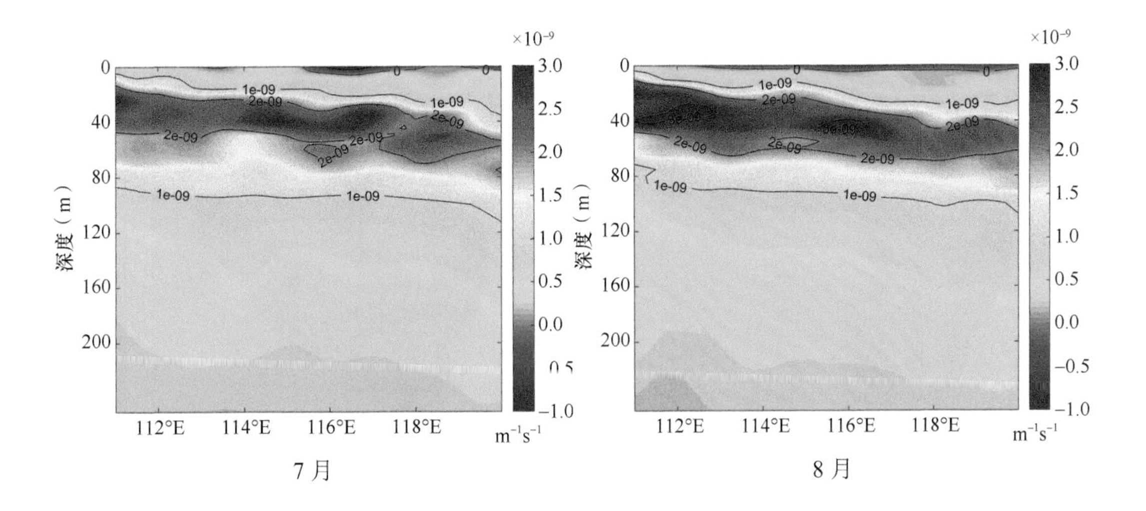

7 月　　8 月

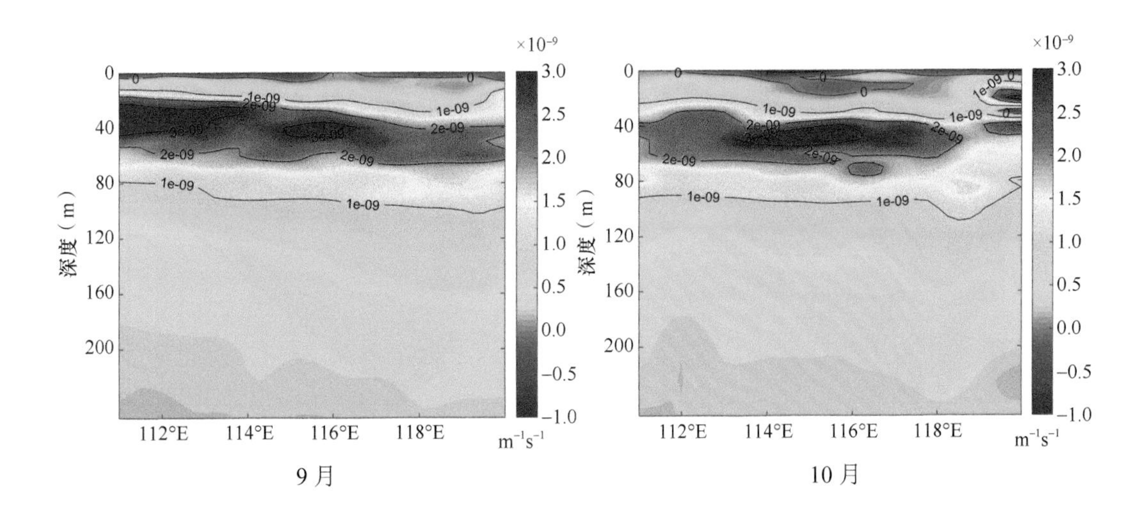

9 月　　10 月

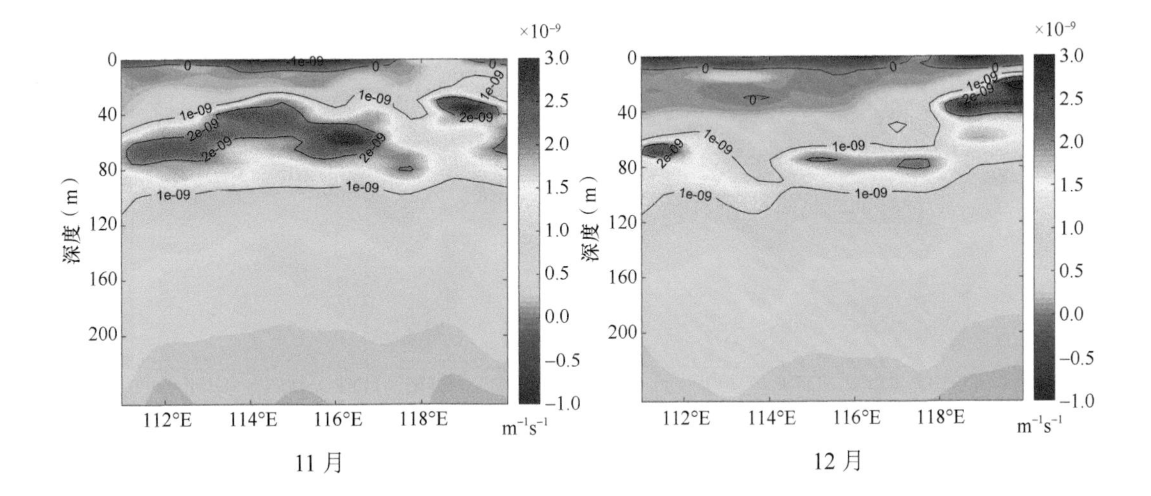

11 月　　12 月

1～12月混合层厚度

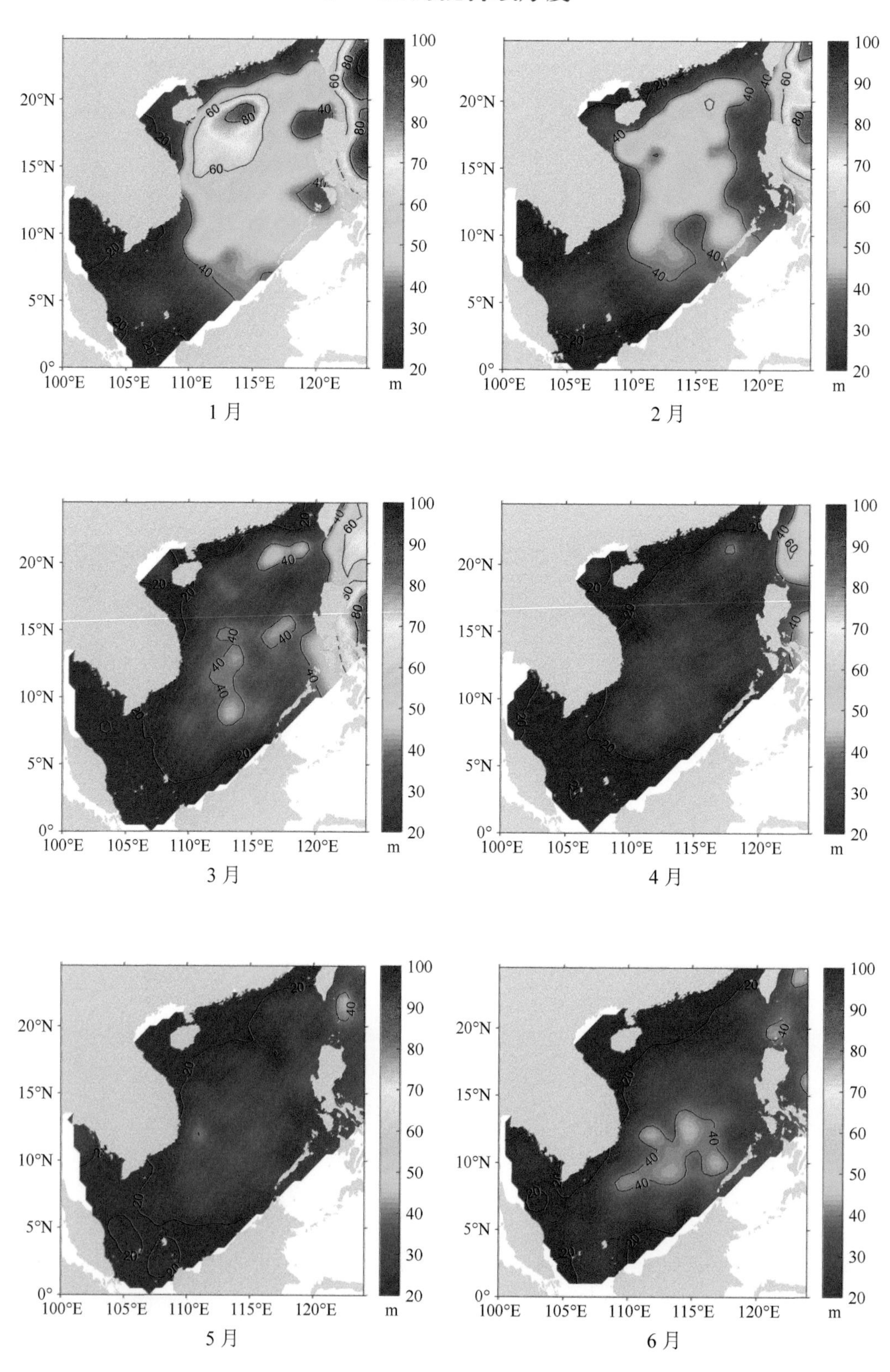

1月 2月 3月 4月 5月 6月

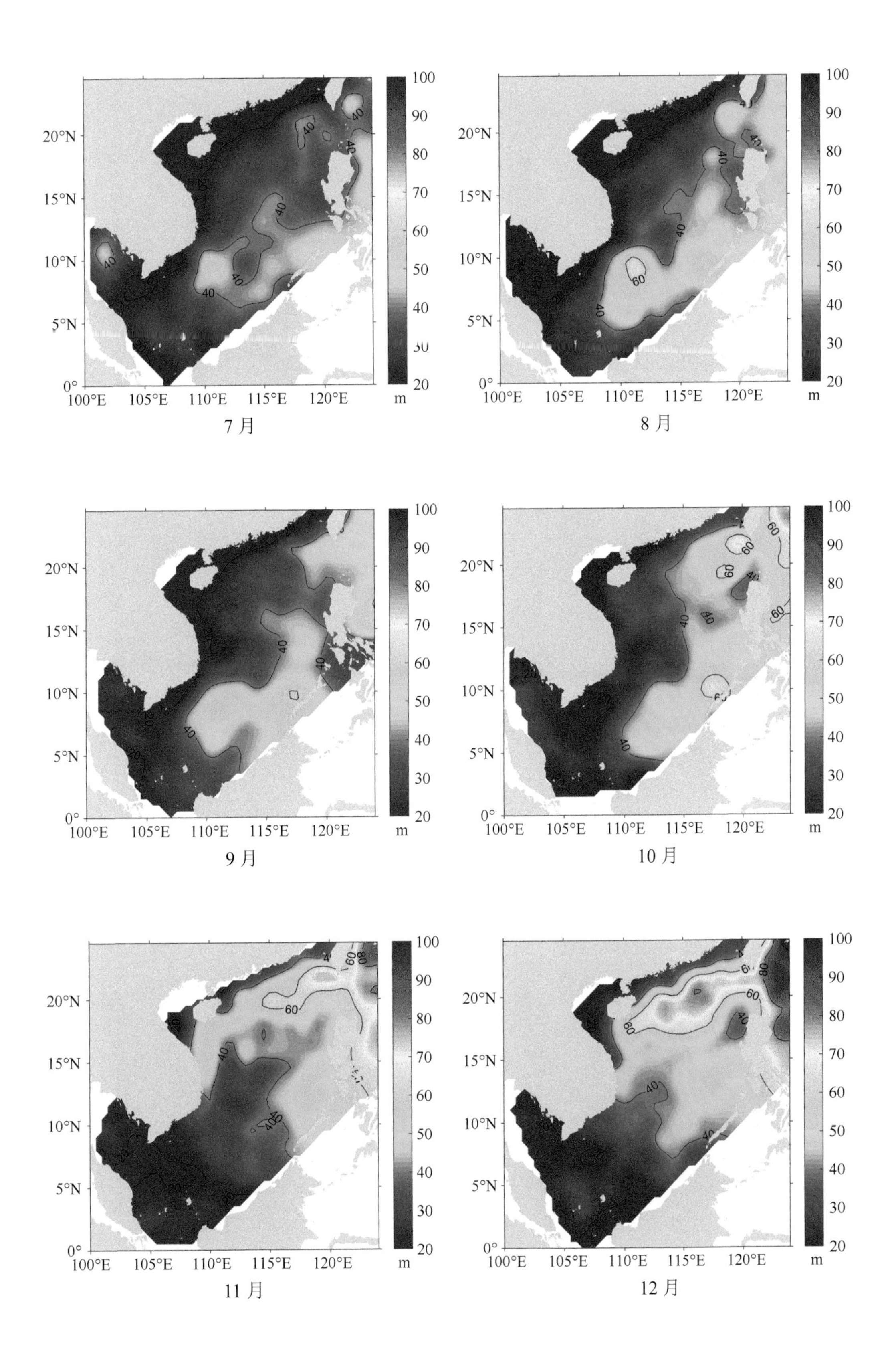

100
90
80
70
60
50
40
30
20
m
20°N
15°N
10°N
5°N
0°
100°E
105°E
110°E
115°E
120°E
7 月
8 月
9 月
10 月
11 月
12 月

1～12 月障碍层厚度

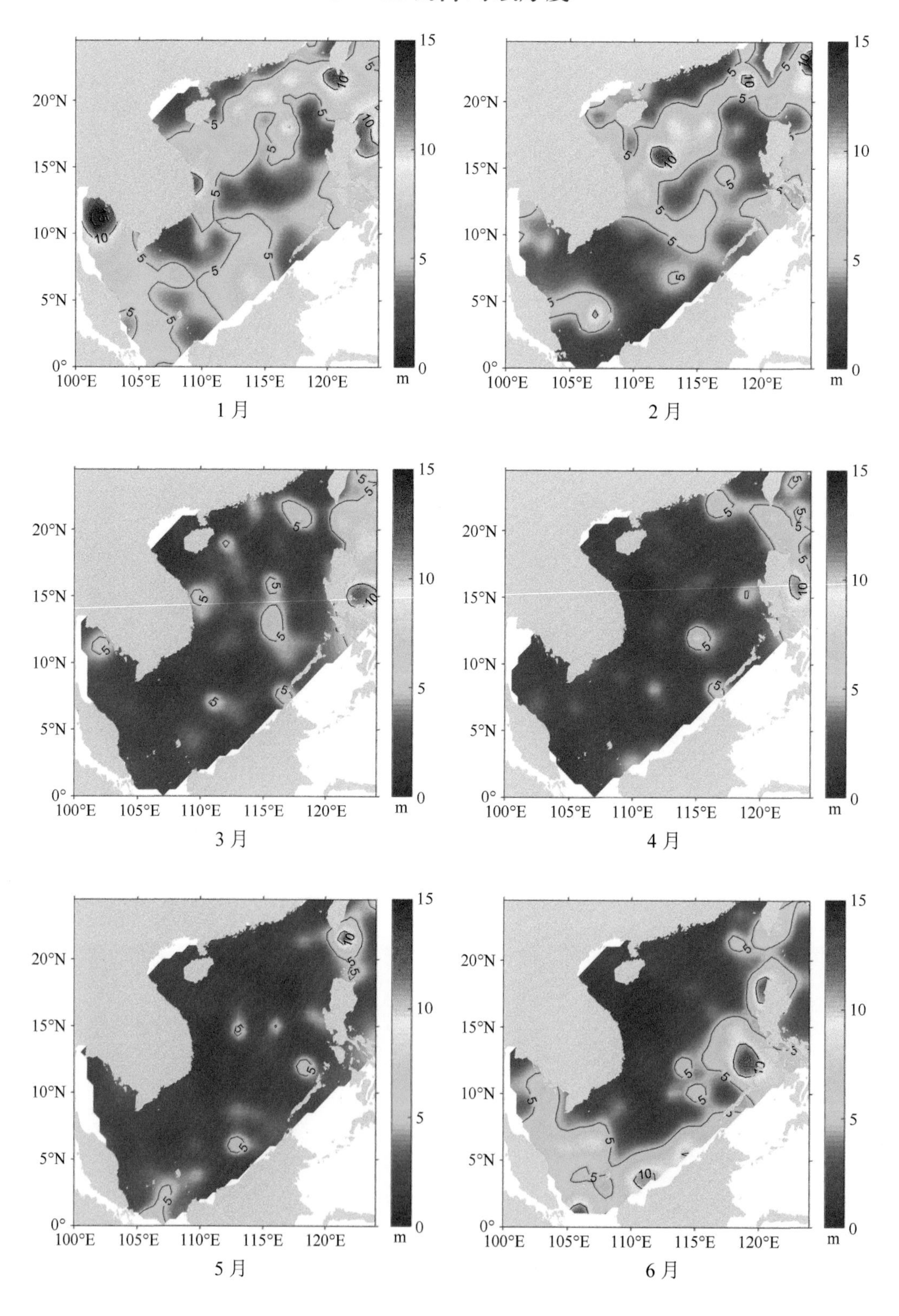
1 月
2 月
3 月
4 月
5 月
6 月
20°N
15°N
10°N
5°N
0°
100°E
105°E
110°E
115°E
120°E
15
10
5
0
m

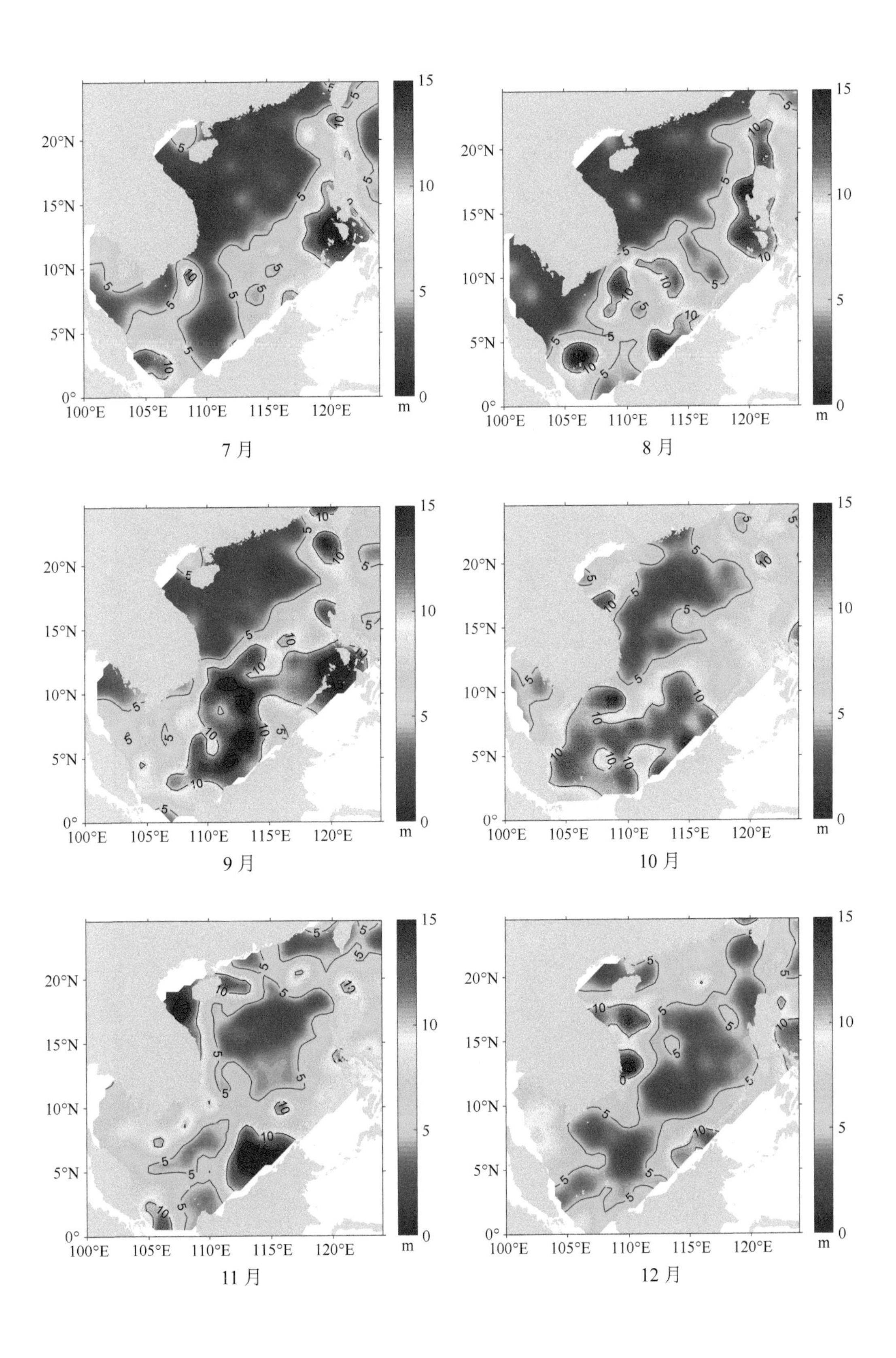

7 月

8 月

9 月

10 月

11 月

12 月

1～12 月主温跃层厚度

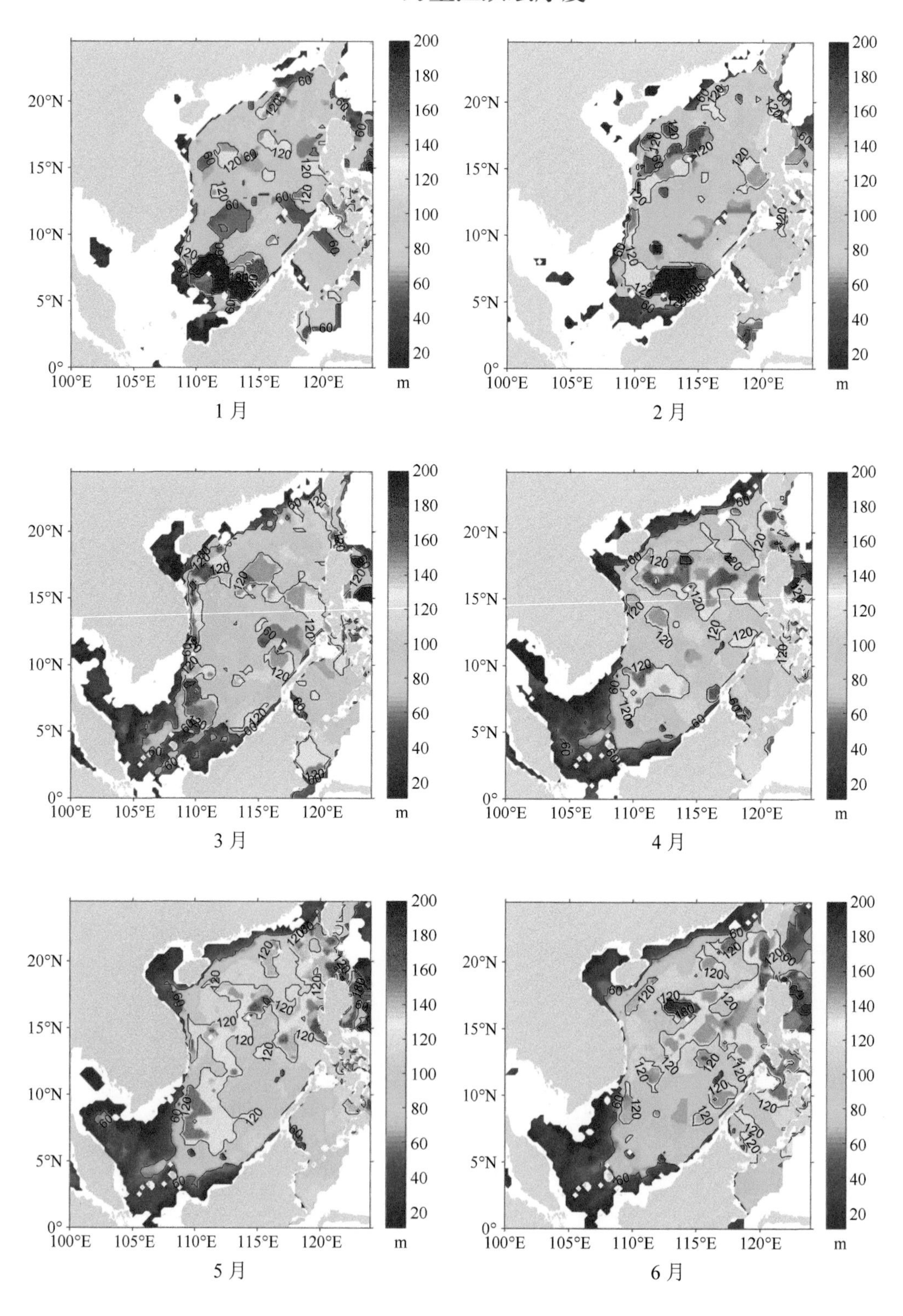

1 月

2 月

3 月

4 月

5 月

6 月

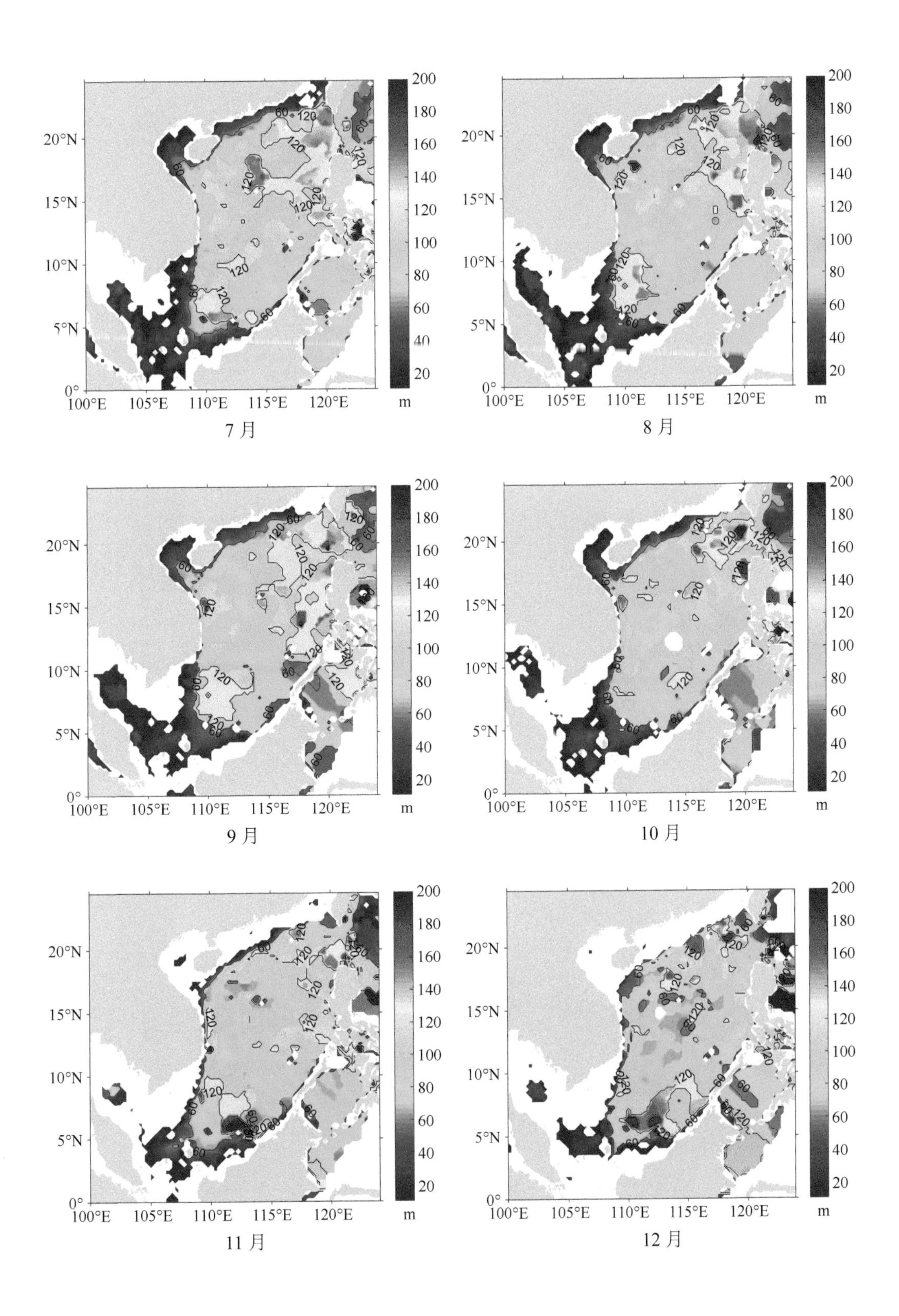
7 月
8 月
9 月
10 月
11 月
12 月
m

1～12 月 9°N 纬向断面温度梯度

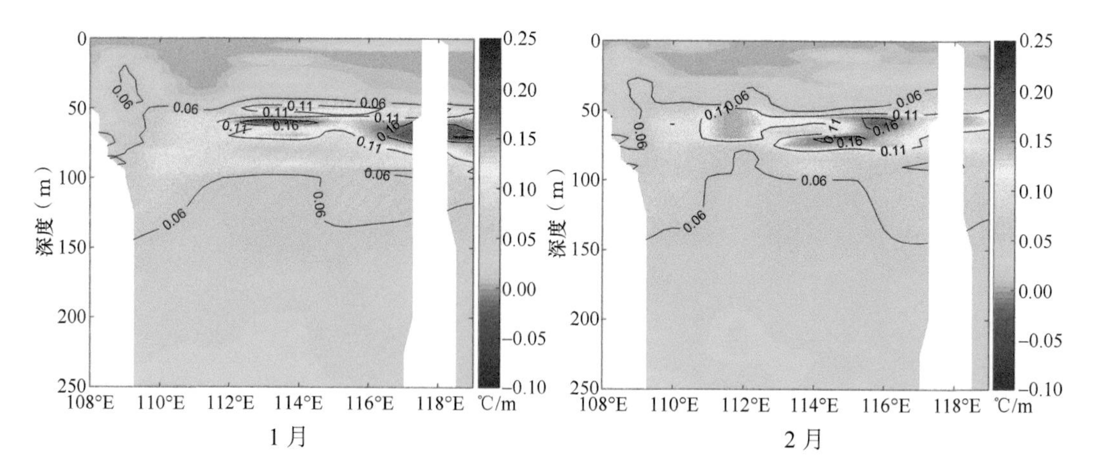

1 月　　2 月

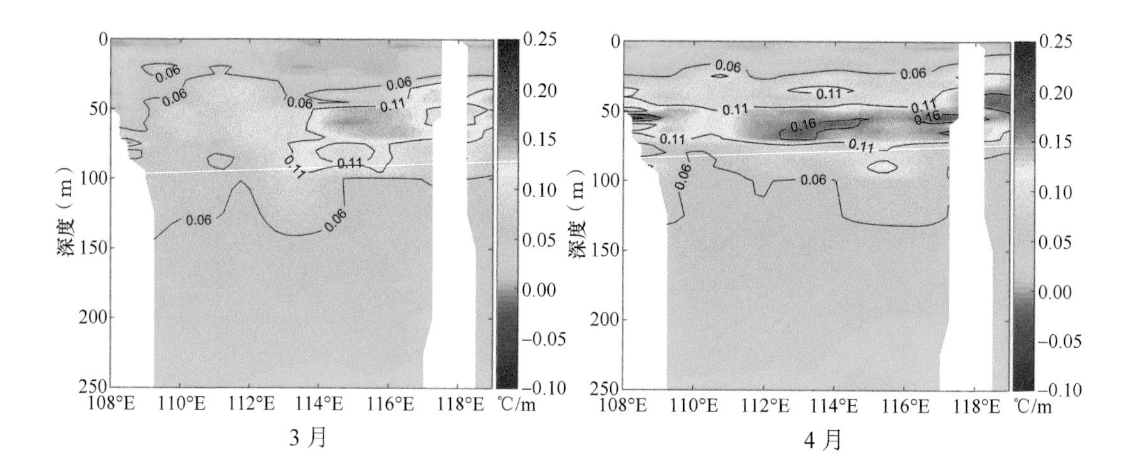

3 月　　4 月

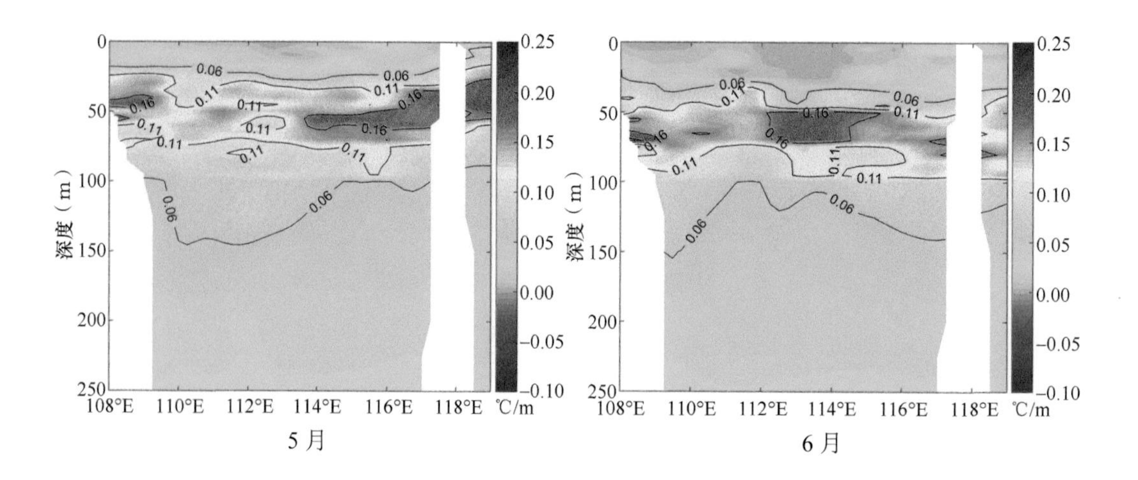

5 月　　6 月

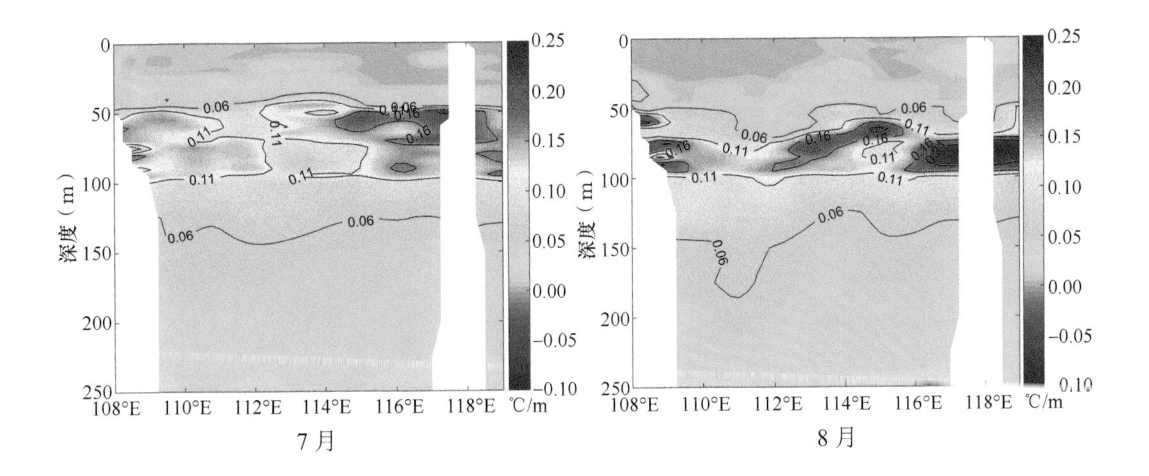

7 月　　8 月

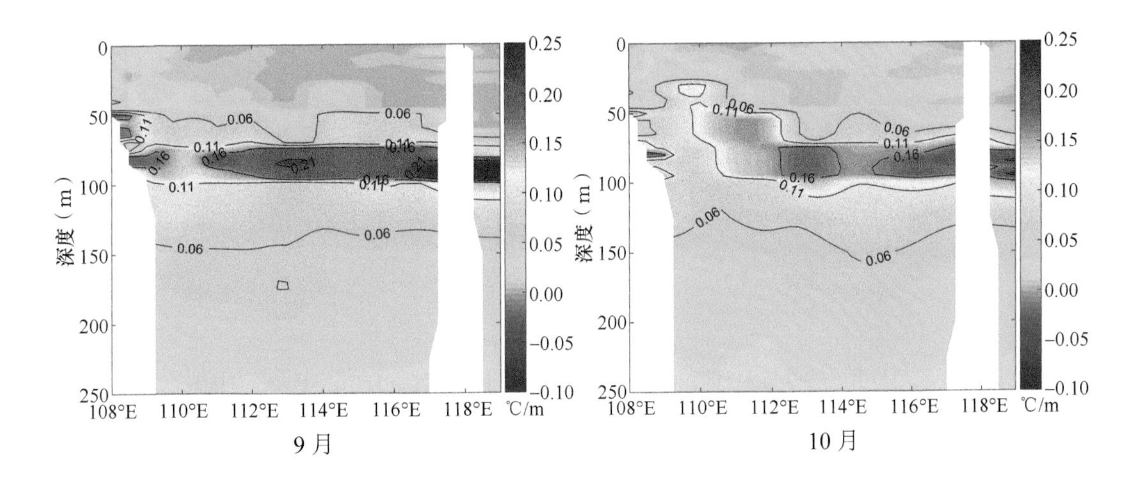

9 月　　10 月

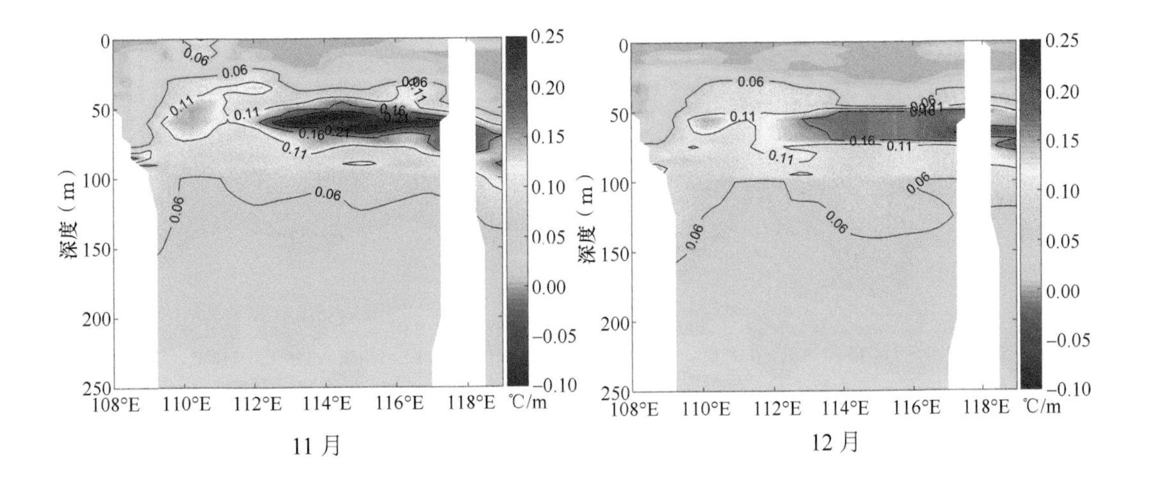

11 月　　12 月

1～12 月 15°N 纬向断面温度梯度

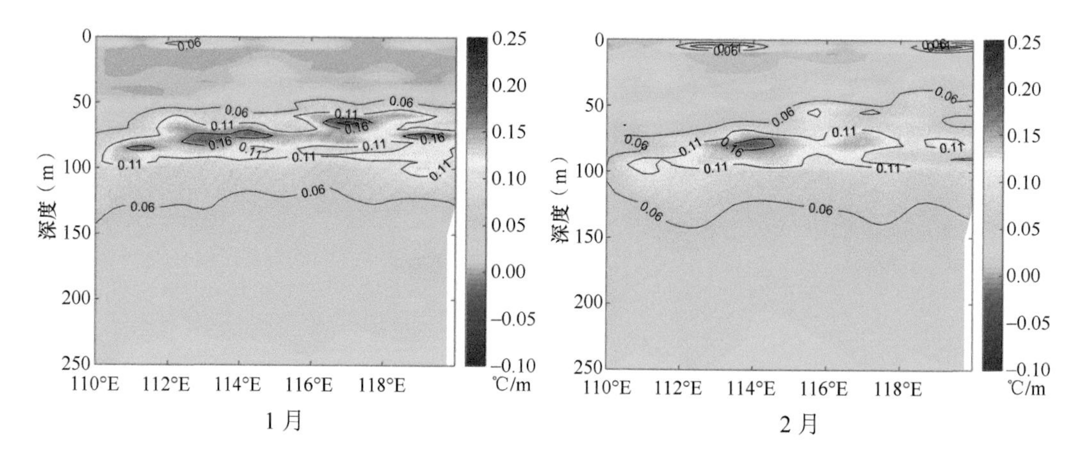

1 月

2 月

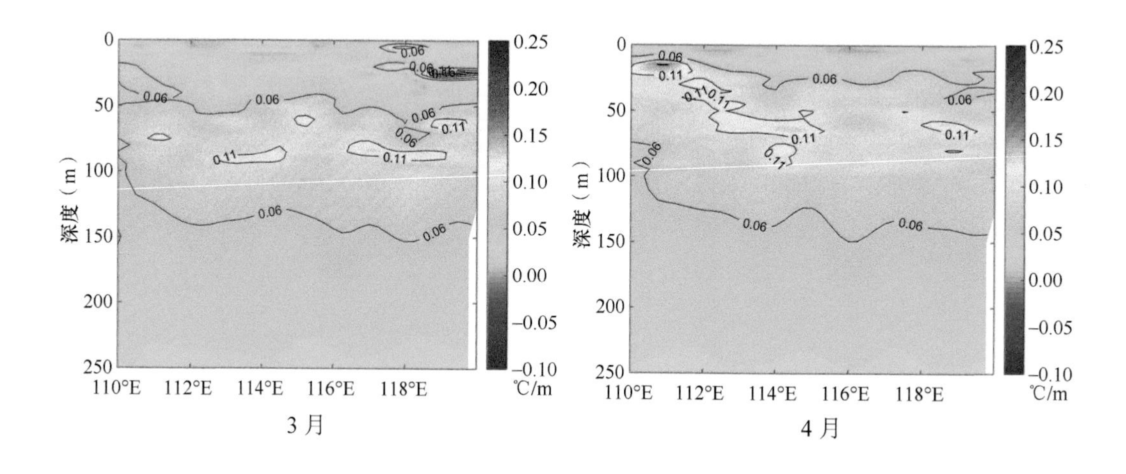

3 月

4 月

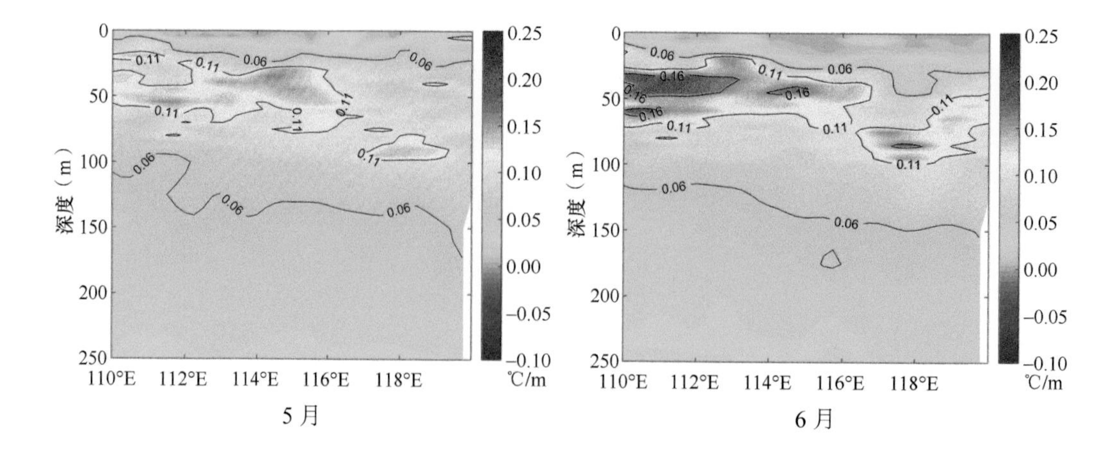

5 月

6 月

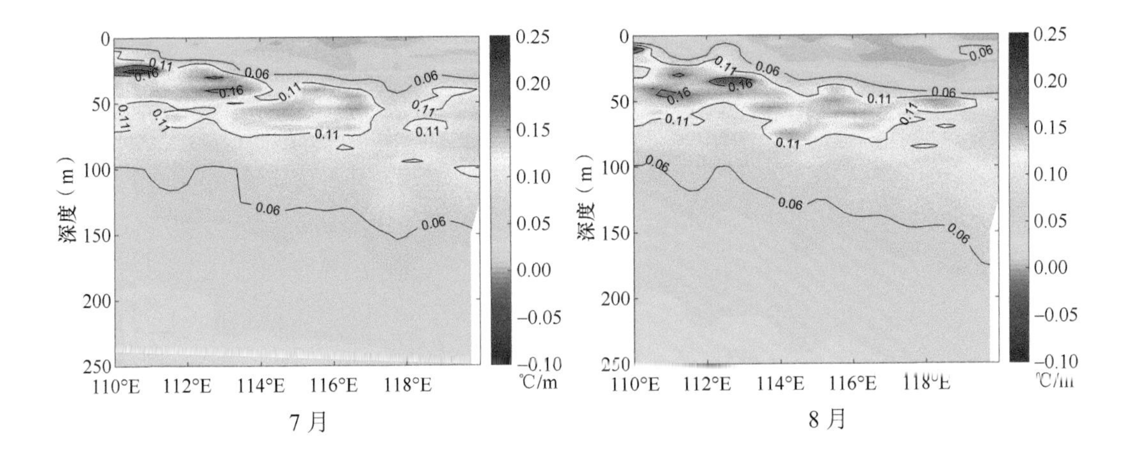

7 月　　8 月

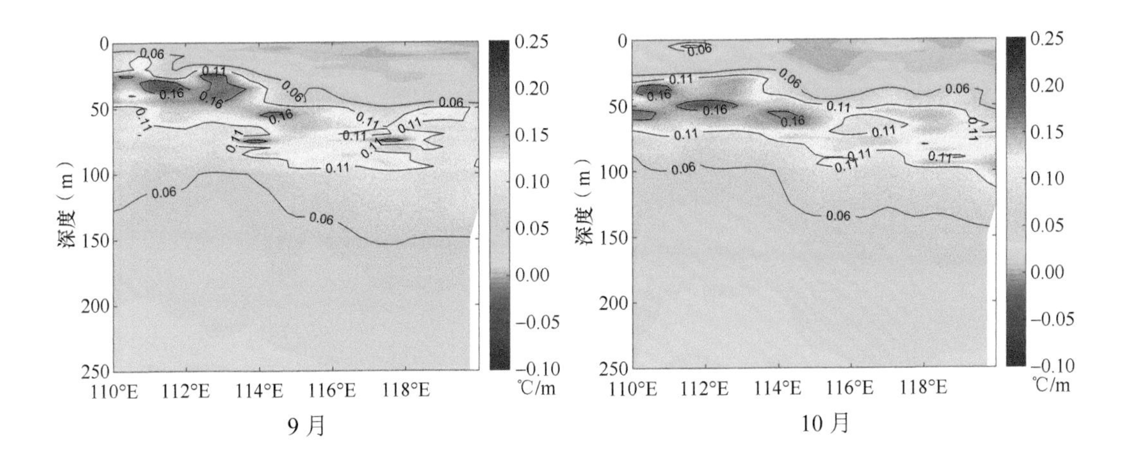

9 月　　10 月

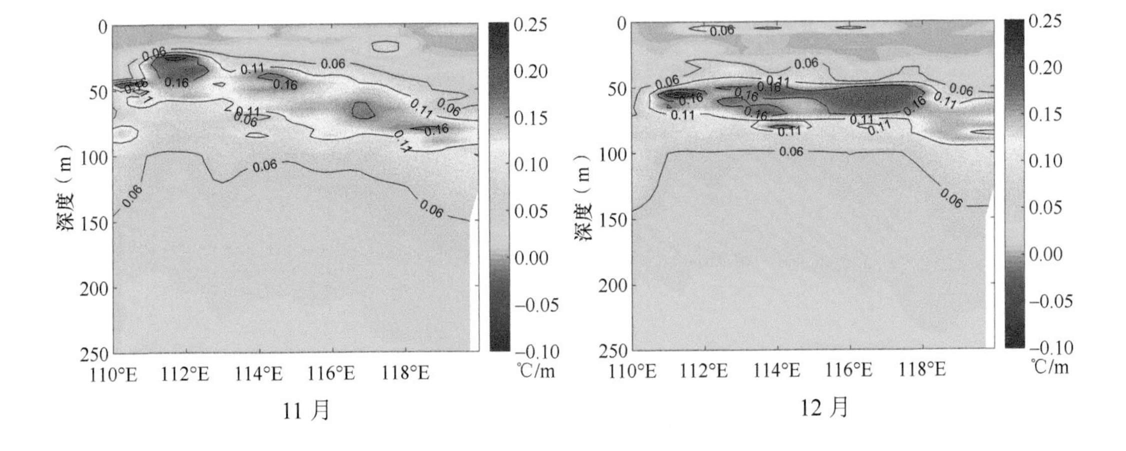

11 月　　12 月

1～12 月 18°N 纬向断面温度梯度

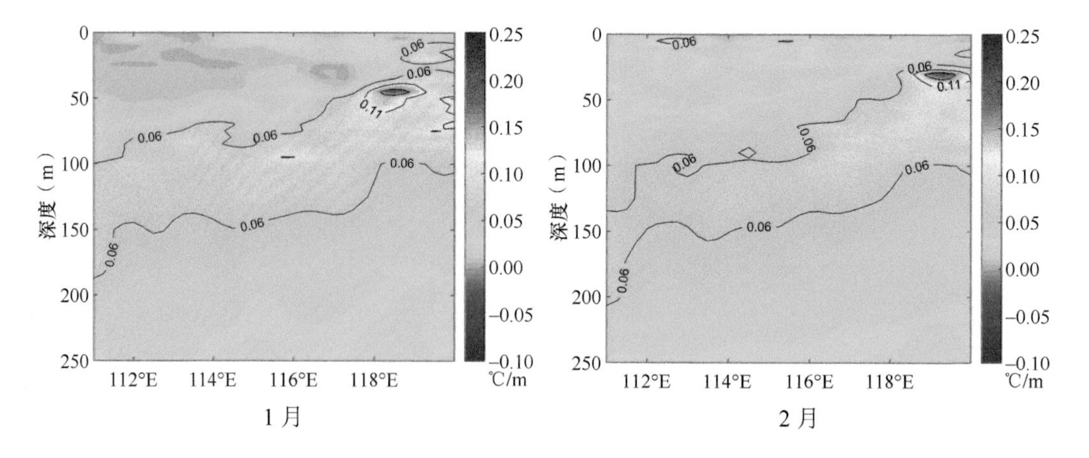

1 月

2 月

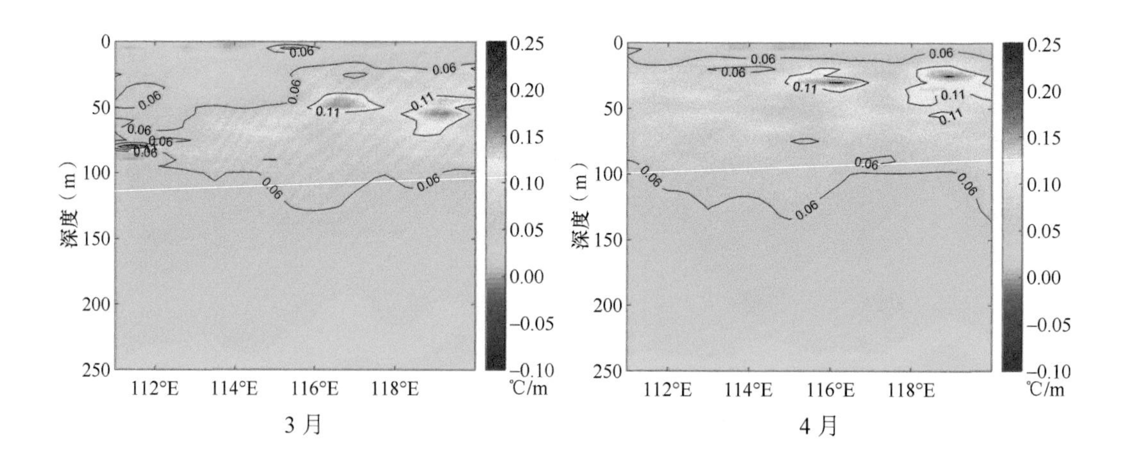

3 月

4 月

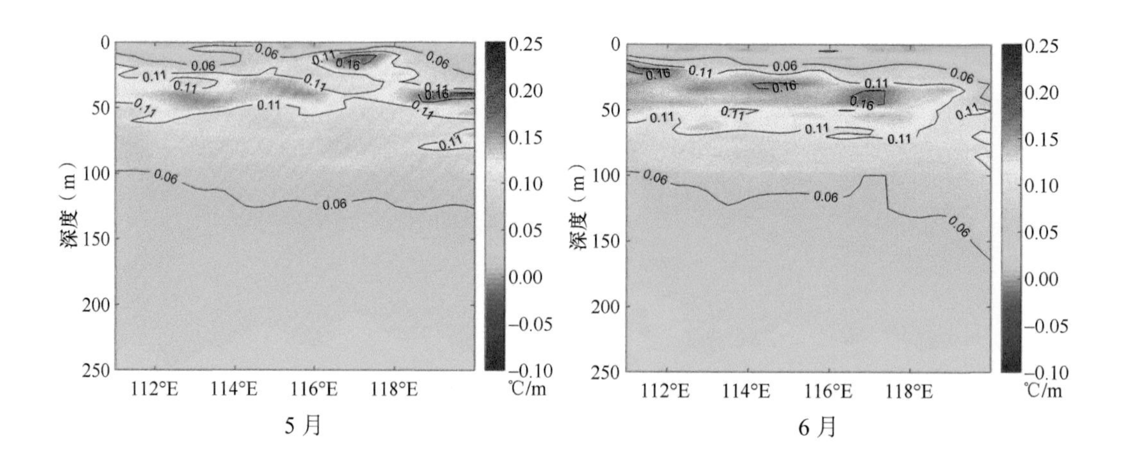

5 月

6 月

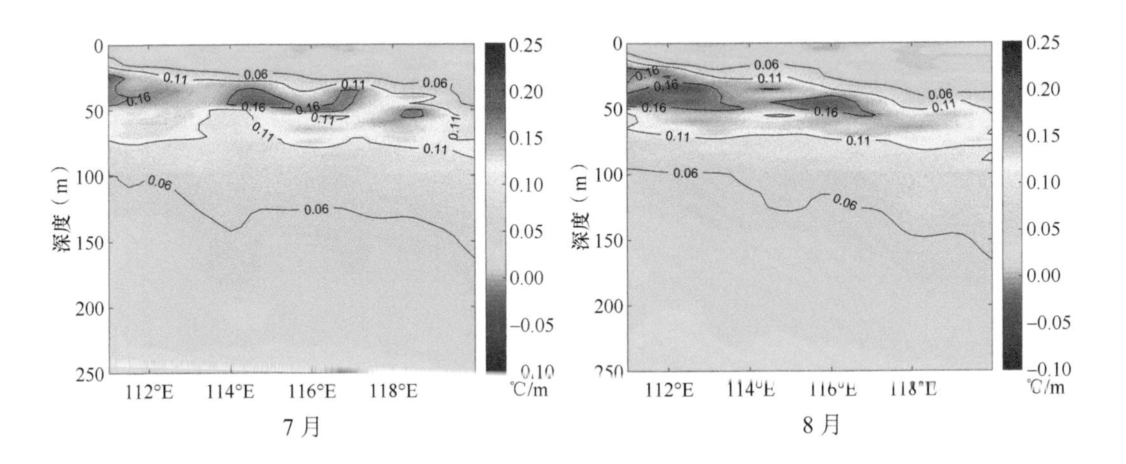

7 月
8 月

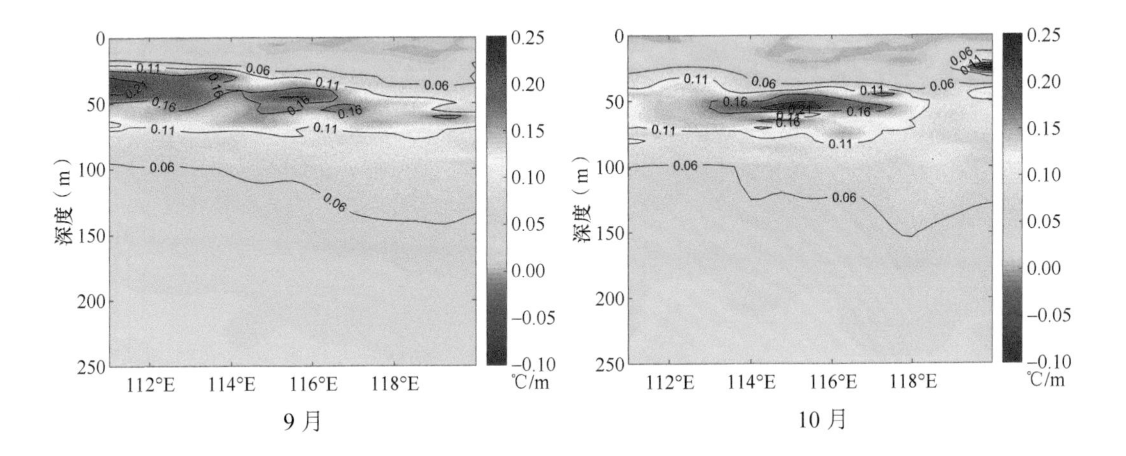

9 月
10 月

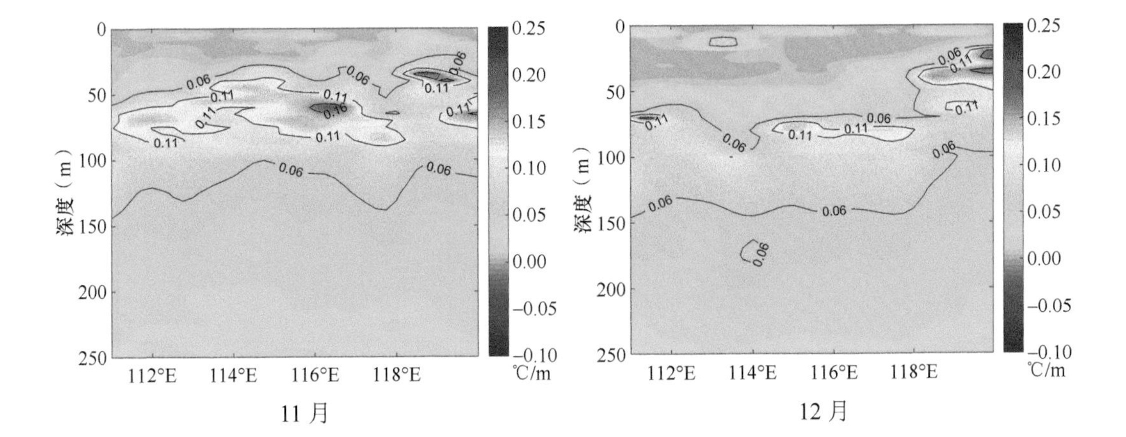

11 月
12 月

1 ～ 12 月 111°E 经向断面温度梯度

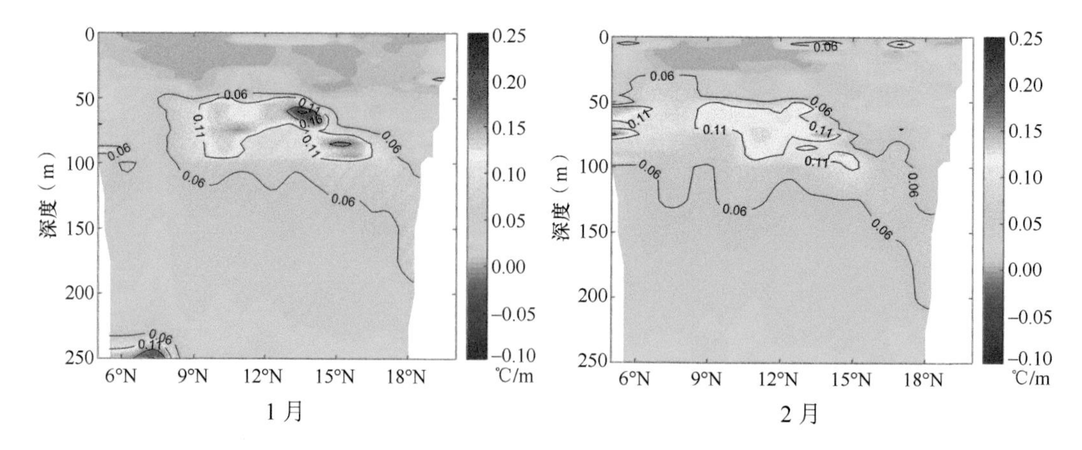

1 月

2 月

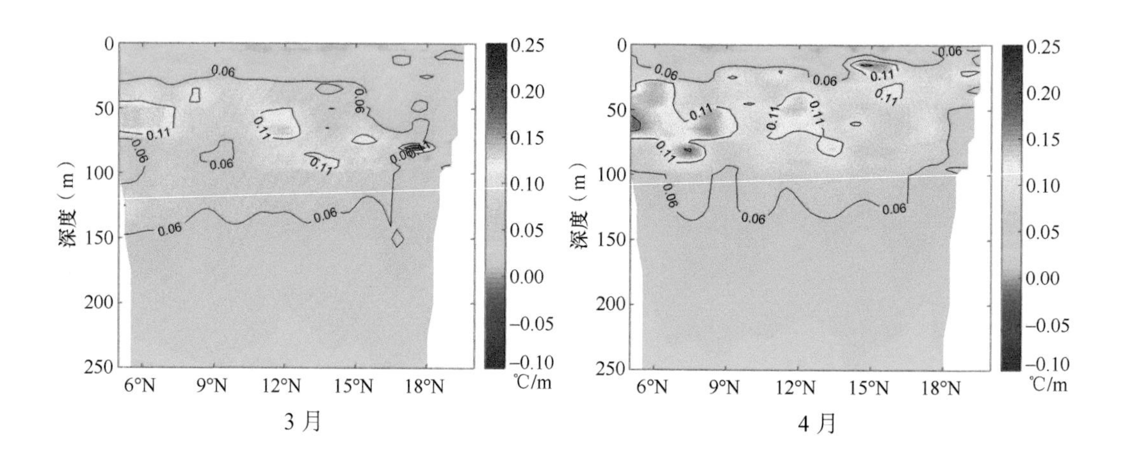

3 月

4 月

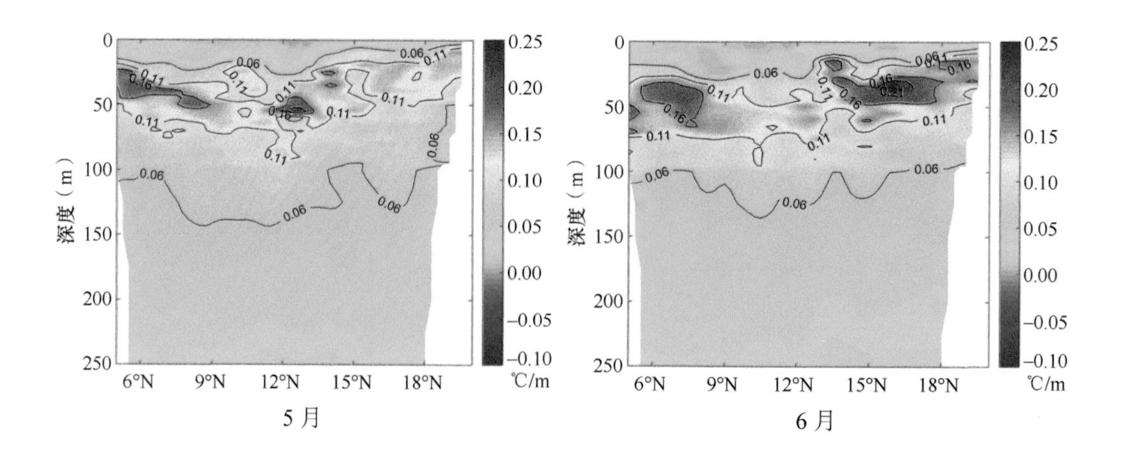

5 月

6 月

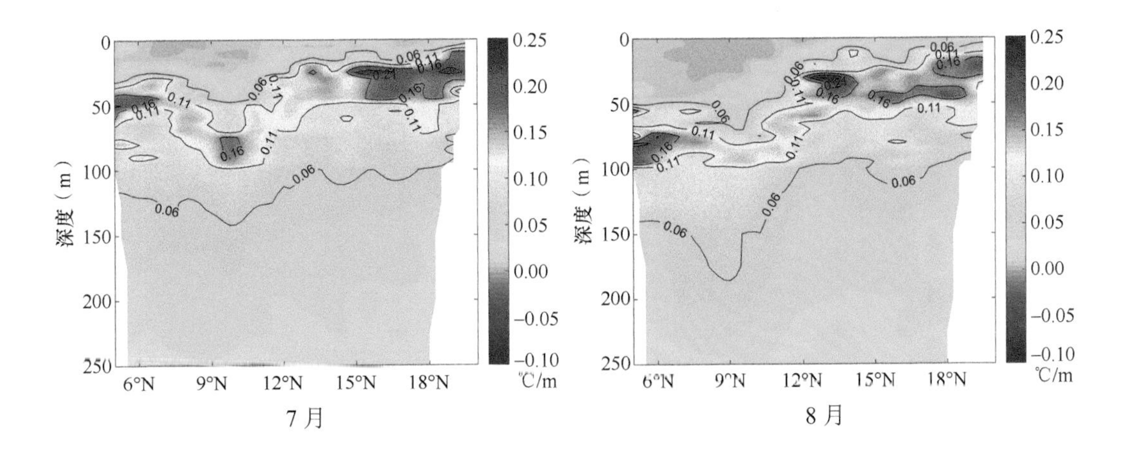

7 月　　8 月

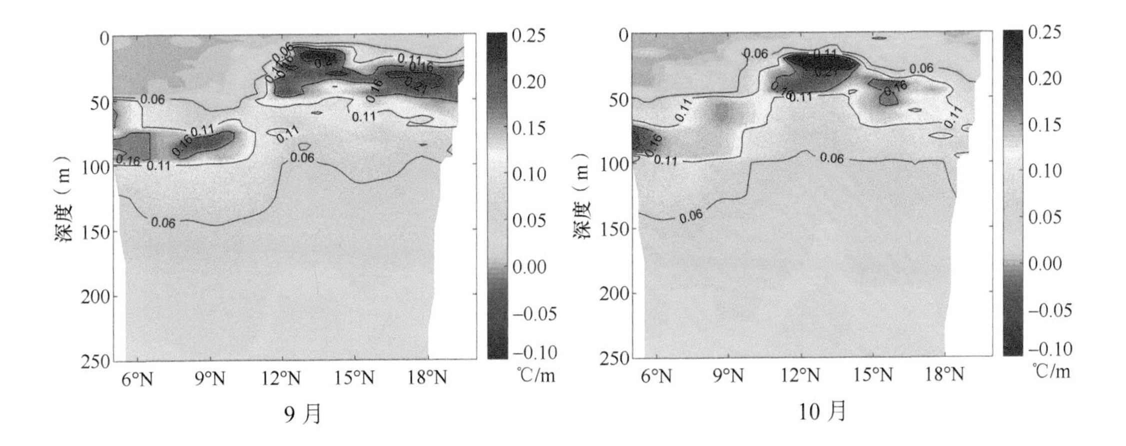

9 月　　10 月

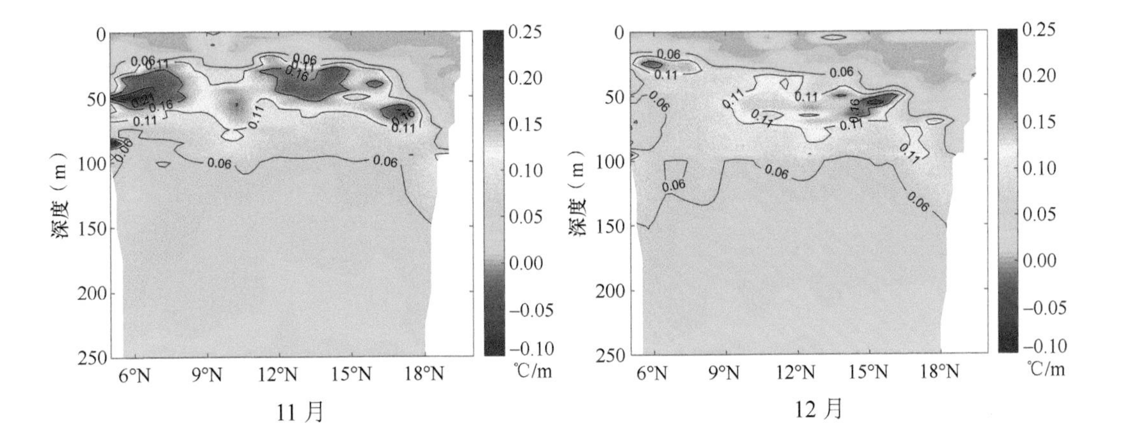

11 月　　12 月

1～12 月 115°E 经向断面温度梯度

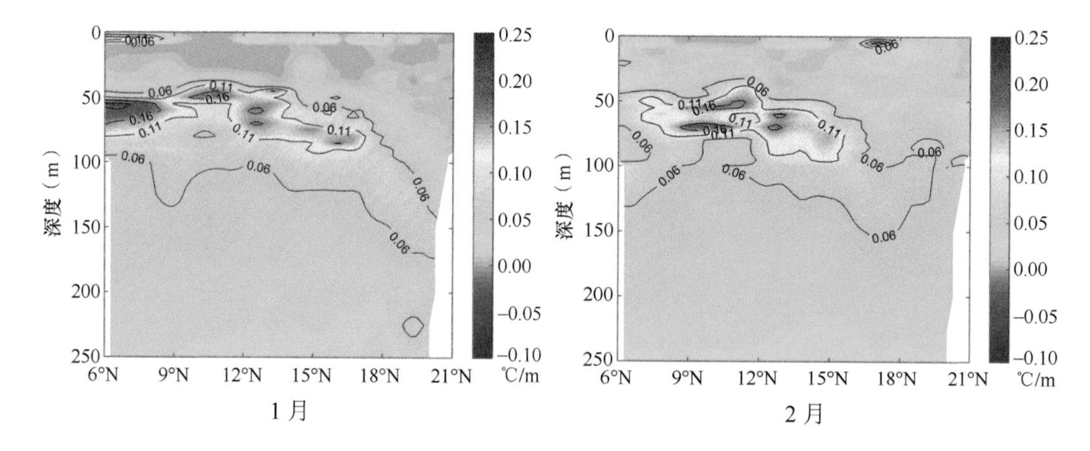

1 月　　2 月

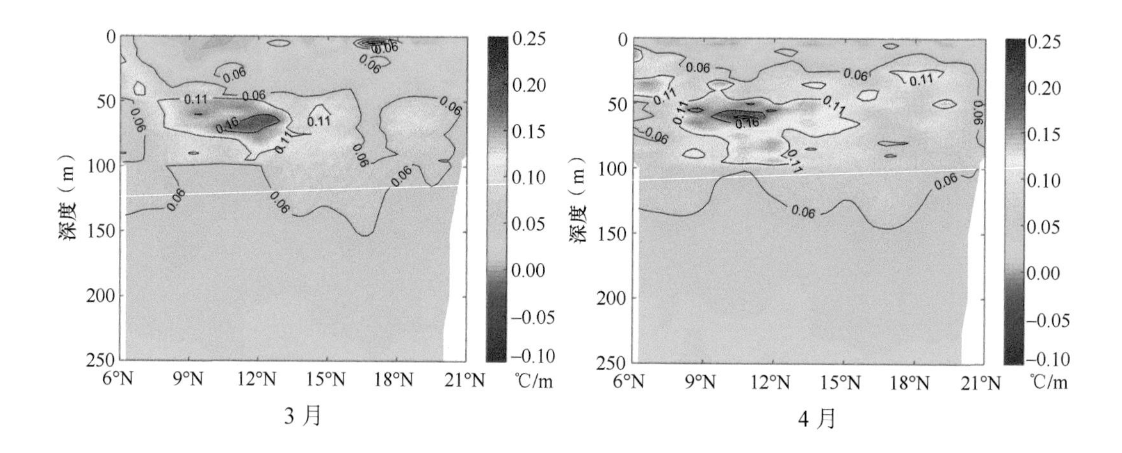

3 月　　4 月

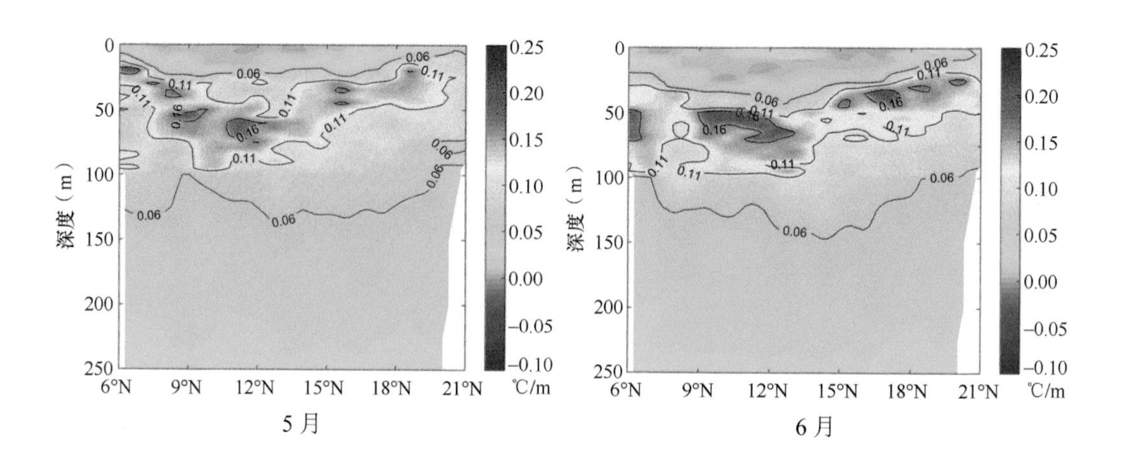

5 月　　6 月

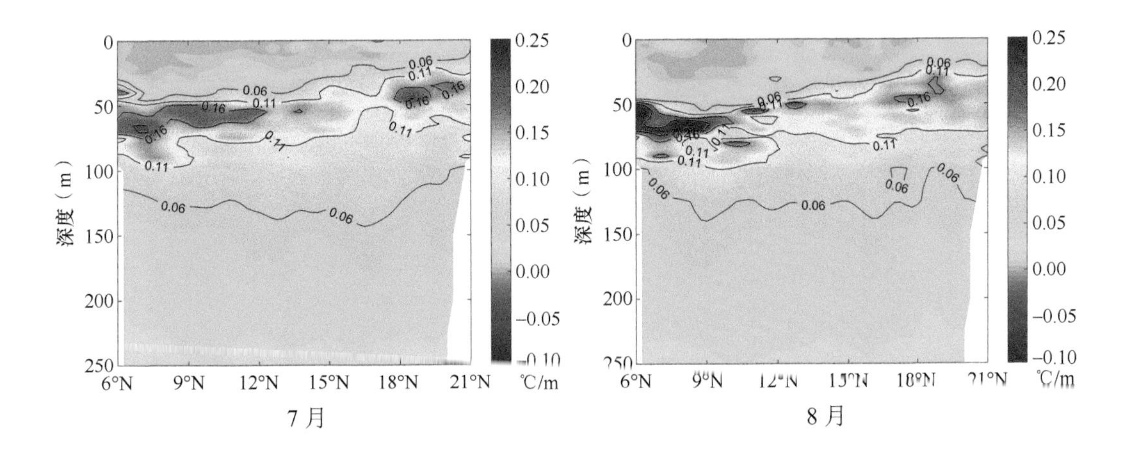

7 月

8 月

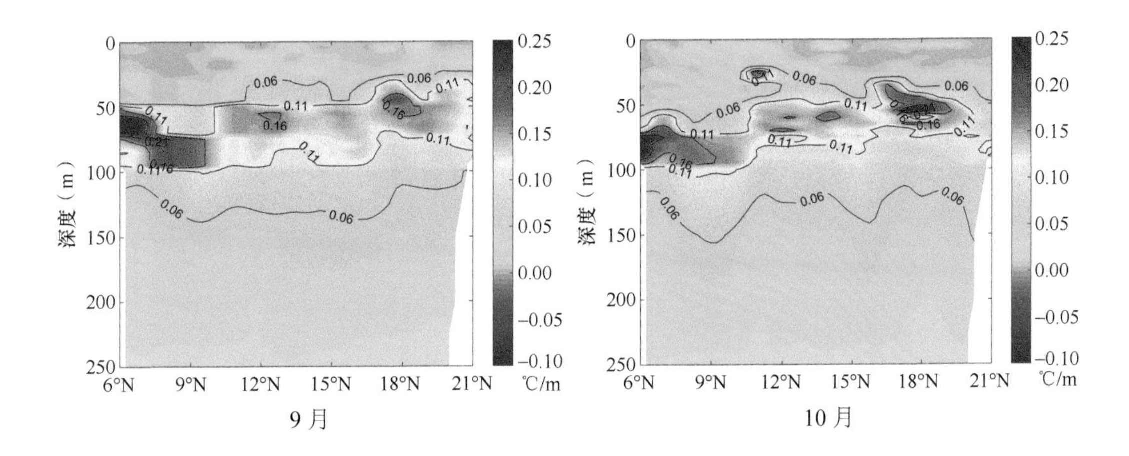

9 月

10 月

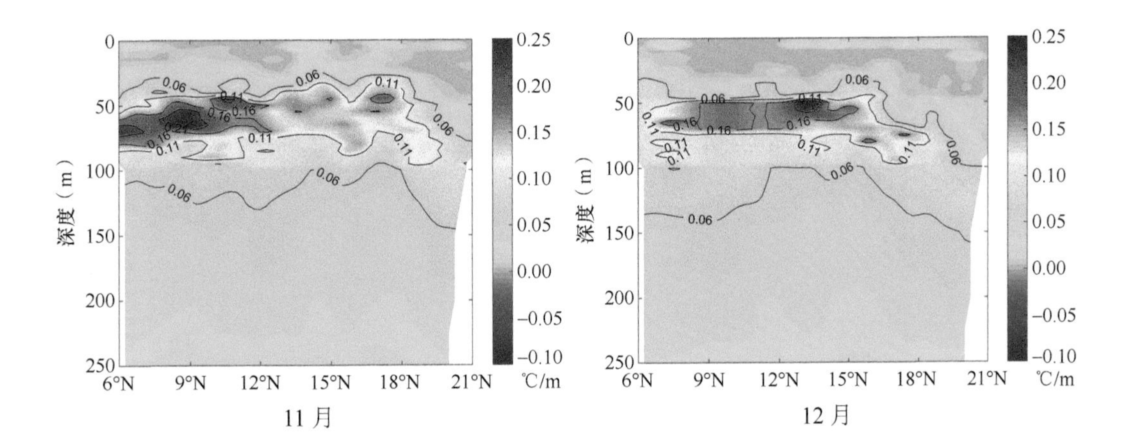

11 月

12 月

1～12月119°E经向断面温度梯度

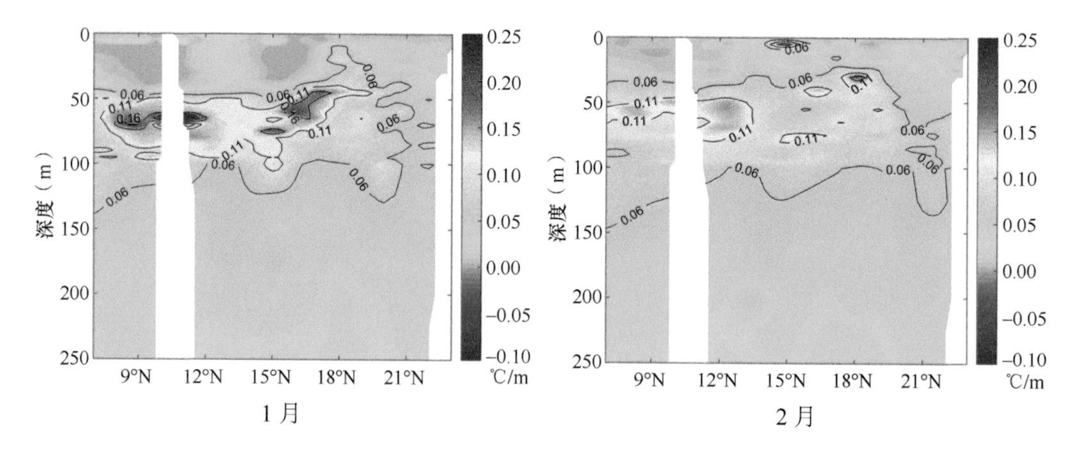

1月　2月

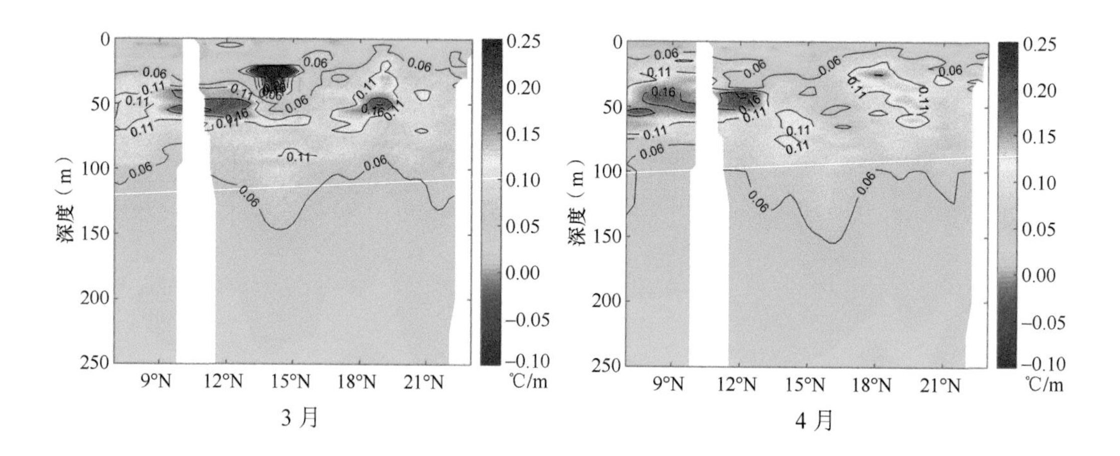

3月　4月

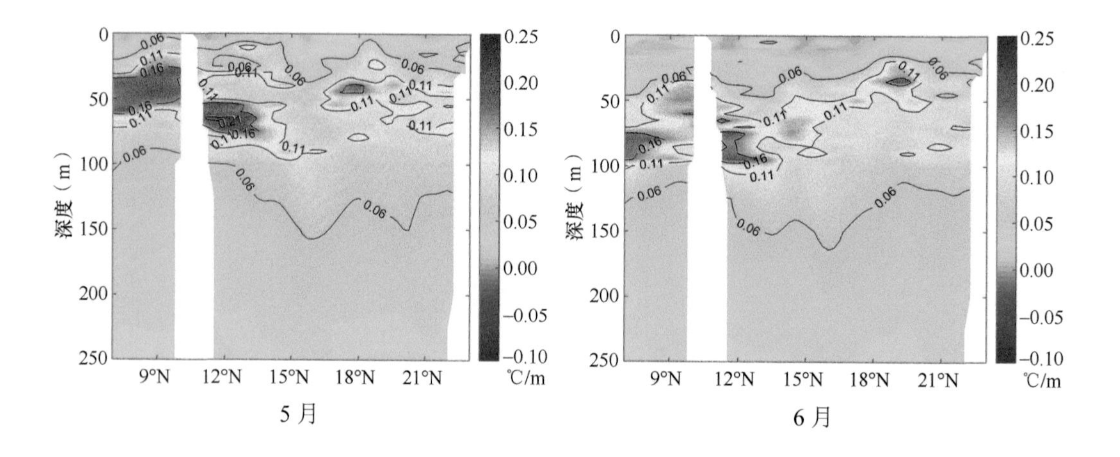

5月　6月

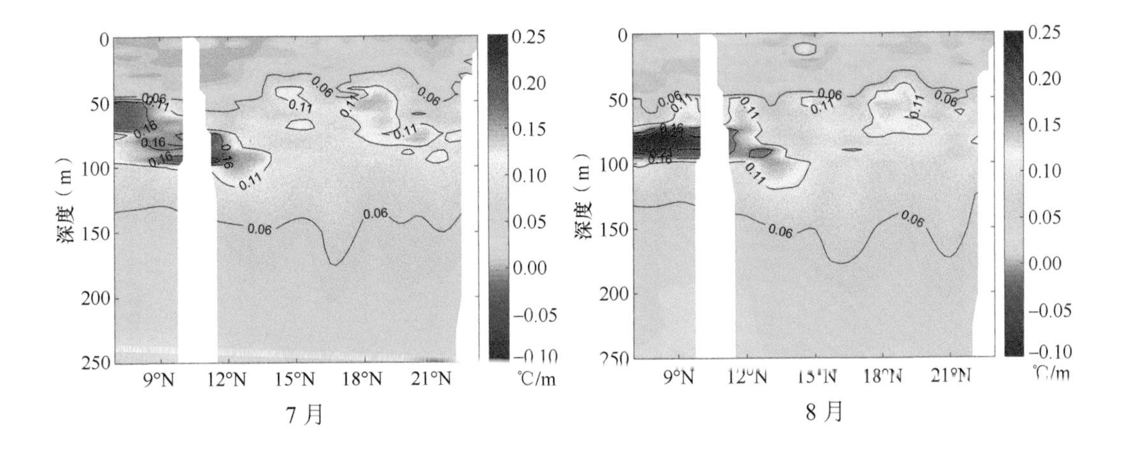

7 月　　8 月

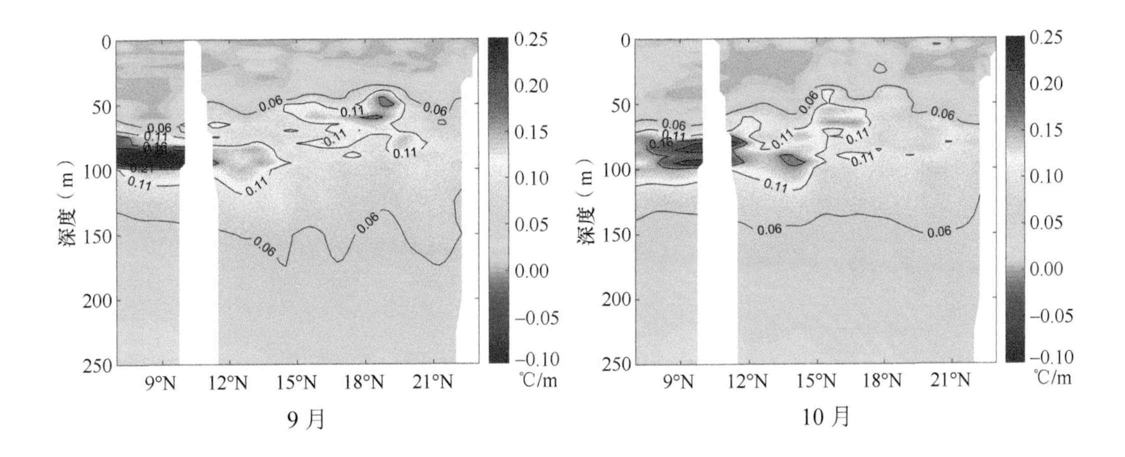

9 月　　10 月

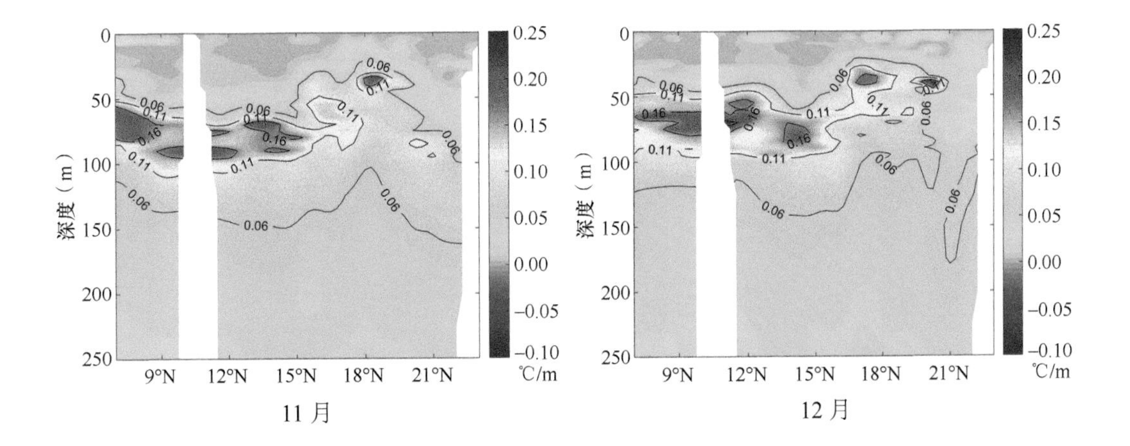

11 月　　12 月

1～12 月 9°N 纬向断面盐度梯度

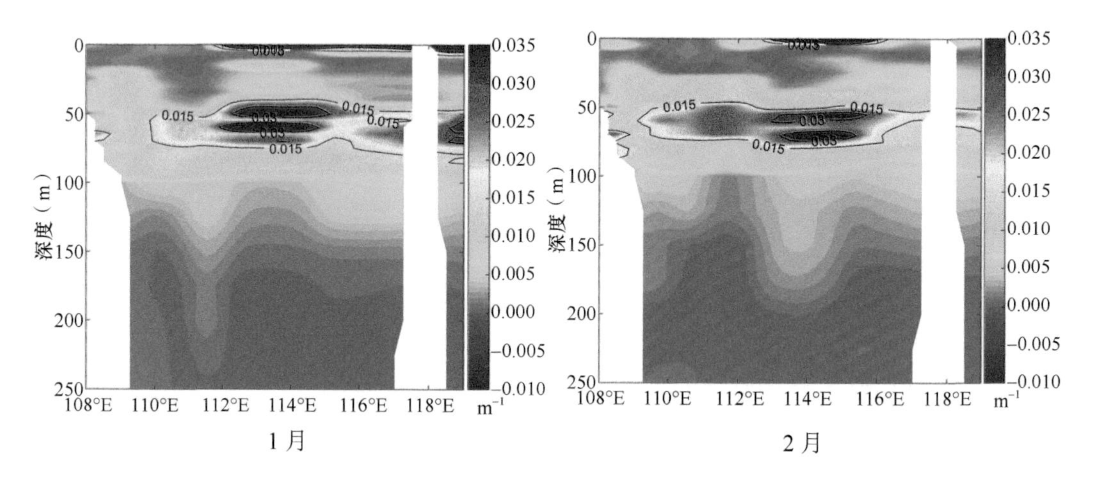

1 月　　2 月

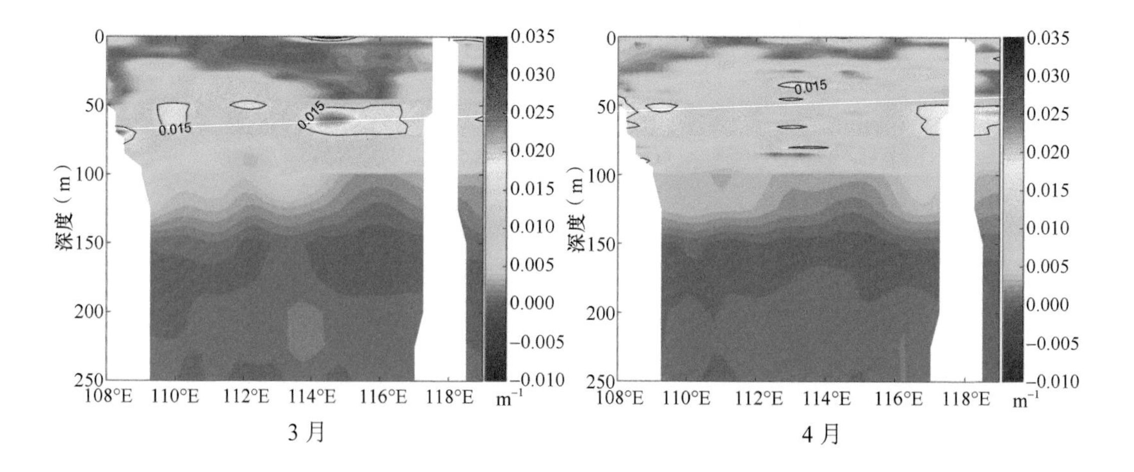

3 月　　4 月

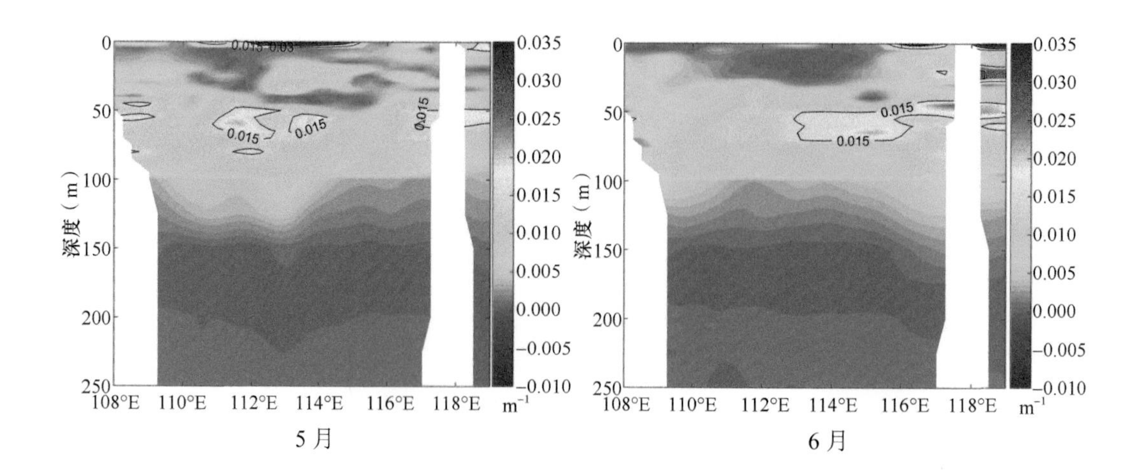

5 月　　6 月

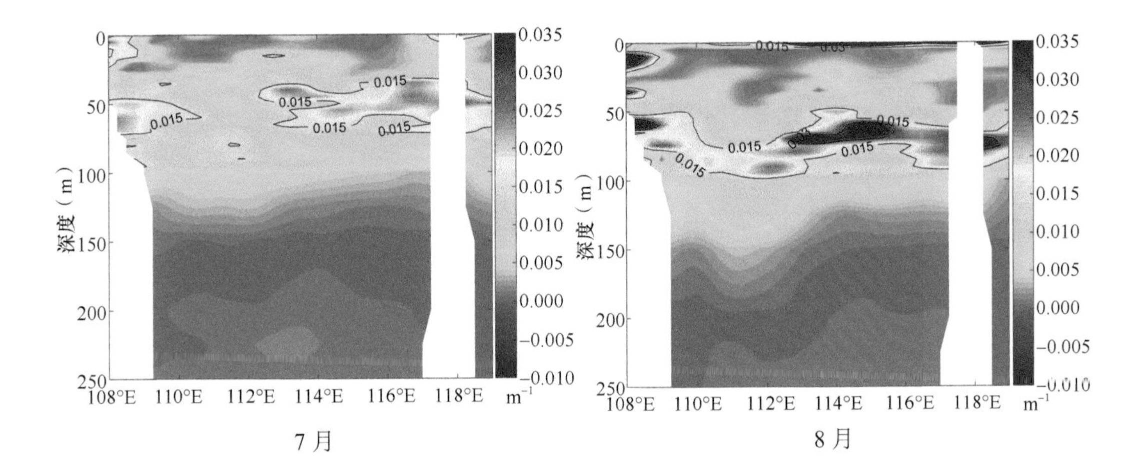

7 月　　8 月

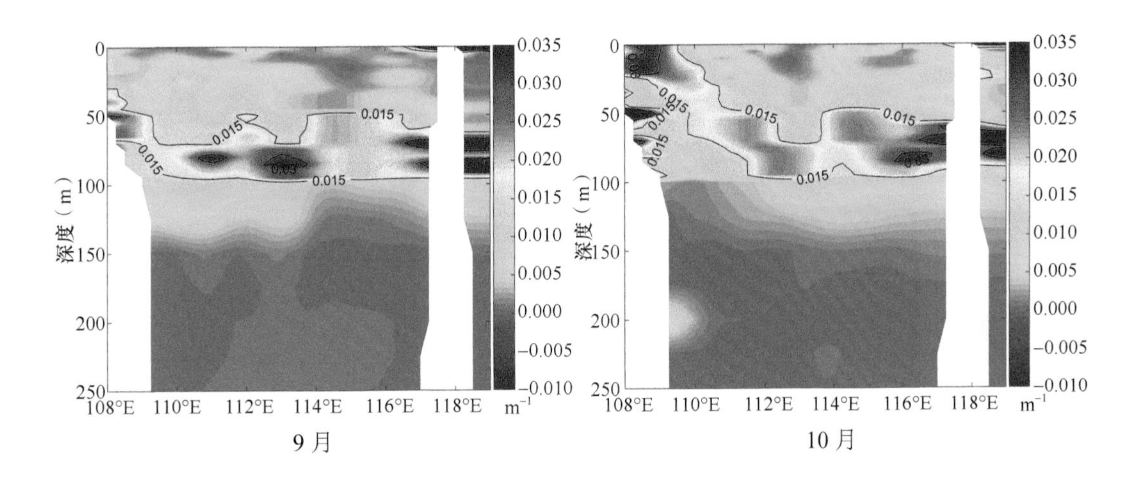

9 月　　10 月

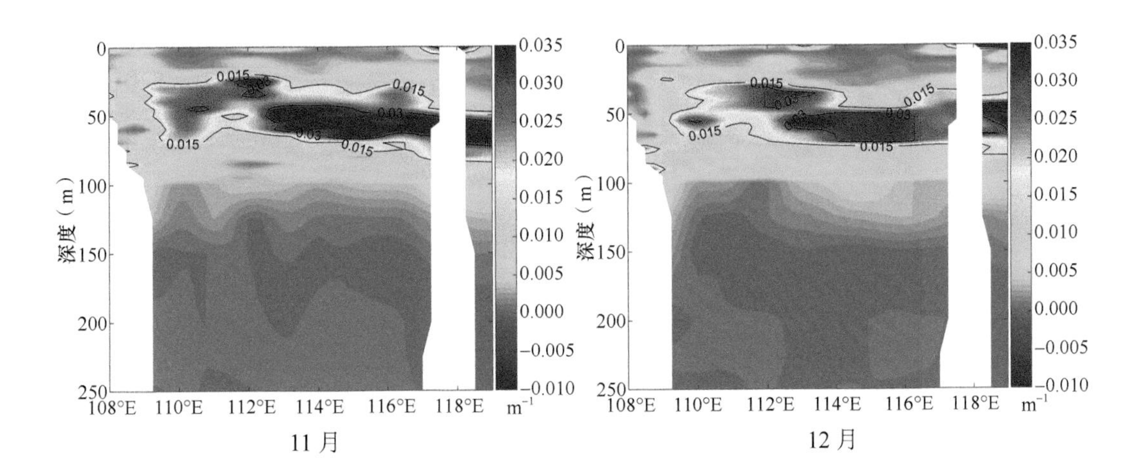

11 月　　12 月

1～12 月 15°N 纬向断面盐度梯度

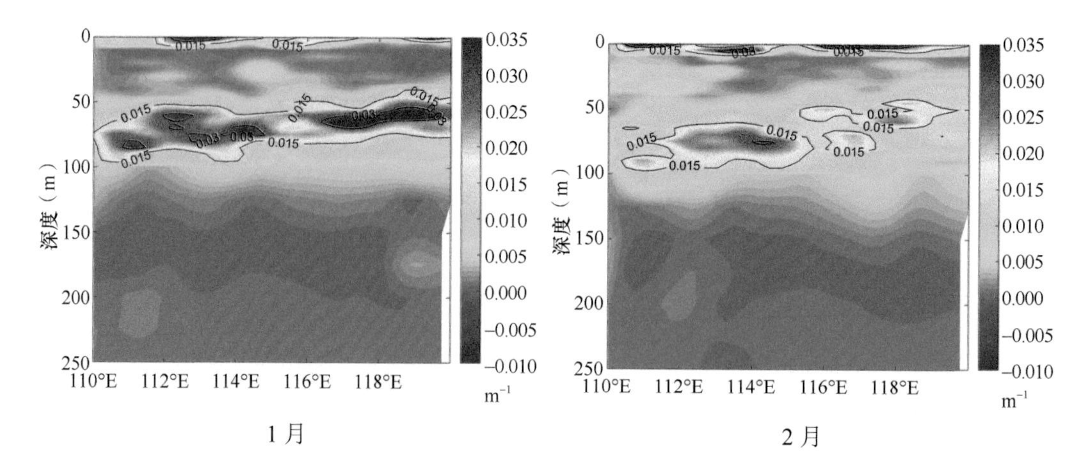

1 月　　2 月

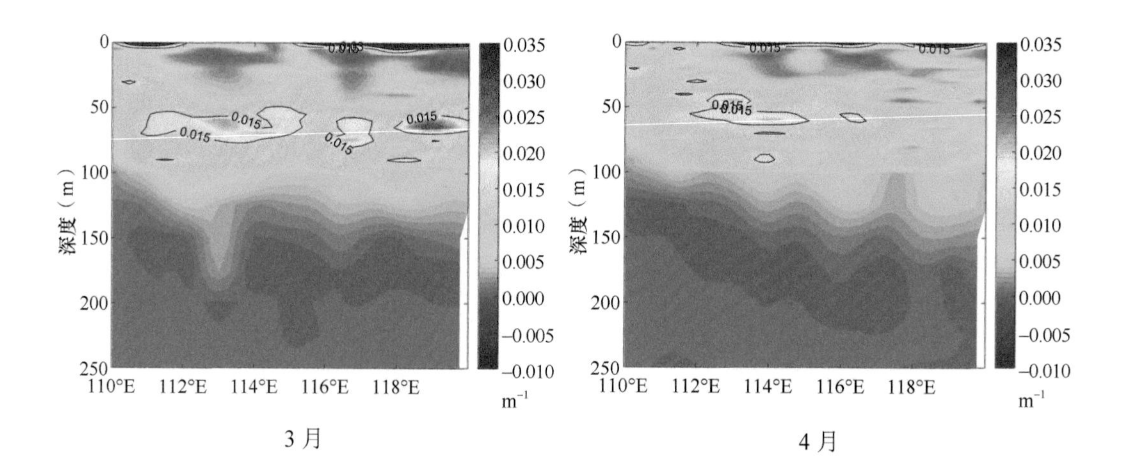

3 月　　4 月

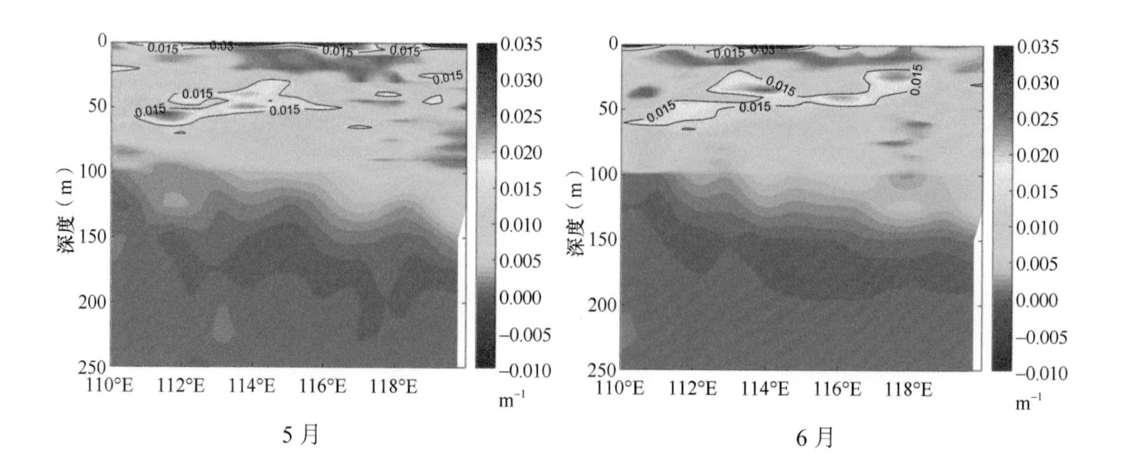

5 月　　6 月

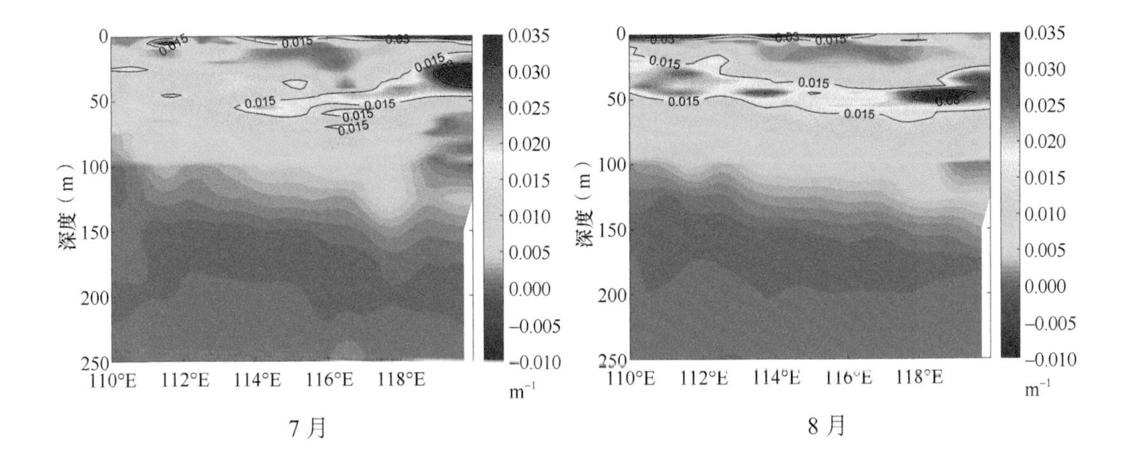

7 月　　8 月

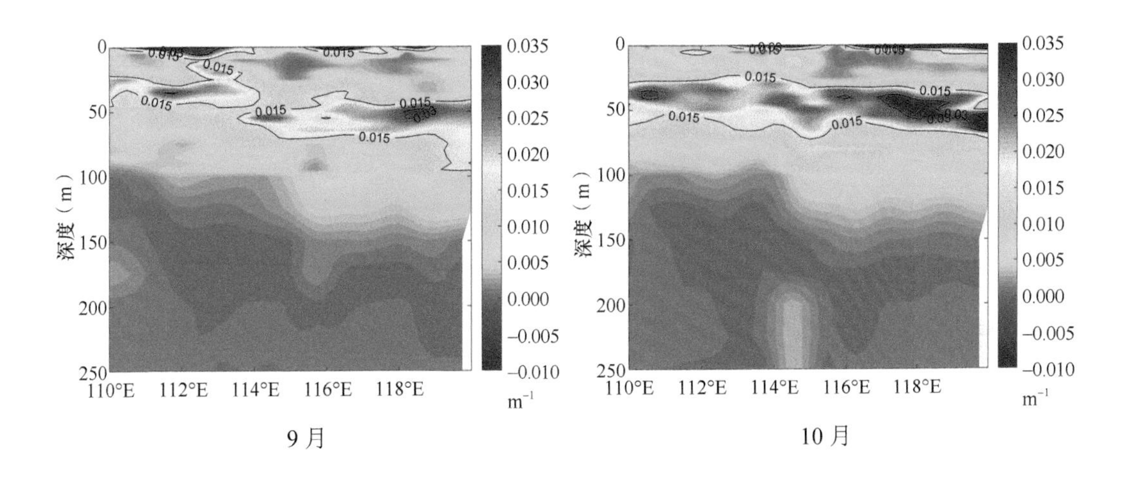

9 月　　10 月

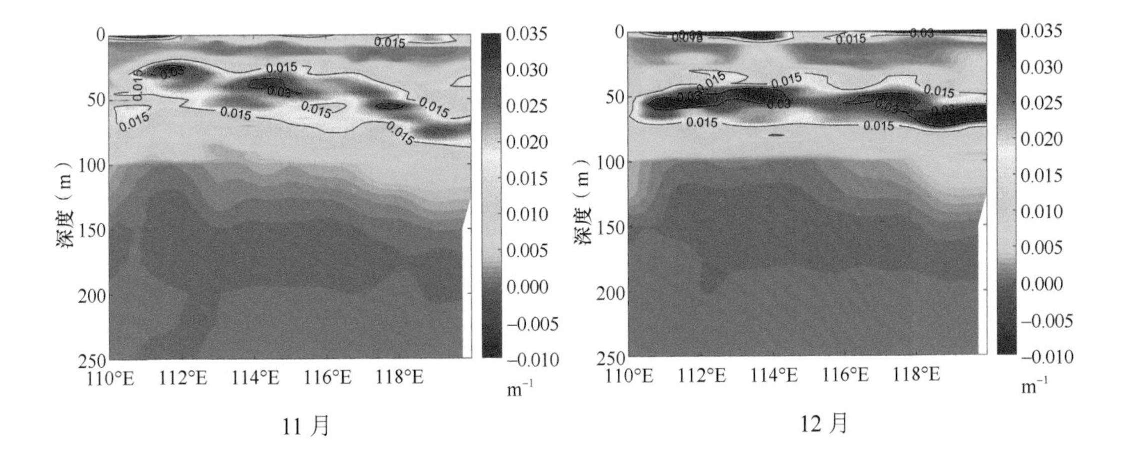

11 月　　12 月

1～12 月 18°N 纬向断面盐度梯度

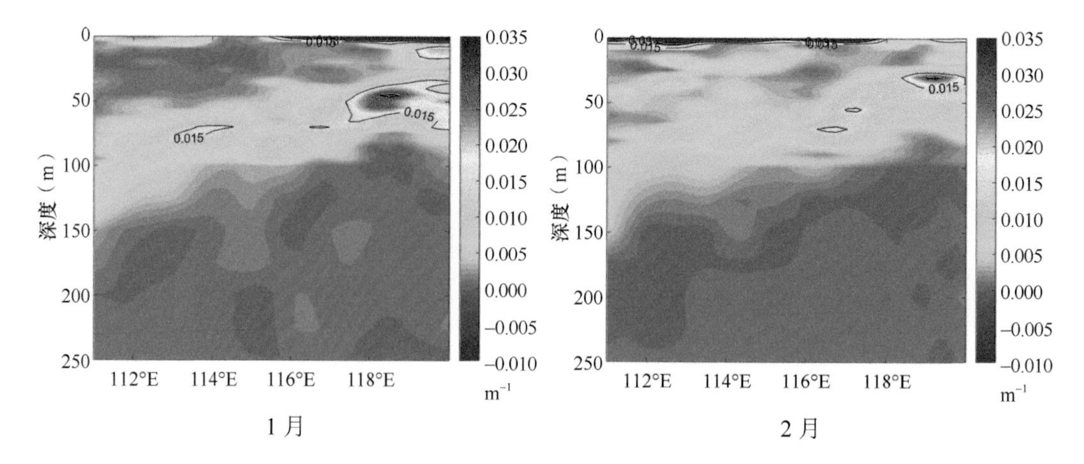

1 月

2 月

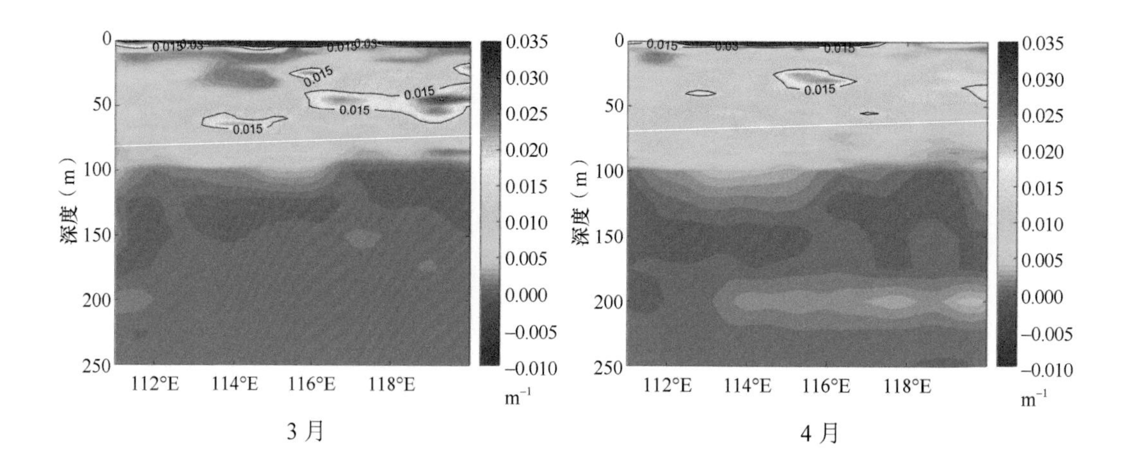

3 月

4 月

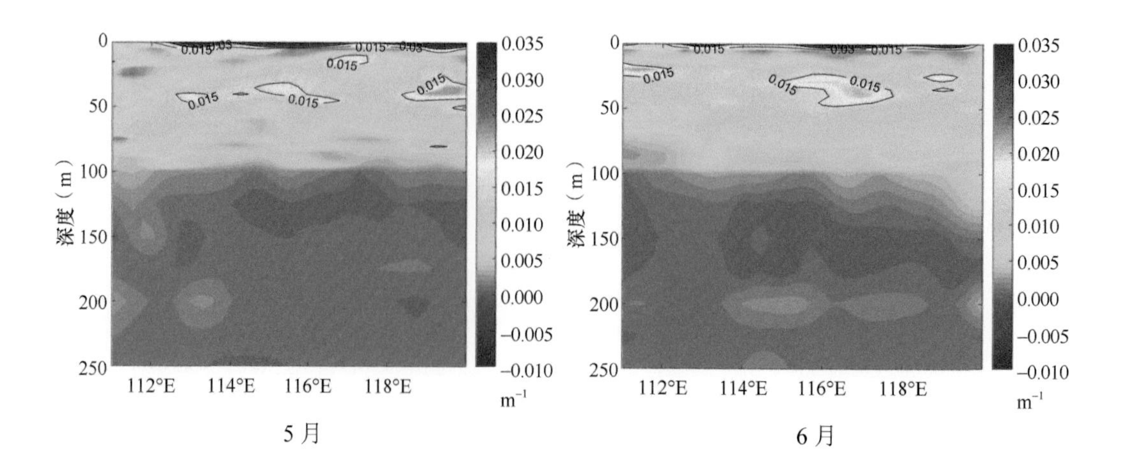

5 月

6 月

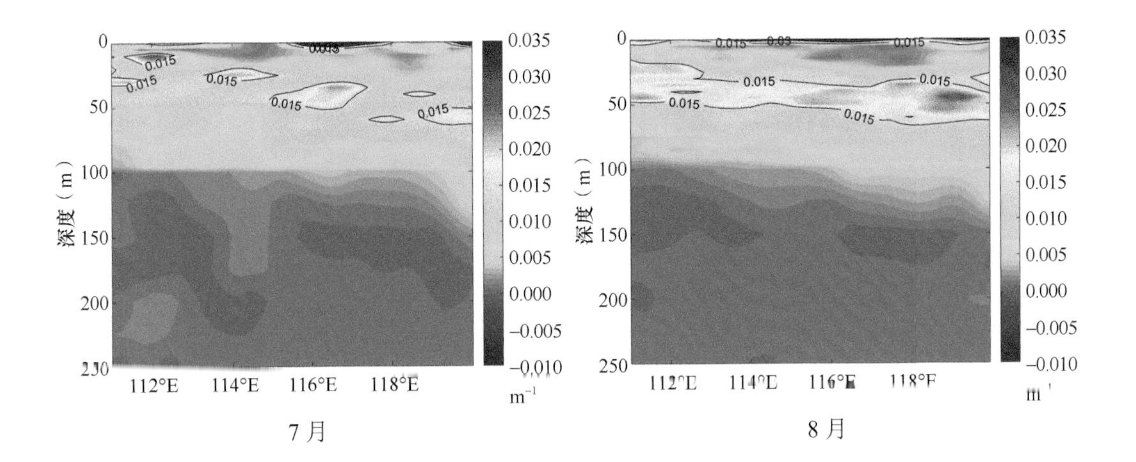

7 月

8 月

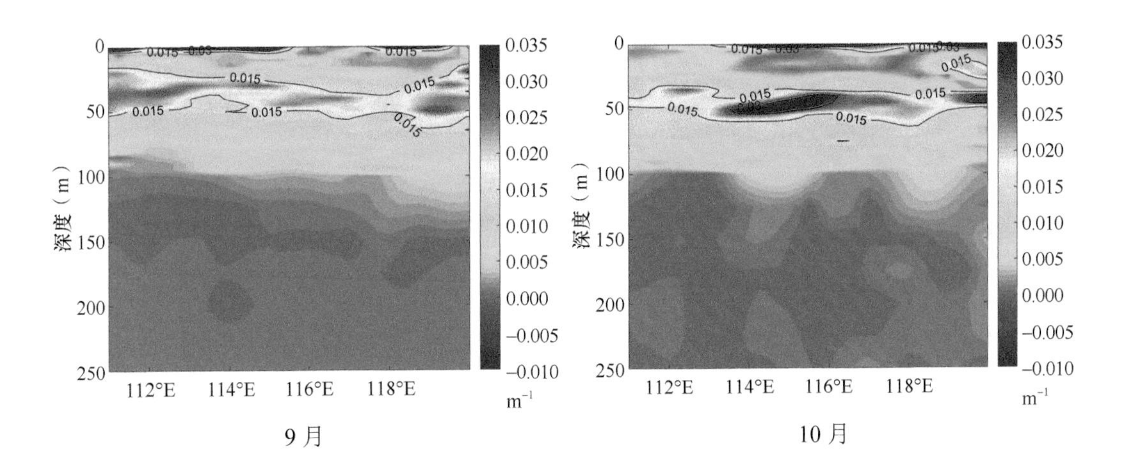

9 月

10 月

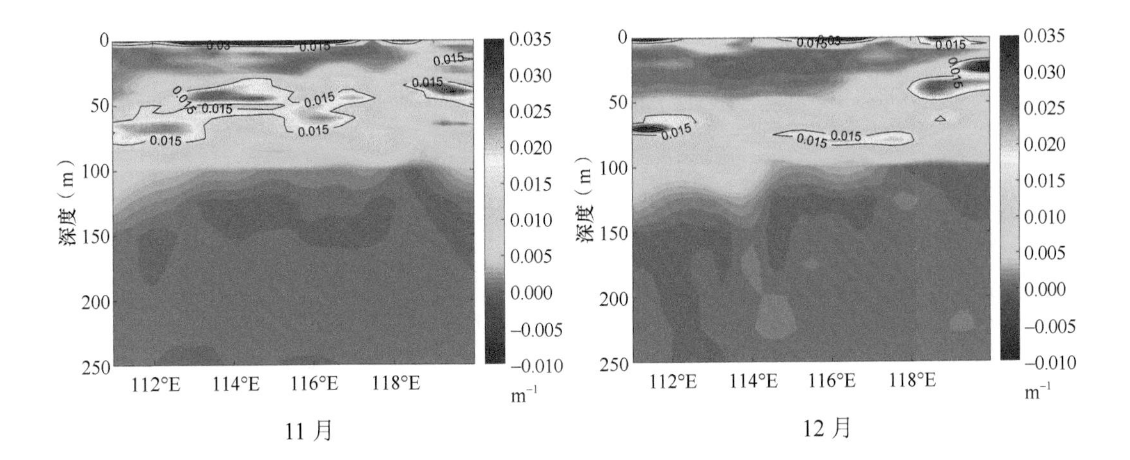

11 月

12 月

1～12 月 111°E 经向断面盐度梯度

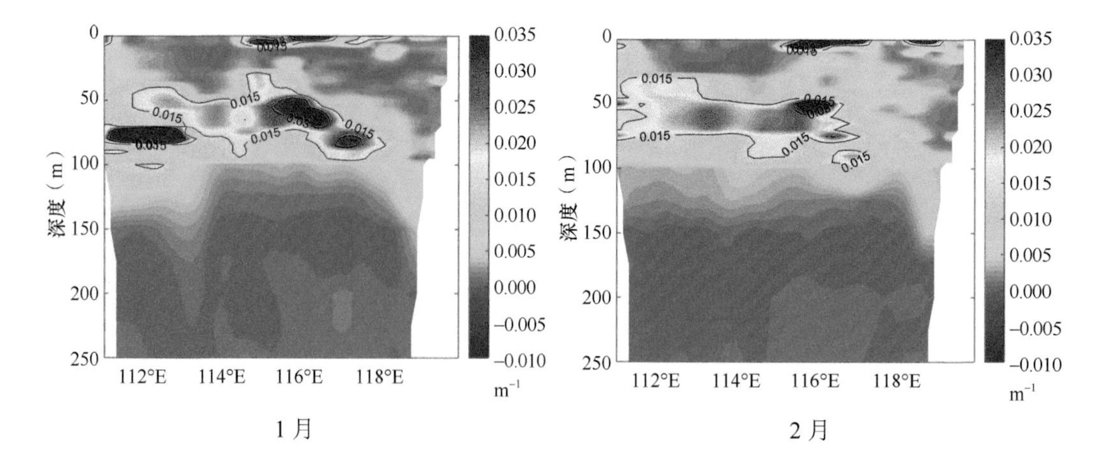

1 月　　2 月

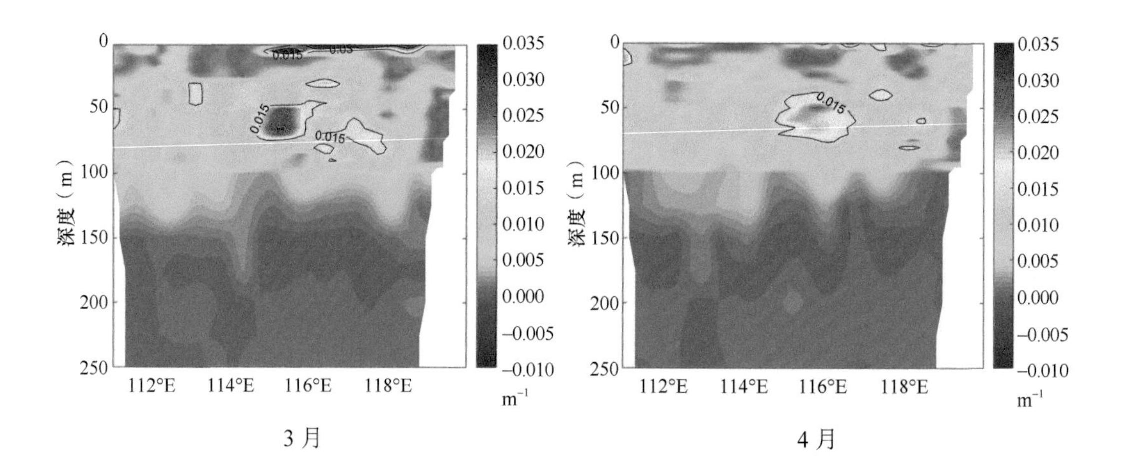

3 月　　4 月

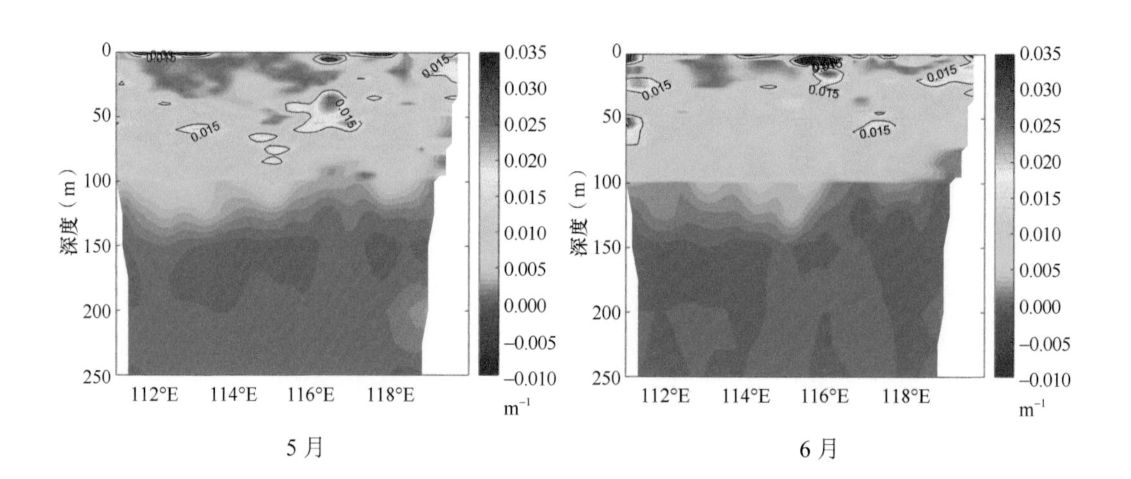

5 月　　6 月

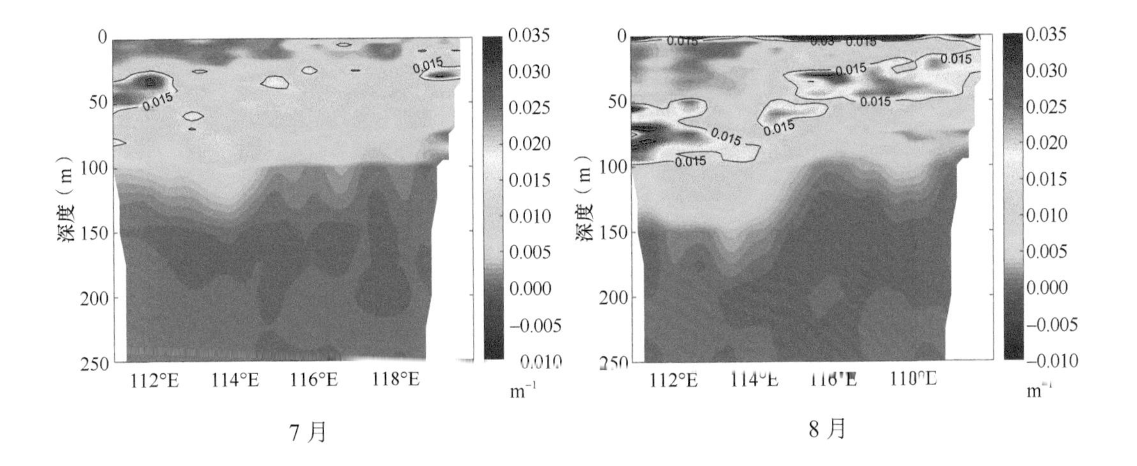

7 月

8 月

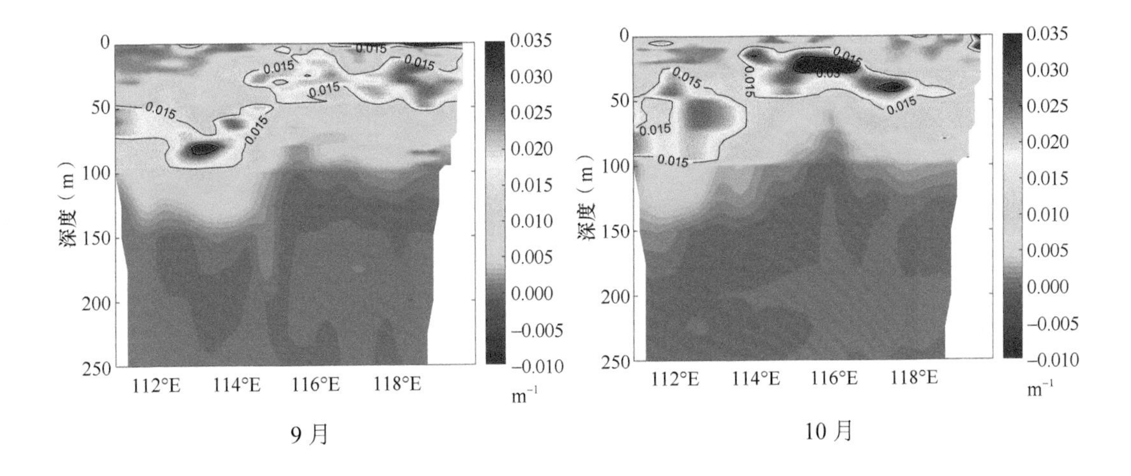

9 月

10 月

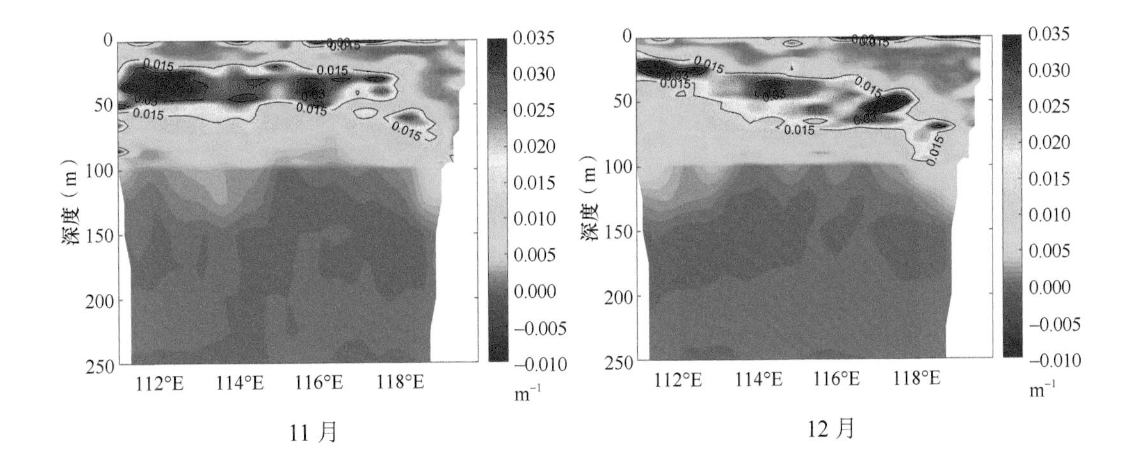

11 月

12 月

1 ~ 12 月 115°E 经向断面盐度梯度

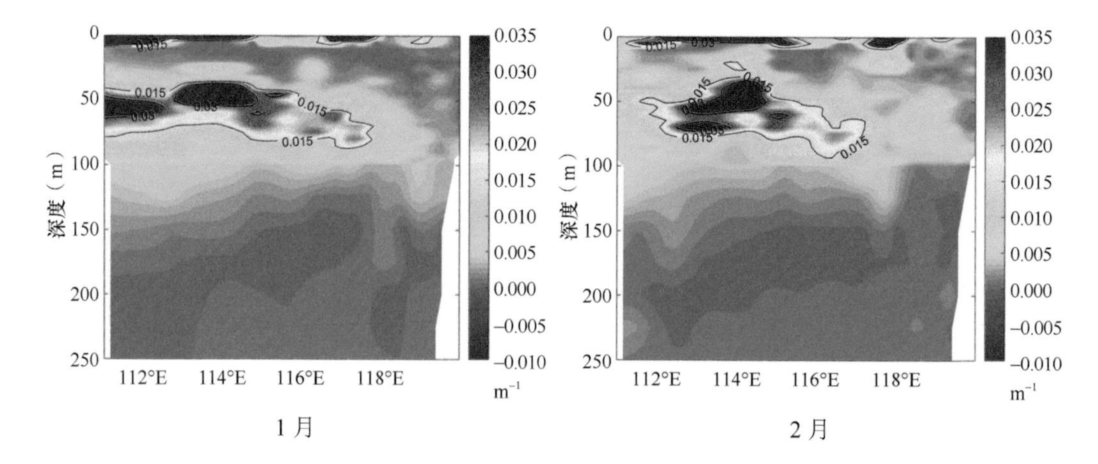

1 月

2 月

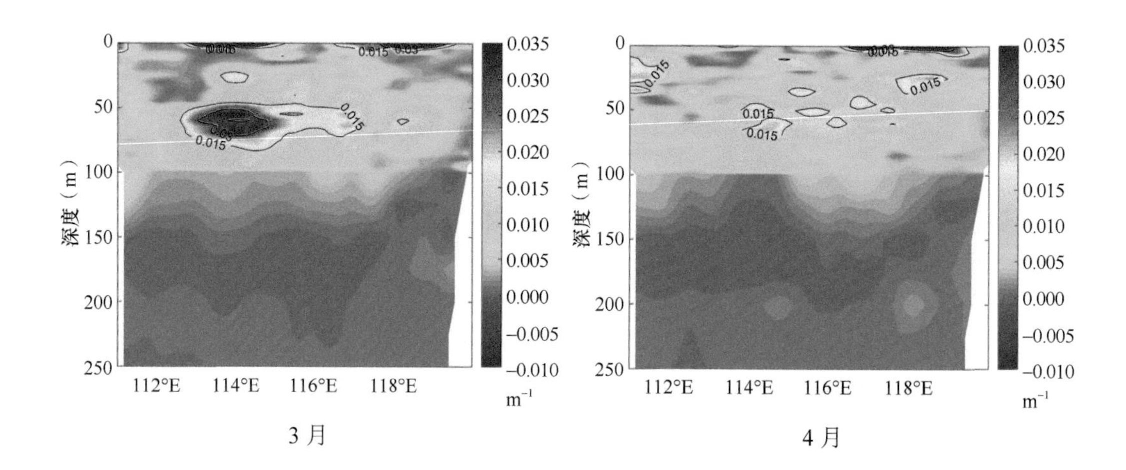

3 月

4 月

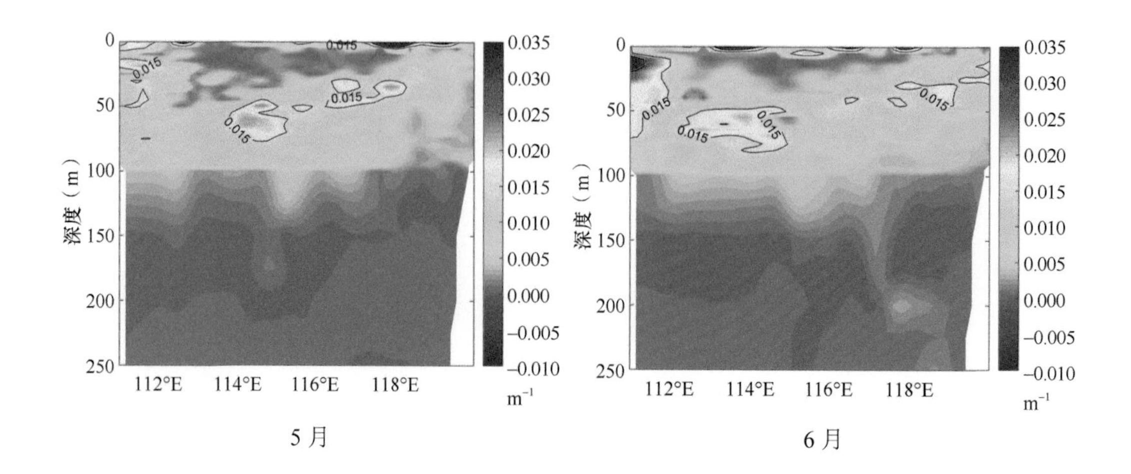

5 月

6 月

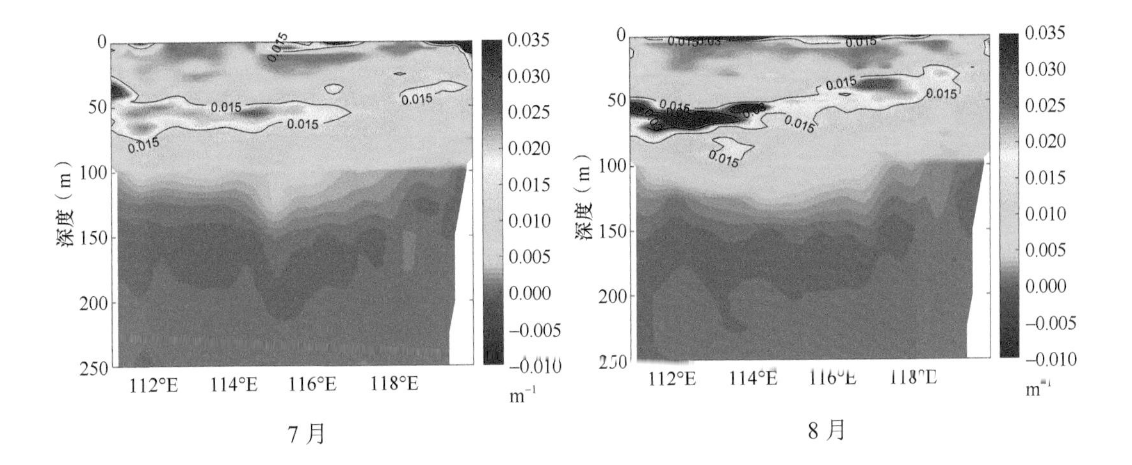

7 月

8 月

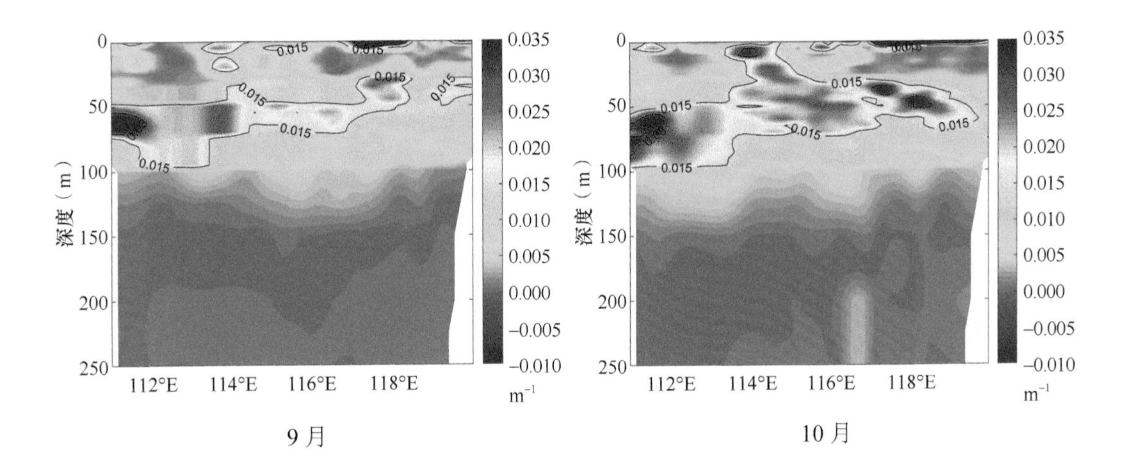

9 月

10 月

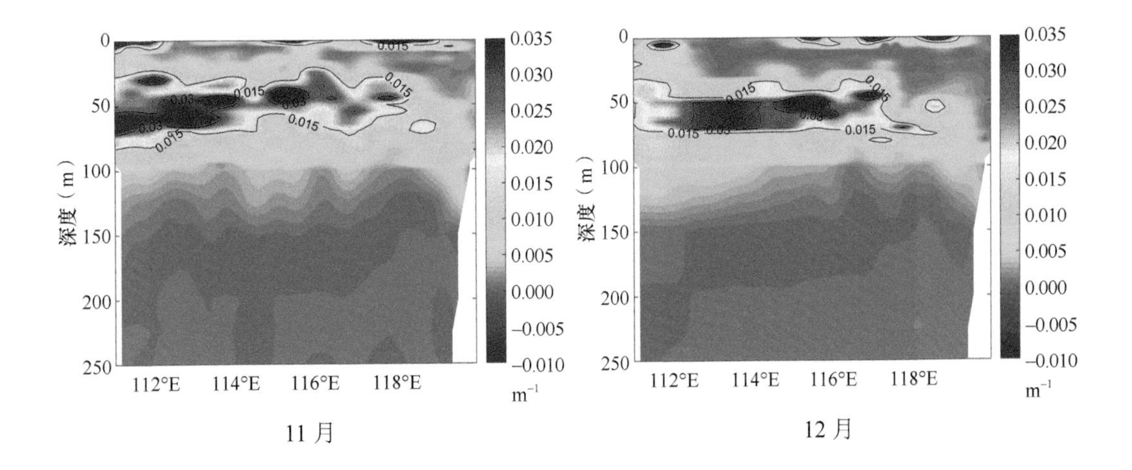

11 月

12 月

1～12 月 119°E 经向断面盐度梯度

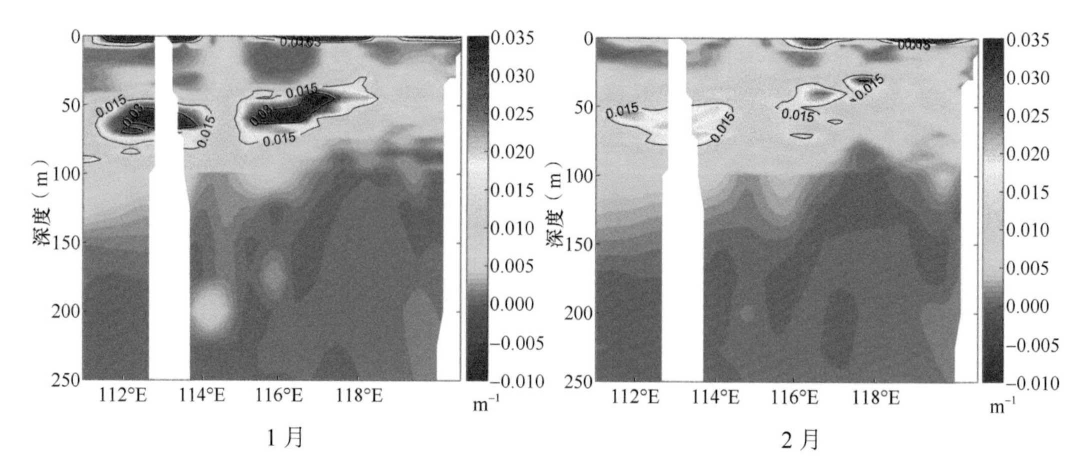

1 月

2 月

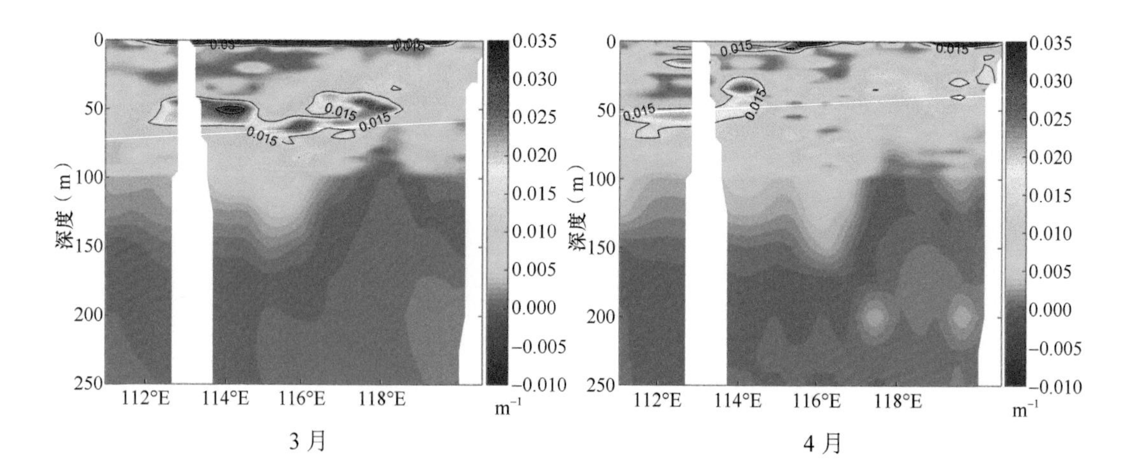

3 月

4 月

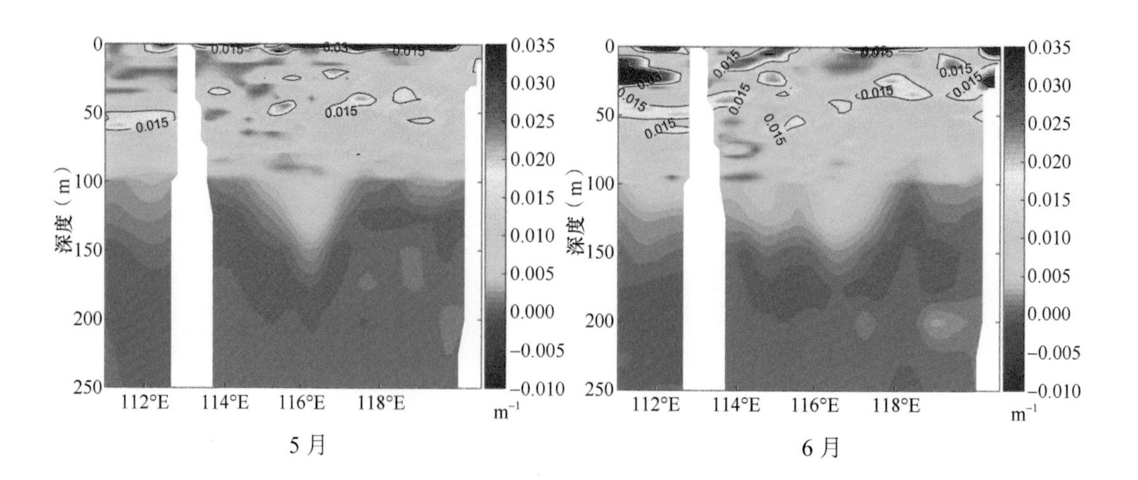

5 月

6 月

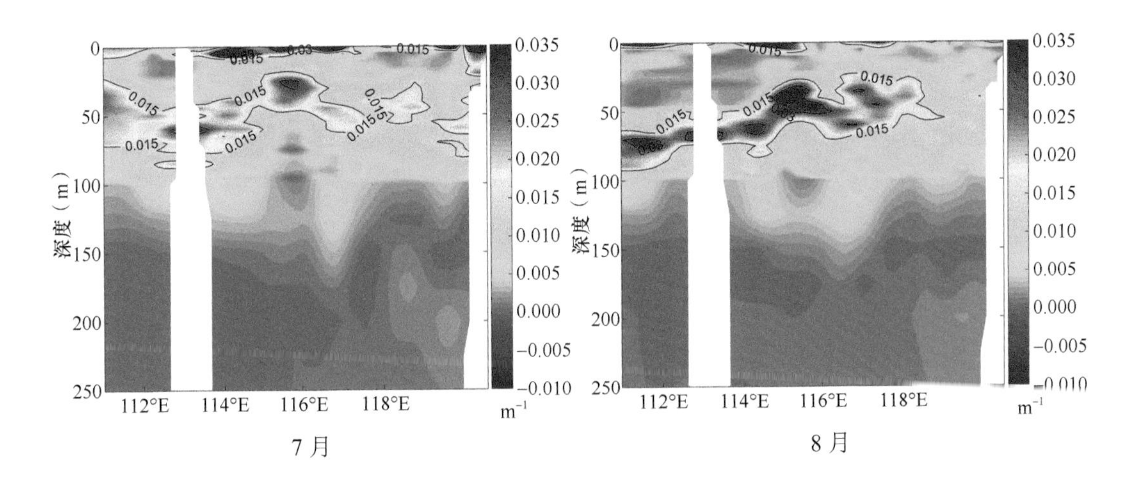

7 月

8 月

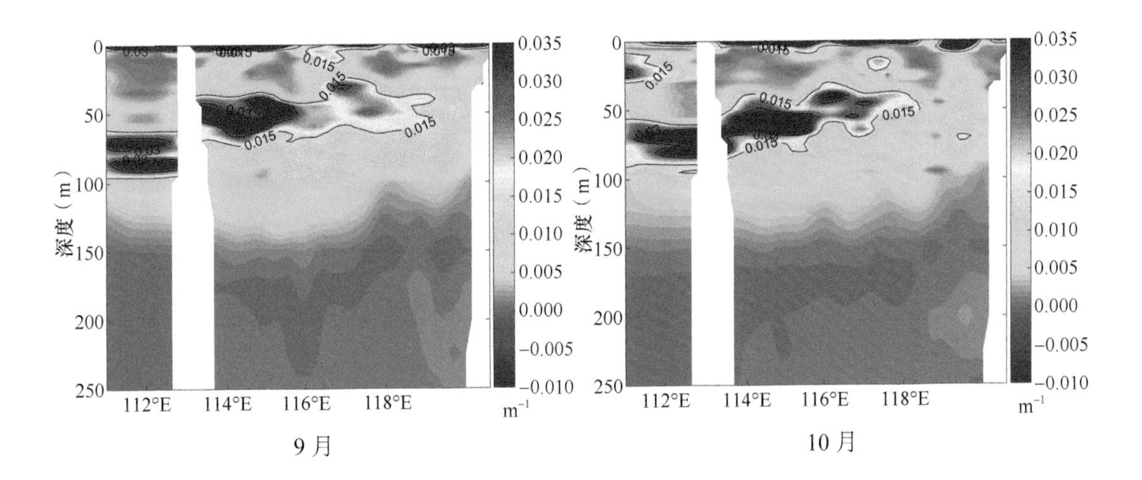
9 月

10 月

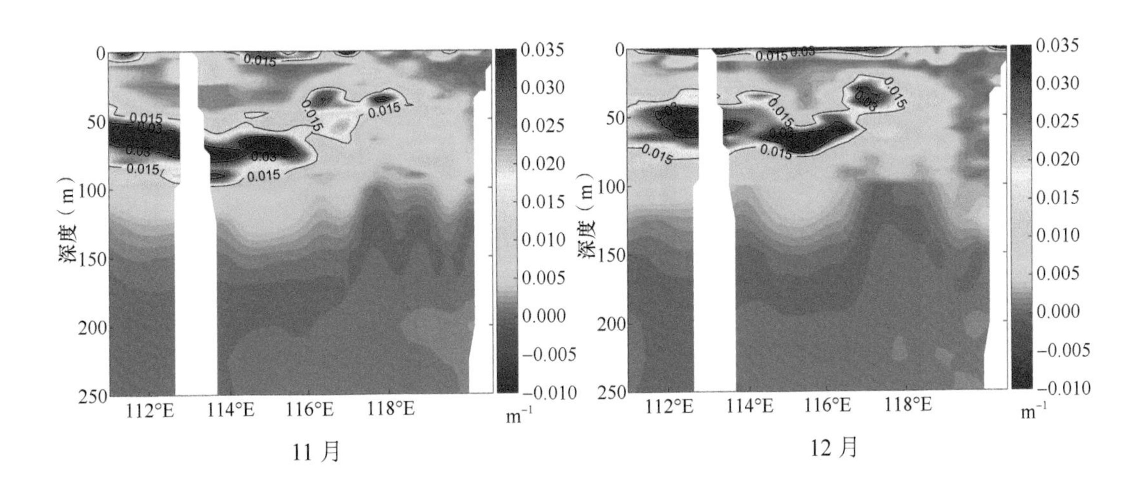
11 月

12 月

1～12 月 9°N 纬向断面密度梯度

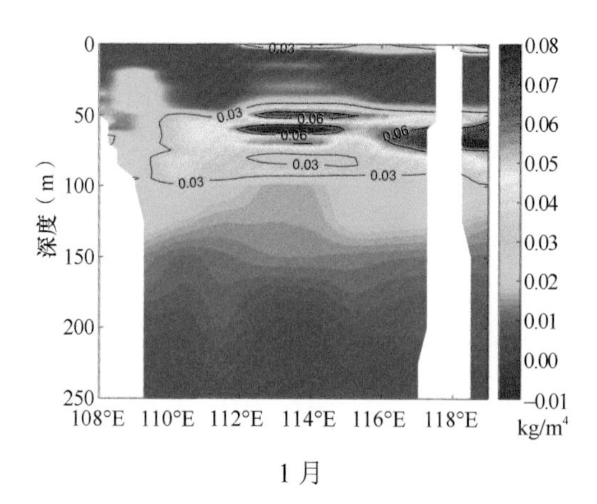

1 月

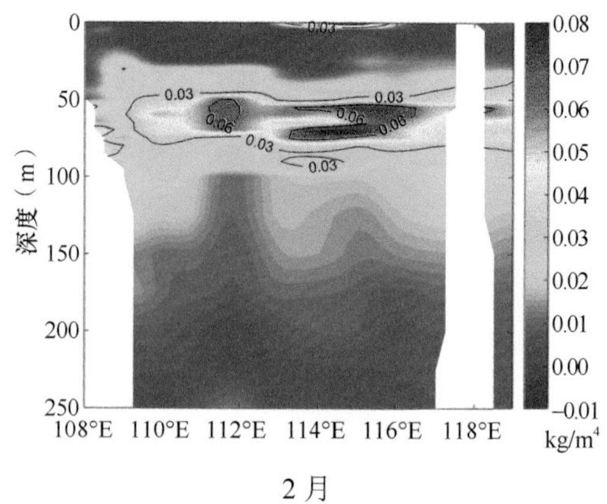

2 月

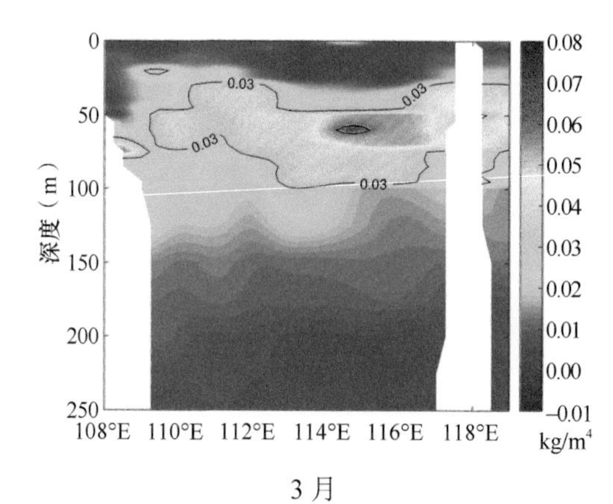

3 月

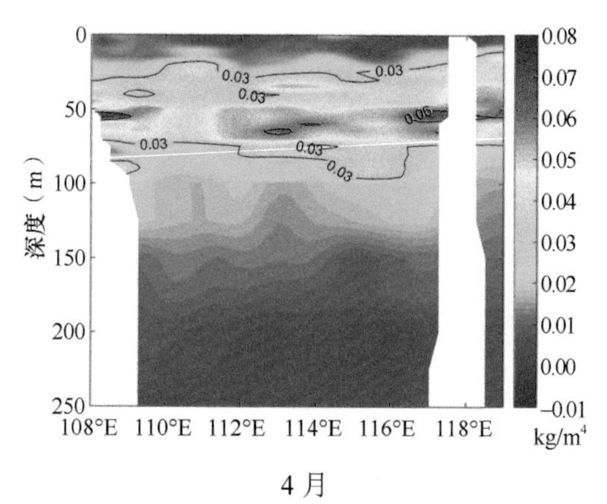

4 月

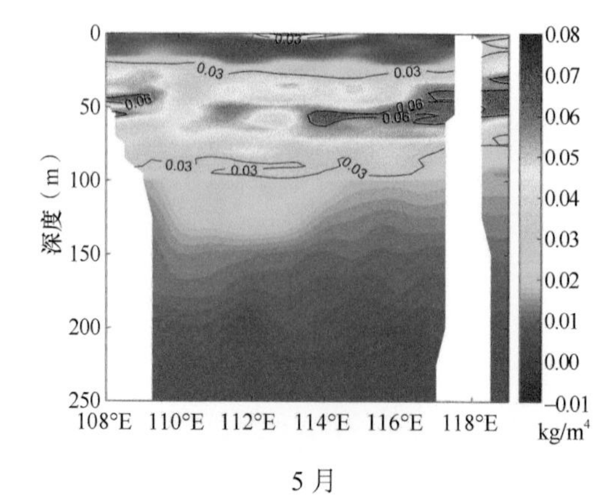

5 月

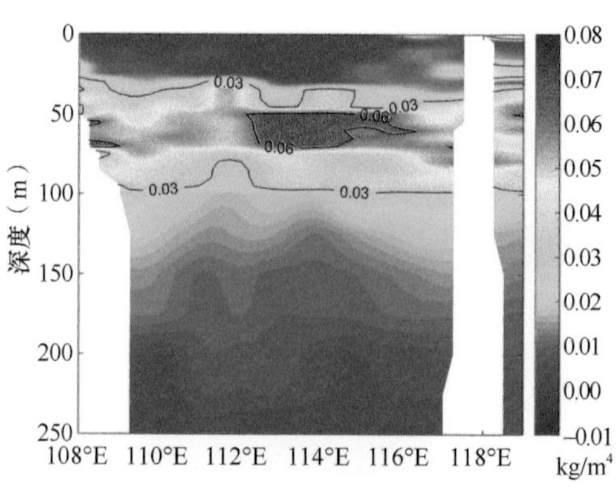

6 月

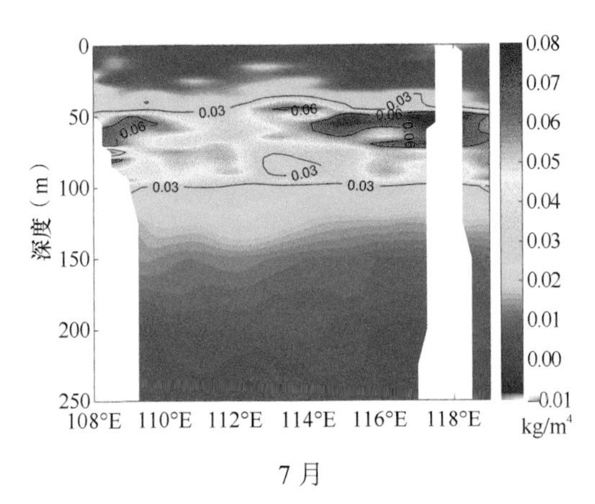

7 月

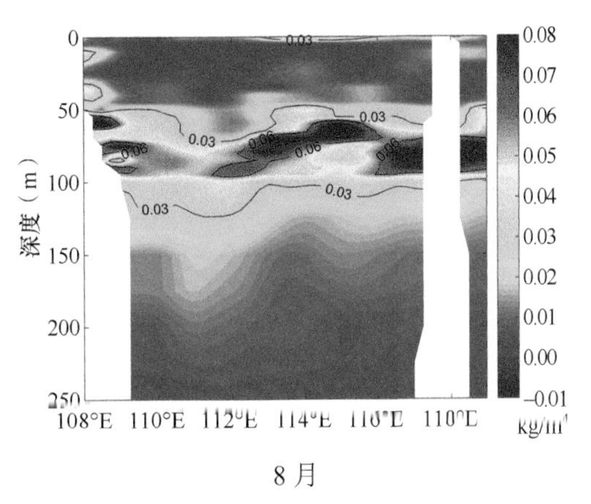

8 月

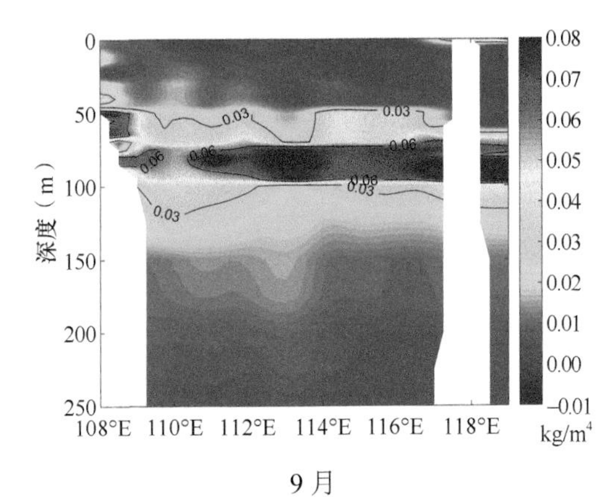

9 月

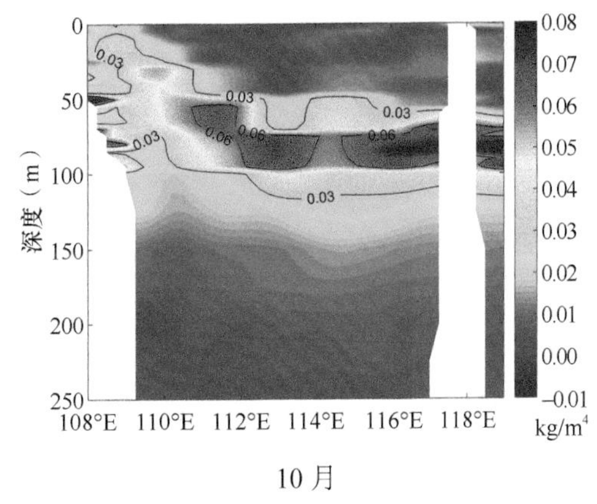

10 月

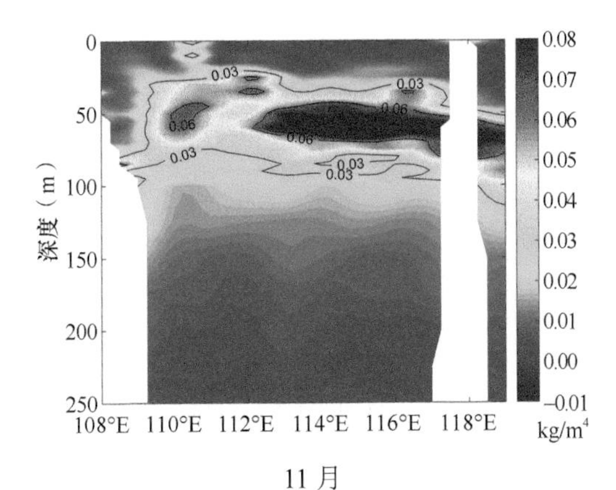

11 月

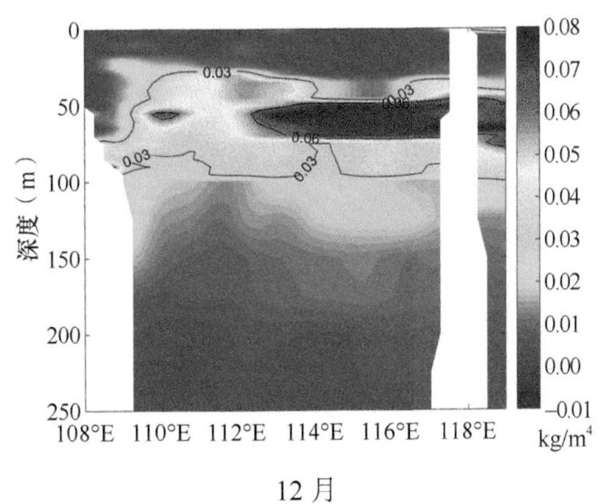

12 月

1～12 月 15°N 纬向断面密度梯度

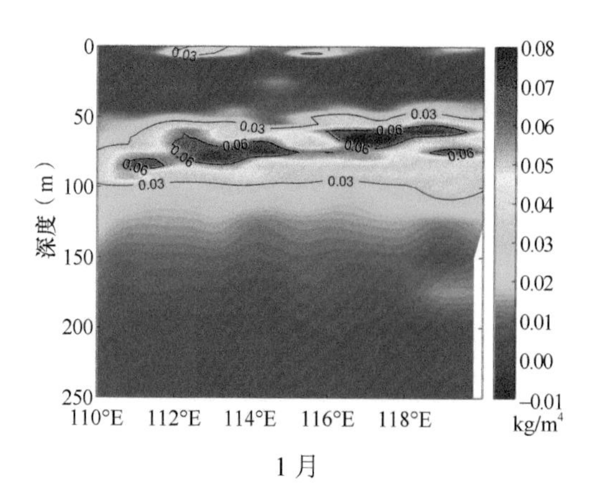

1 月

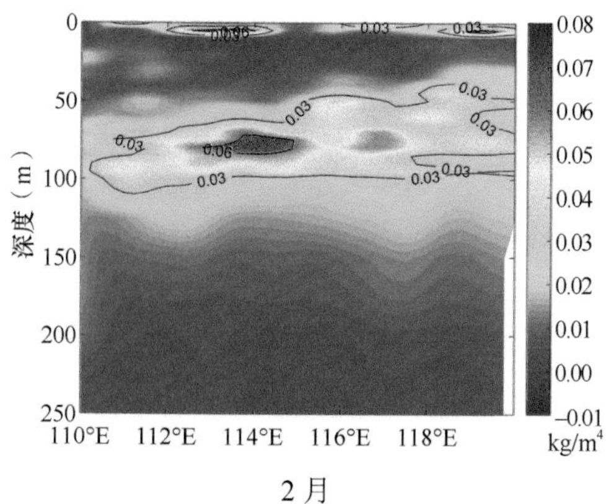

2 月

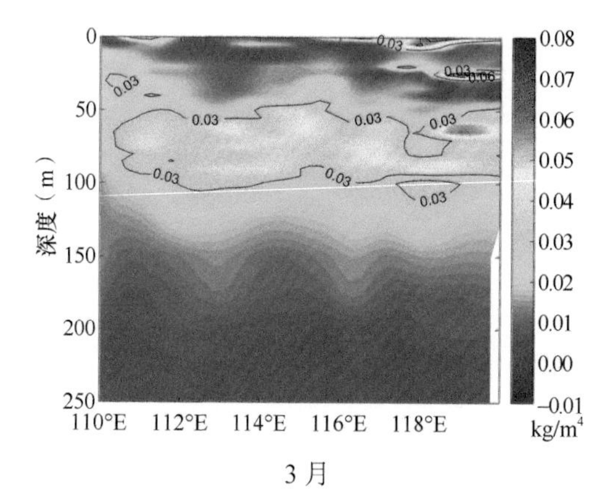

3 月

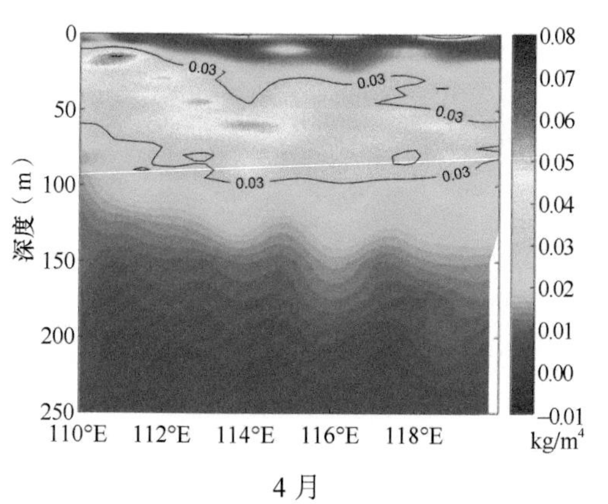

4 月

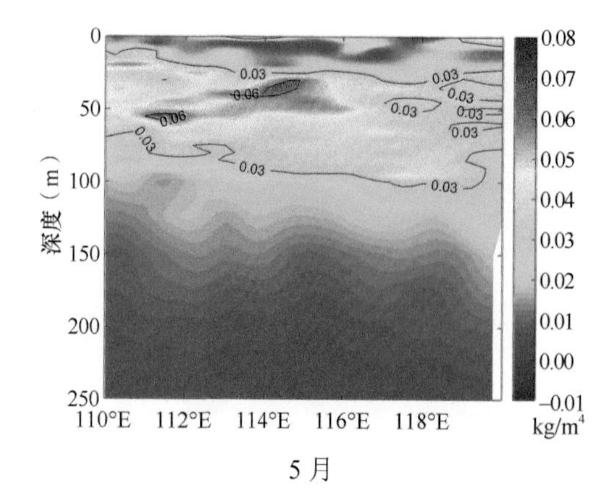

5 月

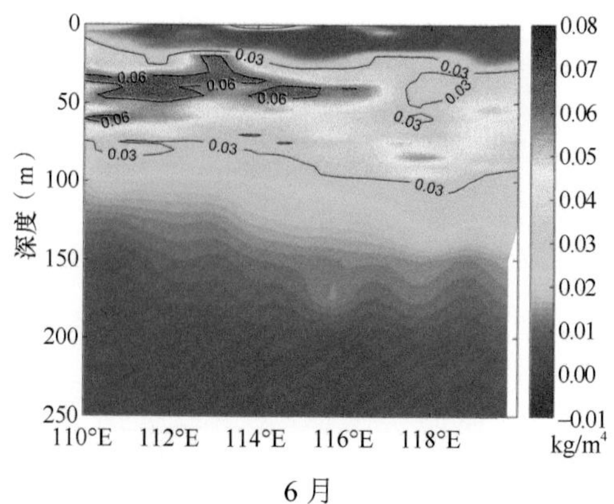

6 月

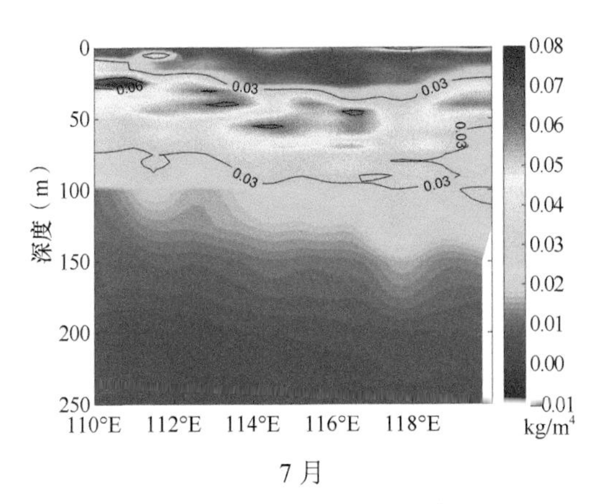

7月

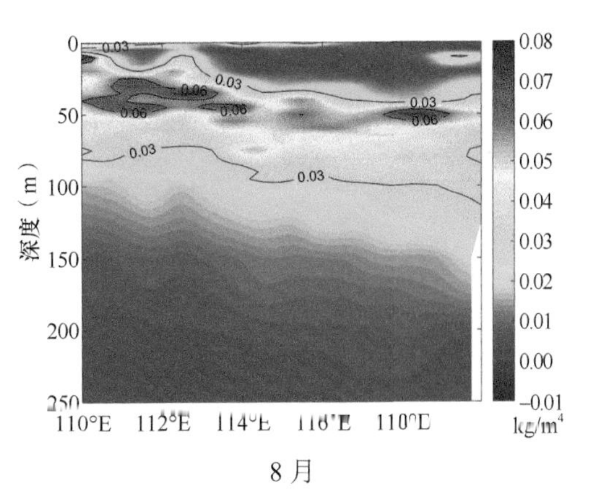

8月

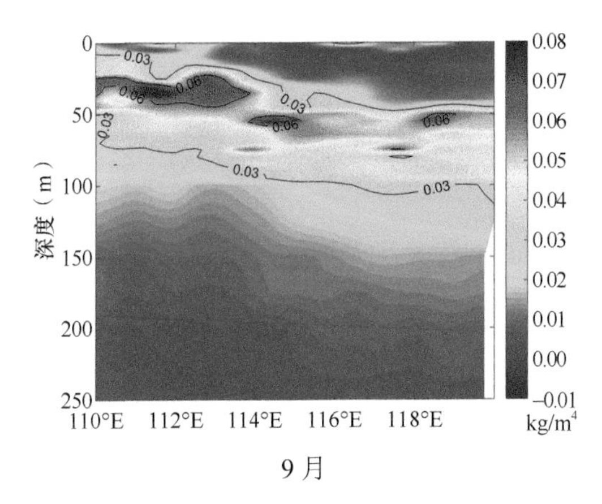

9月

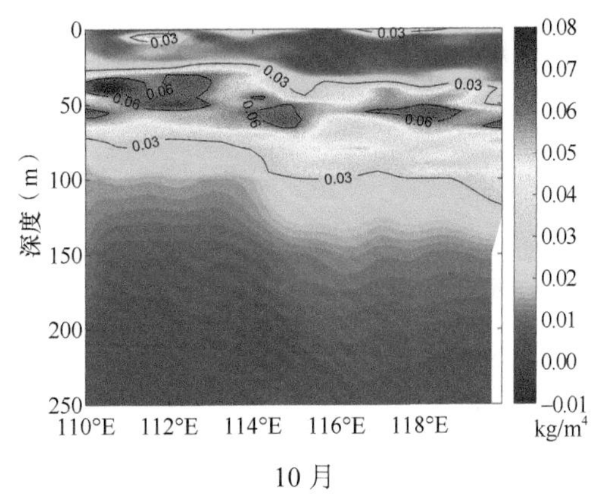

10月

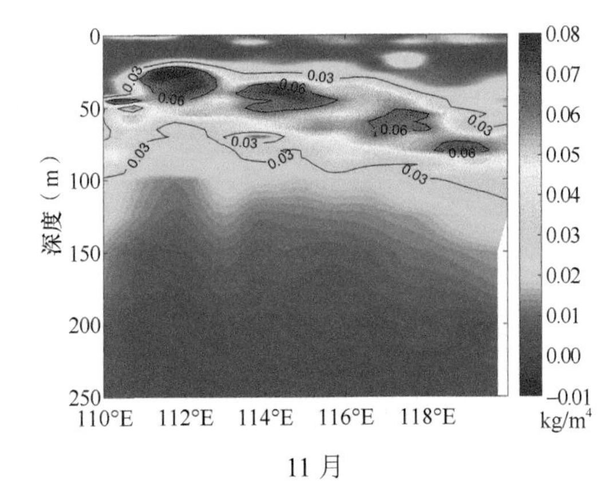

11月

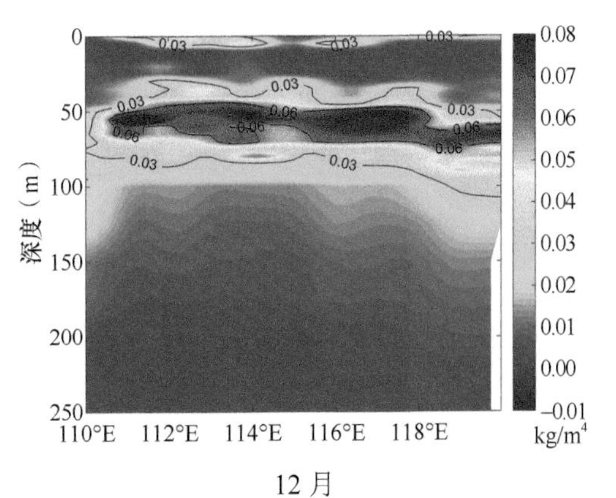

12月

1～12 月 18°N 纬向断面密度梯度

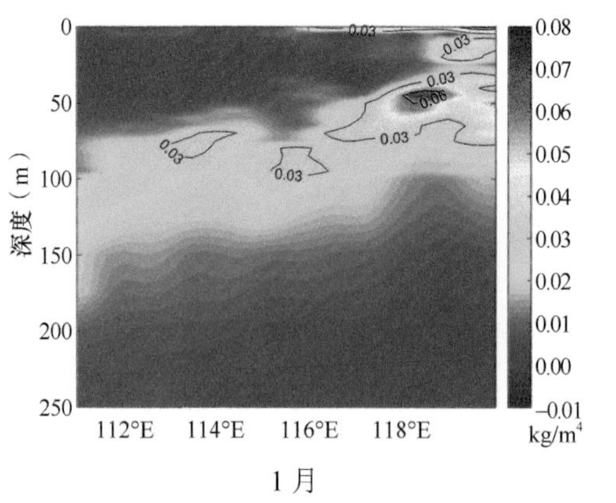

1 月

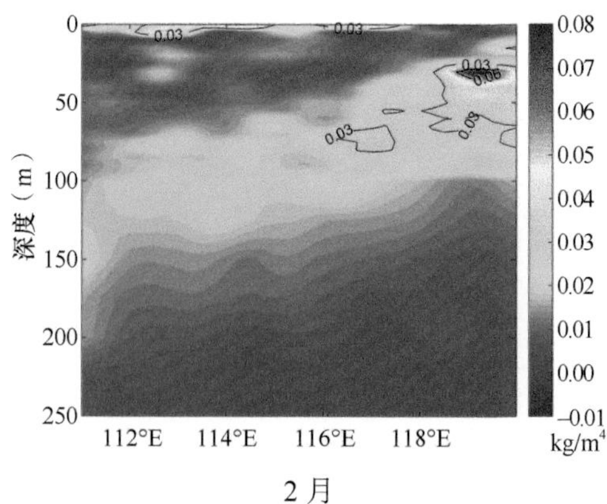

2 月

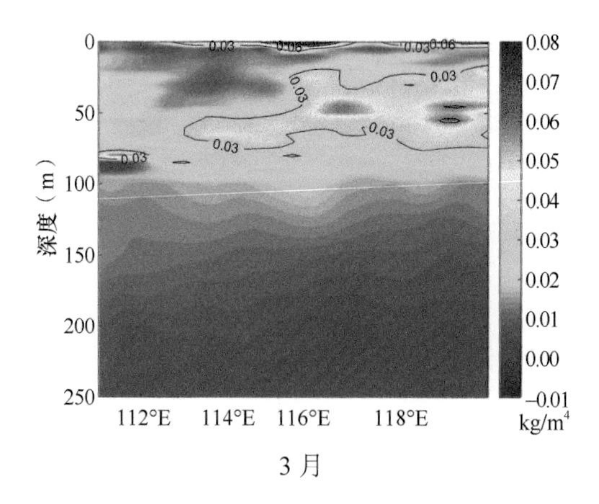

3 月

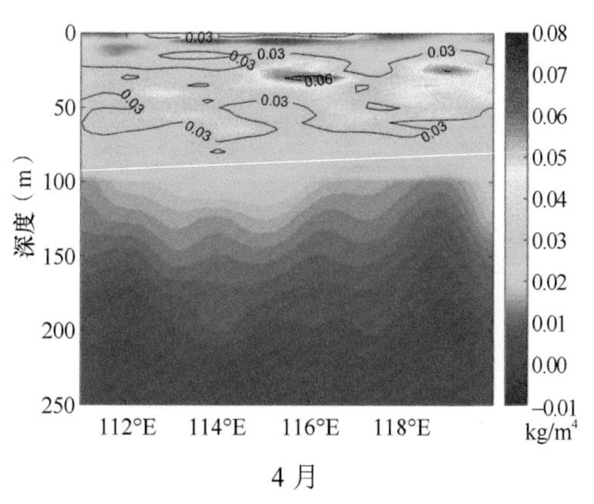

4 月

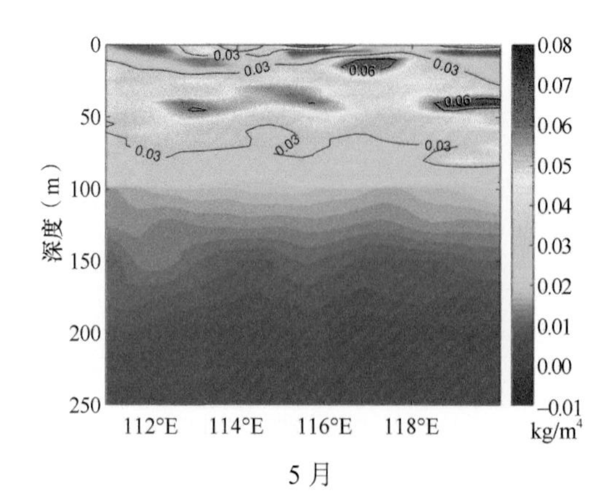

5 月

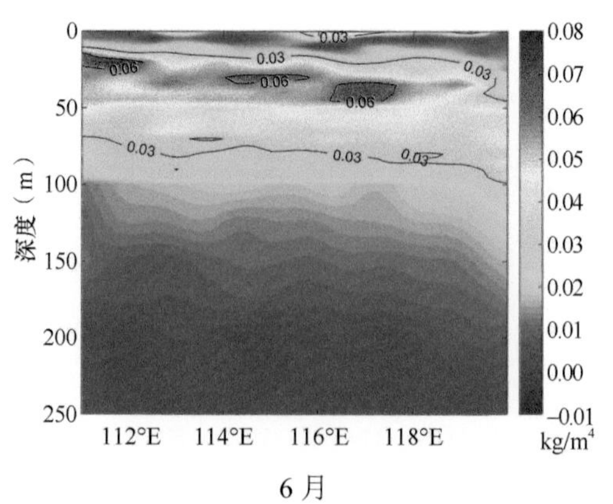

6 月

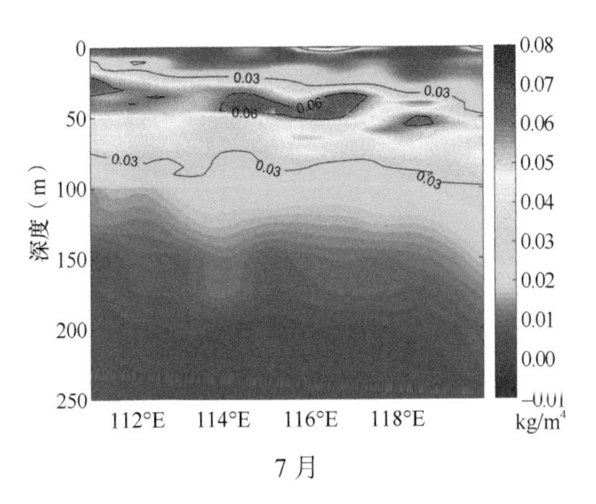

7 月

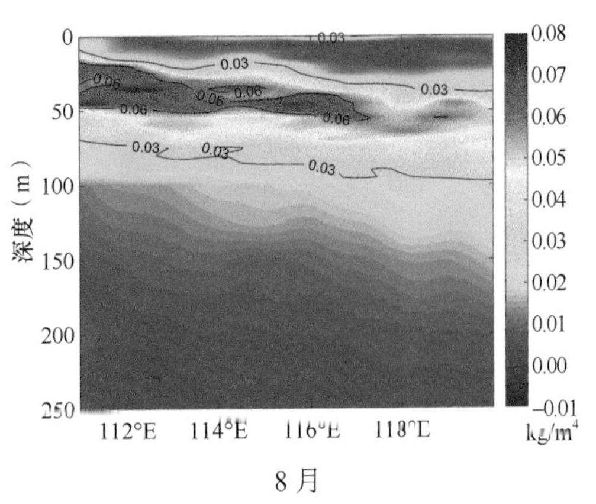

8 月

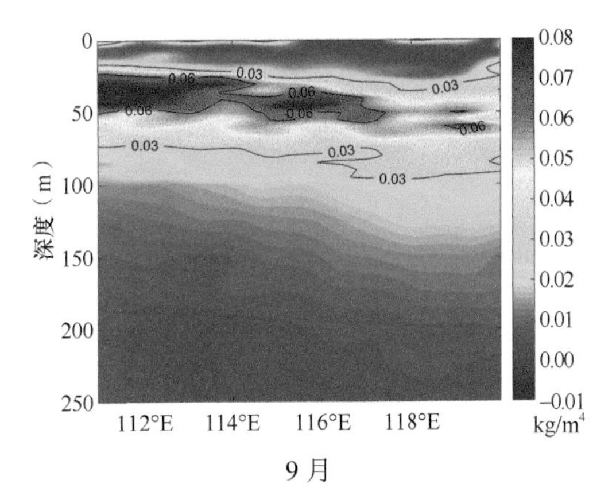

9 月

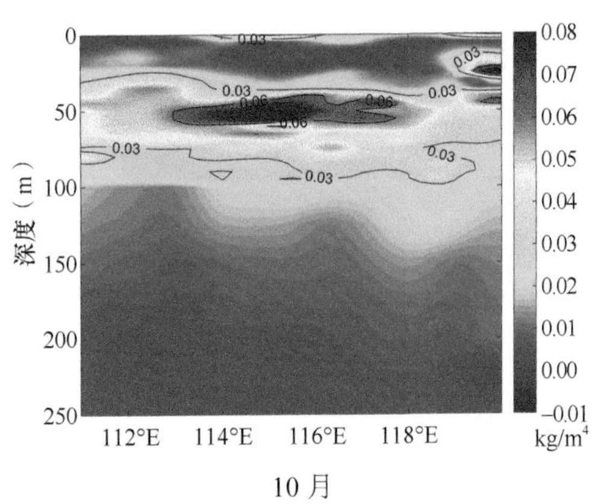

10 月

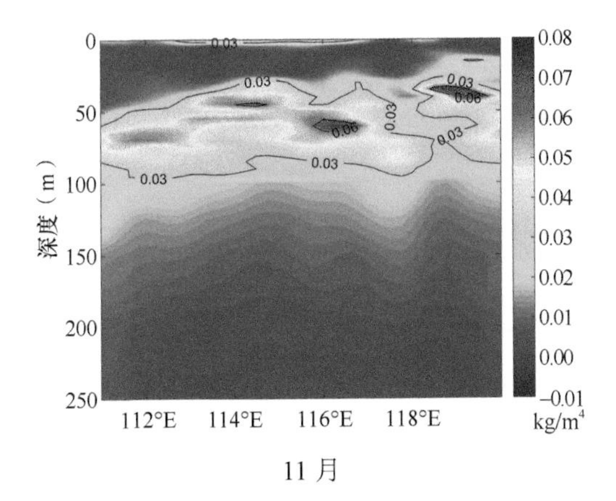

11 月

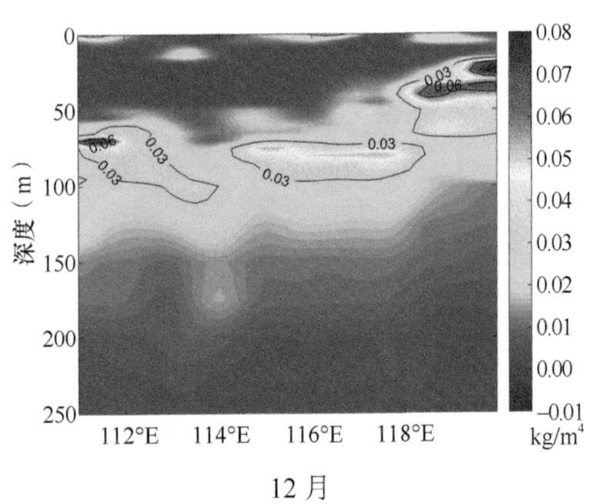

12 月

1～12 月 111°E 经向断面密度梯度

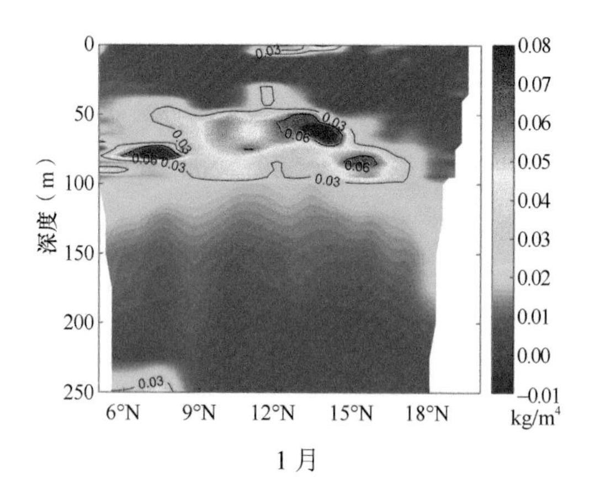

1 月

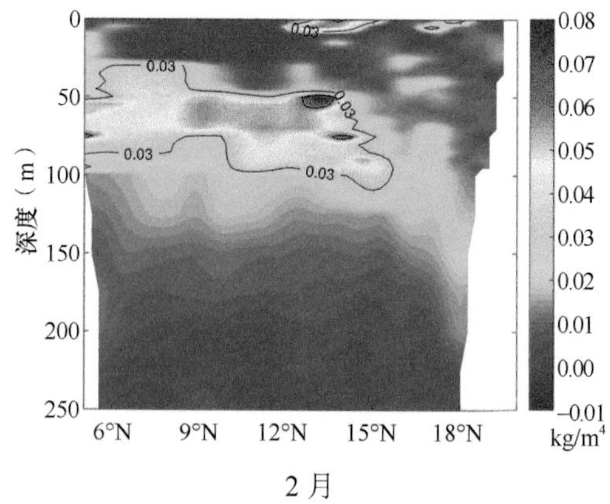

2 月

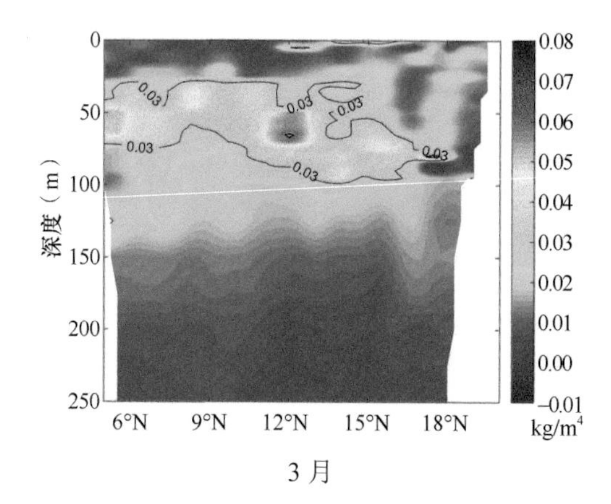

3 月

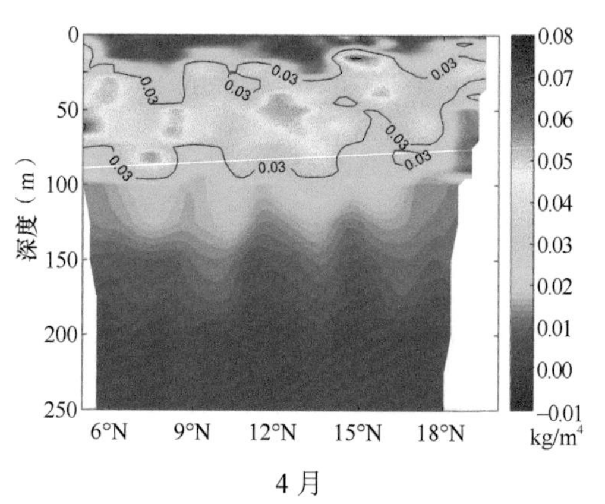

4 月

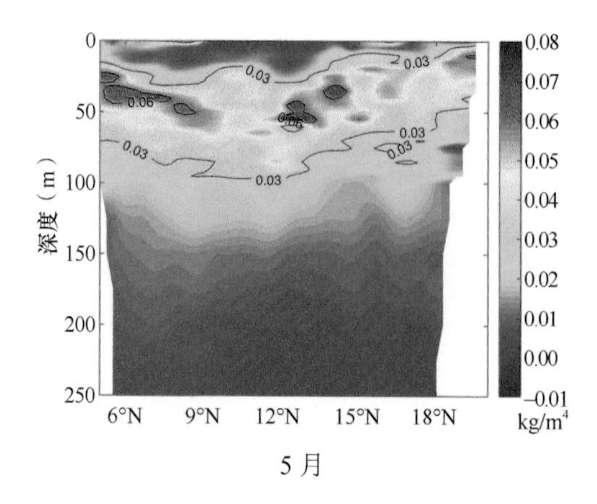

5 月

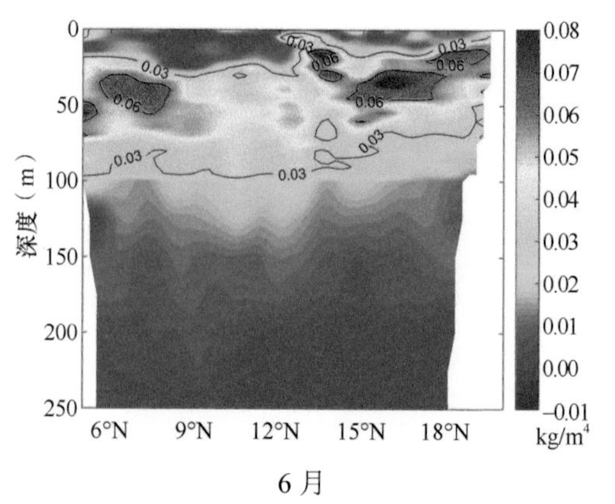

6 月

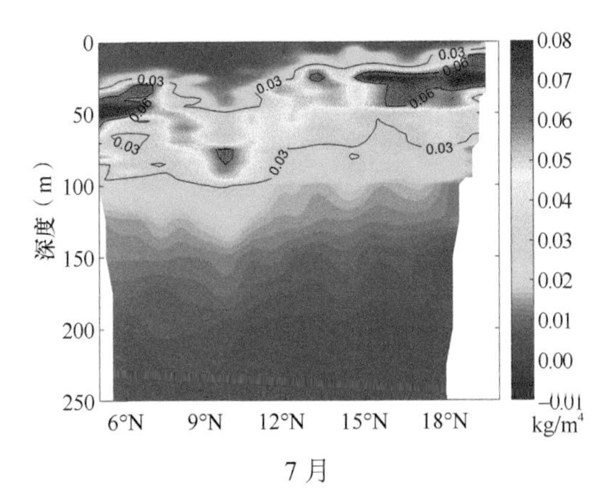

7 月

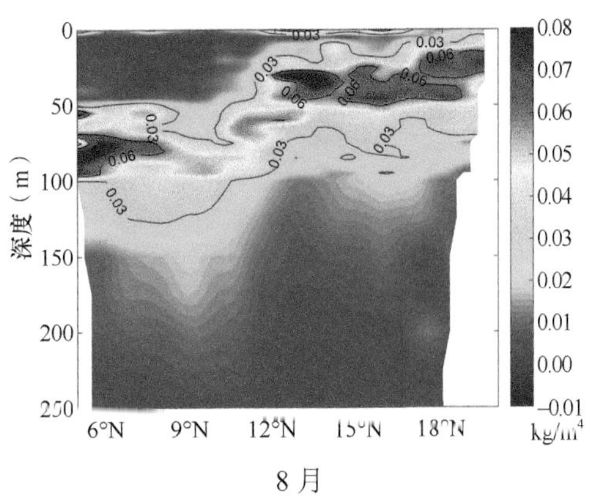

8 月

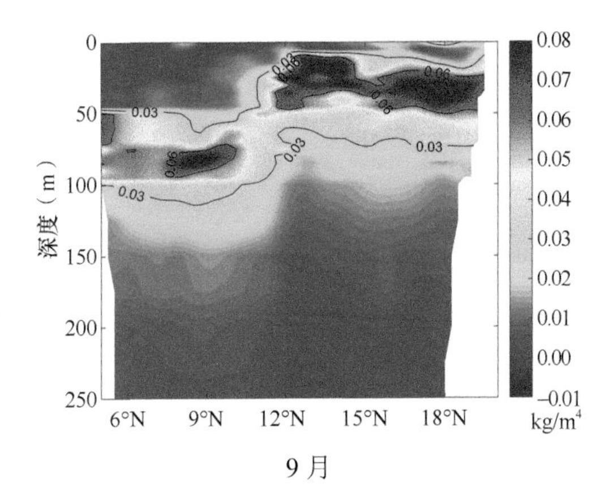

9 月

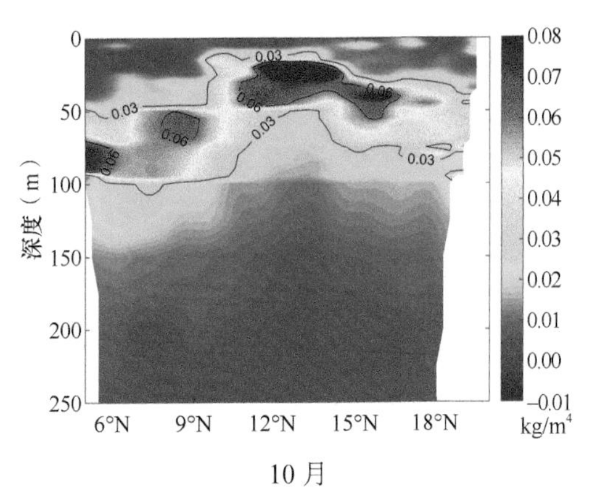

10 月

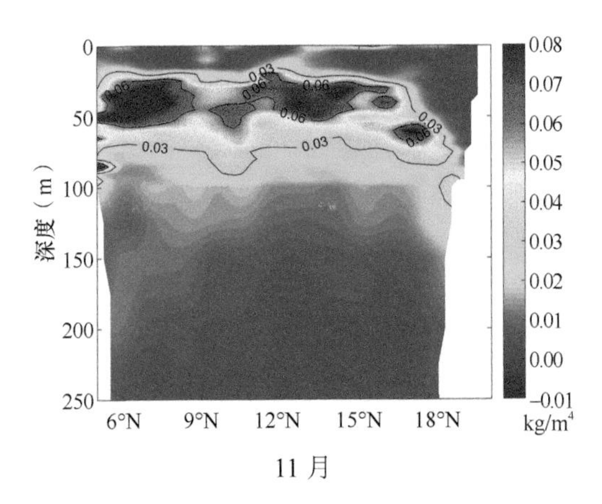

11 月

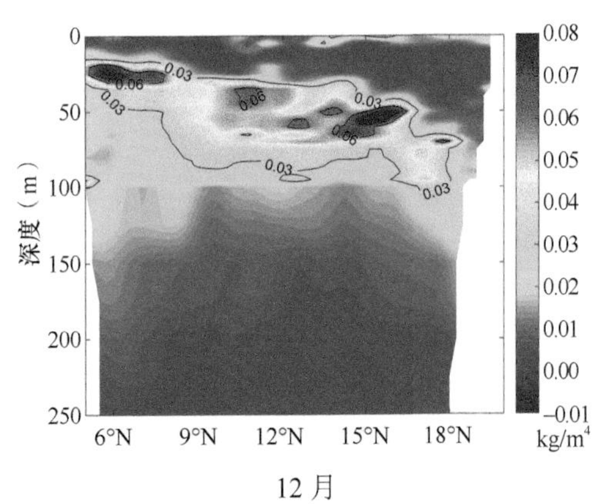

12 月

1～12 月 115°E 经向断面密度梯度

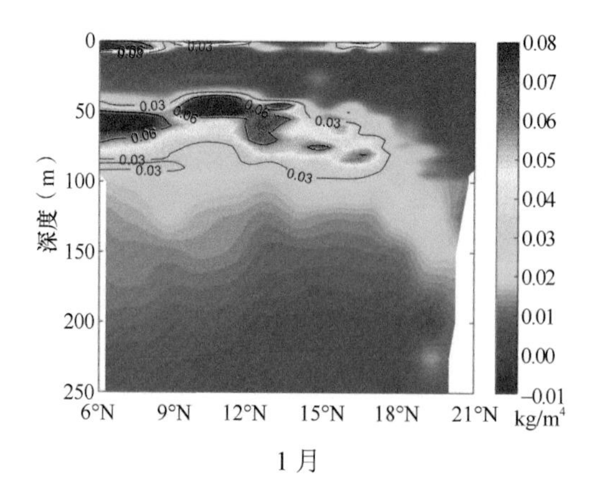

1 月

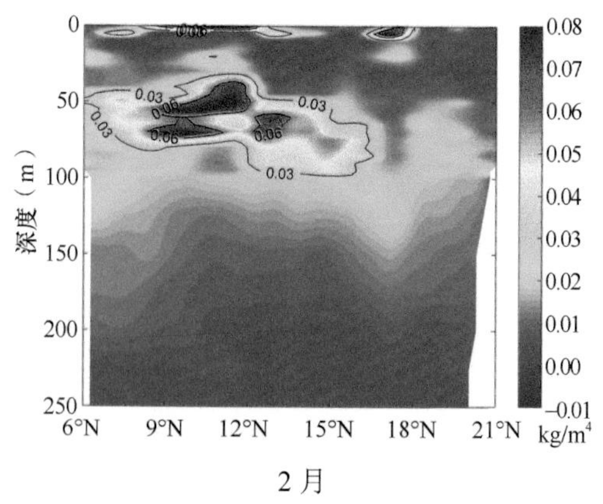

2 月

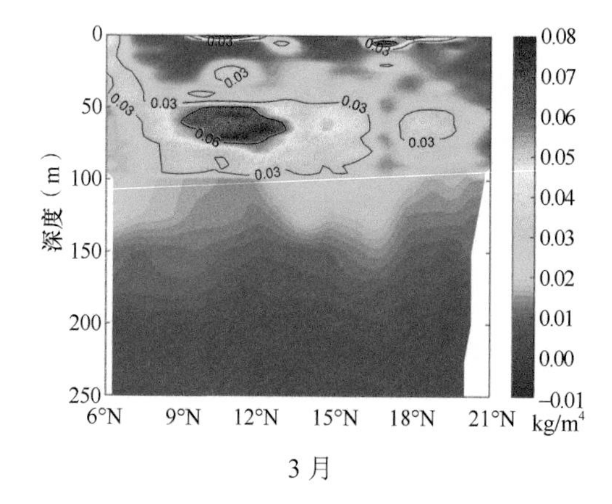

3 月

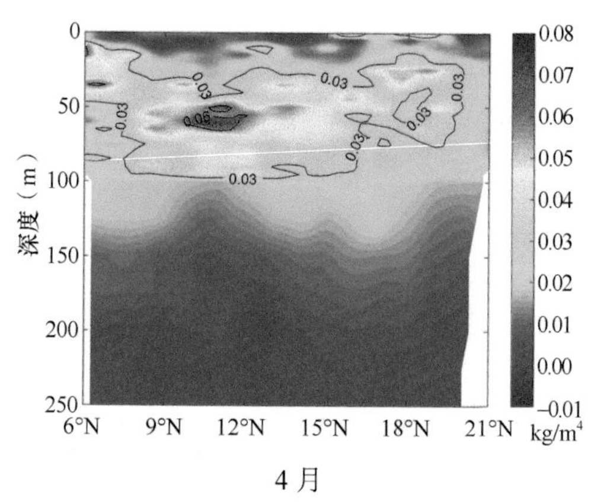

4 月

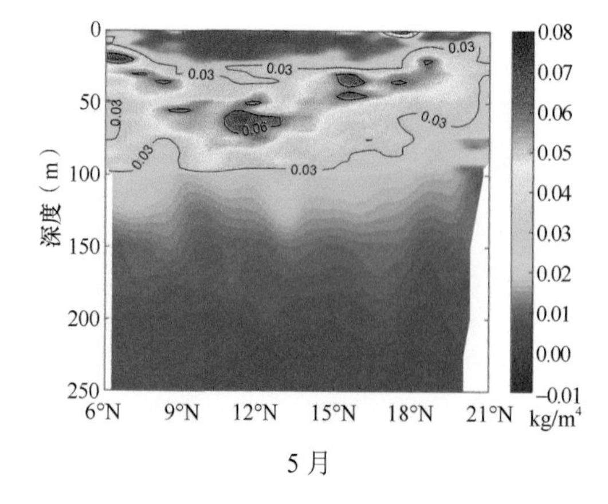

5 月

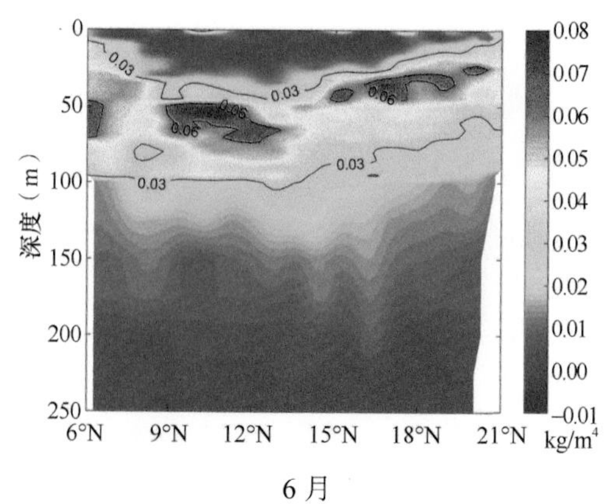

6 月

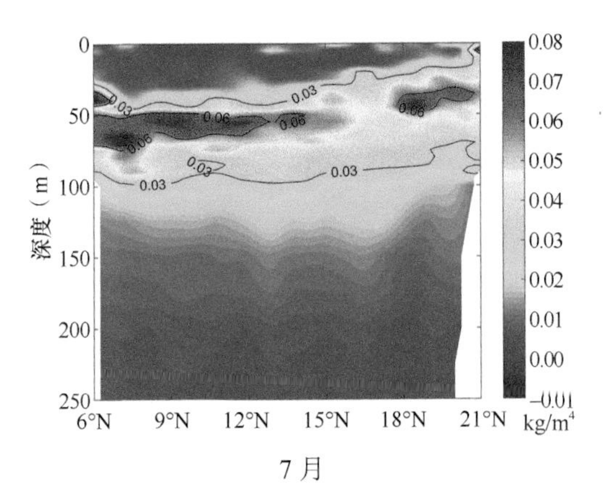

7 月

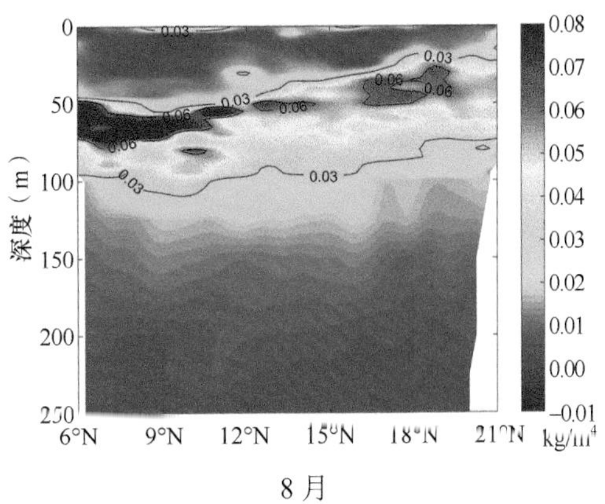

8 月

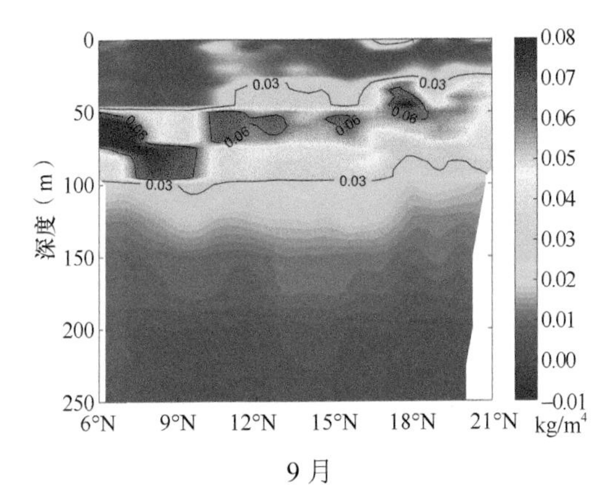

9 月

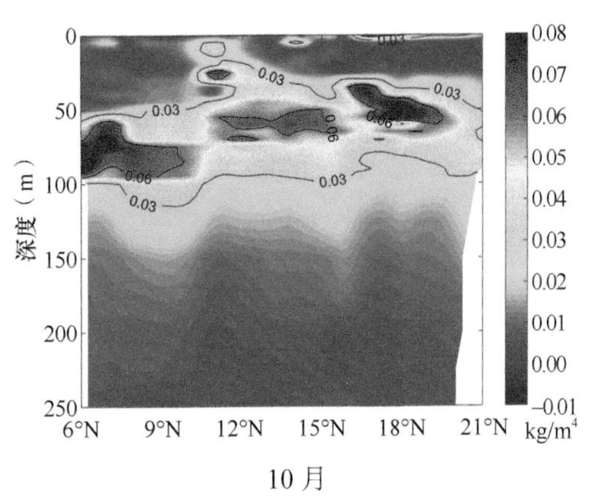

10 月

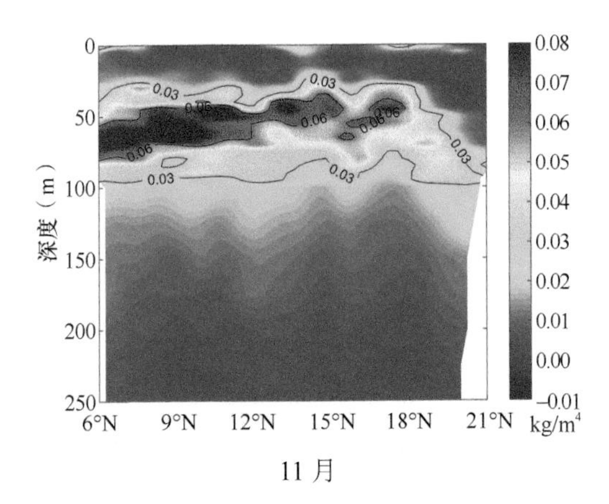

11 月

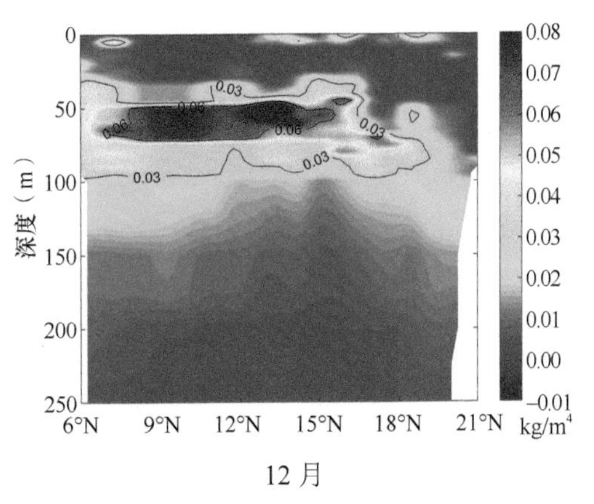

12 月

1～12月119°E经向断面密度梯度

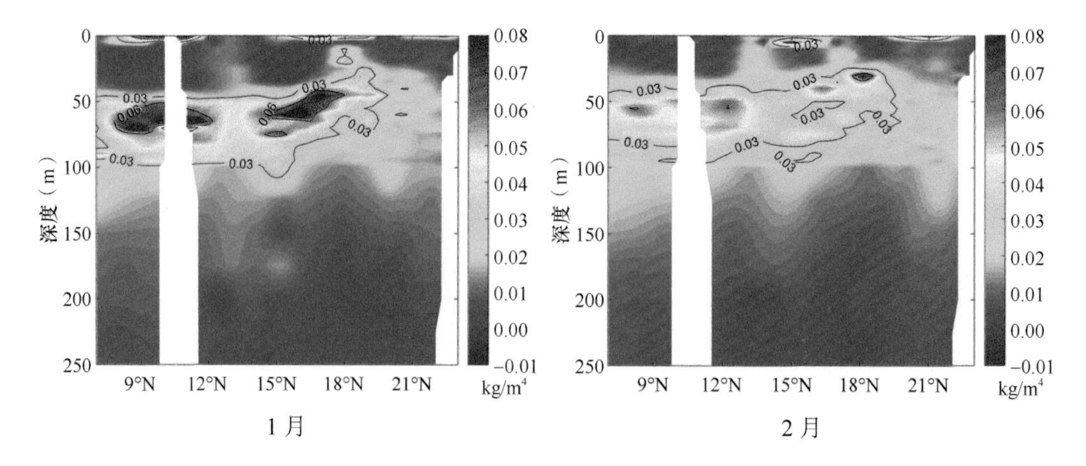

1月　　2月

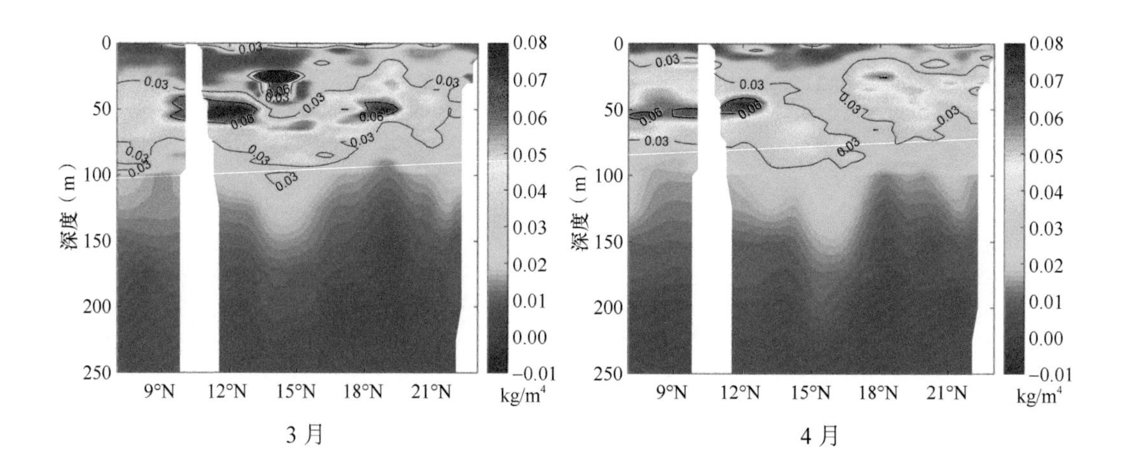

3月　　4月

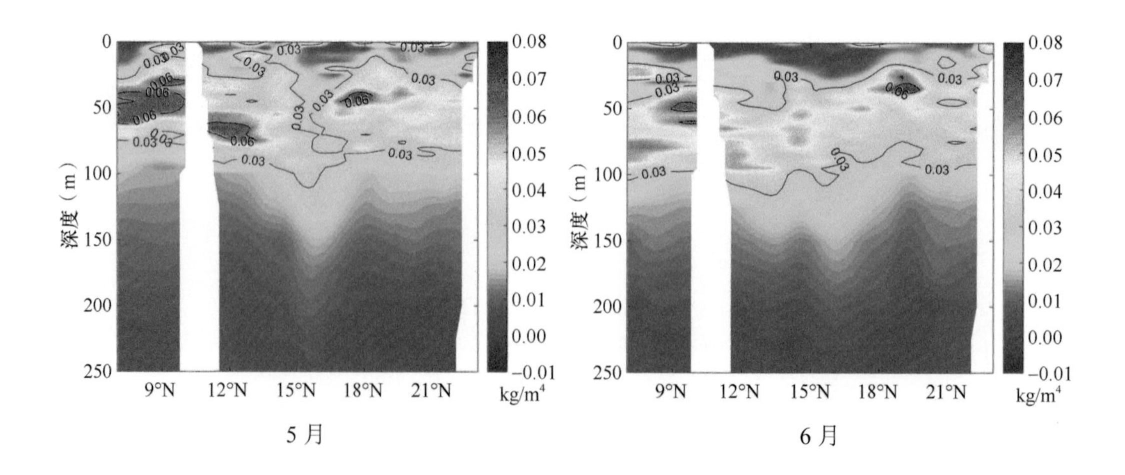

5月　　6月

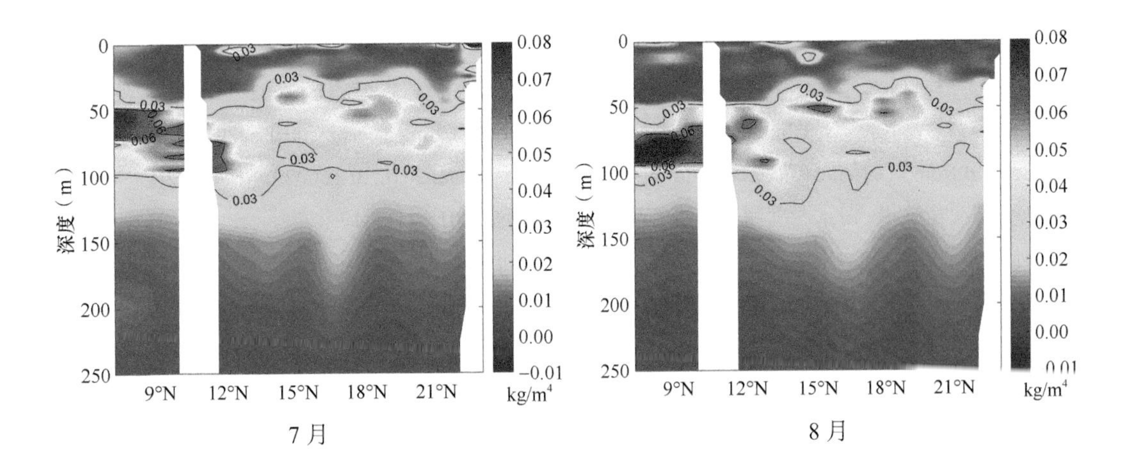

7 月

8 月

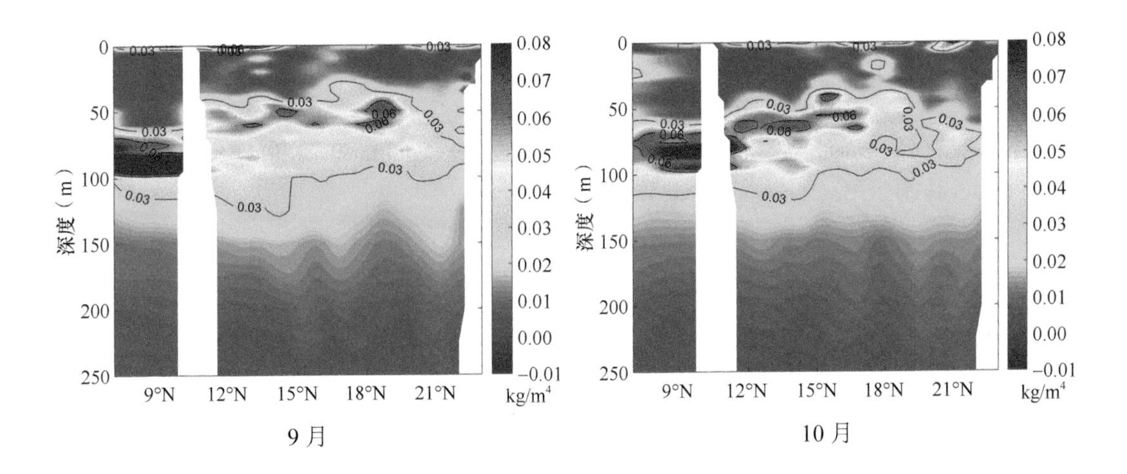

9 月

10 月

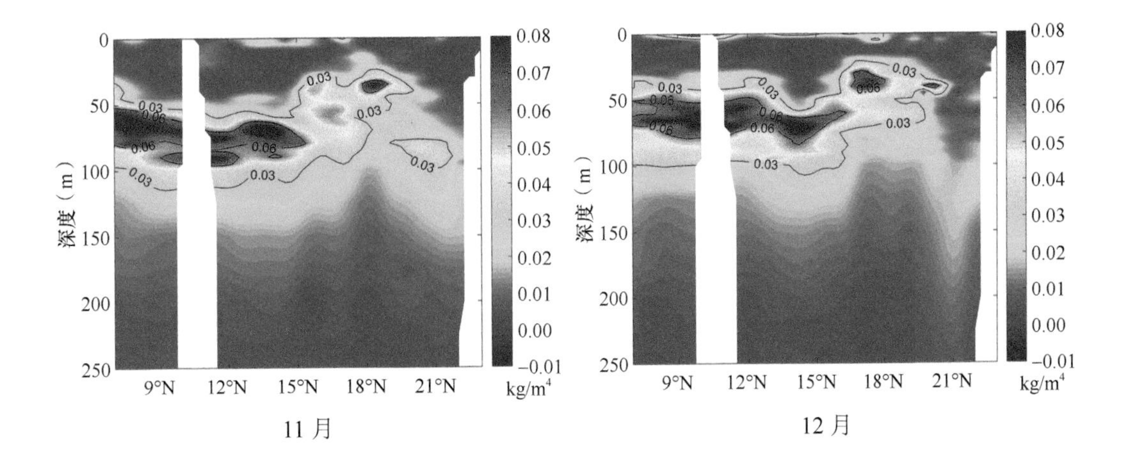

11 月

12 月

参考文献

[1] 王东晓，杜岩，施平. 南海上层物理海洋学气候图集. 北京：气象出版社，2002: 168.

[2] Zeng L L, Wang D X, Chen J, et al. SCSPOD14, a South China Sea physical oceanographic dataset derived from in situ measurements during 1919-2014. Sci. Data, 2016, 3: 160029.

[3] 蔡泽浩，谢强华. 海水温度测量的技术及发展. 科技风，2015, (18): 19.

[4] 孙湘平. 关注海洋：中国近海及毗邻海域海洋知识. 北京：中国国际广播出版社，2012.

[5] 黄卓，徐海明，杜岩，等. 厄尔尼诺期间和后期南海海面温度的两次显著增暖过程. 热带海洋学报，2009, 28(5): 49-55.

[6] 高宗军，冯建国. 海洋水文学. 北京：中国水利水电出版社，2016: 34.

[7] Liu Q Y, Yang H J, Wang Q. Dynamic characteristics of seasonal thermocline in the deep sea region of the South China Sea. Chinese J Oceanol. & Limnol., 2000, 18(2): 104-109.

[8] 国家海洋局. 海洋调查规范：海洋调查资料处理 (GB/T 12763.7—1991). 北京：中国标准出版社，1992: 68-70.

[9] Ohlmann J C, Siegel D A, Gautier C. Ocean mixed layer radiant heating and solar penetration: A global analysis. J Climate, 1996, 9: 2265-2280.

[10] Monterey G, Levitus S. Seasonal variability of mixed layer depth for the world ocean. NOAA Atlas NESDIS 14, U. S. Gov. Printing Office, Wash., D. C., 1997.